U0149432

天地科技股份有限公司科技创新创业资金专项项目(2019-TD-MS004)资助

国家自然科学基金面上基金项目(51874177)资助

国家自然科学基金青年基金项目(51704158)资助

承压水弱面突破与控水采煤

樊振丽　张玉军　张风达　尹希文　著

科学出版社

北　京

内 容 简 介

我国煤炭开发逐渐进入深部，承压水上安全开采问题突出，本书主要从承压水体上开采的基本概念、研究意义和现状出发，介绍了煤层底板突水的物源基础，基于突水现象分析了底板突水的主控因素，提出了“承压水的弱面突破”概念和理论，阐述了“承压水体上精准控水开采”技术理念，从工程化视角介绍了承压水体上采煤“立体探查—透明地质—弱面圈定—精准评价—避害设计—弱面增厚—动压控制—智能监测”的科学实践体系。从防治底板突水的实践理念、基本途径、综合开采体系、防治水技术体系等方面论述了承压水体上采煤的综合预防和治理技术。

本书可供从事采矿、安全等领域的科技工作者、高等院校相关专业师生参考。

图书在版编目(CIP)数据

承压水弱面突破与控水采煤 / 樊振丽等著. —北京：科学出版社，2022.9

ISBN 978-7-03-069423-2

Ⅰ. ①承… Ⅱ. ①樊… Ⅲ. ①承压水-水上-煤矿开采 Ⅳ. ①TD823.83

中国版本图书馆CIP数据核字(2021)第153536号

责任编辑：李 雪 / 责任校对：刘 芳
责任印制：吴兆东 / 封面设计：无极书装

科学出版社 出版
北京东黄城根北街16号
邮政编码：100717
http://www.sciencep.com
北京中石油彩色印刷有限责任公司 印刷
科学出版社发行 各地新华书店经销
*
2022年9月第 一 版 开本：720×1000 1/16
2022年9月第一次印刷 印张：18
字数：350 000

定价：128.00元

(如有印装质量问题，我社负责调换)

前 言

煤矿底板突水具有水源丰沛、隐蔽性强、突水强度大、致灾危害性大及治理投入大的特点，是承压水上采煤面临的主要灾害之一。底板水害的物源为煤系基底中具有承压特性的灰岩岩溶水，我国约60%的煤矿受到不同程度的底板岩溶承压水的威胁。“华北型煤田”底板受奥陶纪或寒武纪厚层灰岩、石炭纪薄层灰岩的威胁，随着矿井开采由上组煤转向下组煤，由浅部转向深部，由非带压区转向带压区，水文地质条件由简单转向复杂，承压水体上采煤的风险性逐渐增大，严重制约着煤矿的安全生产。

“承压水体上采煤”自新中国成立后“一五”时期开始研究、实践，20世纪80年代末至90年代初初步形成学科体系，以煤炭科学研究总院北京开采所(现中煤科工开采研究院有限公司)王作宇、刘鸿泉研究员编著的《承压水上采煤》一书为标志，初步阐述了承压水体上采煤的基本理论与防治水方法。近二三十年来，我国学者不断深入研究承压水体上采煤的底板突水机理，探寻新的探查、评价、治理等方法和技术，取得了丰富的研究成果并将其应用于生产实践。

作者团队秉持传承、发展、创新的理念，继承了煤炭科学研究总院开采研究分院等老一辈学者在该领域的科学认知，丰富和发展了底板突水机理，提出了“承压水弱面突破”的概念和理论，阐述了“承压水体上精准控水开采”的技术理念，从工程化视角介绍了承压水体上采煤“立体探查—透明地质—弱面圈定—精准评价—避害设计—弱面增厚—动压控制—智能监测”的科学实践体系。本书是作者团队在承压水体上采煤科研、治理工程、开采实践领域的成果和经验总结，围绕承压水体上开采探查、评价、治理等主要核心技术展开论述。希望本书的出版能为高校师生、科研人员、工程技术人员等在承压水上采煤领域的学习、研究和工作提供借鉴。

本书的出版得到了中煤科工开采研究院有限公司、北京中煤矿山工程有限公司和冀中能源峰峰集团有限公司的大力支持，获得天地科技股份有限公司科技创新创业资金专项项目(2019-TD-MS004)和国家自然科学基金(51874177、51704158)的资助。书稿在编写过程中得到了申宝宏、胡炳南、徐刚、张刚艳、赵政委、王志晓、宋业杰、孙林、甘志超、赵秋阳、庞振忠、申晨辉、于秋鸽、邵远洋等专家和同事的鼎力相助，在此深表谢意！同时向本书所引用参考文献的学者们表示感谢！

由于作者水平有限，书中疏漏与不当之处，恳请读者批评指正！

作 者

2022年6月9日于北京

目　录

第1章 概 述

1.1 承压水体上采煤的基本概念

1. 底板承压水

赋存和运动于煤层底板岩溶地层空间中具有承压性质的水体叫作煤层底板岩溶承压水。它是以岩溶、裂隙和裂隙-岩溶三种方式存在的承压状态水体，其特点是具有垂直分带性和水平不均一性。我国北方地区常见的有奥陶纪灰岩和石炭二叠纪薄层灰岩，南方地区则沉积长兴灰岩、茅口灰岩等。

2. 承压水体上采煤

对分布于承压含水体(层)之上且开采水平在带压水位线以下煤层的开采称为承压水体上采煤。

3. 承压水体顶界面

地下承压含水体(层)的顶部界面。

4. 煤层底板涌(突)水

煤层底板的承压水在水压、矿压等因素的作用下，克服煤层和岩溶含水层之间相对隔水层的岩体强度及节理、断层等结构面的阻力，通过在底板岩体内形成的破坏弱面构成的导水通道，以缓发、滞发或突发的方式涌入巷道或采场的现象称为底板涌(突)水。

5. 下三带

承压水体上采煤时，在水压和矿压的联合作用下，煤层底板自上而下依次形成采动导水破坏带、阻水带(完整岩层带)和承压水原始导升带，即“下三带”。

6. 底板采动导水破坏带

煤层底板岩层受采动影响而产生的采动导水裂隙的范围称为底板采动导水破坏带，其深度为自煤层底板至采动破坏最深处法线的距离。

7. 承压水原始导升带

煤层底板承压含水层的水在水压力作用下上升到其上覆岩层中的范围称为承压水原始导升带。

8. 阻水带

煤层底板采动导水破坏带以下、底板含水体或原始导升带顶界面以上具有阻水能力的完整岩层的范围称为阻水带。

9. 承压水二次导升带

煤层底板承压含水层的水在水压力和矿压的联合作用下发生二次导升，使承压水体进一步上升到其上覆岩层中的范围称为承压水二次导升带。

10. 煤层底板的相对隔水层

煤层与承压含水层顶界面之间的地层称为煤层底板的相对隔水层。它不同于传统的隔水层，其组成的地层可以是泥岩等塑性岩地层，也可以是砂岩等脆性岩地层，塑性岩和脆性岩互相组合形成了既具有隔水能力又具有抗压能力的地层组，它是承压水体上采煤的隔水-抗压关键层。

11. 底板有效隔水层

煤层底板相对隔水层的总厚度与采动导水破坏带深度和承压水导升高度的差值称为有效隔水层厚度，其厚度等同于底板完整岩层带厚度。

12. 有效隔水层等效厚度

隔水层由不同岩性的岩层组成，其隔水-阻水性能不同，采用等值系数将各种岩性地层的阻水能力标准化，有效隔水层中各岩层标准化后的厚度称为有效隔水层等效厚度。

13. 等值系数

等值系数值见表 1-1，可用下列公式计算：

$$\delta_i = \frac{m_i}{m_0} \tag{1-1}$$

式中，m_0 为选择标准单位厚度(如泥岩)的隔水-阻水作用值；m_i 为与 m_0 相比质量不同而单位厚度相同岩层的隔水-阻水作用值；δ_i 为 m_i 值相对于 m_0 值的等值系数。

表 1-1 等值系数表

岩石名称	δ_i 值
泥岩、钙质泥岩、泥页岩、铝土岩、黏土岩	1.0
未岩溶的渗水灰岩、灰岩	1.3
砂页岩	0.8
煤	0.7
砂岩	0.4
砂、砾石、岩溶化的灰岩、泥砂、开采区松动带	0.0

注：取自匈牙利《矿业保安规程》等资料。

14. 岩溶含水层顶部充填带

岩溶石灰岩含水层顶部的孔隙、裂隙、溶隙等被上覆地层的泥砂等沉积物充填了的岩层区段称为岩溶含水层顶部充填带。灰岩含水层顶界面的风化壳常被充填从而形成风化充填带。

15. 突水系数

突水系数是水压值与隔水层厚度的比值，即

$$T = \frac{P}{M} \tag{1-2}$$

式中，T 为突水系数，MPa/m；P 为水压力值，MPa；M 为隔水层厚度，m。

我国部分矿区的突水系数经验值见表 1-2。

表 1-2 部分矿区的突水系数经验值

矿区	突水系数	矿区	突水系数
峰峰	0.066～0.076	淄博	0.060～0.140
焦作	0.060～0.100	井陉	0.060～0.150
淮北	0.050～0.070	郑州	0.040～0.070
邯郸	0.066～0.100	轩岗	正常不大于 0.075

16. 带压开采

带压开采是指煤层底板岩溶含水层中承压水头的高度高于回采工作面标高条件下的开采。

17. 疏水降压采煤

通过疏放承压含水层的静、动储量，降低承压水的水头值，以达到减小煤层底板隔水岩体所承受的水压的目的，该方法称为疏水降压采煤。

18. 疏干开采

对封闭型水文单元或当含水层富水性较弱时，在可疏性良好的条件下，对工作面底板岩溶含水层的承压水疏干后再回采的方法称为疏干开采。

19. 岩溶动态承压水面

煤层底板岩溶水面在工作面前方的超前压力压缩段内潜入隔水层一定高度，形成采动过程中的岩溶动态承压水面。

20. 安全水头值

隔水层能承受含水层的最大水头压力值称为安全水头值。

21. 阻水系数

阻水系数法是由现场钻孔水力压裂法实测的单位底板隔水岩层的平均阻水能力，其表达式为

$$Z = \frac{P_{\mathrm{b}}}{R} \tag{1-3}$$

式中，Z 为阻水系数，MPa/m；R 为裂缝扩展半径，一般可取 40～50m；P_{b} 为岩体破裂压力，与地应力和岩体抗张强度有关，MPa。

22. 底板防水安全煤岩柱

为防止底板岩溶承压水进入掘采工作面的底板岩层称为底板防水安全煤岩柱。

23. 脆弱性指数

脆弱性指数是指矿区内某一具体区块的各种影响因素对底板涌（突）水危险性产生的影响总和。它可用 VI（vulnerability index）模型表示：

$$\mathrm{VI} = \sum_{i=1}^{n} W_i \cdot f_i(x, y) \tag{1-4}$$

式中，VI 为脆弱性指数；W_i 为底板突水主控因素的影响权重；$f_i(x, y)$ 为单因素影响值函数；(x, y) 为地理坐标；n 为影响因素总数。

24. 承压水弱面突破

岩溶承压水在水压和矿压的联合作用下，通过薄隔水层区、构造裂隙等弱面突入掘采工作面的现象称为承压水弱面突破。

25. 底板控水采煤

通过采取优化采区接续设计和工作面参数等，选择底板采动影响小的采煤方法，实施矿压控制等综合技术措施，达到承压水上开采工作面不突水或少涌水的采煤技术体系称为煤层底板控水采煤。

26. 隔水层加固

通过注浆的方式对底板相对隔水层的孔隙、裂隙等进行加固的方法称为隔水层加固。

27. 含水层改造

通过注浆的方式对岩溶承压水含水层的孔隙、裂隙、溶隙等进行改造的方法称为含水层改造。可以对含水层的整体或一部分进行注浆改造，变含水层为相对隔水层。

28. 承压水体上控压增厚采煤

通过实施水力压裂等卸压工程，控制矿压的集中显现，削弱矿压自顶板向底板的传导力度，同时通过注浆方法加固隔水层、改造含水层以增加底板隔水层的厚度，最终实现承压水上安全开采的技术称为控压增厚采煤技术。

29. 水害区域治理

采用定向钻进技术在承压含水层内施加水平长钻孔，通过注浆的方式阻断承压水导水通道或改造含水层，从而实现较大面积矿区的底板水害的整体治理称为水害区域治理。依据施工场所和装备的不同，可分为地面和井下区域治理两类。

30. 水平定向钻进

利用钻孔自然弯曲规律或采用专用工具使近水平钻孔的轨迹按设计要求延伸钻进至预定目标的一种钻探方法称为水平定向钻进(horizontal directional drilling，HDD)。

31. 随钻测量

钻具姿态随钻测量是指钻进过程中测量钻具的倾角、方位和工具面三个与钻具姿态相关的参数。

32. 随钻测井

地层评价随钻测井是通过各种装置测量地层的电阻率、自然伽马、中子孔隙度、体积密度等地质参数，实时获得地层岩性及所含流体的状况，以用于勘探、开采等目的。

1.2　承压水上采煤研究的意义

我国原煤产量位居世界第一，煤炭占我国一次能源消费的59%左右，因此煤炭的安全生产对国民经济的健康有序发展极其重要。但是，我国煤矿水文地质条件整体上十分复杂，且95%的煤矿属井工开采，开采历史悠久，水害类型多样，诸多因素给水害防治工作增加了较大的难度。最近二十年，煤炭工业发展迅猛，特别是综采、综放开采方法的普及，使煤炭资源获得了大规模、高强度、大采深的开发，这无疑加剧了煤矿底板水害问题的复杂性。

我国灰岩岩溶(karst)的分布很广，面积大约为200万km^2，约占全国陆地总面积的20%，有60%的煤矿受到不同程度的底板岩溶承压水的威胁，底板水害的分布面积和严重程度均居世界主要采煤国之首。

华北型煤田主采石炭二叠纪煤层，普遍缺失上奥陶统、志留系、泥盆系及下石炭统，石炭二叠纪地层直接沉积于中奥陶统之上，中奥陶统巨厚灰岩简称“奥灰”。华北型煤田东起徐州、淄博，西至陕西渭北，北起辽宁南部、山西大同、内蒙古准格尔，南至淮南、平顶山一带，有数十个煤田受到灰岩岩溶水的影响。华北型底板水害矿区自南至北主要有安徽的淮南、淮北，江苏的徐州、大屯，山东的淄博、肥城、新汶、莱芜、枣庄、兖州，河南的平顶山、永城、新密、豫西、焦作、鹤壁、安阳，陕西的渭北，山西霍州、轩岗、西山、朔州、大同，河北的井陉、邯郸、峰峰、邢台、开滦、蔚县，内蒙古的准格尔、乌海，辽宁的本溪、南票，吉林的通化等，灰岩岩溶水资源丰富，含水性强，补给条件充沛。经过近几十年的开采，不少矿区的浅部煤炭资源已经开采完毕，逐渐进入下组煤和深部开采，有些矿井的水压值已达10MPa以上，部分矿井虽然水压小，但煤层与承压含水层之间的隔水层仅有10～20m，因此超薄隔水底板上采煤的情况不断涌现，突水危险性不断增大。

我国南方的一些主要矿区，如涟邵、南桐、天府、中梁山、合山、韶关、东昌、萍乡、丰城等地，在主要开采煤层的底板下面有110～220m厚的含水丰富的茅口灰岩，这对煤矿开采构成了严重威胁。

开采实践表明，岩溶承压水率先从底板“弱面”开始突破，从而形成每分钟几方至上千方的涌水。这些“弱面”既可以是超薄的相对隔水层区段，也可以是断层、陷落柱等地质构造区段。据统计，由断层等地质构造引起的开采工作面或掘进巷道中的突水占突水总数的80%以上，且滞后型突水多于突发型突水，工作面回采突水多于掘进巷道突水。例如，1984年6月2日，开滦范各庄煤矿2171

工作面陷落柱奥灰突水量达 2053m³/h，范各庄矿发生突水淹井后，由于矿井边界煤柱被破坏，致使吕家坨矿被淹，突水还通过吕家坨矿和林西矿边界的煤柱渗入林西矿，造成该矿停产，赵各庄矿、唐家庄矿也因此受到威胁。范各庄矿用了两年时间恢复正常生产，损失煤炭产量近 8.5Mt，造成直接经济损失 5 亿元。2003 年 9 月河南洛阳市奋进煤矿黄村分矿 10111 工作面位于背斜轴部的煤层底板呈张性裂隙发育，且该工作面下段留设的隔水煤柱造成底板应力集中，加剧了煤层底板破坏，最终引发寒武系灰岩水大量涌出，造成 16 人死亡，直接经济损失达 1234.1 万元。2004 年 10 月河北邯郸市德盛煤矿 1841 工作面开采 8 号煤层，距奥灰含水层 37m，突水系数为 0.054MPa/m，虽然满足《煤矿防治水细则》规定的突水系数临界值 0.06MPa/m，但小断层受到采动矿压的影响导通了含水层，从而导致矿井被淹。2010 年 3 月神华集团骆驼山煤矿 16 号煤层回风大巷掘进工作面下方遇隐伏陷落柱，导通了奥陶系灰岩水，造成 32 人死亡，直接经济损失达 4853 万元。2011 年峰峰集团黄沙矿 112106 工作面由于底板存在隐伏断层及陷落柱，使奥灰水与工作面底板之间的有效隔水层厚度缩小了 70m，引发工作面突水事故。

煤矿底板突水事故频繁，造成的经济损失巨大，其原因是多方面的。第一，我国煤矿生产由浅部转向深部，由上组煤转向下组煤，水文地质条件发生了根本性变化，而有的矿区并未认识到水害情况的复杂性，并未转变或完全转变治水的思想观念，存在侥幸心理；第二，矿井水害防治投入不足，导致对承压水上开采的地质条件认识不清，先进的探查手段和治理技术的运用不到位，不能对煤层底板突水做出迅速、准确、超前预报及精准治理；第三，科研攻关力度不足，面对具体问题未进行具体分析，未及时总结规律，举一反三。20 世纪 80 年代以来，发生突水淹井事故的次数和造成的经济损失是惊人的，教训也是十分深刻的。在华北的一些主要矿区，如焦作、峰峰、邯郸、邢台、井陉、淄博、肥城、韩城等矿区受水威胁的储量占矿井总储量的 45%以上。因此，不迅速解决煤层底板岩溶水害问题，受水害威胁的矿区将会出现煤炭产量下降的趋势，安全生产形势不容乐观。

综上所述，我国煤矿底板岩溶水的突水频率日趋上升，突水水量日趋增大，造成的损失也日趋严重。因此，为适应煤炭生产新形势的发展，加强对煤矿底板岩溶水的研究具有十分重要的现实与深远意义。

1.3 承压水上采煤的研究概况

1.3.1 国外研究概况

就世界范围而论，岩溶地层的分布面积占世界大陆面积的 1/4，有些国家，如匈牙利、西班牙等，其岩溶地层的覆盖面积更大，因而在煤炭开发中都受到程度不同的底板岩溶水的影响。国外对煤矿底板岩溶水的研究已有100多年的历史，在底板岩体结构、探测技术等方面的研究中积累了一定的经验。

早在20世纪初，国外学者就注意到底板隔水层的作用，并从若干次底板突水资料中认识到，只要煤层底板有隔水层，突水次数就少，突水水量也小，隔水层越厚则突水量越小。1944年，匈牙利学者韦格弗伦斯认为矿井底板突水与隔水层厚度、承压水压力相关，并首次提出了底板相对隔水层的概念。1948年，苏联学者B.斯列萨列夫以静力学理论为依据，将底板看成受均布载荷作用的两端固支梁，同时结合强度理论，推导出底板承压水的极限水压力计算公式，具体见式(1-5)，即

$$p_o = \frac{2K_{\mathrm{p}}h^2}{l^2} + \gamma h \tag{1-5}$$

式中，p_o为底板承压水的极限水压力，Pa；K_{p}为煤层底板隔水层的抗拉强度，Pa；l为工作面的最大控顶距或巷道宽度，m；h为煤层底板隔水层的厚度，m；γ为底板隔水层的平均容重，kN/m^3。

当底板的实际水压$p > p_o$时，煤层底板存在突水危险；反之则没有。

1952年以后，许多承压水上采煤的国家引用了相对隔水层的概念，现场和实验室研究主要关注两个问题，一是岩体结构——阻水能力，二是岩体强度——抗破坏能力。前者主要研究岩石的地质特征，如层间断层、裂隙密度、岩溶发育规律、水流特征及岩石限制水流能力等。有人根据现场观测，提出运用阻水系数表示隔水层的突水条件、隔水层的水力阻抗程度。后者是指在巷道或采空区形成的情况下，隔水层抗破坏的能力，并从能量平衡的观点解释底板隔水层的破坏条件。

1974年，匈牙利国家矿业技术鉴定委员会已将相对隔水层厚度的概念列入《矿业安全规程》，并对不同矿井条件做出了规定和说明。20世纪70年代后，苏联等国家也开始研究相对隔水层的作用，包括采空区引起的应力变化对相对隔水层厚度的影响，以及水流和岩石结构的关系等。这一时期，C. F. Santos、Z. T. Bieniawski在研究矿柱的稳定性时，结合改进的霍克-布朗岩体强度准则，对煤层底板的破坏机理进行了研究。同时根据承受破坏应力前岩石已破裂的程度及岩石性质等，引入临界能量释放点的概念，分析了煤层底板的承载能力。原南斯拉夫学者D. Kuscer分析了煤矿突水前后的水文地质情况及地下水的动态变化特征。

综上所述，国外学者早在20世纪初就对煤层底板突水的机理展开了研究，并取得了一定的研究成果。但是，由于国外矿井的水文地质条件相对简单，所以对煤层底板突水机理研究的现实意义较小，因而不少国外学者转向对由开采引起的

环境破坏等方面的研究。

1.3.2 国内研究概况

自20世纪70年代以来，我国学者在承压水上突水机理、安全性评价方法、底板隔水层隔水性能、底板采动导水破坏带、数值模拟技术的应用、监测预警及工程化治理技术等方面均取得了丰富的研究和实践成果。

1. 煤层底板突水机理及预测方法研究

1) *P*–*h* 临界曲线法

1976年葛亮涛针对淄博矿区提出了 *P*–*h* 临界曲线、突水区及安全区等概念，同时还指出矿山压力对底板突水的作用及在矿压作用下底板破坏带的存在，以评价采煤工作面长度及周期来压步距对底板突水的影响。该理论是在大量实测资料的基础上寻找煤矿底板突水的基本规律。而后，他又首次提出了对煤层底鼓突水研究时应同时进行水文地质条件和岩体力学分析的思想，认为煤层工作面底板是“一个厚度为 h 的由四边固定且由复杂岩石组成的矩形板”，并在此基础上推导了采区底板最易破裂点的临界水压方程式。

2) “下三带”理论与“下四带”理论

煤炭科学研究总院北京开采所刘天泉院士于1981年率先提出煤层底板破坏“三带”的概念，同年，北京开采所张金才提出了底板的应力分布和顶板相类似的结论，进一步验证了底板分区的可行性。山东矿业学院李白英等基于实验研究及对现场实测资料的分析，提出了“下三带”理论，如图1-1所示。该理论认为矿山压力和承压水压力的共同作用减小了底板有效隔水层的厚度，当底板隔水层厚度小于底板导水破坏带和承压水导升带之和时，存在突水危险。

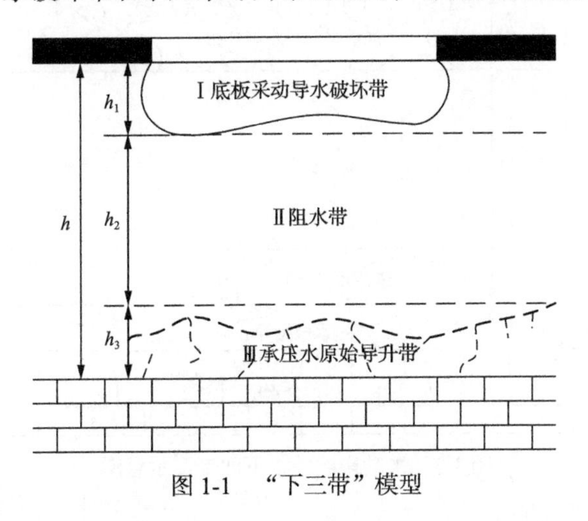

图1-1 “下三带”模型

施龙青提出了“下四带”理论，从现代损伤力学及断裂力学理论出发，提出了开采煤层底板的“四带”划分理论，即开采煤层底板可以划分为：矿压破坏带（Ⅰ）、新增损伤带（Ⅱ）、原始损伤带（Ⅲ）、原始导高带（Ⅳ），如图 1-2 所示。同时，他推导出开采煤层底板“四带”理论中各带厚度的计算公式，给出了底板突水的判别方法。

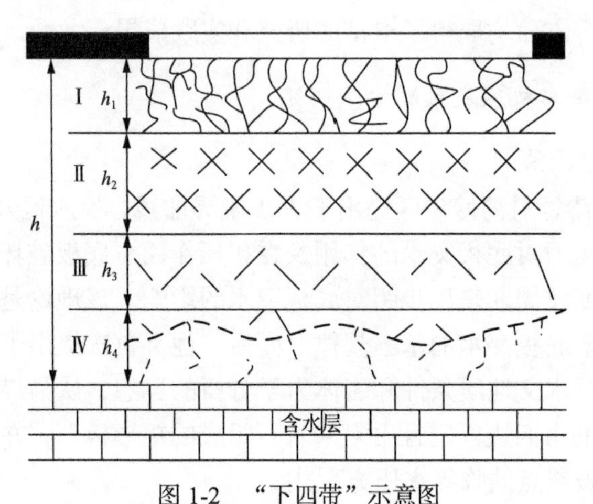

图 1-2　“下四带”示意图

作者所在研究团队经现场观测和模拟试验结果认为，工作面回采后承压水在动态矿压的作用下，原位张裂区形成承压水动态水面的二次导升，称为采动张裂导升带或承压水固流耦合导升带，即煤层在回采过程中底板自上而下依次分布有（图 1-3）：底板采动导水破坏带（Ⅰ）、阻水带（Ⅱ）、承压水采动张裂导升带（Ⅲ）和承压水原始导升带（Ⅳ）。

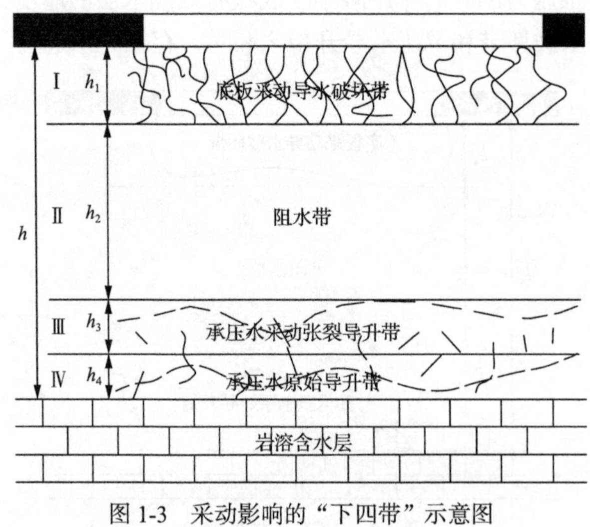

图 1-3　采动影响的“下四带”示意图

3) 薄板理论

刘天泉、张金才等提出"两带"理论，即将底板简化为底板导水裂隙带和底板隔水带。基于 Westergaard 应力函数，建立了采场端部的应力计算公式。结合 Mohr-Coulomb 强度准则和 Griffith 强度准则，求解了煤层底板的最大破坏深度。将底板隔水层简化为四周固支的弹性薄板，给出了煤层底板极限承压水压力的计算公式。该理论未考虑煤层底板承压水导升高度的影响及底板岩性的不同组合效应，而且板壳模型主要以薄板为主，即隔水层有效保护厚度需小于工作面宽度的 1/7～1/5。

4) "原位张裂零位破坏"理论

煤炭科学研究总院北京开采所王作宇、刘鸿泉等提出了"原位张裂零位破坏"理论，该理论认为煤层底板破坏主要包括由采动影响直接导致的零位破坏带及由矿山压力与承压水压力共同作用引起的原位张裂带，如图 1-4 所示。零位破坏带是由于煤层采动过程中(Ⅰ段向Ⅱ段过渡)，底板岩体急剧卸压，岩体储存的能量大于岩体本身的保留能，底板岩体以破坏的形式释放残余的弹性应变能，并以零位破坏深度和零位破坏角 γ 进行度量。原位张裂带起始于Ⅰ段下部，稳定于Ⅱ段，在Ⅱ段向Ⅲ段的过渡中，逐渐恢复和闭合。其整个破坏过程由起始角 β、恢复角 β'及闭合角 β''三个参数进行衡量。该理论结合塑性滑移线场理论对底板零位破坏深度进行了计算(图 1-5)，底板破坏带深度的理论公式见式(1-6)。

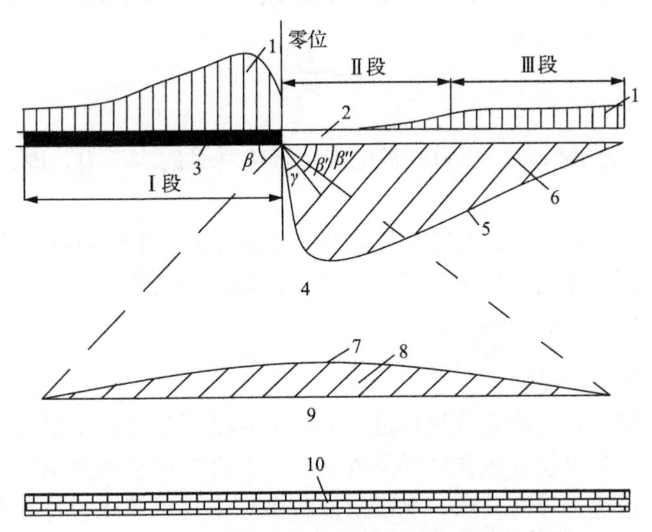

图 1-4 底板岩体的原位张裂和零位破坏示意图

1. 应力分布；2. 采空区；3. 煤层；4. 空间剩余完整岩体(上)；5. 零位破坏线；6. 零位破坏带；7. 原位张裂线；8. 原位张裂带；9. 空间剩余完整岩体(下)；10. 承压含水层

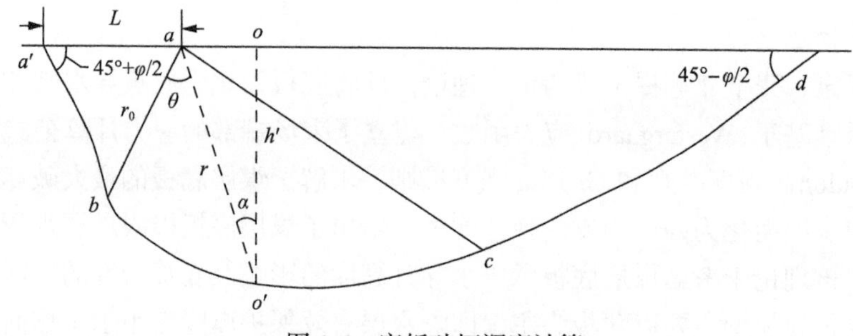

图 1-5　底板破坏深度计算

推导的底板采动破坏带深度公式为

$$h_1 = \frac{L' \cos\varphi}{\alpha \cos\left(\dfrac{\pi}{4} + \dfrac{\varphi}{2}\right)} \cdot e^{\left(\frac{\varphi}{2} + \frac{\pi}{4}\right)\tan\varphi} \tag{1-6}$$

5)“岩-水应力关系”学说

煤炭科学研究总院西安分院王成绪等认为煤层底板突水与底板岩体、承压水压力及地应力有关，提出了“岩-水应力关系”学说。该学说认为在承压水压力大于地应力且存在裂纹面的情况下，承压水将沿着裂纹面不断导升。当作用于裂纹面的承压水压力小于地应力时，承压水将停止延伸。基于此，他们提出了临界突水指数的概念，给出了临界突水指数的表达式，具体见式(1-7)，即

$$I = \frac{P}{\sigma_3} \tag{1-7}$$

式中，I 为临界突水指数；P 为底板隔水层岩体承受的水压力，Pa；σ_3 为水平最小主应力，Pa。

当 $I \geqslant 1$ 时，煤层底板具有突水危险性；当 $I < 1$ 时，工作面可以进行安全开采。可以很直观地判断煤层底板突水的危险性。但是该方法未考虑地质构造带、最大主应力及中间主应力的影响。

6)“递进导升”理论

煤炭科学研究总院西安分院在进行底板突水的观测过程中提出“递进导升”理论。该理论认为煤层底板在采动条件下，受张性二次应力及承压水楔致裂的作用将出现承压水递进导升现象。当煤层底板破坏带与承压水递进导升高度之和大于或等于煤层底板隔水层厚度时，将发生煤层底板突水。

7)关键层理论

中国矿业大学钱鸣高等提出了煤层底板关键层理论，该理论认为煤层底板岩

层与承压含水层之间存在一层承载能力最大的岩层，并将其定义为煤层底板关键层。当该层位发生破断且破断后咬合失稳时，煤层底板将发生突水。该理论给出了煤层底板隔水关键层的极限破断跨距。同时，该理论反映了隔水关键层的层状地质结构特点，揭示了在采动矿压和水压共同作用下的煤层底板突水机理。

8) 突变理论

白晨光等将尖点突变模型应用于煤层底板突水机理的分析中，通过对关键层总势能函数的分析，得到了煤层底板突变失稳的力学机理。王连国、宋扬运用尖点突变模型中的分支曲线方程和定态曲面方程，求解了煤层底板突水的临界采动导水裂隙带深度和底板水压力比。邵爱军运用突变理论分析了煤矿底板系统能量的失稳变化特征，建立了矿井突水预测尖点突变模型，给出了系统失稳时底板变形量和能量释放的表达式。潘岳等根据 Mises 增量理论对断层破裂的突变进行分析，推导了在非均匀围压下断层释放能量的计算公式。左宇军分析了煤层底板关键层在动力扰动下的失稳机理。

9) “突水优势面”理论

高延法、施龙青等提出“突水优势面”学说，认为煤层底板突水发生在最危险的断面处，呈局部突破的特点。通过寻找底板最易发生突水的薄弱区，可分析评价底板突水危险性。底板突水的薄弱区一般呈带状分布，主要包括煤层底板灰岩的强径流带和煤层底板具有隔水能力的薄弱带等。

10) “强渗通道”说

该理论由中国科学院地质研究所许学汉等提出。他们认为底板是否发生突水的关键在于是否具备突水通道，可分为原生通道和再生(次生)通道两种情况。当底板水文地质结构存在与水源沟通的固有突水通道被采掘工程揭露时，即可产生突破性的大量涌水，造成突水事故，称原生通道突水；当底板中不存在这种固有的突水通道，但在工程应力、地应力及地下水的共同作用下，沿底板岩体结构和水文地质结构中原有的薄弱环节发生形变、蜕变与破坏，形成新的贯穿性强渗通道而诱发突水，称再生(次生)通道突水。

11) “弱面突破”说

作者所在研究团队认为，煤层底板岩层率先由抵抗矿压和水压的“弱面”开始发生裂纹的起裂、发展直至完全破坏，这些弱面包括Ⅰ型弱面(底板隔水层薄弱区段)和Ⅱ型弱面(断层、陷落柱、褶曲等构造影响区段)，承压水则第一时间通过弱面向工作面卸压区域渗流，直至形成涌(突)水灾害(图 1-6)。本研究团队通过力学分析，探究了底板承压水“弱面突破”的力学机理，指出了底板岩层的破坏形式和动态过程，明确了“弱面”的治理方法。

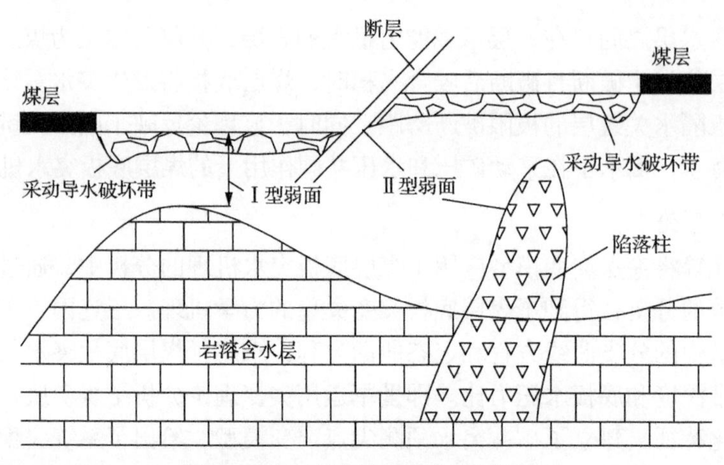

图 1-6　底板承压水弱面突破示意图

Ⅰ型弱面. 底板隔水层薄弱区段；Ⅱ型弱面. 断层、陷落柱、褶曲等构造影响区段

12) 其他有益探索

国内学者基于半无限体理论、极限平衡理论及薄板理论等对断层诱发的煤层底板突水机理进行了研究。卜万奎等基于半无限体理论及 RFPA 软件分析了含断层倾角影响的断层面剪应力及法向应力，分析得出断层倾角越小，剪应力及法向应力交替变化得越明显，需留设的煤柱尺寸越大。陈忠辉等将隐伏断层简化为裂纹，求解了煤层底板裂纹扩展、突水破坏的力学条件，分析得出了断层内部临界水压力与断层长度、断层距煤层底板距离呈负相关变化，与水平应力呈正相关变化的结论。李常文等将煤层底板破坏形态与断层之间的底板有效隔水层确定为断层突水的关键路径，给出了不同倾角下断层煤柱的留设尺寸。宋振骐等将断层两侧的有效隔水层简化为悬臂梁，并认为断层煤柱附近煤层底板的应力集中程度较大，增大了封闭岩溶水压力及断层突水的危险性。孙建等通过对微震监测信号的分析，提出了微震能量与工作面推进距离的关系满足尖点突变力学条件。宋召谦等将断层底板倾向承压水压力简化为线性增加的载荷，给出了隔水关键层的挠度最大值，将底板的最大破坏深度与隔水关键层挠度最大值的连线作为最易突水路径，并对断层突水系数的计算公式进行了改进。国内有关学者从力学角度对断层煤柱留设尺寸进行了分析，但对断层突水渗流破坏机理的理论研究难度较大。

近年来国内不少学者也从理论分析、数值模拟、相似模拟等方面对完整型煤层底板的突水机理进行了补充。孙建等运用弹性力学中的薄板理论并结合 Mohr-Coulomb 破坏准则和 Griffith 破坏准则对煤层底板的突水机理进行了研究；刘伟韬等根据实测情况，运用薄板理论对煤层底板的隔水关键层进行了力学分析；冯强等考虑了煤层底板采空区的卸荷应力场及采场周边的采动应力场的共同影响，构建了力学模型，并结合数值模拟进行了验证；陆银龙基于岩石细微观损伤断裂特性，运用 Comsol 数值模拟软件对突水通道等进行了模拟分析；付宝杰结合淮南矿区 A 组煤的实际地质情况进行了相似模拟试验，分析得出在重复采动影响下巷道的底鼓作用致使煤层底板发生破坏，从而形成底板突水通道；赵庆彪等分析了华北具有代表性的煤层底板突水实例，提出了分时段、分带突破的煤层底板突水机理。

综上所述，国内外学者针对完整型煤层底板的突水机理进行了大量研究，并获得了丰硕的成果。这些研究成果为承压水体上采煤的学科发展奠定了基础，并把煤矿底板水害的研究工作进一步引向深入，对指导安全生产起到一定的推动作用。

2. 底板突水的评价方法

1) 突水系数法

1964 年焦作水文地质大会战时，借鉴匈牙利保护层理论提出了“突水系数”的概念。突水系数是指单位厚度隔水层上所能承受的水压值。突水系数的计算公式历经几十年的研究，不断演化、发展并修正，相继提出了不同的计算公式，如表 1-3 所示。

表 1-3 突水系数公式的沿革

表达式	符号说明	改进原因	机构或学者
$T = P / M$	T 为突水系数，MPa/m；P 为含水层水压，MPa；M 为隔水层厚度，m	焦作水文地质大会战首次发现并采用	行业专家
$T = \dfrac{P}{M - C_{\mathrm{p}}}$	C_{p} 为采矿对底板扰动的破坏深度，m	考虑矿山压力作用因素	
$T = \dfrac{P}{M - C_{\mathrm{p}} - h_{\mathrm{d}}}$	h_{d} 为导升高度，m	考虑承压水导升作用	煤炭科学研究总院西安研究分院
$T = P / (\sum M_i \xi_i - C_{\mathrm{p}} - h_{\mathrm{d}})$	M_i 为隔水层第 i 分层厚度，m；ξ_i 为隔水层第 i 分层等效厚度的换算系数	考虑隔水层岩层组合的特点	
$T = P / (\sum M_i \xi_i - C_{\mathrm{p}} - h_{\mathrm{d}} + M_0)$	M_0 为奥灰顶部相对隔水层厚度，m	考虑奥灰顶部相对隔水层	王计堂等
$T_{qC} = \dfrac{K_{\omega} \cdot P}{K_{\mathrm{c}} \cdot (\sum M_i \xi_i - C_{\mathrm{p}} - h_{\mathrm{d}} + M_0)}$	K_{ω} 为含水层的富水性系数；K_{c} 为底板完整性系数	考虑含水层的富水性和底板完整性	樊振丽等

根据最新颁布的《煤矿防治水细则》，突水系数的计算方法为

$$T = \frac{P}{M} \tag{1-8}$$

式中，T 为突水系数，MPa/m；P 为底板隔水层承受的水头压力，MPa；M 为底板

隔水层厚度，m。

2）脆弱性指数法

武强院士早在20世纪90年代末就致力于研究基于多源信息集成理论和“环套理论”，并采用具有强大空间数据统计分析处理功能的地理信息系统（GIS）与线性或非线性数学方法的集成技术，对煤层底板突水进行了研究，他先后提出基于GIS的层次分析法型脆弱性指数法、基于GIS的人工神经网络型脆弱性指数法、基于GIS的证据权型脆弱性指数法、基于GIS的加权逻辑回归型脆弱性指数法，并进行了大量的实际验证。武强、董东林、陈佩佩等利用人工神经网络（ANN）与GIS耦合技术，准确描述了煤矿底板突水各相关因素对突水事件的影响，建立了一个能反映较多因素综合作用的底板突水模型，并对华北地区煤矿底板突水的脆弱性进行分区。武强、解淑寒等利用基于GIS的ANN型脆弱性指数法对邢台章村煤矿三井的9号煤层底板高承压水突水的脆弱性进行了研究，并对煤层底板突水的脆弱性进行了分区。通过与传统的突水系数法结果相比及实际验证，脆弱性指数法更加符合实际，且优于传统的突水系数法。武强、刘东海等利用GIS与AHP耦合技术对开滦东欢坨矿北采区煤层底板高承压水突水的脆弱性评价进行了研究，并对煤层底板突水的脆弱性进行了分区，研究结果也已经应用到生产当中，并取得了非常好的效果。武强、樊振丽等利用多源信息集成技术提出了评价含水层富水性的富水性指数法。以上研究结果都表明脆弱性指数法的评价结果与生产实际吻合得较好，能够反映出在多种因素影响下煤层底板突水的非线性动力过程。武强、张志龙等还进一步通过系统分析并总结我国多年来的大量突水案例，建立了矿井在带压开采条件下影响煤层底板突水的主控指标体系，进一步完善了脆弱性指数法。

3）五图-双系数法

此法为煤炭科学研究总院西安分院提出的一种煤层底板水害评价方法。“五图”是指底板保护层破坏深度等值线图、底板保护层厚度等值线图、煤层底板以上水头等值线图、有效保护层厚度等值线图、带压开采评价图。“双系数”是指带压系数和突水系数。

4）承压水体上安全煤岩柱留设法

在煤层与底板含水层之间留设一定厚度的防水安全煤岩柱，不允许底板采动导水破坏带波及水体，或与采动张裂导升带、承压水原始导升带沟通的方法。该方法在原国家煤炭工业局颁布的《建筑物、水体、铁路及主要井巷煤柱留设与压煤开采规程》中有详细论述，并在承压水体上采煤设计和评价方面得到广泛应用，效果良好。

5) PSO-SVM 底板突水危险性评价法

选取煤层底板破坏深度、煤层底板含水层水压、煤层底板隔水层厚度、工作面斜长及埋深等主控因素对煤层底板突水危险性进行预测。考虑到煤层底板突水危险性与其主控因素的关系更为复杂，基于神经网络具有很强的鲁棒性、记忆能力、非线性映射能力及强大自学习能力的特点，运用支持向量机(SVM)从训练样本中获取知识，利用粒子群优化算法(PSO)寻优能力确定 SVM 的最优惩罚因子 c 及核函数参数 g，建立煤层突水危险性预测模型的方法。

3. 煤层底板隔水性能研究

对煤层底板隔水性能的研究主要集中于对现场突水时底板隔水层条件的统计分析，室内渗透性实验、室外底板岩体的水力致裂试验，以及考虑水压力对底板隔水性的影响作用，但缺乏对煤层底板在矿压和水压力共同作用的裂隙演化、破坏及导升作用对隔水性能的影响分析。

早在 20 世纪 70 年代末，肥城、淄博等矿务局通过突水资料统计得出了底板的极限隔水层厚度与水压力呈抛物线关系的结论。北京开采所朱泽虎等也对底板突水与隔水层厚度的关系做了统计分析，发现多数矿区所发生的底板突水，其隔水层厚度小于 40m。王作宇等的研究表明，在一定的水压条件下，底板隔水层厚度越大越安全，越薄越易引起突水。刘汉湖、裴宗平从宏观特征与微观研究相结合两个方面，探讨了隔水层隔水能力的研究方法。

我国学者对煤层底板岩石进行了大量的应力-应变渗透性实验研究，研究结果表明：岩石渗透系数既与应力状况和应变历史有关，也与岩石自身的结构和性质有关。泥岩、粉砂岩、中砂岩、灰岩的阻水性能由强到弱，而导升高度则由小变大。影响岩石渗透性的因素除岩性外，还有围压及其变化速率、原生裂隙及后期裂隙的扩展方式、贯通方式等，以及不同裂隙的充填物质。此外，我国学者还研究了不同岩性岩石渗透率-应变关系的主要差异和渗透率-应力之间的关联性。

李家祥基于水力压裂测量的原理和现场测量结果，论述了煤层底板隔水层的阻水机理和承压水沿地层上升的机理，以及原岩应力、水压与裂隙扩展的关系。张文泉、刘伟韬等根据室内外水力致裂试验的结果，通过分析裂隙端部应力强度因子的变化情况，研究了不同结构成分岩层阻抗水力致裂的能力，以及岩性、交界面性质等对水力致裂裂隙扩展及承压水导升的影响。

李示、孙亚军、薛茹等以斯列萨列夫公式为基础，探讨了复杂隔水层综合抗突能力评价的两种方法：等效厚度法和分层加权累加法。

冯梅梅、茅献彪等为深入分析承压水上煤层底板突水的危险性，自主设计了煤层底板承压水的水压加载系统，实现了采用压力水袋对底板隔水层的承压水作用的物理模拟，分析了底板隔水岩层的变形及破坏特征，得到了底板隔水层的裂隙产生、发展直至导水通道的形成规律。白喜庆、白海波、沈智慧等通过对新驿煤田奥灰顶部岩性、裂隙岩溶充填情况及钻探漏水、测井出水段等各方面的综合研究，论证了奥灰顶部的相对隔水性。在此基础上，分析并评价了煤层底板阻水能力的主要影响因素。

虎维岳、朱开鹏、黄选明从岩溶地质与岩溶发育的根本规律方面研究并分析了底板高压水含水介质的结构特征及高压水对工作面底板隔水岩层的作用力方式，提出高压水对其上覆隔水岩层具有非均布水压作用力的基本概念，并将非均布水压的作用方式概化为 4 种基本类型。他们分析并研究了不同类型的非均布水压对其上覆隔水岩层的破坏特征及其诱发突水的条件，得出非均布水压力对隔水岩层的破坏程度明显小于均布水压的重要认识。在相同水压力的条件下，不同的非均布水压作用方式，对其上覆隔水层的破坏程度有明显差异，在煤层走向上水压作用范围越大则底板破坏范围和深度越大，在煤层倾向上水压的作用范围对于底板破坏范围及程度的影响相对较小。

4. *岩体渗流破坏的数值模拟研究*

随着计算机技术的发展，数值模拟方法在岩石渗流力学领域中得到了越来越广泛的应用，由此也产生了许多数值计算方法。数值模拟方法可以综合考虑多方面因素，且其计算结果具有直观、可视化等优点。

应用传统的弹塑性理论和有限元方法，一般是分析并计算弹性和塑性区，建立塑性变形和渗透率的关系方程来解释渗流-应力的演化机理。针对突水的渗流-应力耦合作用机理，一般需要在 FLAC、UDEC、Comsol、RFPA 等商业程序或者基于弹塑性力学、断裂力学和损伤力学理论的数值模型中引入介质断裂、损伤判断准则，嵌入描述介质破坏膨胀区的渗透性-损伤演化方程，研究水力劈裂或突水过程的渗流-损伤耦合行为。该方法通过判断塑性区或由变形引起的渗透性的改变来定义突水通道，但对于破坏后水压力的导升传递作用机理并没有进行深入讨论。

而在基于线弹性或非线性的断裂力学理论的数值分析中，一般假设材料是连续的，预测裂纹萌生的基础在于将计算出的应力强度因子与岩石的断裂韧度做比较。它的缺点是不能预测裂纹的萌生，同时对于某些假定的初始裂纹、裂纹本身的临界尺寸、本构关系(应力与裂纹张开位移之间的关系)则需要人为确定。目前已建立的基于断裂力学的数值模型有分离裂缝模型、分布裂缝模型和内嵌单元裂缝法。黄润秋、朱珍德和胡定等应用断裂力学方法或数值模型研究隧道开挖、矿山开采、带孔的圆环油压胀裂等水力劈裂现象，探讨了水压力对裂纹扩展的力学机理。

连续损伤力学是研究材料和结构损伤、破坏过程机理的重要工具，在岩体力学领域得到了应用，显示出良好的发展前景。杨延毅、周维垣、朱珍德等建立了裂隙岩体渗流场与损伤场耦合的分析模型，并成功应用于边坡渗流破坏、矿井突水灾害机理的模拟方面。

此外，L. Li等用Particle模型耦合渗流压力来研究水压致裂过程。该模型实际上是一种细观力学模型，该模型的主要优点是具有描述细观结构微裂纹力学特性的能力，能把岩石宏观力学行为和裂纹发展的微结构机理相联系。

5. 煤层底板水害防治技术研究

基于对矿区水文地质条件的认识和煤矿突水机理的研究，预防煤矿突水需及时采取有效合理的防治水技术措施。目前，底板水害防治主要有以下几大类。

(1) 底板水害的监测预警技术。除日常的水情预测预报外，矿井通过装备水文动态监测与水害预警系统对底板水情的异常变化情况进行预警，同时微震监测系统、电法实时监测系统也应用到了水害防治领域。

(2) 带压开采。通过对水文地质条件的探测、带压开采评价等，底板隔水层厚度足以抵抗矿压和水压的联合作用，完整岩层带可有效阻止承压水上涌，则可实现带压开采。我国大部分受底板水威胁的矿区均开展了带压开采实践。

(3) 疏水降压。在一定的水文地质条件下，通过疏降含水层水头，降低底板承受的水压值，从而实现有条件的带压开采。近年来，随着水环境和水资源保护力度的加强，疏水降压方法受到了一定的限制。

(4) 留设防水安全煤岩柱。通过留设底板防水安全煤岩柱，或人工加固隔水层、改造含水层的方法，使煤层底板满足留设防水煤岩柱的尺寸要求。

(5) 控水开采。通过实施短壁开采、条带开采、充填开采、卸压开采等特殊的控水采煤方式，实现承压水上安全回采。

(6) 底板区域注浆。通过常规钻探或定向钻进技术成孔，采用注浆的方式对底板隔水层或含水层实施工程化加固、改造，从而实现封堵突水水源，截断导水通道及加固地层的目的。

综上，我国学者对承压水体上采煤及底板水害的研究不断深入，治理技术先进，形成了一系列体系化的理论、方法和技术，取得了丰富的实践经验，某些领域已领先世界。

1.4　承压水上采煤的研究趋势

1. 承压水体上采煤透明地质构建研究

煤矿地质工作是底板水害防治的基础，采用空、天、地、井全空间探测方法，提高勘探精度，获取全地质空间数据，推进精准三维地质建模技术研究，以可视化方式展现承压水体上开采面临的突水“弱面”区域，为采掘工程、防治水工程布置提供可靠依据，提高防治水工作的精准度。重点研究新的、高精度的地质构造及富水体地球物理探测技术，推进研究定向钻探技术在承压水体上采煤勘查领域的应用及其在实践过程中发现的工程难题。

2. 煤层底板岩体移动变形破坏的时空关系规律

⑴结构岩体的力学效应。研究采动结构岩体的力学效应，要把煤矿作为一个大的试验场所，在复杂的岩体结构中研究岩体变形和破坏规律。岩体的结构面、结构体特征、内部节理、裂隙分布规律与采动应力集中的破坏条件密切相关，只有以现场作为试验基点，才能获得可靠的数据，达到应用科学解决生产问题的目的。

⑵结构岩体的时间效应。在矿压和水压的联合作用下，岩体的破坏有一个渐变过程，随着开采空间的移动，岩体内应力状态的变化很复杂。岩体的结构性质不同，赋存状态不同，采动时间、空间条件不同，其破坏规律也不同。只有立足于采动岩体的动态规律才能从本质上认识结构岩体的时间效应。

⑶结构岩体的岩石效应。岩石是岩体的参照物，岩体是岩石的映衬物，两者仅有相似之处，却无相同之处。只有参照结构岩体的时-空条件认识岩体的岩石特征，才能正确指导研究工作。

⑷结构岩体的微观效应。结构岩体的微观裂隙导水在采动底板突水中起到重要作用，岩体的微观破坏引起宏观变形，前者为后者的原因。故深入研究岩体的微组分、微结构、微破坏，为宏观上认识底板突水开辟了一条新的研究途径。

⑸底板岩体破裂能量与其破坏力关联机理的研究。微震监测底板不同岩性地层的微震事件的能量等级也不同，研究不同岩性岩体(石)破裂临界状态的能量转换特征，形成底板岩层破坏的“力-能”协同机理是基础理论研究的方向之一。

⑹结构岩体的综合效应。结构岩体的采动效应是在采动应力场与承压水动力场的相互作用下表现出来的，是矿压、围压、水压、温度及本身结构综合作用的结果，只有在具体条件下研究具体的岩体综合效应，才能获得满意的研究结果。

3. 深部高水压-矿压作用下底板突水的动态过程研究

基于深部开采岩体的力学特征，利用先进的监测仪器等手段对底板岩体、水体性态进行测试，加强研究岩体内部裂隙的动态演化规律，探究深部复杂地应力、高水压对承压水突破隔水层的作用机理，获取流固耦合条件下岩-水的相互作用规律。

4. 全空间矿压-含水层联动的实时动态监测系统

进入下组煤或深部开采后，矿山压力的显现规律具有其自身特点，矿压对底板的作用将影响底板岩体空间性态的变化，因此需要研究底板岩体受力状态与承压水含水层水文地质变化的联动特征，寻找两者间纽带性的预警指标，形成统一的实时在线监测系统。

5. 研发高效的工程化治理工艺与装备

研发高效、可靠的探查及注浆装备，特别是高精度物探设备及大功率、适应性强的定向钻探技术装备，研发全程自动化注浆装备与区域治理工艺及其治理效果的多场联合检测技术；底板突水后的救援难度大，因此针对底板突水的特点，研发可靠的救援装备，如井下机器人等。

上述研究方向是解决煤矿底板岩溶水害的基础和前提，只有理论研究与实践相结合才能从本质上认识煤矿底板岩溶水的突水机理，为选择合理的水害防治方法、指导矿井安全生产提供依据。

第2章 底板突水的物源基础与主控因素

2.1 可溶岩石与岩溶作用

自然界中常见的可溶性岩石主要有碳酸盐岩、硫酸盐岩、卤化物岩等，我国华北地区煤田常见石炭系太原组灰岩、奥陶系、寒武系灰岩，一般是下组煤开采的沉积基底。当水流在灰岩中流动时，沿可溶岩层的原生孔隙、裂隙、层理、构造裂隙等，通过水化学交替溶解作用，在优势水流的作用下可形成溶蚀-管道流，进而形成局部空洞、溶洞，在上覆地层的重力作用下经扩径、崩塌、充填等过程形成溶蚀通道和陷落柱。我国北方的岩溶一般为溶蚀裂隙系统，南方则较多地分布有管道-通道溶蚀系统。

溶蚀作用的关键因素为大自然中的 CO_2。袁道先提出了岩溶作用过程的“气-液-固”三相转化模型(图 2-1)。

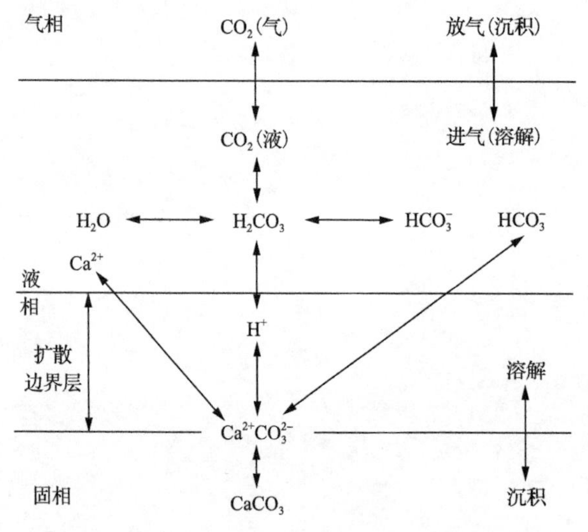

图 2-1 岩溶动力系统“气-液-固”三相转化模型

它包含的可逆反应有以下几种。

(1) CO_2(气)、CO_2(液)，即气相 CO_2 溶解于水或液相 CO_2 转换成气相逸出，两者通过亨利定律 CO_2(液)= $K_h P_{CO_2}$ 建立联系。

(2) CO_2(液)+ H_2O、H_2CO_3，即液相 CO_2 与水结合为碳酸或碳酸发生水解，它们之间的关系为 CO_2(液)= K_0(H_2CO_3)。

(3) H_2CO_3、H^++HCO_3^-，即碳酸分解产生氢离子和碳酸氢根离子或沉淀发生可逆过程，它们之间的关系为 $(H^+)+(HCO_3^-)= K_{H_2CO_3}(H_2CO_3)$。

(4) $CaCO_3$(固)、$Ca^{2+}+CO_3^{2-}$，即碳酸钙发生溶解，可逆过程即碳酸钙沉淀，质量作用方程为 $(Ca^{2+})+(CO_3^{2-})=Kc$(碳酸钙溶度积)。

(5) CO_3^{2-}+H^+、HCO_3^-，即发生溶解反应时反应(3)产生的氢离子与反应(4)产生的碳酸根离子结合成碳酸氢根离子，使得溶解反应(4)能继续进行，或沉积时为可逆过程。质量作用方程为 $(H^+)+(CO_3^{2-})=K_2(HCO_3^-)$。

当地下水在灰岩中流动时，地下水对方解石的侵蚀性因环境中的 CO_2(如土壤中的 CO_2)不断扩散补充而得到恢复；碳酸盐成岩矿物的溶解过程因有 CO_2 的参与，即使没有外界 CO_2 的扩散补充，地下水也会因两种不同矿化物的水流混合而出现混合侵蚀，这一现象正是煤矿深部岩溶承压水的发育机理。

可见，我国煤层底板突水的物源基础为可溶性碳酸盐岩类等可溶性岩石，灰岩岩溶的发育程度与所处的地质环境息息相关，因地而异。

2.2　华北地区灰岩的分布规律

研究煤矿水害的基础是掌握我国煤矿区可溶性灰岩的分布规律。以华北型煤田为例，韩德馨、杨起、王梦玉、章至洁等地质学家研究了煤系地层与灰岩的分布规律。

我国自太古代以来南北方都有较广泛的碳酸盐岩物质沉积，在元古代碳酸盐岩得到进一步扩展，到了震旦纪和寒武纪，碳酸盐岩地层在中国已普遍沉积，而奥陶纪可以说是中国碳酸盐岩形成的鼎盛时期，沉积了一套巨厚的具有奥陶系各种类型的碳酸盐岩，其中以石灰岩为主，其次是白云质灰岩和白云岩。在中国北方由于中奥陶世后期地壳上升，奥陶纪地层遭受了不同程度的侵蚀，各地所余层位不一，上奥陶统在大部分区域都已被风化剥蚀，中下奥陶统保留较全。中国北方石炭二叠纪煤系地层的绝大部分是直接沉积于奥陶纪灰岩之上，如图 2-2 所示，岩溶分布的剖面如图 2-3 所示。由于中奥陶纪灰岩岩溶发育，水量丰富，水压高，特别是当煤层底板隔水层厚度不大，矿区又位于岩溶水系强径流带及其附近时，中奥陶统灰岩岩溶水将是造成矿区水害的主要因素。中国北方石炭二叠系碳酸盐岩发育的总体特点是层数多、厚度小、以石灰岩为主，因其厚度小，岩溶不甚发育，所以灰岩的富水性受到奥陶纪灰岩岩溶水的控制。

1. 煤系夹层灰岩的分布规律

中国北方石炭二叠纪煤系地层中广泛分布着灰岩夹层，其总体趋势是自西北向东南，灰岩层数和总厚度增加，灰岩层数由 2～3 层增加到 14 层以上；总厚度

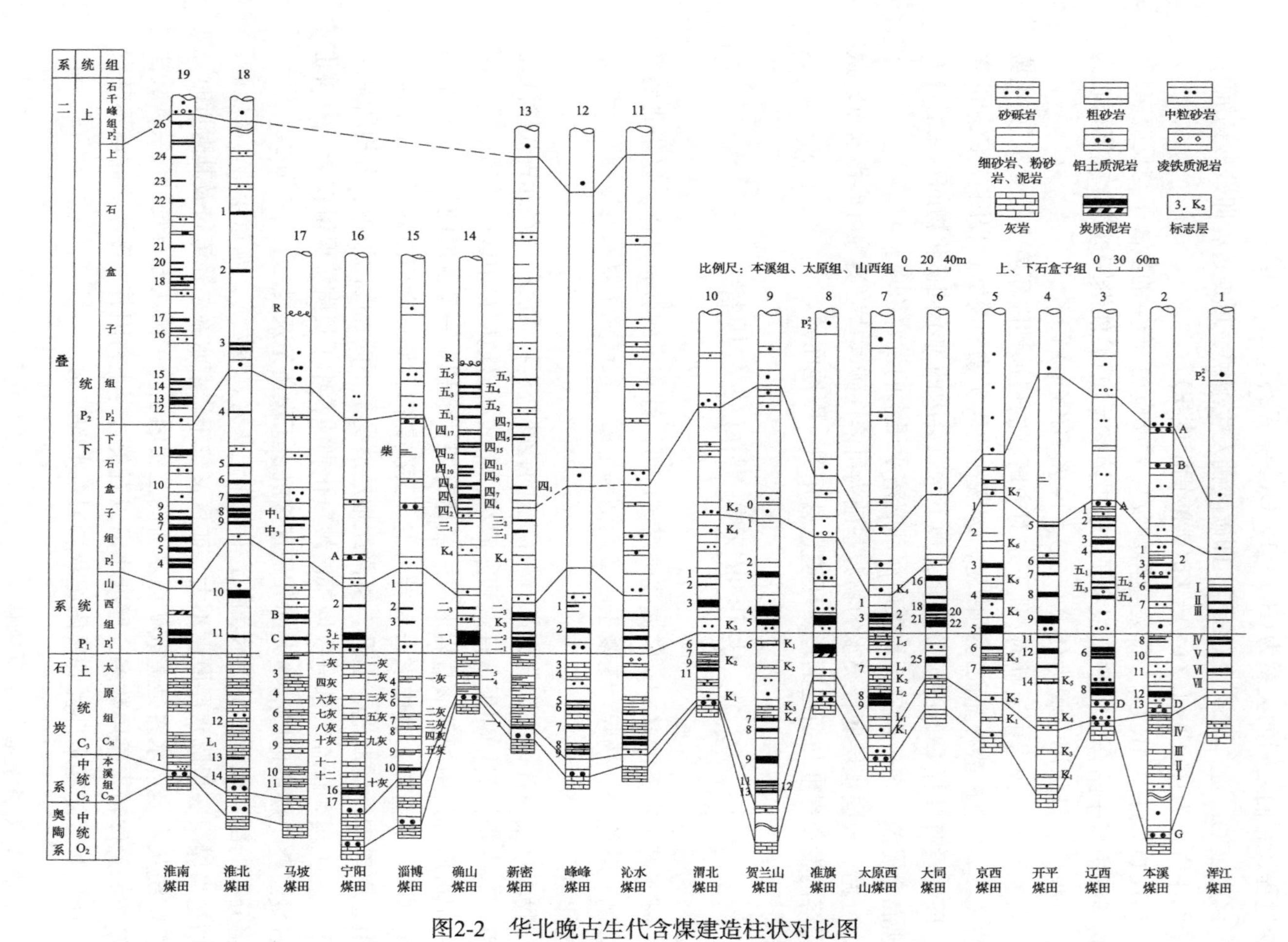

图2-2 华北晚古生代含煤建造柱状对比图

1.砂砾岩；2.粗砂岩；3.中粒砂岩；4.细砂岩、粉砂岩、泥岩；5.铝土质泥岩；6.凌铁质泥岩；7.灰岩；8.煤层炭质泥岩；9.煤层标志层编号

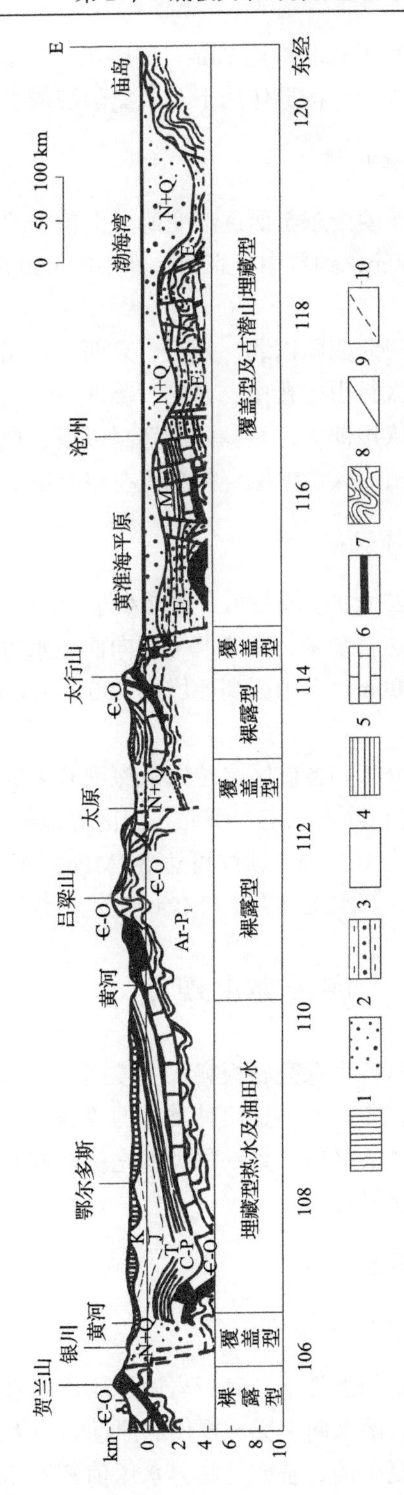

图2-3　华北地区岩溶水埋藏剖面

1.第四系黄土；2.新生代凹陷，第四系与新近系沉积；3.古近系沉积；4.中生代碎屑沉积；5.石炭系、二叠系碎屑沉积；6.寒武系、奥陶系碳酸盐沉积；7.震旦亚界（其中约50%为碳酸盐沉积）；8.前震旦结晶基底；9.古近系发育的断裂；10.新近系和第四系断裂带由 5m 以下增加到 60m 以上，到了皖北可达 70m。夹层灰岩的富水性除与厚度、岩溶等因素相关外，还主要取决于在构造作用下与中奥陶统灰岩的水力联系。

2. 中奥陶统灰岩厚度的变化规律

中国北方中奥陶统灰岩的厚度由东至西逐渐变薄，由鲁中的 700～800m，到太行山东麓、苏北、鲁南的 600m，到晋中、京西、豫中的 400m，到淮南、豫西的 200～300m。

从区域沉积规律来看，在河北曲阳以北、开滦、京西、轩岗等煤田，中奥陶统灰岩最上部的峰峰组缺失。太行山、晋中、鲁中、苏北、皖北的峰峰组由北向南变薄，至太行山南麓的焦作煤田缺失，至豫西的登封以南，奥陶系灰岩已无沉积，平顶山、禹州、临汝等煤田的煤系地层直接沉积在寒武纪地层之上。

3. 中奥陶统灰岩水位的分布规律

中奥陶统灰岩的水位标高以华北平原最低，通常小于 50m，如徐州为 30.4m，兖州为 34m，往东至鲁中山区达百余米，由华北平原向西北水位高程呈有规律地升高，太行山东南麓在 100～200m，至山西高原增至 400～700m，大同、宁武、乌海一带水位高程超过 1000m。

根据中奥陶统灰岩的水位分布和各矿区水位以下深度开采的资料，北方各矿区所承受的中奥陶统灰岩水压值(除晋东南、渭北、河南等地外)均小于 2MPa，越往东部，水压越高，如开滦达 10MPa，新汶可达 5.7MPa，枣庄为 4.3MPa，太行山东麓及山东省各大水矿区，其水压均在 2.6MPa 以上。

2.3 底板突水现象

底板涌(突)水事件的显现特征是探究底板突水主控因素和突水机理的基础。岩溶承压水在水压和矿压的联合作用下，在两种类型的“弱面”区率先突破，一种类型为抗压性低的薄隔水层弱面区段，另一种类型是构造弱面区域。两种弱面的突水现象既有相同点也存在差异性。

2.3.1 薄隔水层弱面区的突水现象

1. 底板薄隔水层的承压水突破现象

在煤层底板隔水层厚度一定的条件下，底板岩溶承压水的水压值越高，底板突水的概率越大，水压为底板岩溶水向上突破提供的原动力越大。

煤矿的地质和开采条件是复杂的，各矿的临界水压值都不相同，就同一个矿来说，各工作面也有差异。因此，仅靠理论计算很难确定一定隔水层厚度条件下对应的临界水压值，只能通过突水的统计资料找出经验值。图 2-4 为焦作、淄博、峰峰、井陉矿区底板隔水层厚度与临界水压值的关系曲线。各曲线根据焦作(121 次)、淄博(109 次)、峰峰(28 次)、井陉(33 次)矿区的突水资料绘制而成，基本反映了我国北方岩溶矿井开采时底板隔水层厚度与临界水压值之间的相互关系。一般来说，煤层埋藏深度越大，底板承受的水压力值越大，突水的可能性就越大。隔水层薄的区域，临界水压值越小，因此小量级的水动力即可攻破薄隔水弱面区。

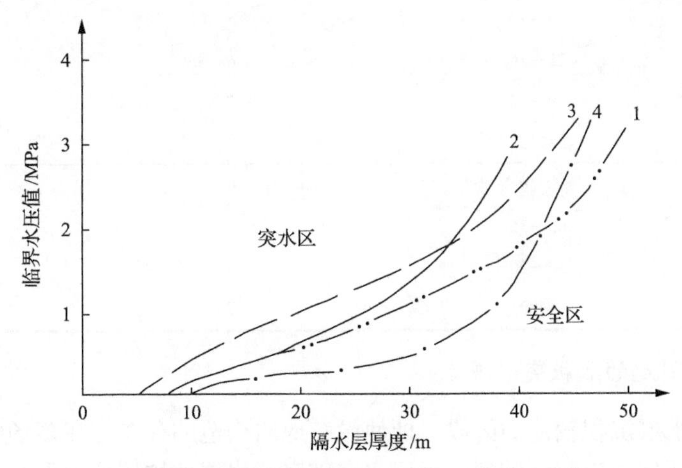

图 2-4　底板隔水层厚度与临界水压值关系曲线

1. 焦作矿区；2. 峰峰矿区；3. 井陉矿区；4. 淄博矿区

煤层底板至灰岩承压含水层间的地层为承压水上采煤的相对隔水层，它是抵抗矿压和水压的关键地质屏障。由图 2-4 可知，在一定的水压值下，底板隔水层厚度越大，越靠近安全区，即底板突水的可能性越小，安全度越大；底板隔水层厚度越薄，越靠近突水区，即底板突水的可能性越大，安全度越小。表 2-1 列出了当底板承压水的水压值为 1.5MPa 时，底板隔水层厚度与突水次数的关系。表中例子反映出底板隔水层厚度越薄越易引起突水的共同特点。

表 2-1　薄隔水层弱面底板与突水次数的关系

矿区	底板隔水层厚度/m	突水次数/次	占比/%
焦作	＞32	0	0
	32～30	2	10
	30～25	3	15
	25～20	5	25
	＜20	10	50

续表

矿区	底板隔水层厚度/m	突水次数/次	占比/%
淄博	＞36	0	0
	36～30	5	25
	30～20	6	30
	＜20	9	45
峰峰	＞32	0	0
	32～25	5	18
	25～20	6	22
	20～15	7	26
	＜15	9	34
井陉	＞40	0	0
	40～30	2	13
	30～20	6	40
	＜20	7	47

2. 底鼓引起的底板突水现象

相对隔水层沉积较薄的区段，即使没有地质构造的存在，在多场应力耦合作用下也可导致底板鼓起、破裂，承压水突破底板岩层的抗压能力而突入井巷，使得井巷出现涌(突)水现象。据不完全统计，底板突水伴随底鼓的现象占底板突水总数的 66.7%以上，煤矿底板突水的底鼓现象是底板突水中的一个重要特征，这种现象在华北煤矿经常发生，部分矿区的突水底鼓统计次数见表 2-2。

表 2-2　华北部分矿区底鼓统计表

矿区	突水次数	底鼓次数	底鼓突水率/%
井陉	39	28	72
峰峰	23	16	70
焦作	495	325	66
开滦	9	7	77
邯郸	15	11	73
淄博	151	101	67
渭北	28	19	68
邢台	11	9	82
鹤壁	7	5	71
轩岗	9	6	67

从底板鼓起到突水有一个渐变的过程，通常存在 4 个阶段——渐增阶段、持续阶段、鼓起阶段和破裂突水阶段。底板岩体受矿压作用，其应力传递、岩层变形和破坏需要有一个时间过程，底板移动量随时间推移而逐渐增大，当其大于底板岩层的抗压极限后，岩层发生底鼓、破裂，该过程伴随着底板涌水量的不断增加，直至形成突水灾害。以郑州矿区某矿为例，底板底鼓量和出水量曲线如图 2-5 所示。

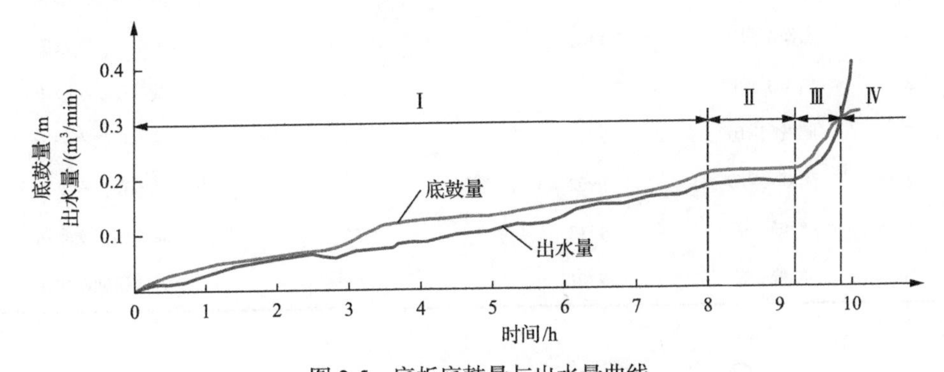

图 2-5　底板底鼓量与出水量曲线

Ⅰ. 渐增阶段；Ⅱ. 持续阶段；Ⅲ. 鼓起阶段；Ⅳ. 破裂突水阶段

巷道突水现象表明，其突水过程与上述采场的突水具有相似性。一般来说，底板突水通常伴有底鼓现象，底鼓是突水的必然结果，但突水不一定必然由底鼓引起，也可能是矿山压力集中、岩层松软等其他因素所致。

3. 工作面周期来压引起的底板突水现象

在正常的地质和开采条件下，工作面的周期来压或初次来压与底板突水密切相关。多数工作面底板突水发生的时间是在基本顶第一次来压和周期来压时。由于各矿区具体的地质条件和围岩的物理力学性质不同，工作面来压的步距也不同。就华北岩溶矿区而言，一般石炭系地层顶板的初次来压步距为 15～20m，二叠系砂岩顶板为 25～35m。从表 2-3 可以看出，工作面基本顶初次来压引起的底板突水点突水占突水总数的 65%以上，二次来压占 25%左右。图 2-6 反映了华北某矿区工作面突水次数与开采工作面距切眼距离之间的关系。工作面突水点主要分布在基本顶初次来压和二次来压的范围内，以后次数则较少。

工作面突水量有时表现出与矿压同步变化，数量通常在初次来压时最大，以后逐渐减少。以山东淄博某矿 183 工作面为例，该工作面斜长为 80m，底板隔水层厚度为 52m，水压力值为 3.5MPa。当工作面距切眼 24m 时，基本顶初次来压，工作面煤壁下方距下顺槽 8m 处底板出水，突水量峰值为 1.3m^3/min。当开采至 40m

表 2-3　部分矿井工作面突水时间、距离统计表

序号	矿名	工作面编号	突水点距切眼距离/m	矿压情况
1	焦作演马庄矿	12121	31	基本顶初次来压
2	焦作演马庄矿	1231	37	基本顶二次来压
3	焦作演马庄矿	1281	29	基本顶初次来压
4	焦作演马庄矿	1211	35	基本顶二次来压
5	焦作王封矿	1441	25	基本顶初次来压
6	焦作王封矿	136	30	基本顶初次来压
7	肥城陶阳矿	9901	17	基本顶初次来压
8	肥城陶阳矿	9902	20	基本顶初次来压
9	峰峰一矿	1532	35	基本顶二次来压
10	峰峰一矿	2701	25	基本顶初次来压

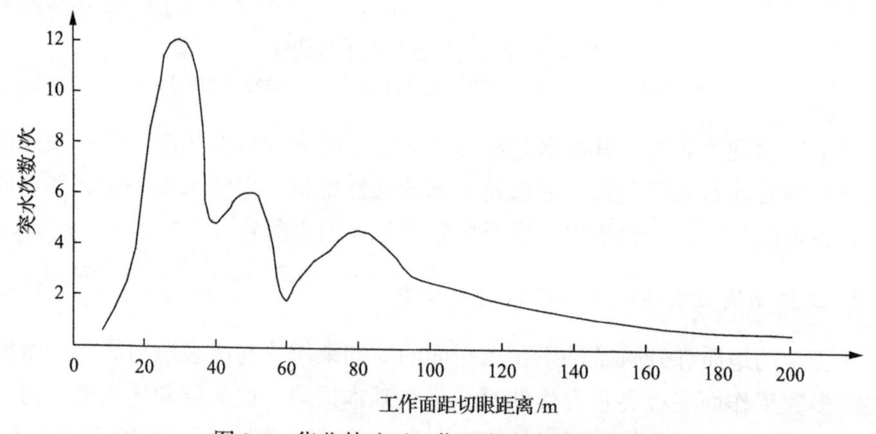

图 2-6　华北某矿区工作面突水次数分布曲线

时，基本顶二次来压，在工作面中部、下部底板两处出水，突水量峰值为 $0.9m^3/min$。以后，每当工作面基本顶出现周期来压，底板便出现突水，但水量逐渐减小，由 $0.9m^3/min$ 减至 $0.2m^3/min$，如图 2-7 所示。表 2-4 为该工作面的矿压与突水点位置和水量之间的关系。据淄博矿区的 144 次底板突水统计，有 90 次都是在斜长 80～100m 的工作面推进至 25～30m 顶板初次或周期来压时引起的底板突水。

4. 采煤工作面和煤壁处引起的底板突水现象

根据对焦作、峰峰、淄博、邯郸、井陉、徐州、新汶、肥城等 9 个矿区部分矿井回采工作面底板出水等资料的分析表明，在工作面内及上、下出口附近，切眼处、停采线处的煤壁附近易发生底板出水，且出水多出现在工作面正常回采或开始回采至顶板初次来压时。据统计，工作面开始开采至初次来压时有 15 个突水点，其中半数以上靠近工作面煤壁处，如图 2-8(a)所示。工作面正常回采时有 22 个突水点，其分布位置与前面大体相同，如图 2-8(b)所示，大部分靠近工作面煤壁，有些在距煤壁 2～6m 处，其次是下顺槽，而上顺槽则较少。从表 2-5 可以看出工作面突水点的分布情况。另外，当工作面及其附近断裂发育时，底板突水的概率则会大增。

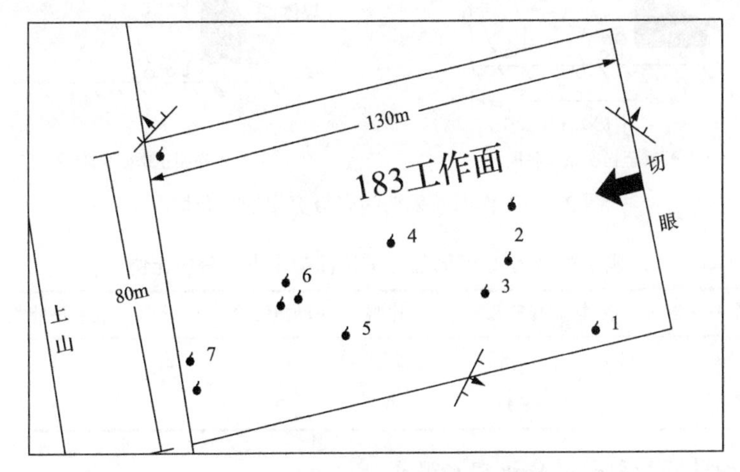

图 2-7　183 工作面突水点分布图

表 2-4　183 工作面突水点位置、水量与矿压关系

出水点编号	距切眼距离/m	在工作面的位置	突水峰值水量/(m^3/min)	矿压情况
1	24	距下顺槽 8m	1.3	基本顶初次来压
2	40	中、下部	0.9	基本顶二次来压
3	55	距下顺槽 14m	0.7	基本顶周期来压
4	74	中部	0.5	基本顶周期来压
5	93	下部	1.0	基本顶周期来压
6	111	中部三水点	0.6	基本顶周期来压
7	129	中下部二水点 上顺槽一水点	0.2	基本顶周期来压

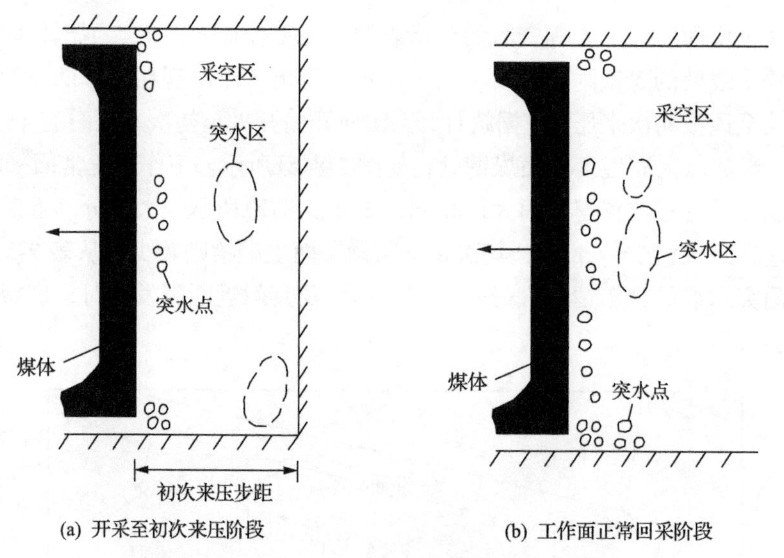

图 2-8 工作面回采期间底板突水的分布情况

表 2-5 9 个矿区的部分工作面突水点的分布比例

开采阶段	突水点数/个	煤壁处/个	占比/%	下顺槽处/个	占比/%	上顺槽处/个	占比/%
开采至初次来压	15	8	53	4	27	3	24
正常回采	22	11	50	7	32	4	18

5. 采面悬顶距引起的底板突水现象

据北方部分矿区突水资料的统计，工作面按正循环回采时的悬顶距一般不超过 5m，如超过正常循环悬顶距的 2～3 倍，就可能引起底板突水。随着地质条件的变化，悬顶距虽有些差异，但突水悬顶距与正常悬顶距比值的差别却不大。表 2-6 为峰峰矿区 4 个工作面底板突水悬顶距的实测数据。

表 2-6 峰峰矿区 4 个工作面底板突水时悬顶距的统计数值

工作面编号	正常循环悬顶距/m	突水悬顶距/m	突水悬顶距与正常悬顶距之比
2674	2.4、4.8	13.0	2.7、5.4
2673	4.5	10.0	2.2
2682	2.1、4.3	15.0	3.5、7.1
2701	2.4、4.8	13.6	2.8、5.7

我国北方部分矿区工作面突水悬顶距的最大值见表 2-7。由工作面悬顶距过大引起的底板突水通常为滞后型突水，当工作面悬顶距达到突水悬顶距时，便引起底板突水。

表 2-7　北方部分矿区突水悬顶距统计

矿区	突水悬顶距/m
焦作	20～25
淄博	15～20
井陉	30～40
邯郸	20～25
肥城	10～15
峰峰	10～15

2.3.2　构造弱面区的突水现象

煤系地层在内外动力地质作用下发生变形、错位，形成面状、线状、断裂体等几何体形迹，如断层、陷落柱、褶皱、节理、破碎带、冲刷带等，这些地质构造破坏了煤层顶底板的完整性，形成天然的“弱面区”，在矿压和水压的作用下，此类弱面区突水占工作面突水的九成左右，是底板突水的主要类型。一般来说，在工作面矿压作用范围内，有断裂存在会增大底板突水的概率。本节分别以断层和陷落柱突水现象介绍构造弱面的突水现象。

1. 断层引起的底板突水现象

断层提供了良好的突水通道；断层减小了隔水层厚度，导致底板隔水岩段的强度降低；断层诱使承压水进一步导升，故断层弱面区是容易发生底板突水的区域。断层及其附属裂隙带作为导水通道将承压含水层的水导入采掘工作面，其可分为导水断层和非导水断层，当井巷接近导水断层弱面区时，会发生提前涌水或接触即大量涌水的现象；当采掘活动接近或越过非导水断层弱面区时，在矿压作用下可使得非导水断层活化，出现“滞后”出水现象，或者矿压和水压不足以活化断层，此时断层弱面区则可以安全通过。断层弱面的突水过程如图 2-9 所示。

当工作面内有断裂时，在矿压作用下会进一步引起断裂“活化”，从而导致底板突水，并使突水次数增加。在底板隔水层厚度相对较大，底板水压力值又相对较小时，一般不会突水，若存在断裂，再加上矿压作用就有可能引起突水。例如，肥城矿区陶阳煤矿 9910 工作面，煤层下面距徐家庄灰岩 22m，水压值 0.6MPa，正常开采时未出现底板突水。当工作面推进至 17m，基本顶初次来压，又遇一条 0.5m 落差的断裂，进而导致底板突水，突水量峰值达 8.33～15m^3/min，如图 2-10 所示。

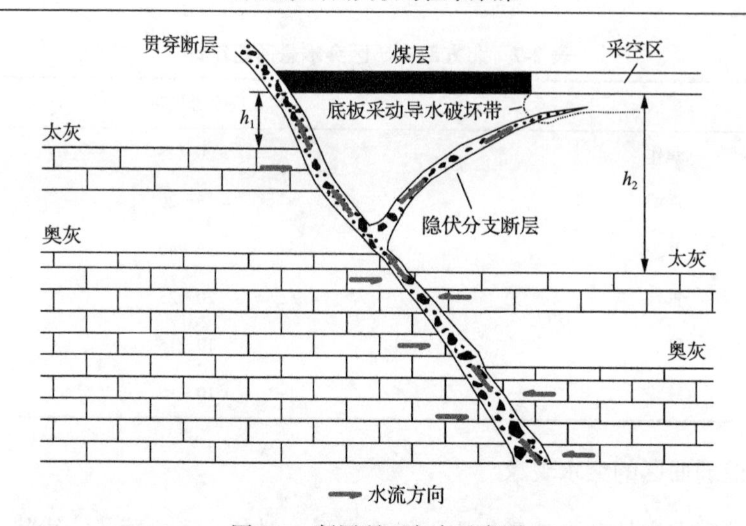

图 2-9　断层弱面突水示意图

$h_1<h_2$，正断层上盘下降导致煤层与灰岩含水层间距减小

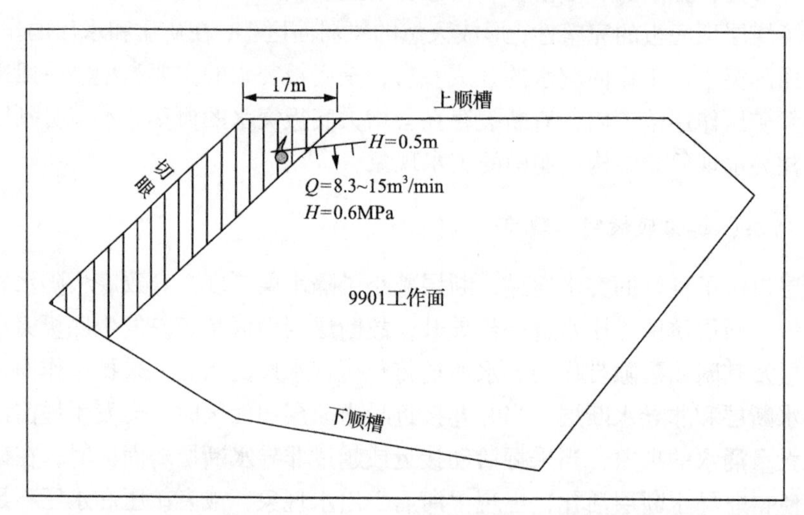

图 2-10　9910 工作面突水的平面示意图

由于各个矿区所处的地质应力场及大地构造发育程度和分布的差异性，由断层引起的突水次数占总突水次数的比例为 58%～95%，其中多以中小型断层突水为主，其原因是对大型断层的控制程度高且采取了留设隔离煤柱等措施。一般采用地面三维地震勘探或井下槽波等勘探方法对矿井进行断层等构造的探查，但是并不能保证探明所有断层等的不连续弱面。因此需要高度警惕隐伏断裂区或破碎区，一旦此类弱面发生突水，由于准备不足，易形成灾害性涌水，其隐蔽性、致灾性、破坏性比较强。

实践表明，在煤矿生产过程中，掘进突水次数占比达 60%以上，多于回采突水的次数，这是因为在巷道开拓和工作面巷道掘进的同时，实际上也是一个构造探查的过程，大部分贯穿性断层可以通过掘进巷道揭露，因此掘进阶段的突水事件多于回采阶段，而回采阶段多发生隐伏断裂带突水。

而对于断裂带自身而言，其不同位置的突水概率也有差异，其与断裂区所受地应力、地层破坏程度、裂隙连通性等息息相关。据井陉矿区统计，沿断层面的突水占断裂突水的74%，断裂破碎带突水占23%；在几组断裂交叉部位的突水占断裂突水的54%，尖灭处占16%，拐弯处占10%。井陉三矿在井下掘进时，巷道3次通过落差为2m的一个张性断裂带，底板未突水；而当掘进到断层尖灭处时，放炮引起了巷道的底板突水，突水量峰值为68m^3/min，导致矿井被淹。焦作矿区煤层底板突水多发生在断层的“入”字形主干断层与分支断层的交接处，其突水量峰值通常也较大。河南新密某矿煤层底板突水发生在一背斜轴部，水沿着一对扭动断裂结构面的交叉点涌出，突水量峰值为75m^3/min，几小时就将大巷淹没。

根据资料分析，由于断层与煤层的接触方式不同，突水特征也不相同，断层引起的煤矿底板突水特征见表2-8。

表2-8　断层引起煤层底板突水特征

序号	断层与煤层关系	突水特征
1	断层已切割了开采煤层	一旦采掘工程揭穿或穿过断裂带，将立即引起底板或巷道突水。突水通常为突发性，且水量增加较快
2	断层基本达到开采煤层或充分接近开采煤层	巷道掘进初期，可能不会产生突然涌水。过一段时间后，由于岩体力学平衡条件的改变，会引起突水。回采工作面在矿压、水压的作用下，易形成滞后式突水，水量呈跳跃式上升
3	断层使含水层与煤层对接	一旦巷道穿过断裂带，立即突水。回采时由于预留煤柱过小，采后底板破裂，引起突水。其突水多为滞后式，水量呈递增的特征
4	断层顶距开采煤层或巷道有一定距离	巷道掘进一般不会引起底板突水。但在回采过程中，在矿压、水压的共同作用下可造成底板岩体破裂，引起底板突水。其突水为滞后式，水量一般较小

2. *岩溶陷落柱引起的底板突水现象*

岩溶陷落柱是底板突水的重要突水弱面或弱面体。我国北方石炭二叠纪煤田广泛分布着一种特殊的隐伏构造，即岩溶陷落柱。它是可溶性的岩矿层在一定的地质环境中遭受构造、地应力、地下水(河)等因素的影响而形成的溶洞，而后上覆岩层或围岩受到破坏而塌陷，由于陷落体剖面似锥形柱，故称为岩溶陷落柱。它在我国25个煤田的近60个煤矿区均有分布，典型的矿区有山西省西山、介休、霍州、汾西和阳泉矿区，河北省邯邢、开滦、井陉矿区，河南的焦作、鹤壁、郑州矿区，山东的新汶、枣陶矿区，江苏的徐州矿区及内蒙古的乌海矿区等。

岩溶陷落柱水害具有隐伏性好、突发性强、危害性大、预测防治难等特点，是威胁煤矿安全生产的重大灾害之一。开滦范各庄矿2171综采工作面因揭露陷落柱而引发世界采矿史上罕见的特大型突水事故，最大涌水量达2053m^3/min，是南非德律芳天金矿突水量的5倍，是我国1935年淄博北大井矿突水量(7.4m^3/s)的4.6倍，历时近21h，淹没了一个年产310万t的大型机械化矿井和三个临近矿井。就岩层的阻抗水强度而言，陷落柱为地应力的薄弱环节，它可起到沟通煤层与下伏含水层之间水力联系的作用，从而威胁矿井的安全生产。

1)陷落柱成因及围岩特征

陷落柱的形成主要可分为两个阶段，即溶洞发育阶段和岩溶塌陷阶段，将前者相关影响因素称为基础条件，后者称为进阶条件。岩溶陷落柱的形成条件如图2-11所示。由图2-11分析可知，只有先形成“岩溶腔洞”，再满足一定的

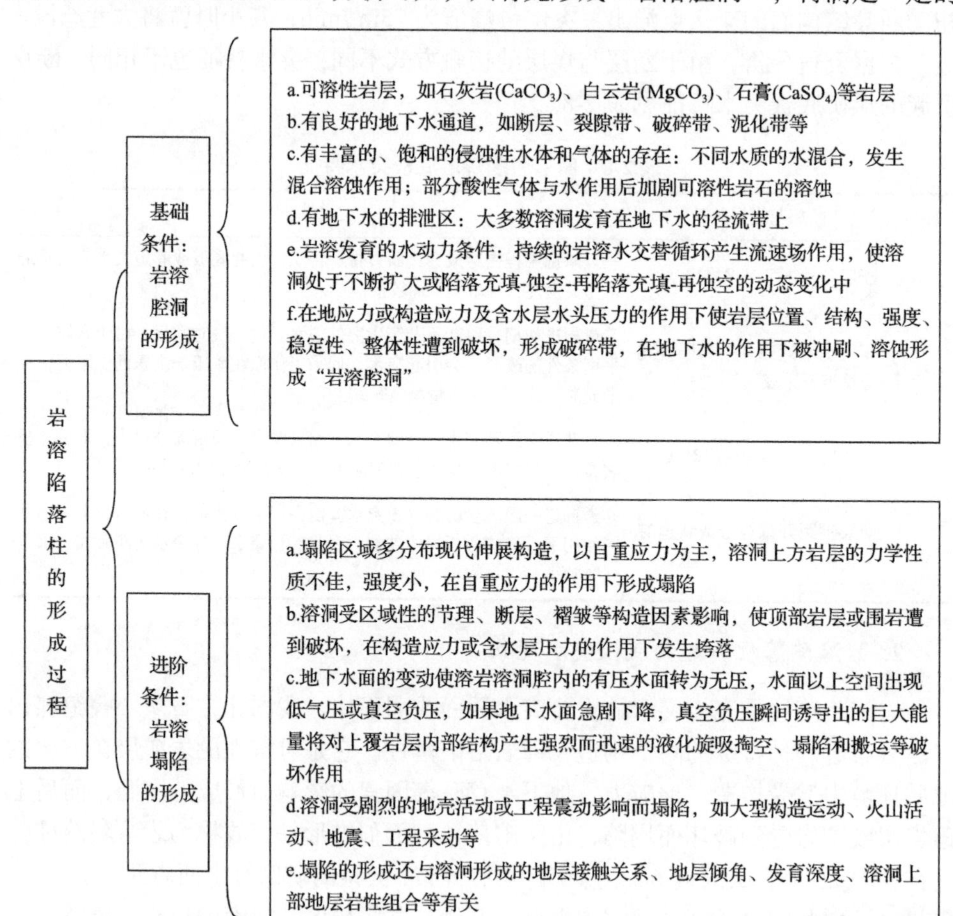

图2-11　岩溶陷落柱的形成条件分析

进阶条件发生塌陷才能最终形成岩溶陷落柱。岩溶陷落柱形成的基础条件和进阶条件决定了其分布区域，陷落柱多分布在灰岩、膏盐类地层中，在构造带、地下水径流排泄区附近集中分布，如山西西山煤田岩溶陷落柱的发育就是这种情况。一般说来，陷落柱的长轴与该地区的主要构造线方向一致，且在断层、褶皱集中的地段，陷落柱的密度一般较高，断层规模越大越易出现陷落柱，褶皱产状越陡峭，陷落柱越发育。在构造带边缘、地下水径流排泄区，陷落柱一般呈带状分布。

陷落柱分为导水陷落柱和不导水陷落柱，陷落柱可作为导水通道，此外还兼有充水体作用。这里须强调指出，随着煤矿开采深度的增加，底板水压值增大，在采动矿压和底板水压的共同作用下，原来的不导水陷落柱也可转化为导水陷落柱，形成较正常岩层更为良好的导水通道，给工作面开采带来威胁。

岩溶陷落柱的充填物为煤系上覆地层岩石，一般呈岩块、岩石碎屑、岩粉状杂乱无章地排列，且随胶结物的不同，有的致密、有的松散，与周围正常地层产状形成明显的对比。陷落柱顶部常有一个未充填的空间，周围还常伴有裂隙断裂构造。实践证明，导水陷落柱发育越多，突水点就越多，这在井陉矿区表现得很明显，见表 2-9。

表 2-9　井陉矿区陷落柱与突水点分布关系

分布	开采面积/km^2	矿别	陷落柱数/个	突水点				备注
				次/min	占比/%	Q/(m^3/min)	占比/%	
北带	5.7	一矿	24	5	13.16	10.20	6.0	次径流带
中带	8.7	二矿、三矿、五矿	31	18	47.37	125.14	73.3	强径流带
南带	3.2	四矿	16	15	39.47	35.33	20.7	次径流带
小计	17.6		71	38	100	170.67	100	

陷落柱形成前存在区域性的 X 剪节理，岩层之间存在着多组节理，软岩层节理的密度较大，硬岩层节理的密度较小。就形态看，陷落柱一般在软岩处扩径，强岩处缩径，形成“糖葫芦”状溶腔(图 2-12)，强岩层的节理面可直接为陷落柱边界。陷落柱的剖面形状与其所穿透的岩石性质有关。当岩层坚硬和裂隙发育时，陷落柱的剖面形状多呈上小下大的柱状，柱面与水平面的夹角多在 60°～80°，如图 2-13 所示。在含水砂层或松散岩层中，陷落柱剖面呈上大下小的漏斗状，其柱面与水平面的夹角一般为 45°～55°，如图 2-14 所示。

实际上，在陷落柱的形成过程中，应力扰动使得围岩形成了小的断裂带、破碎带等，其赋存形态也具有一定的特点。在陷落柱周围，水平径向应力小于正常地层应力，水平切向应力大于正常地层应力，所以在陷落柱周边，沿着断层、节理面等软弱结构面，在垂向自重应力的作用下，易形成正断层，其倾角一般较大，

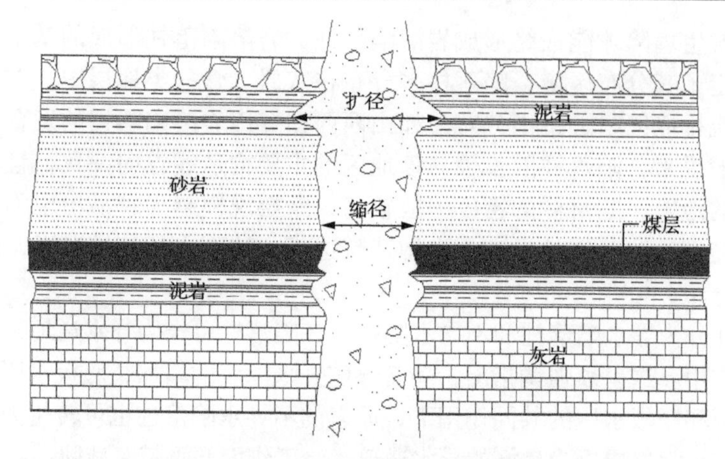

图 2-12　陷落柱的扩径、缩径现象

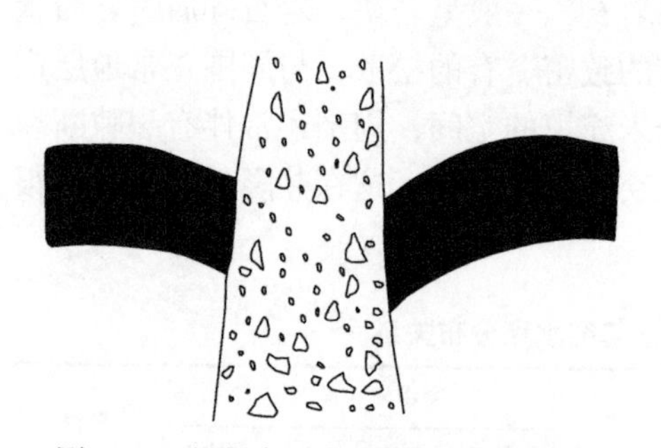

图 2-13　坚硬岩层中陷落柱剖面示意图

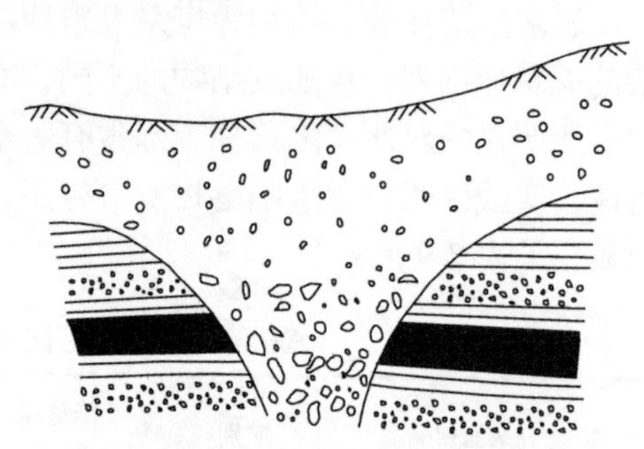

图 2-14　松散岩层中陷落柱剖面示意图

多成组出现。图 2-15 为陷落柱周边正断层形成的力学模型。对于发育在煤层下部的岩溶陷落柱，当煤层接近陷落柱发育的地段时，煤层倾角会增大，倾向于指向柱体，柱体上部岩层形成“凹式”构造(图 2-16)。这种构造的形成是煤层下部岩层由于塌落使其失去支撑而发生弯曲下沉，类似于煤层顶板“上三带”中的弯曲下沉带，层间还可能出现离层。

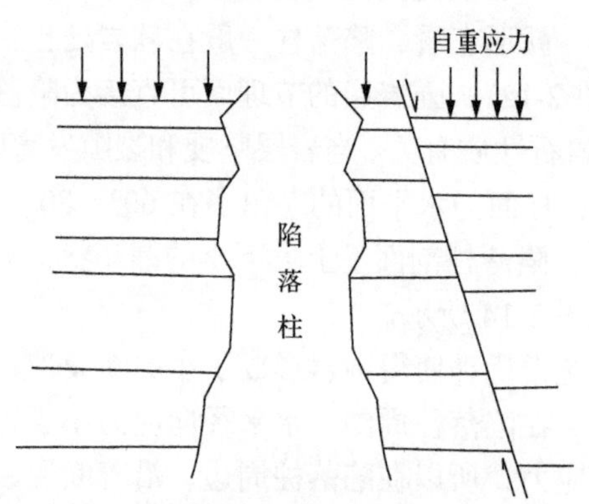

图 2-15　陷落柱周边正断层形成的力学模型

图 2-16　“凹式”构造示意图

在巷道掘进的过程中，在陷落柱发育区域通常展布有断层数量、节理裂隙增多等异常现象，具体的标志一般有以下几方面：

(1)弧形的小型正断层增多，断距小，延展短，且由陷落柱中心向外，从平面上看似环状分布；

(2)节理裂隙异常发育，煤、岩层破碎；

(3)地层产状发生弯曲，煤、岩层在接近陷落柱的区域多倾向于柱体方向分布，如图2-17所示；

(4)煤层异常，出现“凹式”结构；

(5)陷落柱附近煤层、片帮出现淋水加大的状况；

(6)陷落柱附近煤层出现氧化现象等。

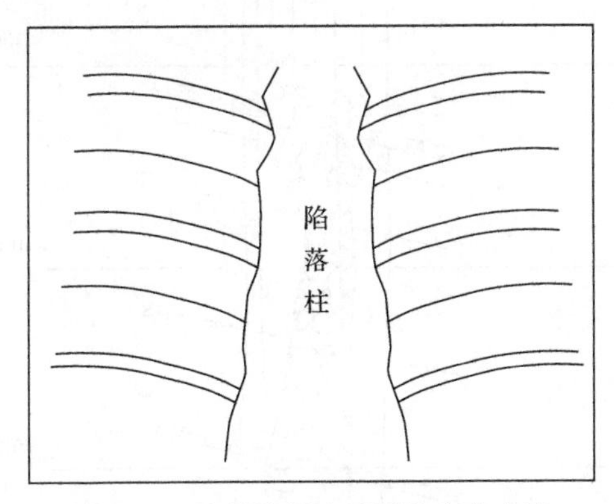

图2-17　陷落柱周边地层的弯曲变形

2)陷落柱突水的典型事故

(1)范各庄矿特大型陷落柱突水事故。

由于陷落柱内的充填物未被压实，柱内的垂向水力联系畅通，可沟通煤层底板至顶板的数层含水地层，所以一旦井巷揭露就会发生突水，水量大而稳定。1984年6月2日，开滦范各庄矿2171综采工作面9号陷落柱突水就属于这种情况。该陷落柱起始于煤层下伏180m的奥灰含水层，沟通上伏数层含水层，柱高为280m，横断面积为1312～2647m^2，柱内岩石破碎、松散、极富水，如图2-18所示。1984年1月开始回采，在开采过程中，为了防尘沿煤层倾斜打钻，当深度至81m时，孔内出水，水量为0.2m^3/min，以后又打一钻至出水部位时，实测出水量为0.59m^3/min，水压值为3.4MPa。接着打了多个煤层探水孔，其中一个钻孔钻至55.86m时，出水量为0.5m^3/min，水压为1.9MPa，并发现孔内有堵塞现象，此时工作面出水量为3.81m^3/min。开采至4月24日时，该孔出水量为4.9m^3/min，以后水量逐渐增至8m^3/min时并保持稳定。地面测得距出水点2300m的奥灰观测水位下降0.2m。5月12日探水孔两侧煤壁裂隙出水，底板也出水。

5月20日探水孔水量减少到1.4m³/min，而且时有时无。此时煤层顶板淋水面积逐渐扩大，有几次小的涌水。截至6月2日10时20分，工作面的风道标高−313m处突然涌水，水量呈跳跃式上升，18时实测涌水量达93.5m³/min。6月3日3时50分，地面奥灰观测孔水位下降14.22m，至4时45分突水处发生巨响，涌水量猛增，淹没了一水平泵房。20h内奥灰观测水位又下降了96.864m，最大降速为0.45m/min。此时，工作面内的突水量已经达到2053m³/min，并迅速淹没全矿井。

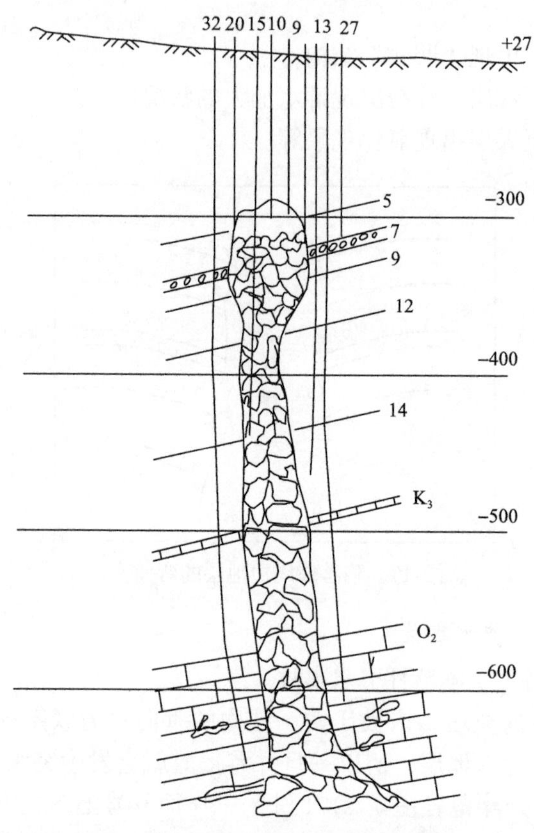

图2-18　范各庄9号突水陷落柱剖面

10～32. 钻孔号；5，7，9，12. 煤层编号；K_3. 灰岩；O_2. 奥陶系灰岩

通过对范各庄矿特大型突水事故进行分析，由陷落柱引起的突水必须具备以下三个条件：一是陷落柱穿过强含水层，二是底板承压水具有一定的水压力，三是陷落柱本身具有较好的导水性。据5个钻孔的资料证实，2171面9号陷落柱是一个正在发育的柱体，顶部悬空高度为8～32m，未充填空洞体积为3.93km³。特别是1976年唐山大地震以后，该陷落柱活动频繁，导水性良好，底板奥灰的含水性极强，水压值达到3MPa以上。从工作面淋水至淹井历时73天，而工作面内大突水仅用了20h55min，淹没工作面与巷道的总体积为54万m³。这一次大突水使

煤炭减产865万t，损失3.76亿元，死亡11人，是世界煤矿开采史上罕见的矿井突水事故。

(2)骆驼山煤矿隐伏陷落柱透水事故。

乌海骆驼山煤矿当时属基建矿井，设计生产能力150万t/a，主要开采煤层为9、16号煤层。2010年3月1日7时许，16号煤层回风大巷掘进工作面发生透水事故，事故发生时矿井建设处于二期工程阶段，底板为泥岩、炭质泥岩，底板下距奥灰层的平均距离为34m(图2-19)。

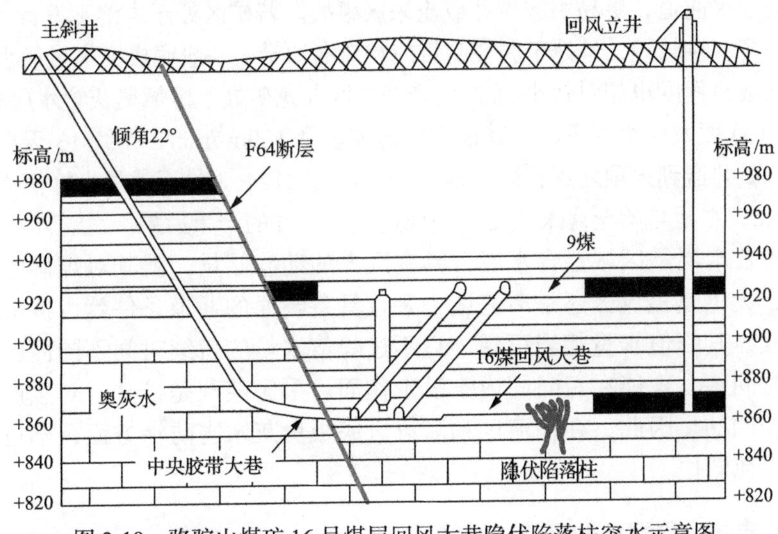

图2-19　骆驼山煤矿16号煤层回风大巷隐伏陷落柱突水示意图

经探查分析，16号煤层回风大巷掘进工作面遇煤层下方隐伏陷落柱，在承压水和采动应力的作用下，承压水突破隔水带形成导水通道，导致奥灰水从煤层底板涌出，估算本次事故的涌水量在起初最大时可达7.2万m^3/h。事故发生时，当班井下共有作业人员77名，死亡32人，7人受伤，直接经济损失4853万元。

该事故留给人们的教训是深刻的。由于该区此前并未发现导水陷落柱，地质勘探期间未发现隐伏陷落柱构造，且该矿此前中央胶带大巷在奥陶系灰岩掘进的过程中也并未发生水害事故，因此麻痹大意，且违反探放水规定，没有进行超前探放水工作，最终造成突水淹井事故。同时，它揭示了该区奥陶系灰岩富水性的不均一特性和构造控水特征，应引起警觉。

2.4　灰岩含水层及其突水初识

2.4.1　灰岩含水层区域的富水特征

奥陶系灰岩含水层为区域性含水层，它具有分布面积广、厚度大、动静储量大等特点。矿区和矿井的水文地质条件探查和分析是研究承压水体上采煤的基础，而矿井所处的岩溶水文地质单元及其补径排条件是底板突水孕育的地质大环境。矿井一般处于奥灰含水层的补给区、径流区和滞流区，故不同水文地质属性区段灰岩的富水性、补给程度、透水能力均有差异。实践表明，无论奥灰含水层处于何种地质环境，奥灰承压水上采煤都需引起足够的重视。对邯郸地区隐伏岩溶含水层水文地质条件进行研究后认为：矿井处于岩溶发育地段，灰岩含水层埋藏在较浅的强或中等径流带，底板突水的水量一般较大。尤其是存在断裂时，含水层与煤层间将形成较好的导水通道，更易引起淹井或淹采区事故。若矿区处于岩溶不发育的地段，含水层的富水性较差，且处于弱径流带或相对滞留带，一般底板突水量较小，对矿井开采的威胁程度也相对较小。例如，峰峰矿区九龙矿处于区域奥灰含水层滞流区，15423N 工作面发生突水事故，其最大峰值突水量 $100m^3/min$，持续 13 天后水量开始衰减，矿井遭到灭顶之灾；同样地，辛安矿 112124 工作面的最大峰值涌水量为 $100m^3/min$，水量自始至终未改变，同样造成了淹井的严重后果。

奥灰含水层是区域性含水层，具有巨大的动静储量，就其对煤矿生产的威胁而言，无论是径流区还是滞流区，一旦具备畅通的通道条件就可造成严重的水害事故，其峰值水量相当可观，只不过峰值水量的持续时间不同而已，但即使涌水时间短，也能在短时间内淹没工作面、采区甚至是矿井，对生产的威胁程度是相同的。因此，在径流区和滞流区底板奥灰水害防治方面，不可区别对待，应一视同仁。

2.4.2 灰岩含水层富水的不均一性特征

地下水动力学将含水介质的透水性随空间和方向变化的特点分为以下几方面：①均质各向同性，如均匀砂和砾石土；②均质各向异性，如均质且发育垂直大孔隙的黄土层；③非均质各向同性，如双层结构的土层；④非均质各向异性，裂隙、岩溶含水介质多属于此类。根据示踪试验及抽水试验，我国北方奥陶系灰岩岩溶含水介质在不同方向地下水的最大流速与最小流速之比可达 5～10，寒武系张夏灰岩含水介质可达 10～30；我国南方岩溶裂隙-管道含水介质可达 20～50，岩溶裂隙-管道-通道（地下河）含水介质可达 30～100。

岩溶水的不均匀是由岩溶介质的不均匀引起的。碳酸盐类岩体在原生状态下，多数岩石的孔隙度和渗透系数都是很低的，但这些岩层在受到构造作用后，岩层中的节理和裂隙在水的侵蚀和溶蚀下扩大，它的含水性和导水能力就得到了极大的增强。由于岩溶地层中存在非均匀溶蚀作用，故表征含水性指标的数值也是不均一的。对块状灰岩而言，它的原生渗透系数为 $n\times10^{-8}$～$n\times10^{-2}$m/d，其次原生渗透系数增大好几个数量级，变化幅度较大，其范围为 $n\times10^{-3}$～$n\times10^{2}$m/d。研究表明，溶洞中的渗透系数和 10mm 以内的裂隙及孔隙的渗透系数相差 3～4 个数量级(即相差上千至万倍)，而溶洞和10mm以内的裂隙是可以同时出现在一个石灰岩层位内的，因而石灰岩从含水指标来看是一种各向异性的不均匀介质。

岩溶最发育的部位最富水，也是水力联系最强的部位。岩溶最发育的部位与构造形态、受力强度、各种结构面的组合情况有关；与岩石的层组类型、纯与不纯、成层厚薄等有关；与所处的地貌部位有关；与补给、径流、排泄的水文地质条件有关。袁道先和蔡桂鸿对我国南方岩溶含水介质不均匀性的发生和发展的认识是符合客观事实的，他们将岩溶含水介质划分为极不均匀、不均匀和相对均匀三类(图2-20)。

(a) 孤立管道极不均匀型

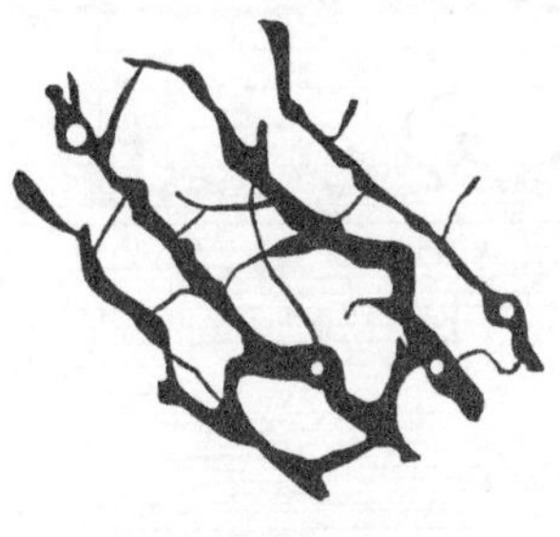

(b) 平行管道不均匀型

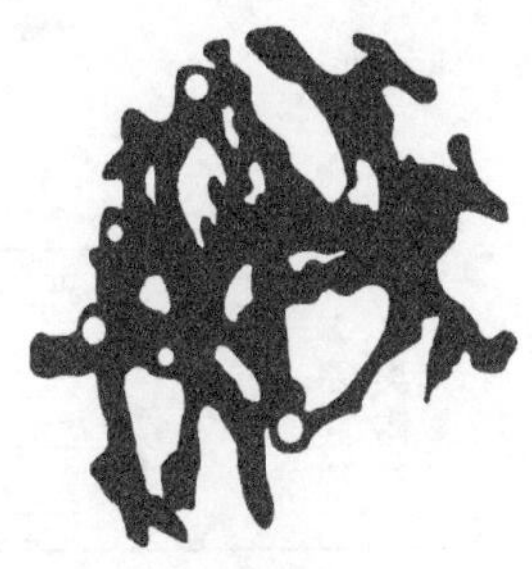

(c) 网格状相对均匀型

图2-20　岩溶含水介质发育不均匀性的分类图

我国华北地区为温带半干旱-半湿润气候区，广泛分布有岩溶裂隙水，尽管不如南方岩溶管道水的高度不均一性明显，但其不均一性在平面或剖面上也表现得很明显。在陕西高原和太行山东侧广泛分布有寒武-奥陶系碳酸盐岩，其厚度超过1000m，形成了巨厚的岩溶含水层。由于各层组碳酸盐岩的岩性、成分、结构及构造差异，各层组形成了各具特征的非均匀各向异性岩溶含水层组(图2-21)。中奥陶统灰岩总厚为500～600m，分为三组。每组底部都含有石膏层，经溶蚀后形成似层状的膏溶带，溶隙、溶孔、溶洞发育，富水性强，从而使含水介质在垂向剖面上显示出明显的不均匀性，即在各组中上部的灰岩层中岩溶的发育极不均一；而在各组底部岩溶带中岩溶发育强烈，并形成相对均一、连通性强的富水带。寒武系张夏灰岩厚为200～300m，岩性单一，为纯质结晶鲕状灰岩，也是重要的岩溶含水层之一。该岩层中，无论是在平面上还是在剖面上，岩溶仅沿切层的断层及断裂带发育，形成线状分布的岩溶脉状水。

2.4.3　构造控水特征

贯穿煤层的弱面和隐伏构造弱面是底板突水的重要通道。矿井水文地质勘探和承压水体上开采的实践表明，灰岩含水层富水性的不均一特征突出，特别是地质破碎带、构造带及其附属裂隙发育区的富水性较强，它既是富水体也是导水通

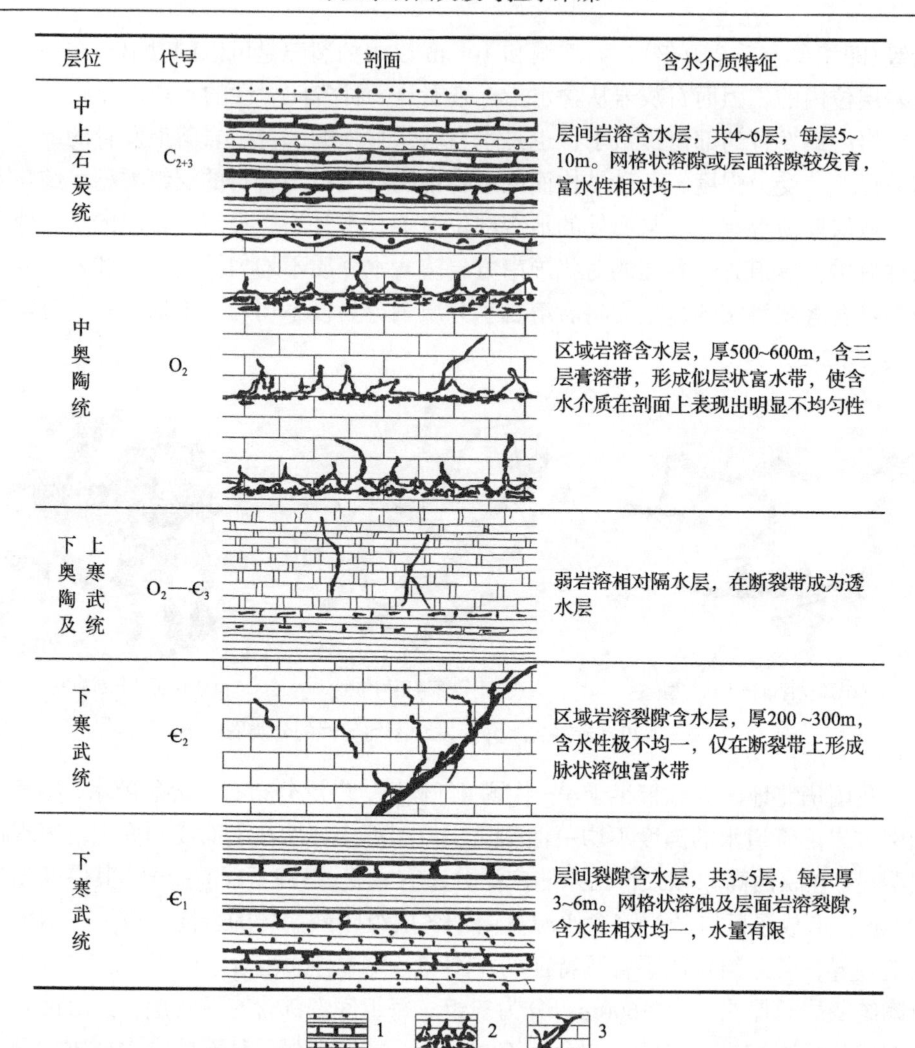

图 2-21　华北地区岩溶含水层特征

1. 层间岩溶含水层；2. 夹有似层状膏溶带的岩溶含水层；3. 含有脉状富水带的岩溶含水层

道，是抵抗矿压和水压的薄弱区，对底板突水起着关键的控制作用。矿井水害事故一般多发生在垂向构造发育块段，构造区段水文地质条件一般会变得复杂多变。矿井掘采至以下地质构造发育地段时，应引起足够重视：

(1)大断层附近或沿着构造线分布方向；

(2)断层交叉和尖灭端一带；

(3)延续深度大的中小断层或断层组的下部；

(4)平缓的小向斜轴部及附近地带或与构造复合交叉地段；

(5)陷落柱及其附属裂隙发育区；

(6) 背斜轴部、倾伏端一带；

(7) 封闭的地堑、地垒构造块段；

(8) 帚状或似帚状构造的收敛部位；

(9) 两种小型构造体系复合部位或各种构造间的组合、相交、拐弯、交叉、重叠、复合部位；

(10) 地层倾角陡缓转换地段、倾角急剧转折带及与小褶曲轴的重叠部位。

2.4.4 滞后突水特征

回采工作面与掘进巷道引起的底板滞后突水是普遍存在的现象。根据采掘过程中滞后突水统计资料(表 2-10)可知，掘进滞后突水大于回采滞后突水。

表 2-10 部分矿区采掘滞后突水统计

矿区	掘进/%	开采/%
淄博	89	72
焦作	77	54
井陉	80	69
峰峰	82	74
开滦	60	54
肥城	74	63
涟邵	65	54
煤炭坝	61	52
南桐	52	47

采掘滞后突水与以下四方面有关。

1) 底板岩体裂隙的发育程度

底板岩体裂隙发育会降低其本身的抗水压能力。在开采过程中，采动裂隙与原生裂隙沟通并直接联通下伏含水层，便形成开采层与下伏含水层之间的水力联系。由于底板裂隙扩展和承压水通过裂隙进入开采层需要一定时间，故造成采掘后的底板滞后突水。

2) 被采掘煤层底板构造的发育程度

煤层底板有构造，特别是底板隐伏构造，滞后突水的滞后时间可达几年甚至十几年之久。例如，开滦某矿 9 水平东一石门开掘 12 年后发生突水，并伴有底鼓，几小时后基本将巷道堵严。突水量由 3.7m^3/min 增大至 52.7m^3/min，后期稳定水量为 20～30m^3/min。

3) 工作面的采动矿压

开采时大部分工作面突水属于滞后突水，是受采动初次矿压或周期来压的影响后引起的。

4) 工作面悬顶距过大

在回采过程中，一般当突水悬顶距超过正常悬顶距的 2～3 倍时，顶板垮落，形成滞后突水。

2.4.5 深部矿井底板突水的特征

随着矿井逐步向深部和下组煤开采，其主要面临奥灰等承压含水层水害。奥灰含水层的富水性不均一，一般规律是随着埋深的增加，裂隙和富水性越来越弱，对生产的威胁应越来越小，但在局部地段(尤其是大断裂附近及向背斜轴部等)裂隙发育，富水性强，水头高，其突水危险性极大增加。深部岩体处于“三高一扰动”(高地应力、高地温、高渗透水压及强烈的采动扰动)的复杂应力环境，这增加了煤层底板采动的破坏深度，减弱了煤层底板的阻水性能，增加了煤层底板突水的危险性。

华北地区深部煤炭资源受高承压水压力的影响，难以满足突水系数法所规定的安全开采的临界值。2004 年 10 月河北邯郸市德盛煤矿 1841 工作面开采 8 号煤层，距奥灰含水层 37m，突水系数为 0.054MPa/m，虽然满足《煤矿安全规程》规定的突水系数临界值 0.06MPa/m，但小断层受到采动矿压的影响导通含水层，致使矿井被淹。2011 年峰峰集团黄沙矿 112106 工作面由于底板存在隐伏断层及陷落柱，奥灰水与工作面底板之间的有效隔水层厚度缩小了 70m，造成工作面的突水事故。

华北地区中奥陶系灰岩总体上为非均质各向异性强含水层，邯邢矿区奥灰岩一般分为 3 组 8 段，其顶部的峰峰组多被铝质黏土充填。邯邢矿区作为大水老矿区，已有四个矿井采深达到 1000m，其中九龙矿副井深达 1340m。随着开采深度的增加，奥灰水压力增大，邯邢矿区多数矿井下组煤及深部矿井上组煤开采的突水系数已达到或者接近突水系数法所规定的该区域上限(0.076MPa/m)。突水系数临界值是通过分析煤层在回采过程中底板的突水情况而得出的，但主要以浅部工作面为主。随着埋深的不断增加，深部承压水的压力不断增大。为满足突水系数条件，在深部煤层开采时需要增加底板隔水层厚度，所以大量的煤炭资源将因不能满足安全隔水层厚度而被丢弃。考虑到深部岩体的岩溶发育程度较小，因此用现有的突水系数法评价深部煤炭资源开采的危险性已经不能完全适用，亟须研究对深部煤层底板突水危险性的评价方法。

2.5　底板突水的主控因素

2.5.1　底板突水的主控因素体系

对于底板突水影响因素的分析与研究，我国学者已做了大量工作，构建了底板突水影响因素的综合体系，如图 2-22 所示。底板突水的影响因素归纳起来主要有以下几个方面：含水层是突水的水源，其富水性是底板突水的基本物质前提；水压力既是突水的动力，又是决定突水与否和突水量大小的主要因素之一；隔水层是底板突水的阻抗因素；地质构造(断层、陷落柱、褶皱等)通常是底板突水的天然通道，绝大多数突水特别是大型突水都与地质构造有关；采动矿山压力则是

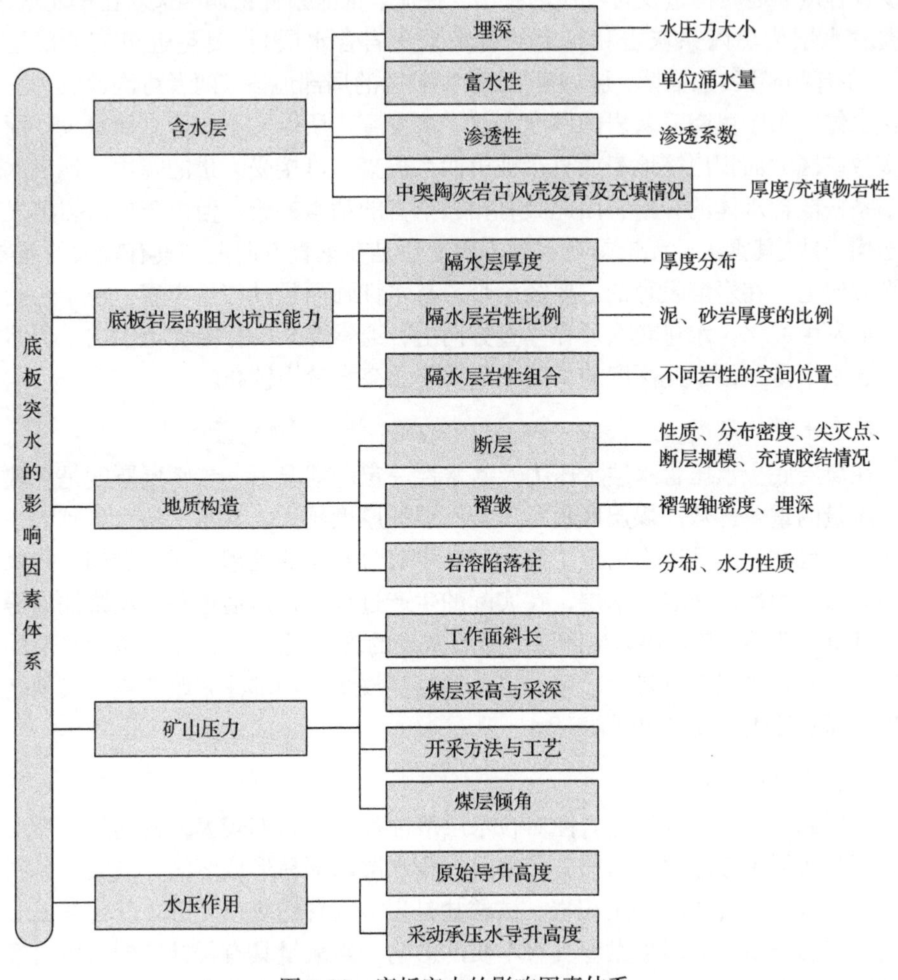

图 2-22　底板突水的影响因素体系

底板突水的诱导因素。底板突水影响因素的权重决定了突水的类型，是底板突水预测与防治水技术措施制定的主要依据。

但是突水因素并非同时作用于每一个突水点，尤其是对于不同的矿区，由于地质的复杂程度、采矿条件的差异性，因此突水的主控因素也不尽相同。

2.5.2 底板突水的主控因素作用

1. 含水层的富水性、厚度与岩性

1）含水层的富水性

煤层底板含水层的富水性是突水的物质基础，其富水程度和补给条件决定了底板突水的水量大小和突水点能否持久涌水。岩溶含水层的富水性与含水层的岩溶发育程度、地质构造及含水层的补给、径流、排泄条件密切相关。在华北地区，主要含水层为奥陶系灰岩和其上的石炭系灰岩含水层（主要是近奥灰的薄层灰岩），在有些矿区（如淄博、肥城等）或某些矿区的局部地段，两者可沟通成为统一的含水体。由于奥陶系灰岩的厚度大，岩溶发育，所以它不仅静水储量大，而且在多数矿区大面积出露地表或直接被第四系覆盖，可接受大量的降水、地表水或第四系松散含水体的补给，因此具有相当丰富的动水补给。但由于奥灰岩溶发育的不均一性，其富水性无论是在水平方向上还是在垂直方向上均具有较大的差异。水平方向上，在岩溶发育的主要径流带，富水性强而且动储量丰富，位于该处的矿区如发生突水，水量较大。在垂直方向上，通常在某一标高和范围内，岩溶发育，含水丰富，位于此深度的采区突水频率及突水量均较高。

2）含水层的厚度

在煤层底板承压含水层水压力及富水性一定的情况下，含水层厚度是反映含水层水量的重要参数。煤层底板承压含水层的厚度越大，含水层的水量越大。含水层厚度也在一定程度上决定了实际生产中对含水层的处理方式。例如，峰峰矿区小青灰岩为薄层灰岩含水层，在实际的生产过程中，可通过整体注浆加固等措施对其进行改造。辛安煤矿奥陶系中统石灰岩的含水层厚达 545m，该含水层的裂隙岩溶发育，难以对其进行改造，主要通过疏放水、局部注浆改造或者其他措施实现承压水体上的安全开采。

3）含水层的岩性

煤层底板承压含水层的岩性对含水层溶蚀程度的影响较大，尤其是当煤层底板承压含水层中碳酸岩所占成分较大时，含水层内部易形成溶洞。碳酸岩是指碳酸盐矿物含量超过 50%的沉积岩。碳酸盐是岩溶发育的物质基础，其化学成分、结构、岩石类型等对岩溶发育具有本质的影响。当大量具有侵蚀性的水体流经具有可溶性碳酸盐时，含水层岩体的溶蚀程度增大，含水层的富水性增强，从而增大了含水层的突水强度。

2. 地质构造

地质构造尤其是断裂带是造成煤层底板突水的主要原因之一，大量断层突水资料表明了这一点。断裂构造在突水中的作用表现在以下几个方面：①断裂带是岩体内的薄弱带，易形成突水通道，尤其是导水断层，其本身就是突水通道；②断裂构造(包括断层和裂隙)破坏了底板的完整性，降低了岩体的强度，使之更易于受到矿压和水压的破坏；③断层缩短了煤层和含水层之间的距离，甚至造成含水层与煤层的对接，因此当工作面靠近断层时易发生突水。

3. 矿山压力

矿山压力是底板突水的诱导因素，其主要作用是使底板的应力状态发生改变，促进原生裂隙、结构面的再扩展，以及促使底板采动导水破坏带的形成。随着回采工作的推进，煤壁前方的底板岩体受到支承压力的作用而被压缩，当工作面推过后，应力释放，底板由压缩状态转入膨胀状态，靠近煤层的直接底板在矿压及水压的作用下底鼓，各岩层的表面将产生垂直于层面的张裂隙或使原有裂隙张开，所以这一阶段底板岩层的采动裂隙最多，破坏程度最大。而在压缩与膨胀变形的过渡区，底板最容易出现剪切破坏。随着工作面的推进，煤层顶板垮落的岩石将逐渐压实，底板岩体由膨胀状态逐渐恢复到原始状态，采动裂隙逐渐闭合。因此，矿山压力对底板的破坏主要表现在支承压力作用下的底板岩体先压缩后膨胀，这一作用可导致底板岩体破坏而使其渗透性明显增强。支承压力的作用与顶板来压密切相关，在工作面的推进过程中，突水常发生在顶板来压时。初次或者周期来压的步距越大，支承压力作用越强，底板的采动破坏深度也越大，因此顶板来压时突水的概率最大。影响矿山压力作用强度的因素有很多，主要与开采空间、顶板的管理方式、覆岩状况、煤层倾角等因素有关。

1) 工作面尺寸

工作面尺寸包括走向长度和倾斜长度。以走向长壁垮落法开采为例，沿工作面的推进方向矿压显现具有周期性特征，因此在空间上将产生多种覆岩运动结构，导致在底板中产生不同的应力应变场，进而对底板岩层产生不同的破坏。倾斜长度影响着控顶面积、基本顶垮落步距的变化，是决定矿压作用程度的主要因素。当斜长过大时，可能就要分段垮落，实际悬顶和垮落面积与斜长不符，其破坏深度增加的规律性也就可能不甚明显。

2) 开采方法

开采方法主要包括顶板管理方法、充填与否、留煤柱与无煤柱、机采与炮采、单层与分层开采、长壁或短壁(沿走向或倾向)、支护方式及控顶面积等方面的影响。总而言之，开采方法的影响主要表现在是否有利于增大或减小悬顶及垮落的面积，以及是否有利于增大、集中或减小、分散矿压的作用。矿压的增大和集中有利于底板破坏，减小和分散则反之。

3)煤层厚度

采高越大，对顶板垮落高度、采空区充填压实的速度及采动矿压冲击力的影响越大，因此底板破坏深度越大。分层开采对底板的破坏主要取决于第一分层破坏，根据实测资料，分层开采对底板的重复叠加破坏与顶板覆岩破坏一样，底板破坏深度并不随分层数增加而呈直线增大。一般第二分层开采时，在第一分层开采破坏范围内的破坏程度上加深 2～3m，再下一分层开采时，深度增加得更小。据开滦赵各庄矿多分层开采测试的最新资料，分层开采的破坏深度增加甚小，平均仅 1m 左右。

4)煤层倾角

实测资料表明，倾角每增加 5°，底板破坏深度平均增加 0.8m，最大可在数米之间变化。但由于统计资料中破坏深度大的多是斜长大的工作面并具有较大的倾角(26°～30°)，破坏深度小的都是斜长小的工作面和小倾角(9°～15°)，因此回归分析中倾角的影响实际偏大，且其规律仅适合于缓倾斜煤层，目前还缺乏急倾斜煤层的实测资料。

5)开采深度

这是仅次于工作面斜长的影响因素。不同采深的实测资料范围很大，从采深 100m 至采深 1000m，并可推至 1200m。统计规律表明采深每增加 100m，平均破坏深度约增加 0.8m。

6)顶底板岩性及结构

顶板岩性及结构主要决定了悬顶、垮落面积、垮落高度、初次来压及周期来压步距等，它影响了采动矿压作用的力源问题，而底板的岩性及结构主要体现在承受矿压破坏及抗水压的能力。

4. 含水层水压

承压含水层的水压力是底板发生突水的动力。实践证明，当煤层底板的其他条件相同时，水压力越大，发生底板突水的可能性就越大。但是，水压的作用需要在底板突水多种影响因素的综合作用中才能体现出来，尤其是当与矿山压力共同作用于底板时，其显示出了巨大的动能作用，它不仅促使底板导水破坏深度增加，而且使承压水产生再次导升。煤层底板突水的水压力作用主要表现在以下几个方面：

(1) 承压水在水压力的作用下，渗透至地层中并不断侵蚀原生裂隙，进而形成导水通道，或者渗透至含水层上部的透水层造成底板隔水层厚度减小；

(2) 煤层开采的矿压活动不断向底板深处传递应力，在水压和矿压的共同作用下，使底板隔水层中的原生裂隙重新活动并扩展形成新的裂隙，加速了底板岩体的破坏，形成承压水导升高度，使底板有效隔水层的厚度减小，阻水能力下降，从而使底板承压水容易通过破坏裂隙进入回采工作面造成突水。

承压水压力是煤层底板突水的力学来源，结合材料力学的固支梁理论对承压水压力的力学作用进行分析，具体见图 2-23。

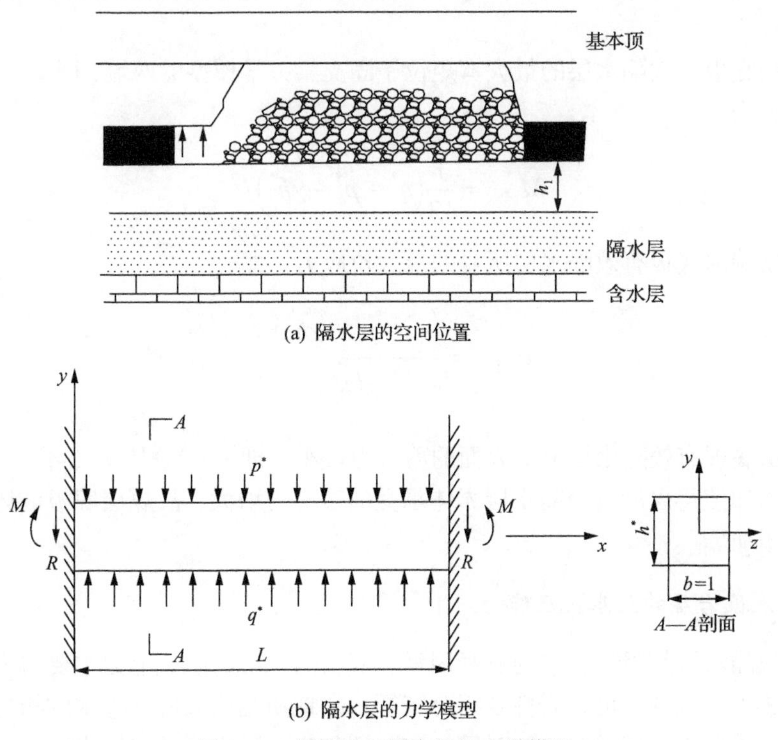

图 2-23　煤层底板隔水层的力学模型

由图 2-23 可知，煤层底板隔水层同时受正向载荷和负向载荷的作用。负向载荷为承压水压力 q^*，对煤层底板起破坏作用。正向载荷为采空区冒落矸石及煤层底板破坏带岩体的重量 p^* 和有效隔水层的重量 γh^*。因此，煤层底板隔水层底界面所受的等效正向载荷可简化为 $p^*+\gamma h^*$，其中，h^* 为煤层底板有效隔水层的厚度，正向载荷抑制煤层底板突水。

根据材料力学固支梁理论可得煤层底板有效隔水层中任一点的正应力计算公式，即

$$\sigma = \frac{12My}{\left(h^*\right)^3} \tag{2-1}$$

煤层底板有效隔水层中任一点的剪应力计算公式，即

$$\tau_{xy} = \frac{3}{2}F_s\left(\frac{\left(h^*\right)^2 - 4y^2}{\left(h^*\right)^3}\right) \tag{2-2}$$

式中，M 为该点的弯矩，N·m；F_s 为该点的剪力，N；y 为该点到断面中性轴的距离，m。

煤层底板有效隔水层的最大弯矩位于固支梁力学模型的两端，即 x=0 或 x=L，计算公式为

$$M_{\max} = \frac{1}{12}\left(q^* - p^* - \gamma h^*\right)L^2 \tag{2-3}$$

采场端部底板有效隔水层所受的最大拉应力，即

$$\sigma_{t\max} = \frac{\left(q^* - p^* - \gamma h^*\right)L^2}{2\left(h^*\right)^2} \tag{2-4}$$

煤层底板有效隔水层上下表面的剪应力最小，即 τ_{xy}=0。从式(2-4)可以看出，水压的增加使得煤层底板隔水层岩体承受的拉应力增大，故煤层底板破坏失稳的危险性增加。

5. 底板岩层的阻水抗压能力

底板隔水层是阻抗突水的有利因素。底板隔水层的阻抗能力主要与下列因素有关：①隔水层的厚度、岩性及组合特征；②地质结构效应；③水的物理化学作用效应；④应力作用效应；⑤时间效应。评价底板隔水层的阻抗水能力是一个非常复杂的工程岩体水力学问题，任何突水预测预报方法都离不开这些因素。

煤层底板隔水层对阻水性能的影响主要体现在两个方面：煤层底板隔水层的厚度和煤层底板隔水层的岩性。

1) 煤层底板隔水层的厚度

煤层底板隔水层的厚度是抑制煤层底板突水的主要影响因素。合理确定煤层底板隔水层的厚度对煤层底板突水的预测和预防起到了至关重要的作用。在煤层底板岩性均匀且不存在地质构造的情况下，可以采用薄板理论、固支梁理论等构建力学模型来分析煤层底板突水的危险性。葛亮涛运用结构力学将底板简化为十

字梁结构，提出了煤层底板承压水的临界水压力与煤层底板隔水层厚度呈抛物线关系变化，即 $p_0=Ah^2+Bh-C$，如图 2-24 所示。

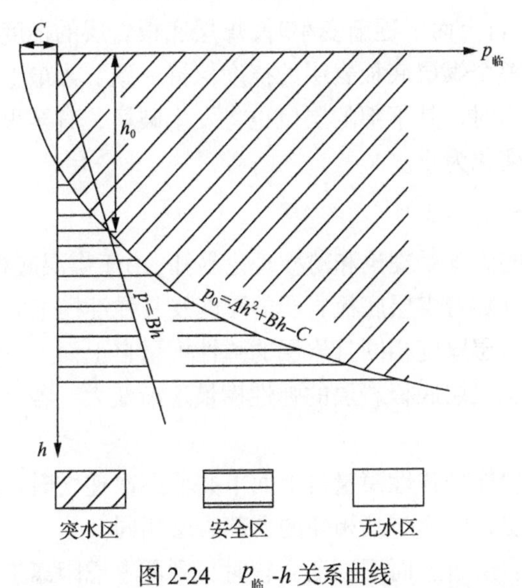

图 2-24　$p_{临}$-h 关系曲线

$p_{临}$. 煤层底板承压水的临界水压力；h. 煤层底板隔水层的厚度；
h_0. 煤层底板临界隔水层的厚度，$h_0=\sqrt{C/A}$

通过图 2-24 可以看出，煤层底板破坏突水与矿山压力和水压力相关。$P_{临}$ 的截距 C 表示由矿山压力引起的煤层底板破坏深度。$p=Bh$ 表示矿山压力与煤层底板承压水压力相平衡的情况。

依据弹性梁理论可知，煤层底板变形能挠度与煤层底板岩层厚度的三次方成反比，即在岩性相同的情况下，煤层底板岩层的厚度越大，其挠度变形越小。

(1) 对于煤层底板隔水层岩性相同，厚度自上而下逐渐变大的情况，顺层裂隙分布如图 2-25 所示。岩层间的顺层裂隙分布于不同岩层之间，且各岩层间的顺层裂隙相互独立。

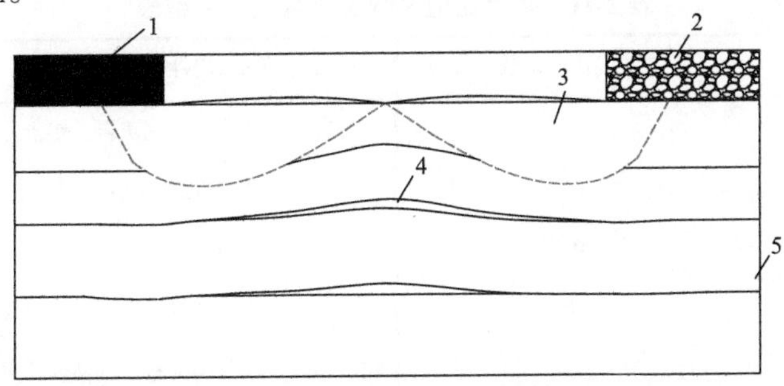

图 2-25　煤层底板隔水层岩性相同、厚度自上而下逐渐变大时的顺层裂隙发育模型

1. 煤层；2. 采空区后方支承点；3. 煤层底板的采动破坏带；4. 顺层裂隙；5. 岩层

(2) 当岩层厚度自上而下并非依次变大时，顺层裂隙将终止于较小厚度的岩层，挠度与其相邻的上部岩层相同。

(3) 当岩层厚度自上而下逐渐变小时，煤层底板岩层的挠度将随着最上部岩层的变化而变化，即整个煤层底板岩层的挠度保持一致。当最上部层位的岩体发生破断并失去承载能力时，其下部的层位也将发生破坏，直至煤层底板岩层的承载能力满足采动应力变化为止。

2) 煤层底板隔水层的岩性

基于弹性力学的固支梁理论和薄板理论易知，由于煤层底板的采动卸荷影响，煤层底板的变形挠度随着煤层底板岩层的厚度及其弹性模量的增加而减小。

①当煤层底板岩层厚度相同且岩层的弹性模量自上而下逐渐变大时，岩层的挠度逐渐变小。由于煤层底板岩层的弹性模量逐渐变大，各个层位间形成相互独立的顺层裂隙。

②当煤层底板岩体的弹性模量自上而下并非逐次递增时，顺层裂隙将终止于弹性模量较小的岩层，挠度与其相邻的上部岩层相同。

③当煤层底板岩层自上而下逐渐变软时，则需考虑距离工作面煤层底板最近岩体的完整性。当煤层底板发生破坏且抑制下部岩体变形的能力不足以抵抗采动卸荷产生的围岩应力时，煤层底板岩体将整体向采空区挤压发生变形破坏，直至煤层底板岩体可承载煤层底板采动变化引起的应力。

煤层底板隔水层的不同岩性具有不同的抗水压能力及阻水能力。煤炭科学研究总院西安分院通过对各种岩石进行力学试验，分析得出以砂岩为基数的强度比值系数及以泥岩为基数的质量比值系数。其中，强度比值系数表示岩石的抗破坏能力，质量比值系数表示岩石的阻水能力，具体如表 2-11 所示。从表 2-11 可以看出，不同的岩性在抗水压破坏能力及阻水能力方面相差较大，如页岩的抗水压能力相比于砂岩弱化了 50%，砂岩的阻水能力相比于泥岩弱化了 60%。

表 2-11　强度比值系数及质量比值系数表

岩性	强度比值系数	岩性	质量比值系数
砂岩	1	泥岩、钙质泥岩、泥灰岩、铝土	1
砂质页岩	0.7	未经溶化的灰岩	1.3
页岩	0.5	砂页岩	0.8
灰岩	0	砂岩	0.4
断裂破碎带	0.35	砂、砾石、岩溶化灰岩、采动破坏带	0

2.5.3　矿区底板突水主控因素的实例分析

1. *蔚州矿区突水的时空特征*

蔚州矿区自建井以来，先后多次发生突水灾害，玉峰山井曾发生 11 次突水灾害，最大涌水量为 600m^3/h，最小突水量为 30m^3/h，造成矿井两次淹井。南留庄井 1995 年至 2009 年 12 月先后共发生 10 次突水，最大突水量为 300m^3/h，最小仅为 4.5m^3/h。崔家寨矿井在矿井东翼轨道大巷揭露奥陶系下统灰岩含水层 356m 时，最大突水量为 60m^3/h。在 E11612 工作面南部靠近 F106 断层附近顶底板裂隙出水，经分析为奥陶系下统灰岩水，出水量达到 100m^3/h 以上。2006 年 6 月 1 日，单侯矿井西翼皮带巷在施工过程中遇小断层裂隙带底板灰岩出水，达 194m^3/h。2007 年 3 月 3 日东轨道巷突水，水量最大达到 1600m^3/h。具体统计结果见表 2-12。

通过对蔚州矿区各矿井多次奥灰突水的位置、水源、突水量之间的关系进行研究，得到蔚州矿区底板突水的时空特征。

(1) 突水灾害在空间位置上主要与断裂构造的展布有关。南留庄与玉峰山井田位于暖泉-大湾断层与壶流河断层交汇处的东北部，且两个矿井为一级小断层发育。突水点在突水前大多为巷道掘进或采面揭露落差 0.25～1.3m 的小正断层或裂隙发育带。

(2) 突水点处的隔水层厚度均小于 10m，突水系数均大于 0.15MPa/m(个别遇小断层突水除外)。

(3) 突水地段的水头压力与突水量成正比。

(4) 突水地段与底板的奥陶系下统灰岩岩溶发育程度密切相关，突水点在平面上的分布与岩溶的发育规律一致。虽然崔家寨矿、单侯、老虎头、玉峰山等矿井同属一个大的水文地质单元，但单侯矿、玉峰山井位于奥灰含水层的强径流带，奥灰含水层的富水性强，水压大；而崔家寨矿奥灰含水层的富水性弱，水头压力小。例如，玉峰山和南留庄井的多次突水都在岩溶的强发育带上。奥灰水的突水量≥150m^3/h，突水点位于 9-6 孔、冲 15 孔及 267 孔至观 12 孔一带，该地带位于奥灰岩溶发育带的附近，如 9-6 孔奥灰岩溶溶洞的发育直径为 12.53m，溶洞为全充填，且位于奥灰含水层富水性中等的地段。在奥灰含水层富水性弱的地段，仅发生一次突水，即观 12 孔北 200m 处，突水量仅为 4.5m^3/h。南留庄井几次突水都在 9-6 孔西面的岩溶发育地带。突水点分布与岩溶发育的相对位置如图 2-26 所示，突水点分布与含水层富水性区域如图 2-27 所示。

表 2-12　蔚州矿区底板奥灰水突入矿井情况分析简表

矿井	序号	突水时间	突水位置	突水点标高/m	最大突水量/(m^3/h)	水压/MPa	底板隔水层厚度/m	突水系数	突水类型	说明
南留庄矿	1	1995.5.21	冲 15 西南翼回风西探巷	874.00	27.0	0.97	8.00	0.120	底板断层水	遇落差 2m 小正断层
	2	1995.12.28	南翼运输大巷正头	873.80	274.0	0.97	3.00	0.322	底鼓突水	
	3	1996.8.1	1 号边角煤	880.00	190.0	0.97	3.50	0.276	底鼓突水	
	4	1997.7.13	2 号边角煤	839.89	300.0	1.07	4.00	0.331	底鼓突水	
	5	1997.10.14	1 号边角煤东	873.00	190	0.97	3.50	0.276	底鼓突水	
	6	1999.12	1105 工作面(田庄北)	881.00	95.0	1.40	6.00	0.230	底鼓突水	
	7	2001.11.28	1301 工作面	819.00	150.0	1.50	7.80	0.192	底鼓突水	
	8	2004.8.28	1602 工作面北部	840.00	4.5	1.17	9.00	0.152	底鼓突水	遇落差 2.4m 小正断层
	9	2004.12.18	1606 轨道巷	840.00	150.0	1.30	6.50	0.200	底鼓突水	KF3 断层落差 10.5m 正断层北尖灭处
	10	2008.4.7	四采区南翼轨道巷	823.00	8.0	1.50	9.00	0.170	底板裂隙突水	
	11	2009.2.9	四采区南翼运输巷迎头	793.94	150				底板裂隙突水	
玉峰山井	1	1976.2.17	西北下山副巷	922.16	400.2	0.94	3.4-7.0	0.171	底鼓突水	遇落差 0.6m 正断层，伴有底鼓
	2	1977.12.31	西北大巷之间	939.10	600	0.78	4.5	0.170	底鼓突水	遇落差 0.25m 正断层，伴有底鼓
	3	1982.12.31	南下山 212 采区	921.00	30	1.30	31	0.042	断层交汇处突水	在落差 0.3～1.3m 四条正断层交汇处裂隙突水
	4	1983.9.17	南下山 212 采区	916.76	49.8	1.15	39.37	0.029	断层交汇处突水	在落差 0.3～1.3m 四条正断层交汇处裂隙突水
	5	1983.12.10	南下山 212 采区	921.04	139.8	1.28	51	0.025	断层交汇处突水	在落差 0.3～1.3m 四条正断层交汇处裂隙突水
	6	1984.3.2	东翼风井井底	891.70	226.8	1.20	9.0	0.133	底鼓突水	裂隙发育带
	7	1984.9.17	西支巷	898.79	73.2	0.94	6	0.156	底板裂隙突水	煤底板裂隙发育带突水
	8	1985.11.22	214 采区	909.80	10.2	0.91	8.5	0.107	底板裂隙突水	底板裂隙微底鼓，裂隙带出水
	9	1985.12.18	副水巷东顶头	886.30	600	1.15	9.0	0.127	底板裂隙突水	遇小断层突水
	10	1986.7.29	214 上山正巷	913.28	529.8	1.00	8.1	0.123	底板裂隙突水	底板裂隙及右帮同时出水
	11	1987.5.6	西北副下山	936.00	199.8	0.85	7	0.121	底板裂隙突水	掘进时遇裂隙带出水

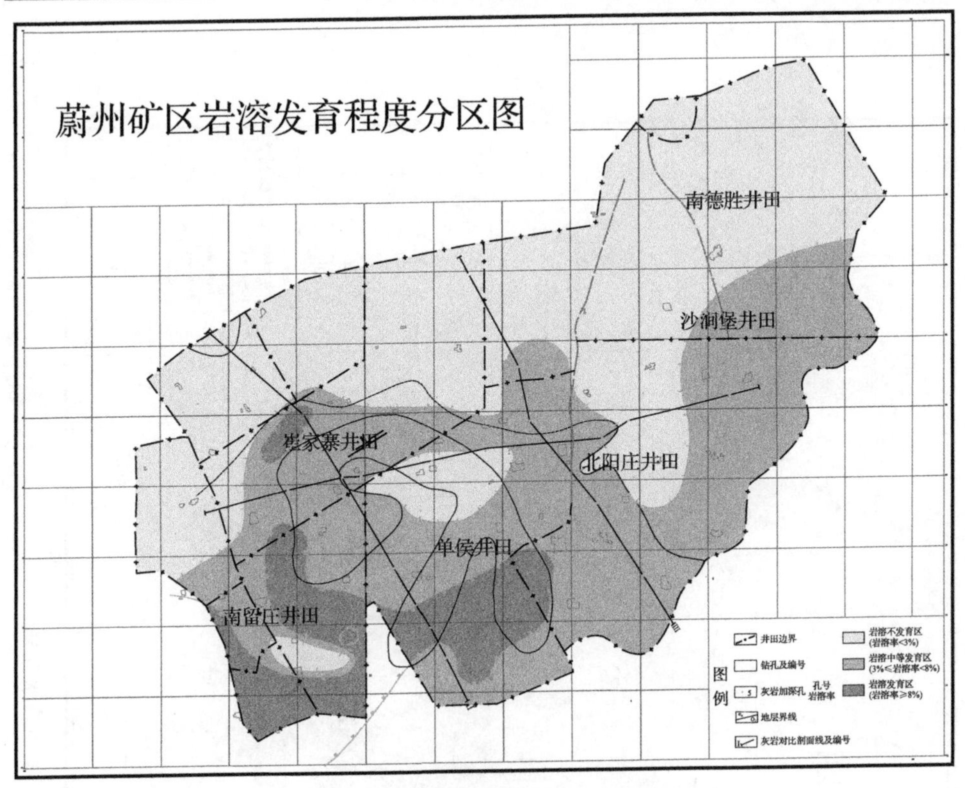

图 2-26 岩溶在平面上的发育规律

2. 蔚州矿区底板突水主控因素的定性分析

通过对蔚州矿区各矿水文地质资料、开采条件、突水规律和突水的时空特征进行分析，得出岩溶的发育程度、隔水层的厚度及其岩性组合、含水层的水压及富水性、断层的性质是该矿区底板突水的主控因素。

1) 断裂构造对底板突水的控制

(1) 断层提供了底板突水的通道。

矿区内多为张性正断层，虽然胶结和充填情况较好，但多数断层具有一定的导水性，在高水头压力及采动活化的影响下，断层就有可能成为导水通道。如果有大断层切割了寒武系和奥陶系灰岩两个含水层时，使二者之间发生或加强了水力联系，将加大突水的危险性，突水量也将增大。

(2) 断层缩短了煤层与含水层的距离。

由于断层两盘岩层的相对位移，特别是正断层，会减少上盘煤层与下盘含水层之间的距离，甚至造成煤层与含水层的对接，从而增加了底板突水的可能性。

(3) 断层破碎带降低了底板隔水层的强度。

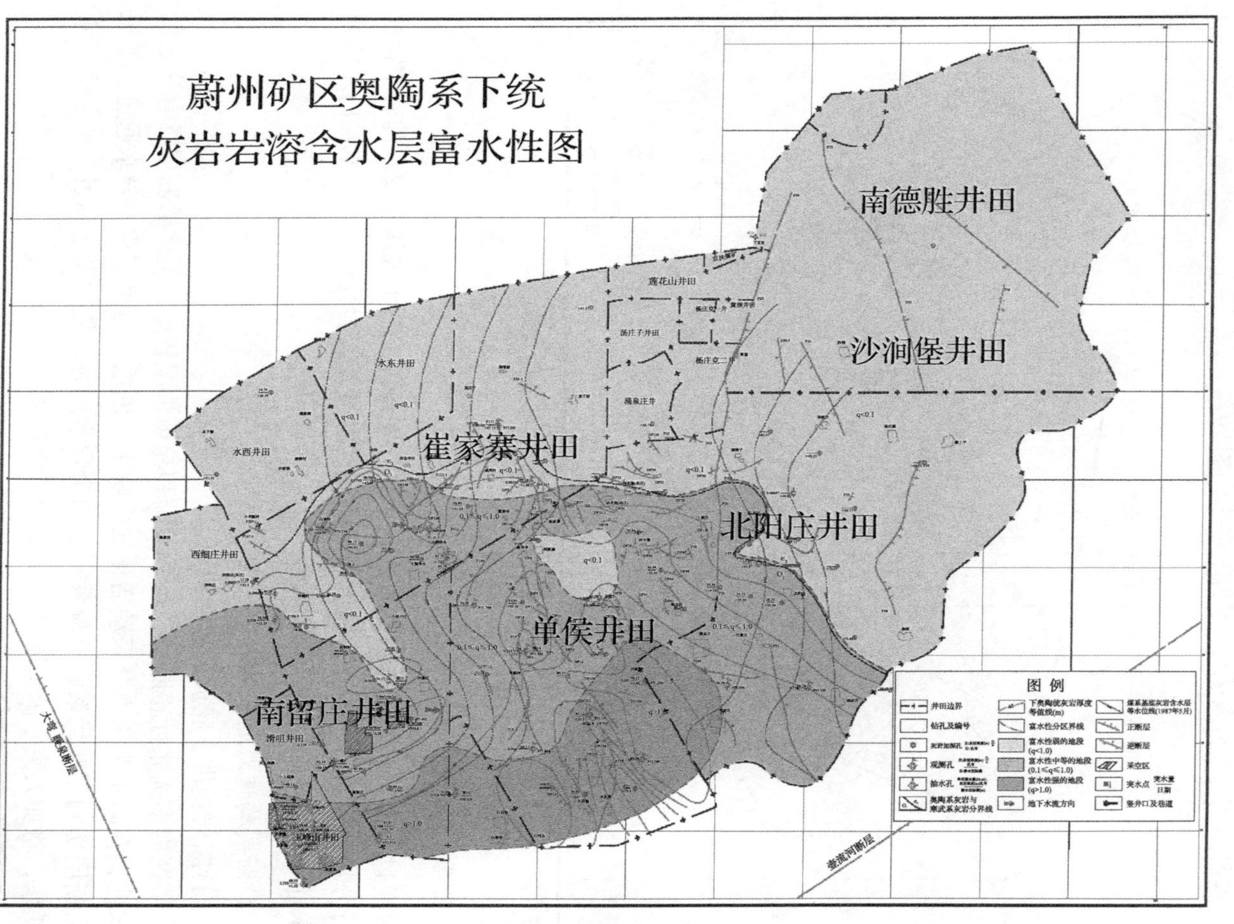

图2-27　岩溶富水性分区

断裂构造的错动降低了隔水岩层的强度，在断层交叉处、断层组、断层转折与尖灭地带，岩层比较破碎、底板隔水岩层的阻水性能变弱，断层破碎带较正常地带更容易发生底板突水。

2) 岩溶发育程度对底板突水的控制

通过对生产矿井多年开采资料的分析，奥陶系灰岩含水层的富水性受其岩溶发育程度的控制，含水层的富水性和岩溶发育程度是煤层底板突水量的基础，一般情况下奥灰含水层的厚度大，岩溶发育，富水性强，但其富水性无论是在剖面上还是在平面上都是不均一的。岩溶发育的程度与突水灾害的关系表现出如下特征。

(1) 突水点在平面上的分布与岩溶的发育规律一致，如玉峰山和南留庄井的多次突水，都在岩溶的强发育带上。

(2) 奥陶系下统灰岩含水层在不同地带的岩溶发育程度不同，所以突水量的差异也较大。例如，南留庄矿井，1995 年 5 月 21 日突水，突水点位于岩溶强发育带的 9-6 孔附近，突水量达 48m^3/min；而崔家寨矿井在东轨大巷揭露奥陶系下统灰岩含水层 356m，由于该地段岩溶发育程度弱至中等，因此只有 3 个出水点，出水量仅为 7.8m^3/min，其余地段基本无水。

3) 奥陶系灰岩含水层水头压力对底板突水的控制

承压水的水头压力是发生底板突水的动力条件。主要表现为静水压力和动水压力的作用。

(1) 静水压力的作用。

煤层底板承压水对隔水层的静水压力作用主要表现在对底板隔水层的降强、劈裂、导升、溶蚀等方面。静水压力与矿山压力的共同作用可造成煤层底板隔水岩层的变形、底鼓和破坏，同时煤层底板原有的构造裂隙在静水压力的作用下，进一步扩大或产生新的破坏裂隙，承压水继续向上导升，当底板变形破坏与承压水导升破坏沟通时，隔水岩层便失去阻水作用，导致煤层底板突水。静水压力对底板的破坏程度与隔水层内天然裂隙的类型、大小及数量密切相关。经验表明，突水量与静水压力成正比。

(2) 动水压力的作用。

动水压力是当承压水在结构面或裂隙内渗透时，由于克服充填物的阻力作用而形成的渗透压差。动水压力的作用主要表现为对底板原有的构造裂隙进一步侵蚀、软化，从而使裂隙进一步扩展、连通，削弱底板隔水层的隔水强度。由于蔚州矿区内的岩溶为古岩溶，群孔抽水试验表明，此区地下水径流缓慢，在煤层开采时，底板奥陶系下统灰岩水突入矿井以静水压力为主，动水压力为辅。

4)底板隔水层厚度对底板突水的控制

在带压开采的情况下，底板隔水层起着阻隔奥灰承压水的作用。一般情况下，煤层底板隔水层通常是由不同岩性的岩层组成的。不同岩性组合隔水层的阻水能力是不同的，经研究和生产经验表明，上下部为塑性岩层，中部为高强度脆性岩层的隔水层，其阻水效果较好。隔水层的厚度是控制本区发生底板突水的主要因素之一。根据矿区内玉峰山井、南留庄井的采煤经验，正常情况下黏土岩隔水层每米可抵抗 0.134MPa 的静水压力，在导水断层破碎带处，突水量与隔水层的厚度呈负相关，即隔水层的厚度越大，突水量会相对减少。

第 3 章　承压水弱面突破机理

随着我国绿色、优质煤炭资源的不断开采，新建和生产矿井开采的煤炭资源赋存环境多面临着更为复杂的生产作业条件，尤其是我国华北地区煤炭资源面临着高承压水的威胁。当前部分煤矿距离奥灰含水层较远的煤炭资源趋于枯竭，不得不转向开采距离奥灰含水层更近的煤层；部分新建煤矿也面临着开采距离底板高承压水较近的煤炭资源或地质构造条件较为复杂的煤炭资源。根据对突水案例和现象的分析，认为承压水率先从地质体"弱面"区段进行突破，因此开展承压水弱面突水机理的研究是进行煤炭资源安全开采的重要基础。

3.1　基本概念与特征

3.1.1　基本概念

影响煤矿底板突水的因素主要有五个方面：含水层的富水性、承压水压力、矿山压力、地质构造及底板隔水层。其中，含水层的富水性、承压水压力、矿山压力、地质构造为诱发底板突水的因素。底板隔水层位于煤层底板与底板承压含水层之间，可起到抑制煤层底板突水的作用。

根据突水类型可将弱面突水划分为底板完整弱面突水、底板隐伏构造弱面突水和底板多重构造弱面突水三种类型。

(1) 底板完整弱面突水是指完整岩层结构及其力学性能难以抵抗底板承压水作用而诱发的底板突水。

(2) 底板隐伏构造弱面突水是因隐伏地质构造缩短、承压水与煤层之间安全煤岩柱距离或者地应力场大小及方向改变而产生的应力集中或释放，从而影响底板岩层的阻水性能，最终诱发煤层底板突水。

(3) 底板多重构造弱面突水是指煤层底板存在多种(个)地质构造体，致使煤层在回采过程中因逐渐揭露部分地质构造而诱发的底板突水。

3.1.2　基本特征

1. 底板完整型弱面突水

根据矿山压力理论可知，受采场上覆岩层移动的影响，煤层底板岩体将产生一定程度的变形破坏，受下伏承压含水层作用的底板隔水岩层呈现出一定范围的导升破坏，从而形成底板弱面。该类情况下，无地质构造影响的煤层底板弱面分布相对较为均匀。针对底板完整型弱面突水的情况，可采用薄板理论确定底板突水的临界水压力，具体模型如图 3-1 所示，假设底板破坏区的高度为 h_1，底板隔水岩层的高度为 H，作用在有效隔水层的均布水压力为 $p_{水压}$。

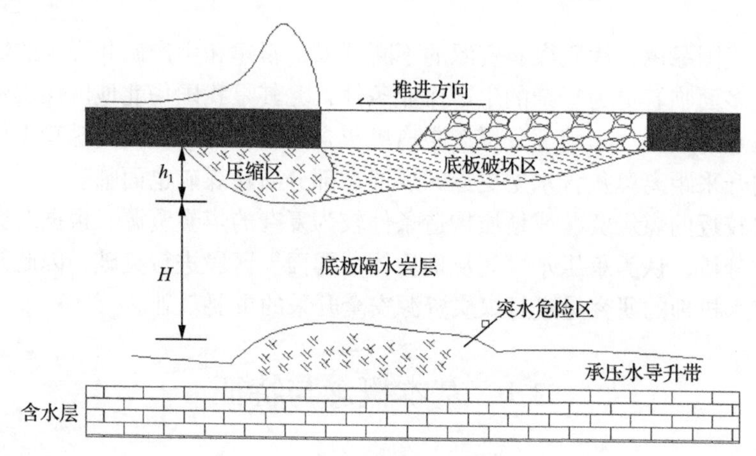

图 3-1 底板完整型弱面突水模型

底板完整弱面突水是以高承压水、薄隔水层为基本特征，将底板隔水岩层简化为四边固支的弹性薄板，采用 Ritz 法进行求解，并结合 Tresca 屈服准则，整理得出底板所能承受的极限水压力为

$$p = \frac{\pi^2 \left[3(L_x^4 + L_y^4) + 2L_x^2 L_y^2 \right] H^2 \tau}{6L_x^2 L_y^2 (L_x^2 + \mu L_y^2)} + \gamma H \tag{3-1}$$

式中，p 为底板所能承受的极限水压力，MPa；τ 为底板岩层的平均抗剪强度；N/m^2；γ 为底板隔水层的平均容重，kg/m^3；H 为底板隔水岩层的厚度，m；μ 为底板岩层泊松比；L_x、L_y 分别为研究区域的长和宽，m。

2. 底板隐伏构造型弱面突水

受煤层开采的影响，采煤工作面围岩的应力状态由原始的平衡状态发生改变。采空区底板岩体在矿山压力的作用下形成底板破坏区，底板隔水层在承压水作用下产生导升，尤其是在有隐伏构造的区域，可使煤层底板承压水的导升高度进一步增加。随着采动影响程度的不断增大，底板有效隔水层的厚度不断减小，当底板产生与承压水相连通的裂隙时，将发生底板突水事故，具体模型见图 3-2。假设底板破坏区的高度为 h_1，底板有效隔水岩层的高度为 H'，作用在隔水关键层下部的非均布水压力为 $P'_{水压}$。

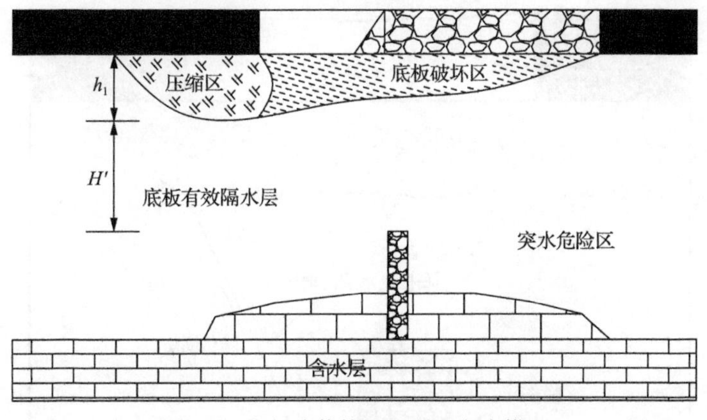

图 3-2　底板隐伏构造型弱面突水模型

将底板隔水层简化为四边固支的弹性薄板，采用 Ritz 法进行求解，并结合 Tresca 屈服准则，重点分析存在隐伏构造区域的底板突水机理，整理得出底板所能承受的极限水压力为

$$p=\frac{\pi^2\left[3(L_x'^4+L_y'^4)+2L_x'^2L_y'^2\right]H'^2\tau}{6L_x'^2L_y'^2(L_x'^2+\mu L_y'^2)}+\gamma H' \tag{3-2}$$

式中，p 为底板所能承受的极限水压力，MPa；τ 为底板岩层的平均抗剪强度；N/m^2；γ 为底板隔水层的平均容重，kg/m^3；H' 为底板有效隔水层的厚度，m；μ 为底板岩层的泊松比；L_x'、L_y' 分别为隐伏构造区域的长和宽，m。

3. 底板多重构造弱面突水

对于隐伏型构造，其突水机理和正常完整型底板的突水机理相似，断层带是一个潜在的导水通道，当底板采动导水破坏带与承压水导升带通过隐伏构造沟通时，底板发生突水事故。然而，现实地质赋存条件通常不是一个构造体而是多个构造体并存的复杂开采环境。现以断层和隐伏陷落柱并存的情况为例，研究底板多重构造弱面的突水情况，具体如图 3-3 所示。假定该类情况下的底板突水以断层为突水路径，分析工作面及其周边岩体与断层间煤岩体的阻水性能。

通过理论分析获得底板隔水层煤岩体在多重构造的影响下，可抵抗底板承压水的极限水压值，即

$$p=\left(e^{2\tan\varphi h_2/\zeta K}-1\right)c\cdot c\tan\varphi+\gamma h_2 \tag{3-3}$$

式中，p 为底板所能承受的极限水压力，MPa；φ 为底板岩层的平均抗剪强度；N/m^2；γ 为底板隔水层的平均容重，kg/m^3；h_2 为底板有效隔水层的厚度，m；ζ 为比例系数，$\zeta=(1+\sin\varphi)/(1-\sin\varphi)$；$K$ 为断层宽度，m。

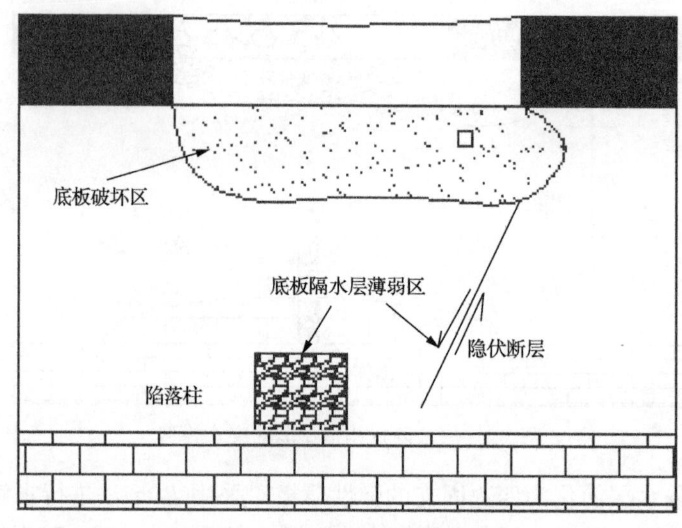

图 3-3　多重构造弱面突水模型

3.2　采动影响下底板弱面的形成机理

完整岩层结构具有较强的阻水性能，但煤层开采势必会对底板隔水岩层产生影响，从而降低煤层底板的阻水性能。为此，从采动滑移破坏、采动卸荷破坏和承压水导升破坏三个方面探索采动影响下底板完整弱面的形成机理。

3.2.1　采动滑移作用下的底板破坏机理

煤层的开采引发顶板垮落，采空区未能及时压实并传递上覆岩层的重量，使得上覆岩层重量通过采空区四周岩体传递到煤层底板，形成一定的支承压力影响区域。当支承压力达到岩体所能承受的最大载荷时，煤层底板岩体将形成由工作面前方向采空区后方挤压变形的滑移破坏区域，且形成一个连续的滑移面。其中塑性的破坏范围由三个区组成：底板 Rankine 主动区、底板 Prandt 过渡区、Rankine 被动区。基于以上分析，这里重新对煤层底板破坏主动区、过渡区及被动区进行划分，并构建煤层底板采动破坏的力学模型。

1. 采场端部塑性区的破坏范围

近几十年国内外学者通过大量的试验研究及现场实测经验提出煤层屈服区长度的计算公式，与采深呈线性关系的煤层屈服区长度经验公式，根据煤层与顶底板强度的差异提出不同情况下的屈服区长度的计算公式等。将采场简化为断裂力学 I 型裂纹，通过力学分析得出采场端部应力的分布情况，并结合 Griffith 破坏准则确定采场端部塑性区的破坏范围。

由于工作面推进长度与工作面斜长相接近时，矿压显现最为剧烈。因此，重点分析工作面推进长度等于工作面斜长时的应力大小。考虑到煤层采厚相对于工作面斜长(工作面推进长度，下同)要小得多，故将采场假设为如图3-4所示的力学模型。令工作面斜长 L_x=2a，在采场远处受原始应力 $\sigma=\gamma H$ 及侧向压力 $\lambda\sigma$ 的作用。

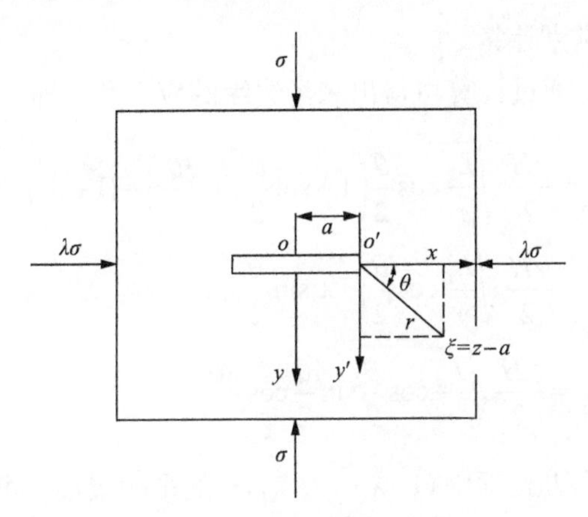

图3-4 采场应力分布计算

1)应力函数

为计算采场端部的应力场，首先应选定应力函数。Westergaard 利用复变函数及弹性力学半逆解法建立了 Westergaard 应力函数，在 Westergaard 应力函数的基础上增加一项，如式(3-4)所示，即

$$\varphi = \mathrm{Re}\,\overline{\overline{z}} + y\,\mathrm{Im}\,\overline{z} + \frac{A}{2}\left(x^2 - y^2\right) \tag{3-4}$$

式中，$\mathrm{Re}\,\overline{\overline{z}}$ 为复变解析函数 $\overline{\overline{z}}$ 的实部；$\overline{\overline{z}}$ 为 $\overline{z}$ 对 z 的一阶导数；$\mathrm{Im}\,\overline{z}$ 为 $\overline{z}$ 的实部；A 为常数。

根据柯西-黎曼条件，通过式(3-4)求得采场端部的应力分量，即

$$\left.\begin{aligned}\sigma_x &= \frac{\partial^2\varphi}{\partial y^2} = \mathrm{Re}\,z - y\mathrm{Im}z' - A\\ \sigma_y &= \frac{\partial^2\varphi}{\partial x^2} = \mathrm{Re}\,z + y\mathrm{Im}z' + A\\ \tau_{xy} &= -\frac{\partial^2\varphi}{\partial x\partial y} = -y\,\mathrm{Re}\,z'\end{aligned}\right\} \tag{3-5}$$

2)边界条件

根据图3-4建立的力学模型，可知此问题有三个边界条件：

(1)当y=0，$|x|<a$时，σ_y=0，即采场的上下表面不受应力的作用；

(2)当y=0，$|x|>a$时，$\sigma_y>\sigma$，且x越接近a，σ_y越大，这是因为采场端部周围存在应力集中现象；

(3)当y=0，$x\to\pm\infty$时，$\sigma_x=\lambda\sigma$，$\sigma_y=\sigma$，这是因为根据圣维南(Saint Venant)原理，在采场远处，应力集中效应消失。

3)采场端部的应力计算

依据边界条件，通过计算可得出采场边缘的应力场，即

$$\left.\begin{aligned}\sigma_x&=\frac{\gamma H}{2}\sqrt{\frac{L_x}{r}}\cos\frac{\theta}{2}\left(1-\sin\frac{\theta}{2}\sin\frac{3\theta}{2}\right)-(1-\lambda)\gamma H\\\sigma_y&=\frac{\gamma H}{2}\sqrt{\frac{L_x}{r}}\cos\frac{\theta}{2}\left(1+\sin\frac{\theta}{2}\sin\frac{3\theta}{2}\right)\\\sigma_{xy}&=\frac{\gamma H}{2}\sqrt{\frac{L_x}{r}}\cos\frac{\theta}{2}\sin\frac{\theta}{2}\cos\frac{3\theta}{2}\end{aligned}\right\}\tag{3-6}$$

由于$r\ll L_x$，所以σ_x项中$(1-\lambda)\gamma H$对σ_x的影响较小，可以忽略，故采场边缘的应力场可以写为

$$\left.\begin{aligned}\sigma_x&=\frac{\gamma H}{2}\sqrt{\frac{L_x}{r}}\cos\frac{\theta}{2}\left(1-\sin\frac{\theta}{2}\sin\frac{3\theta}{2}\right)\\\sigma_y&=\frac{\gamma H}{2}\sqrt{\frac{L_x}{r}}\cos\frac{\theta}{2}\left(1+\sin\frac{\theta}{2}\sin\frac{3\theta}{2}\right)\\\tau_{xy}&=\frac{\gamma H}{2}\sqrt{\frac{L_x}{r}}\cos\frac{\theta}{2}\sin\frac{\theta}{2}\cos\frac{3\theta}{2}\end{aligned}\right\}\tag{3-7}$$

根据弹性力学可得，采场端部主应力的计算公式为

$$\sigma_1,\sigma_2=\frac{\sigma_x+\sigma_y}{2}\pm\sqrt{\left(\frac{\sigma_x-\sigma_y}{2}\right)^2+\tau_{xy}}\tag{3-8}$$

联立式(3-7)和式(3-8)，并将采场简化为平面应力状态，即σ_3=0，可以得采场边缘的主应力计算公式，即

$$\left.\begin{aligned}\sigma_1&=\frac{\gamma H}{2}\sqrt{\frac{L_x}{r}}\cos\frac{\theta}{2}\left(1+\sin\frac{\theta}{2}\right)\\\sigma_2&=\frac{\gamma H}{2}\sqrt{\frac{L_x}{r}}\cos\frac{\theta}{2}\left(1-\sin\frac{\theta}{2}\right)\\\sigma_3&=0\end{aligned}\right\}\tag{3-9}$$

4) 采场端部塑性区的确定

采场端部塑性区范围(煤壁至超前支承压力峰值)的确定除式(3-9)提供的应力计算公式外，还需结合相应的塑性区破坏准则。以往人们常将 Mohr-Coulomb 准则作为采场端部岩石是否发生破坏的判断依据。这里认为采场端部由于煤层开挖形成后，围岩应力重新分布，如图 3-5 所示。煤壁附近形成自由表面且煤体内部存在原生裂纹，在强采动扰动应力的作用下发生剥离破坏，形成平行最大主应力 σ_1 方向的张破裂面。因此，在强采动扰动的影响下，采用 Griffith 破坏准则来判断采场端部塑性区的破坏范围更符合实际情况。

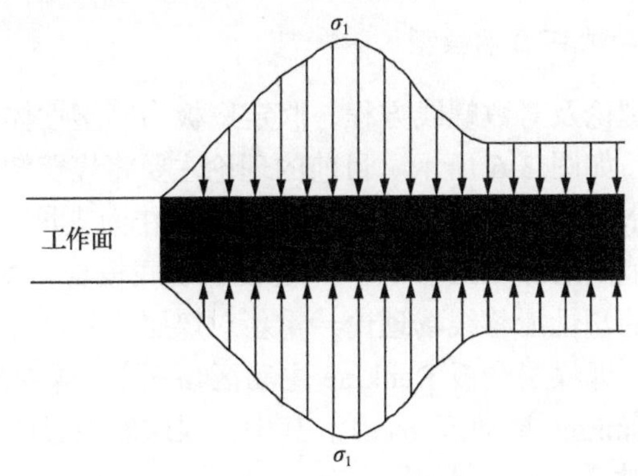

图 3-5 煤壁附近岩体的应力分布示意图

Griffith 破坏准则分为两种情况：当 $\sigma_1+\sigma_3 \geqslant 0$ 时，破坏准则为式(3-10)，即

$$\frac{(\sigma_1+\sigma_3)^2}{8(\sigma_1-\sigma_3)}=-\sigma_{\mathrm{t}}^* \tag{3-10}$$

式中，σ_{t}^* 为岩石的单轴抗拉强度，MPa，如式(3-11)所示，即

$$\sigma_{\mathrm{t}}^*=\frac{2c_{\mathrm{m}}\cos\varphi_{\mathrm{m}}}{1+\sin\varphi_{\mathrm{m}}} \tag{3-11}$$

式中，c_{m} 为煤体的内聚力，MPa；φ_{m} 为煤体的内摩擦角，(°)。

当 $\sigma_1+\sigma_3 \leqslant 0$ 时，破坏准则为式(3-12)，即

$$\sigma_3=\sigma_{\mathrm{t}}^* \tag{3-12}$$

由式(3-9)易知：$\sigma_1+\sigma_3 \geqslant 0$，故将式(3-9)代入式(3-10)，整理得出采场端部破坏区的分布方程，即

$$r=\frac{\gamma^2H^2L_x}{256(\sigma_{\mathrm{t}}^*)^2}\cos^2\frac{\theta}{2}\left(1+\sin^2\frac{\theta}{2}\right)^2 \tag{3-13}$$

当 θ=0 时，式(3-13)表示采场端部水平方向的破坏区长度 r_0'，即

$$r_0' = \frac{\gamma^2 H^2 L_x}{256(\sigma_t^*)^2} \tag{3-14}$$

式(3-14)确定了采场端部塑性区的破坏范围，为煤层底板破坏深度的确定提供了重要参数。下面通过半无限体理论确定采场在支承压力影响下煤层底板的临界破坏位置，在此基础上，运用塑性滑移线理论计算得出煤层采动的底板破坏深度。

2. 煤层底板采动破坏力学模型

基于半无限体理论及对数螺线方程，假定底板为刚塑性体，建立了煤层底板采动破坏力学模型，如图 3-6 所示。目前的理论主要将煤壁塑性区范围视为煤层底板破坏主动区的水平破坏尺寸($o'a'$)，且未考虑工作面支承压力的影响。实际上煤壁附近存在一定范围的卸压区($o'c'$)，不能使煤层底板岩体发生破坏。因此，基于以上分析及原有的塑性滑移线场理论，重新对煤层底板破坏的主动区、过渡区及被动区进行划分，即煤层底板 Rankine 主动区($a'bc'$)、煤层底板 Prandt 过渡区(obc)和煤层底板 Rankine 被动区($o'cd$)。其中，煤层底板过渡区的交点 o 通过主动区延长线(bc')与被动区($o'd$)获得。

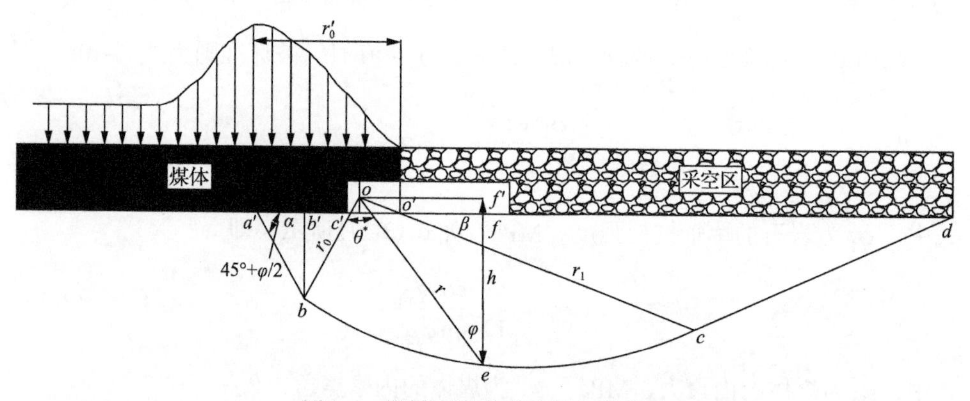

图 3-6　煤层底板采动破坏力学模型

r_0. ob 之间的距离；r_0'. 煤壁到工作面前方支承压力峰值之间的距离；r_1. oc 之间的距离；r. 从 o 到 bc 曲线段的距离；α. Rankine 主动区中 $a'b$ 与 $a'c'$的夹角；β. Rankine 被动区中 $o'c$ 与 $o'd$ 的夹角；θ^*. r_0线与 r 线之间的夹角；φ. 煤层底板岩体的内摩擦角

3. 煤层底板最大破坏深度计算

1)煤层底板发生主动破坏的临界位置确定

为确定引起煤层底板发生主动破坏的临界位置 c'，这里将采场煤壁至支承压

力峰值间$(o'a')$的支承压力简化为线性变化(以某一固定斜率变化)，并将区间$(o'a')$的支承压力简化为若干个微小的均布载荷。运用半无限体理论计算得出煤层底板发生主动破坏的临界位置c'，如图3-7所示。

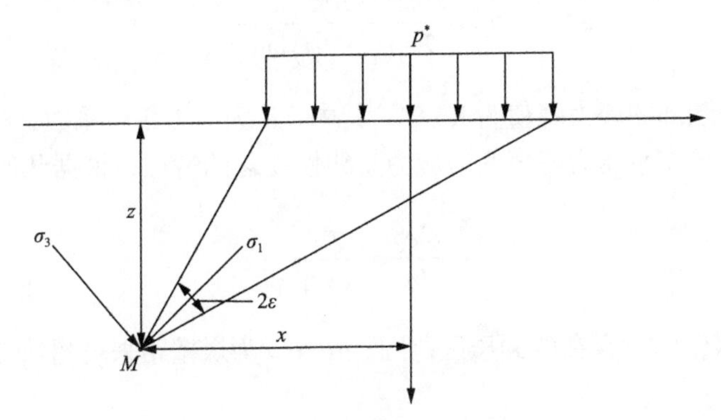

图3-7　半无限体力学模型

σ_1. 煤层底板的最大主应力；σ_3. 煤层底板的最大主应力；z. M点距煤层底板的垂直距离；x. M点距均布载荷p^*中心位置的水平距离；2ε. M与均布载荷p^*边缘连线的夹角

由于煤壁附近的煤体发生塑性破坏，形成了一定范围的卸压区，因此应力未满足煤层底板的塑性破坏准则。为确定煤层底板发生主动破坏的临界位置c'，将支承压力简化为微小均布载荷p^*，在煤壁向超前支承压力峰值方向不断靠近的过程中，煤层底板承受的载荷不断增加。当载荷致使煤层底板发生临界破坏时，即可确定主动破坏的临界位置c'。

根据半无限体理论可知，在均布载荷p^*作用下煤层底板任意一点M的最大、最小主应力分别如式(3-15)和式(3-16)所示，即

$$\sigma_1=\frac{p^*}{\pi}(2\varepsilon+\sin 2\varepsilon)+\gamma z \tag{3-15}$$

$$\sigma_3=\frac{p^*}{\pi}(2\varepsilon-\sin 2\varepsilon)+\gamma z \tag{3-16}$$

式中，σ_1为煤层底板的最大主应力，MPa；σ_3为煤层底板的最大主应力，MPa；γ为煤层底板岩性的容重，kN/m^3；z为M点距煤层底板的垂直距离，m。

将Mohr-Coulomb准则作为煤层底板破坏的判据，如式(3-17)所示，即

$$\sigma_1=\frac{1+\sin\varphi}{1-\sin\varphi}\sigma_3+\frac{2c\cos\varphi}{1-\sin\varphi} \tag{3-17}$$

式中，c为煤层底板岩体的内聚力，MPa；φ为煤层底板岩体的内摩擦角，(°)。

将式(3-15)、式(3-16)代入式(3-17)，通过极值求导得出，当$\varepsilon=\dfrac{\pi}{4}-\dfrac{\varphi}{2}$时，

煤层底板的破坏深度达到最大。取 $z=0$，整理得出由垂直应力引起的煤层底板临界破坏位置 c'处的垂直应力 $\sigma_{c'}$，如式(3-18)所示，即

$$\sigma_{c'}=\frac{2c\pi}{2-(\pi-2\varphi)\tan\varphi} \tag{3-18}$$

假定采场端部的应力峰值为 $K\gamma H$，其中，K 为应力集中系数，H 为采深。再结合采场煤壁至支承压力峰值间的应力呈线性变化的特征，根据几何关系可得

$$\frac{o'c'}{o'a'}=\frac{\sigma_{c'}}{K\gamma H} \tag{3-19}$$

式中，$o'c'$为煤壁附近存在的卸压区范围，m；$o'a'$为煤壁距采场超前支承压力峰值的距离，m。

式(3-19)确定了在采场支承压力影响下煤层底板发生塑性破坏的临界位置 c'，下面结合塑性滑移线理论确定煤层底板的最大破坏深度。

2)煤层底板最大破坏深度的计算

运用滑移线场理论对煤层底板的破坏范围进行分区，即煤层底板 Rankine 主动区($a'bc'$)、煤层底板 Prandt 过渡区(obc)和煤层底板 Rankine 被动区($o'cd$)，其中，塑性滑移线主要由两部分组成：一组是对数螺线，另一组是以 o 为起点的辐射线。

假定对数螺线满足 $\frac{\mathrm{d}r}{r\mathrm{d}\theta^*}=\tan\varphi$，通过积分变化给出对数螺线方程式(3-20)，即

$$r=r_0\mathrm{e}^{\theta^*\tan\varphi} \tag{3-20}$$

式中，r 为从 o 到 bc 曲线段的距离，m；r_0 为 ob 之间的距离，m；θ^* 为 r_0 线与 r 线之间的夹角，(°)。

在$\Delta oef'$中，h 与 r 满足式(3-21)，即

$$h=r\cos\psi \tag{3-21}$$

式中，ψ 为煤层底板达到最大破坏深度处垂直方向与 r 线之间的夹角，(°)；h 为煤层底板达到最大破坏深度的位置与 Prandt 过渡区(obc)中 o 点的垂直距离($f'e$)，m。

将式(3-20)代入式(3-21)可得式(3-22)，即

$$h=r_0\mathrm{e}^{\theta^*\tan\varphi}\cos\psi \tag{3-22}$$

由$\Delta a'bc'$的几何关系及式(3-19)可得式(3-23)，即

$$r_0 = \frac{\left[2-(\pi-2\varphi)\tan\varphi\right]K\gamma H - 2c\pi\sin\varphi}{2\cos\left(\frac{\pi}{4}+\frac{\varphi}{2}\right)\left[2-(\pi-2\varphi)\tan\varphi\right]K\gamma H} r_0' \tag{3-23}$$

式中，r_0'为采场端部塑性区的范围，m。

根据几何关系易得$\psi = \theta^* + \frac{\varphi}{2} - \frac{\pi}{4}$，并结合式(3-22)得式(3-24)，即

$$h = r_0 \mathrm{e}^{\theta^* \tan\varphi} \cos\left(\theta^* + \frac{\varphi}{2} - \frac{\pi}{4}\right) \tag{3-24}$$

根据极限条件 $\mathrm{d}h/\mathrm{d}\theta^*=0$ 可得

$$\theta^* = \frac{\pi}{4} + \frac{\varphi}{2} \tag{3-25}$$

将式(3-23)和式(3-25)代入式(3-24)，并根据几何关系可以求得煤层底板的最大破坏深度 h_{r}，即

$$h_{\mathrm{r}} = \frac{\left[2-(\pi-2\varphi)\tan\varphi\right]K\gamma H - 2c\pi\left[\sin\varphi + \cos\varphi\cos\left(\frac{\pi}{4}+\frac{\varphi}{2}\right)\right]}{2\cos\left(\frac{\pi}{4}+\frac{\varphi}{2}\right)\left[2-(\pi-2\varphi)\tan\varphi\right]K\gamma H} r_0' \mathrm{e}^{\left(\frac{\pi}{4}+\frac{\varphi}{2}\right)\tan\varphi} \tag{3-26}$$

从式(3-26)可以看出，煤层底板的最大破坏深度不仅与工作面煤壁塑性区的破坏范围有关，而且还与工作面超前支承压力峰值呈正相关变化。因此，式(3-26)更为合理地解释了煤层底板采动破坏机理。

4. *煤层底板破坏深度及其相关影响因素分析*

依据现场实际地质情况确定某矿 112145 工作面的平均地面标高为 136.5m，工作面煤层底板测点埋深为 636m，上覆岩层的平均密度为 2650kg/m^3，煤层底板破坏深度实测地点的工作面斜长为 170m，平均煤厚为 4.2m，平均煤层倾角为 20°，工作面前方应力集中系数为 2.58，无地质构造。依据岩石的物理力学试验结果，并考虑到岩体的尺寸效应，取煤体内聚力为 3.77MPa，煤体内摩擦角为 32°，底板岩体内聚力为 1.8MPa，底板岩体内摩擦角为 40.2°。

将相关参数代入式(3-26)可得，112145 工作面煤层底板的最大破坏深度为 17.33m。运用 Matlab 编程分析了煤层底板最大破坏深度与其相关影响因素的关系，如图 3-8 所示。

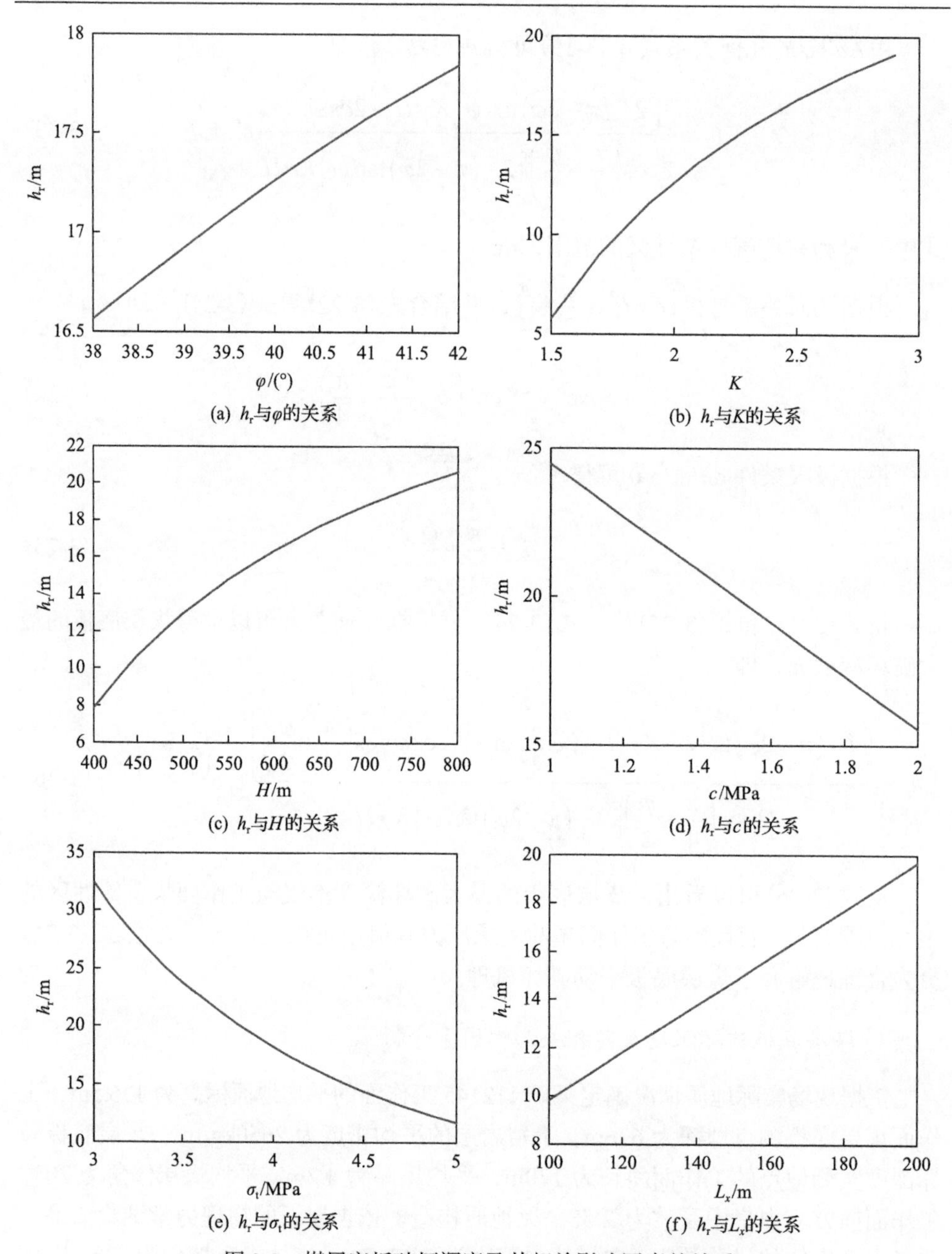

(a) h_r与φ的关系　(b) h_r与K的关系

(c) h_r与H的关系　(d) h_r与c的关系

(e) h_r与σ_t的关系　(f) h_r与L_x的关系

图 3-8　煤层底板破坏深度及其相关影响因素的关系

从图 3-8(a)可以看出，随着煤层底板岩体内摩擦角的增加，煤层底板的最大破坏深度增加。由于煤层底板岩体内摩擦角在一定程度上决定了超前支承压力在煤层底板的应力分布特征及范围，因此通过改变煤层底板岩体的内摩擦角，将有助于缓解煤层底板的应力集中程度，从而减小了煤层底板的破坏深度。

从图3-8(b)可以看出，随着应力集中系数的增大，煤层底板的最大破坏深度呈增大的变化趋势。埋深的增加及煤炭资源的高强度开采引起了采场支承压力峰值的增加，加大了煤层底板的破坏深度。当顶板较为坚硬时，通过顶板预裂爆破等手段进行人工放顶，减小了工作面前方超前支承压力的集中程度，从而有助于控制煤层底板采动的破坏深度。

从图3-8(c)可以看出，煤层底板的最大破坏深度随着工作面埋深的增加而增大。这说明埋深的增加使得煤层底板的采动应力变化幅度增大，以至于使煤层底板的破坏深度增加。随着埋深的不断增加，煤层底板破坏深度的增加幅度逐渐变小，即埋深增加至一定程度时，煤层底板的破坏深度趋于稳定。

从图3-8(d)可以看出，煤层底板的最大破坏深度随着煤层底板岩体内聚力的增加而减小。因此，采取注浆加固等措施对煤层底板岩体进行改造，从而有助于减小煤层底板的破坏深度。

从图3-8(e)可以看出，煤层底板的最大破坏深度随着煤体抗拉强度的增大而减小。煤体抗拉强度的增加使得煤壁塑性区的范围减小，从而减小了上覆岩层应力传递至煤层底板的范围，有助于控制煤层底板的破坏深度。

从图3-8(f)可以看出，随着工作面斜长的不断增加，煤层底板的最大破坏范围逐渐增大。这也在一定程度上验证了短壁工作面突水事件较少，而综采长壁工作面易发生突水的现象。因此，适当地减小工作面斜长可以缓解煤层底板应力集中的程度，从而减小煤层底板采动影响范围及煤层底板的破坏深度。

3.2.2　采动卸荷作用下的底板弱面破坏机理

我国华北地区煤层的安全开采多数受到底板承压水的影响，且水文地质条件较为复杂。因此，近几十年国内许多学者从理论分析、实验室试验及数值模拟等角度对煤层底板突水的破坏机理进行了研究，但主要针对主动施加在煤层底板的采动压力或者由承压水压力引起的破坏机理进行分析，尚未从损伤断裂的细微观角度对煤层底板的卸荷突水破坏进行研究。根据现场底板突水事故分析得出煤层底板突水多为滞后型，且煤层底板突水事故多发生在处于卸压状态的采空区。这里认为煤层底板隔水层在工作面的回采过程中是一个损伤断裂的渐进破坏过程。在考虑了岩体含渗透水压的基础上，分别从宏观和细微观的角度对煤层底板卸荷破坏进行分析。在此基础上，考虑到深部岩体开始由脆性向延性转变，结合统一强度理论，对裂纹尖端的塑性区分布情况进行分析，并将其计算结果应用于渗透水压力作用下裂纹间岩桥的力学分析中。从损伤断裂的能量角度构建深部煤层底板采动卸荷破坏的力学模型，分析了深部煤层底板岩体损伤断裂强度与其相关影响因素的关系。

1. 卸荷作用对岩体破坏的影响

1)依据莫尔图解进行定性分析

目前，国内许多学者针对卸荷岩体破坏进行了大量研究，但尚未考虑水的力学影响。这里考虑了岩体内裂纹面渗透水压力的影响，分析卸荷状态下的岩体破坏特征。根据水与岩石的力学作用可知：岩体裂纹面在渗透水压力的影响下，作用在岩体上的有效应力降低，具体见有效应力计算公式(3-27)，即

$$\sigma'_{ij} = \sigma_{ij} - p\delta_{ij} \tag{3-27}$$

式中，σ'_{ij}为有效应力张量；σ_{ij}为总应力张量；p 为裂纹面的渗透水压力；δ_{ij}为 Kroneker 符号，即$\delta_{ij} = \begin{cases} 1 & (i = j) \\ 0 & (i \neq j) \end{cases}$。

根据修正后的莫尔-库仑准则可知,岩石沿破裂面的抗剪极限应力τ_n也降低，岩石更易破裂，莫尔圆更形象地说明了这一点，具体见图 3-9。

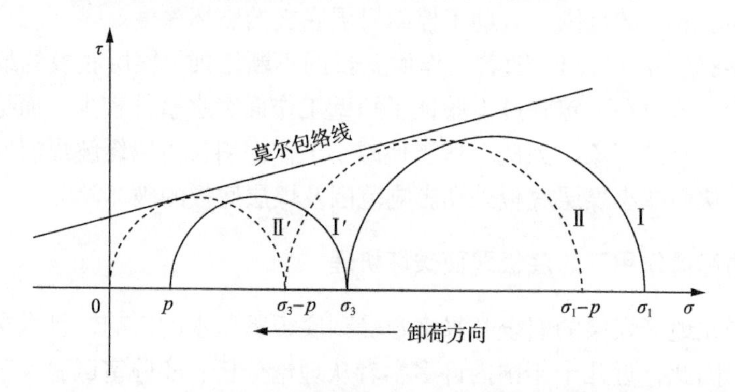

图 3-9　卸荷状态下渗透水压对岩体破坏影响的莫尔图解

σ_1. 最大主应力；σ_3. 最小主应力；Ⅰ. 双轴应力状态下未考虑渗透水压影响的莫尔圆；Ⅱ. 双轴应力状态下考虑渗透水压影响的莫尔圆；Ⅰ′. 最大主应力方向卸荷状态下未考虑渗透水压影响的莫尔圆；Ⅱ′. 最大主应力方向卸荷状态下考虑渗透水压影响的莫尔圆

在岩体裂纹面存在渗透水压的情况下，由图 3-9 可以看出，岩体的应力状态由Ⅰ、Ⅰ′分别转化为Ⅱ、Ⅱ′，应力圆左移，即岩体内破裂面所受的有效正应力都降低了 p，岩体的抗剪切能力降低；当岩体在最大主应力方向卸荷时，岩体的应力状态由Ⅰ、Ⅱ分别转化为Ⅰ′、Ⅱ′，应力莫尔圆半径逐渐减小。当 $\sigma_1=\sigma_3$ 时，岩体处于静水压力状态，最不易破坏。随着σ_1方向的应力继续减小，最大主应力方向发生改变，随着岩体卸压程度的不断增加，莫尔圆与莫尔包络线相切，此时岩体发生破坏。

在承压含水层的埋藏较深，且侧压系数较大的情况下，根据图 3-9 可以看出，

随着岩体卸荷程度的不断增加，岩体易发生破坏。

2)依据断裂力学理论进行定量分析

为进一步探讨卸荷影响下深部煤层底板的卸荷破坏机理，这里从断裂力学的角度分别对双轴应力状态下裂纹面端部的应力集中系数和单轴应力状态下裂纹面端部的应力集中系数进行分析，并将由双轴应力状态在垂直方向完全卸荷转变成的单轴应力状态视为采空区处于完全卸荷的情况，具体如图 3-10 所示。

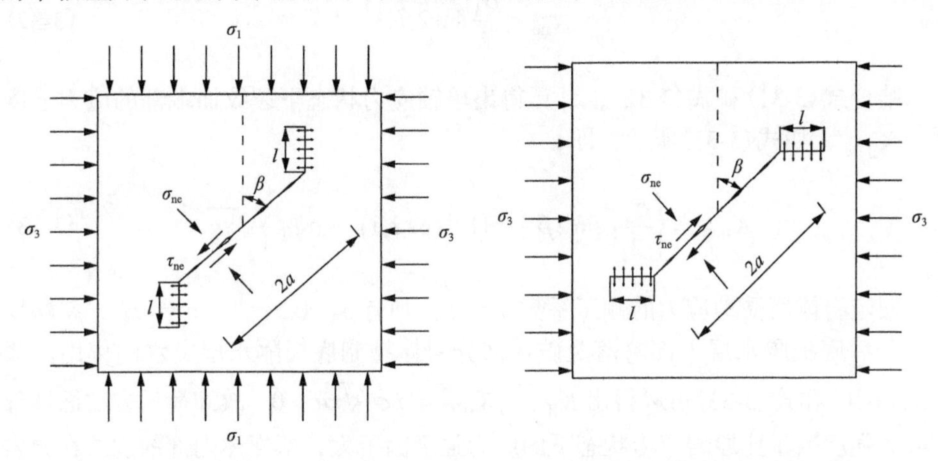

图 3-10　压裂应力状态下分支裂纹扩展示意图

σ_{ne}. 有效正应力；τ_{ne}. 有效剪应力；$2a$. 裂纹长度；β. 裂纹面与最大主应力方向的夹角；l. 分支裂纹扩展的长度

假定岩体内裂纹面部分闭合，其渗透水压的作用效果通过参数 α 来表示，α 为裂纹面内连通面积与总面积之比。裂纹面渗透水压作用在裂纹面的应力为 αp。通过受力分析可以得出裂纹面所受的有效正应力 σ_{ne}，如式(3-28)所示，即

$$\sigma_{ne}=\sigma_n-\alpha p=\sigma_1\sin^2\beta+\sigma_3\cos^2\beta-\alpha p \tag{3-28}$$

式中，σ_n 为外力作用在裂纹面的法向应力，MPa；α 为裂纹面的连通面积与总面积之比。

通过计算得出有效剪应力 τ_{ne}，如式(3-29)所示，即

$$\tau_{ne}=\frac{\sigma_1-\sigma_3}{2}\sin 2\beta \tag{3-29}$$

结合式(3-28)及式(3-29)，计算得出在双轴应力状态下裂纹面端部的应力强度因子 $K_{\text{II双}}$，即

$$K_{\text{II双}}=\left\{\frac{(\sigma_1-\sigma_3)}{2}\left[\sin 2\beta-f\left(1-\cos 2\beta\right)\right]+\alpha pf-f\sigma_3\right\}\sqrt{\pi a} \tag{3-30}$$

同上述假定，对最大主应力方向完全卸荷的岩体进行应力分析，分析得出裂纹面所受的有效正应力 σ_{ne}，如式(3-31)所示，即

$$\sigma_{ne} = \sigma_n - \alpha p = \sigma_3 \cos^2 \beta - \alpha p \tag{3-31}$$

计算得出有效剪应力 τ_{ne}，如式(3-32)所示，即

$$\tau_{ne} = \frac{\sigma_3}{2} \sin 2\beta \tag{3-32}$$

结合式(3-31)和式(3-32)，计算得出单轴应力状态下裂纹面端部的应力强度因子 $K_{\text{II单}}$，如式(3-33)所示，即

$$K_{\text{II单}} = \left\{ \frac{\sigma_3}{2} \left[\sin 2\beta - f\left(1 + \cos 2\beta\right) \right] + \alpha pf \right\} \sqrt{\pi a} \tag{3-33}$$

假定岩体所受地应力的侧压系数 λ=0.5，则有 $\sigma_3 = 0.5\sigma_1$，$\sigma_1 = \gamma H$，忽略煤层开采后底板隔水层上部垮落及破坏部分岩体抑制底板隔水层突水的作用。联立式(3-30)和式(3-33)可以得出 $K_{\text{II单}} - K_{\text{II双}} = f\sigma_3\sqrt{\pi a} > 0$，故卸荷后裂纹面端部的应力强度因子比原岩应力状态下的应力强度因子大，即岩体内部的裂纹在原岩应力状态下未发生断裂破坏。煤层回采后，当其底板临空面岩体处于卸压状态时，岩体裂纹面端部的应力强度因子增大，最终有可能导致岩体发生破坏。

2. 裂纹面端部分支的裂纹扩展及其塑性区分布范围

1) 分支裂纹的应力强度因子

根据最大轴向应力理论可以确定，在单轴压应力作用下，裂纹开始起裂时沿轴向最大应力方向扩展，近似平行于最大压应力方向，即当岩体应力强度因子满足式(3-33)时，裂纹平行于 σ_3 方向起裂。在考虑渗透水压力及原生裂纹中有效剪应力的作用下，裂纹面形成剪应力 T_e，如式(3-34)所示，即

$$T_e = 2a\tau_e = 2a\left(\tau_{ne} - f\sigma_{ne}\right) = 2a\left(\frac{\sigma_3}{2}\sin 2\beta - f\sigma_3\cos^2\beta + \alpha pf\right) \tag{3-34}$$

Kemeny 对分支裂纹的应力强度因子进行了理论推导，给出了式(3-35)，即

$$K_I = p\sqrt{\pi l} + \frac{T_e \cos\beta}{\sqrt{\pi l}} \tag{3-35}$$

2) 分支裂纹端部的塑性区范围

深部岩体由脆性破坏向塑性破坏转变，因此，结合裂纹端部应力分布及统一

强度理论可计算出深部岩体内的裂纹端部塑性区范围。根据断裂力学可得，裂纹面端部支裂纹的 I 型应力分量在极坐标内的表达式为式(3-36)，即

$$\begin{cases} \sigma_1 = \dfrac{K_{\rm I}}{\sqrt{2\pi r}}\cos\dfrac{\theta}{2}\left(1+\sin\dfrac{\theta}{2}\right) \\ \sigma_2 = \dfrac{K_{\rm I}}{\sqrt{2\pi r}}\cos\dfrac{\theta}{2}\left(1-\sin\dfrac{\theta}{2}\right) \\ \sigma_3 = 0 \end{cases} \tag{3-36}$$

国内学者采用 Mises 屈服破坏准则或者 Tresca 屈服准则对裂纹端部的塑性区破坏进行判断，但这两个准则主要适用于金属材料。综合考虑中间主应力的影响且使计算较为简化的角度，这里采用双剪统一强度理论作为裂纹端部应力塑性破坏的判断准则，如式(3-37)所示，即

$$\begin{cases} F = \sigma_1 - \dfrac{\kappa}{1+b}(b\sigma_2+\sigma_3) = \sigma_{\rm t} & \left(\sigma_2 \leqslant \dfrac{\sigma_1+\kappa\sigma_3}{1+\kappa}\right) \\ F = \dfrac{1}{1+b}(b\sigma_1+\sigma_2) - \kappa\sigma_3 = \sigma_{\rm t} & \left(\sigma_2 \geqslant \dfrac{\sigma_1+\kappa\sigma_3}{1+\kappa}\right) \end{cases} \tag{3-37}$$

式中，b 为反映中间主剪应力作用的权系数；$\sigma_{\rm t}$ 为煤层底板岩体的抗拉强度，MPa；κ 为煤层底板岩体的抗拉与抗压强度之比，即 $\kappa=\sigma_{\rm t}/\sigma_{\rm c}$。

将式(3-36)代入式(3-37)，计算当 θ=0 时(裂纹延长线上)的塑性区尺寸，易得 $\sigma_2 \geqslant (\sigma_1+\kappa\sigma_3)/(1+\kappa)$，整理得分支裂纹端部形成的塑性区范围 $r_{\rm p}$，如式(3-38)所示，即

$$r_{\rm p} = \frac{{K_{\rm I}}^2}{2\pi{\sigma_t}^2} \tag{3-38}$$

3. 煤层底板采动卸荷破坏的力学模型

岩体内裂纹端部形成的分支裂纹在扩展初期的相互影响较小，故仅对单个裂纹进行应力分析。随着裂纹的不断扩展，裂纹间的相互作用会导致岩桥的失稳破坏，认为此时煤层底板丧失了抵抗承压水的能力。目前，关于分支裂纹间岩桥破断的研究，主要是通过建立分支裂纹端部的应力强度因子方程，并与相应的断裂韧度进行比较。这里通过函数求极值的方法计算得出达到损伤阈值时的分支裂纹扩展长度及其相应的塑性破坏范围，推导出损伤阈值的计算公式，建立深部煤层底板采动卸荷破坏的力学模型，如图 3-11 所示。

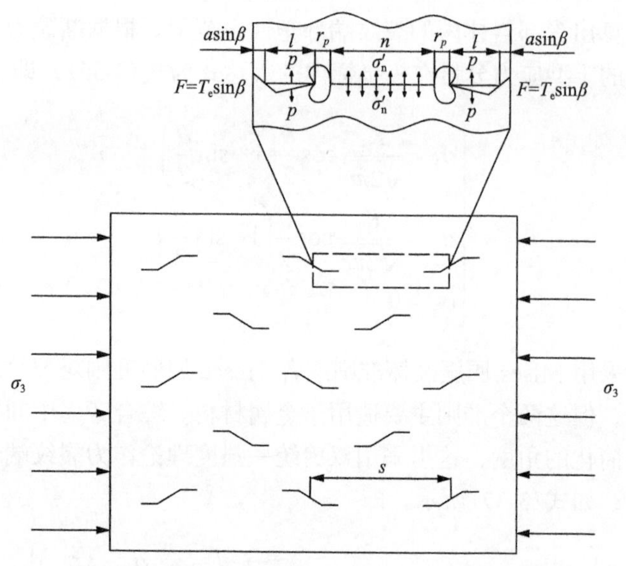

图 3-11　深部煤层底板采动卸荷破坏的力学模型

主裂纹中心间距 s，如式(3-39)所示，即

$$s=\frac{1}{\sqrt{N_{\mathrm{a}}}} \tag{3-39}$$

式中，N_{a}为单位面积内压剪裂纹的数量。分支裂纹间距离 n，如式(3-40)所示，即

$$n=s-2\left(l+r_{\mathrm{p}}+a\sin\beta\right) \tag{3-40}$$

假设裂纹塑性区内的岩体丧失了承载能力，则裂纹所受的力 $T_{\mathrm{e}}\sin\beta$ 及分支裂纹中的孔隙水压力 p 由分支裂纹间的岩桥应力 σ_{n} 来平衡，求解出 σ_{n}，如式(3-41)所示，即

$$\sigma_{\mathrm{n}}=\frac{T_{\mathrm{e}}\cos\beta+2pl}{\pi\sigma_{\mathrm{t}}^{2}s-\left[2\pi\sigma_{\mathrm{t}}^{2}l+\left(p\sqrt{\pi l}+\dfrac{T_{\mathrm{e}}\cos\beta}{\sqrt{\pi l}}\right)^{2}+2\pi\sigma_{\mathrm{t}}^{2}a\sin\beta\right]}\pi\sigma_{\mathrm{t}}^{2} \tag{3-41}$$

令 $\sigma_{\mathrm{n}}=\sigma_{\mathrm{t}}$。整理后，令

$$\phi(l)=\left(2p\sigma_{\mathrm{t}}+2\sigma_{\mathrm{t}}^{2}+p^{2}\right)\pi^{2}l^{2}+\left(T_{\mathrm{e}}\cos\beta\pi^{2}\sigma_{\mathrm{t}}-s\sigma_{\mathrm{t}}^{2}\pi^{2}+2\sigma_{\mathrm{t}}^{2}\pi^{2}a\sin\beta+2\pi T_{\mathrm{e}}p\cos\beta\right)\times l+T_{\mathrm{e}}^{2}\cos^{2}\beta \tag{3-42}$$

通过变量代换，将式(3-42)整理得出式(3-43)，即

$$\begin{cases} A=\left(2p\sigma_t+2\sigma_t^2+p^2\right)\pi^2 \\ B=T_e\cos\beta\pi^2\sigma_t-s\sigma_t^2\pi^2+2\sigma_t^2\pi^2 a\sin\beta+2\pi T_e p\cos\beta \\ C=T_e^2\cos^2\beta \end{cases} \tag{3-43}$$

变量代换后的函数形式，如式(3-44)所示，即

$$\phi(l)=Al^2+Bl+C \tag{3-44}$$

通过对式(3-44)求导可得式(3-45)，即

$$\begin{cases} \dfrac{\partial\phi(l)}{\partial l}=2Al+B=0 \\ \dfrac{\partial^2\phi(l)}{\partial^2 l}=2A>0 \end{cases} \tag{3-45}$$

整理得出 $l=l_c=-\dfrac{B}{2A}$。其中，l_c为岩体达到损伤阈值 D_c时分支裂纹的扩展长度，如式(3-46)所示，即

$$l_c=\frac{s\sigma_t^2\pi-T_e\cos\beta\pi\sigma_t-2\sigma_t^2\pi a\sin\beta-2T_e p\cos\beta}{\left(4p\sigma_t+4\sigma_t^2+2p^2\right)\pi} \tag{3-46}$$

将式(3-46)代入式(3-38)整理可得岩体达到损伤阈值 D_c时分支裂纹端部的塑性区范围 r_{pc}，如式(3-47)所示，即

$$\begin{aligned} r_{pc}&=\frac{K_I^2}{2\pi\sigma_t^2}=\frac{p^2\pi l_c+\dfrac{T_e^2\cos^2\beta}{\pi l_c}+2pT_e\cos\beta}{2\pi\sigma_t^2} \\ &=\frac{1}{2\pi\sigma_t^2}\left[\frac{p^2\left(s\sigma_t^2\pi-T_e\cos\beta\pi\sigma_t-2\sigma_t^2\pi a\sin\beta-2T_e p\cos\beta\right)}{\left(4p\sigma_t+4\sigma_t^2+2p^2\right)}\right. \\ &\quad\left.+\frac{T_e^2\cos^2\beta\left(4p\sigma_t+4\sigma_t^2+2p^2\right)}{s\sigma_t^2\pi-T_e\cos\beta\pi\sigma_t-2\sigma_t^2\pi a\sin\beta-2T_e p\cos\beta}+2pT_e\cos\beta\right] \end{aligned} \tag{3-47}$$

Ashby 运用连续介质力学的概念，引入 N_a作为损伤的度量，具体见式(3-48)，即

$$D_0=\pi a^2 N_a \tag{3-48}$$

为简化计算，这里将裂纹简化为等效直裂纹。裂纹扩展后的损伤因子 D，如

式(3-49)所示，即

$$D = \pi(a\sin\beta + l + r_{\mathrm{p}})^2 N_{\mathrm{a}} \tag{3-49}$$

将式(3-46)和式(3-47)代入式(3-49)，整理得出岩体裂纹扩展的损伤阈值 D_{c}，如式(3-50)所示，即

$$D_{\mathrm{c}} = \pi(a\sin\beta + l_{\mathrm{c}} + r_{\mathrm{pc}})^2 N_{\mathrm{a}} \tag{3-50}$$

当 $D > D_{\mathrm{c}}$ 时，岩体发生完全损伤破坏。下面从损伤断裂能量的角度对底板裂纹扩展进行力学分析。

4. 煤层底板岩体损伤的断裂强度分析

裂纹沿着最小主应力扩展时，裂纹间岩体首先发生损伤破坏，然后才可能发生裂纹贯穿破坏，这里从损伤断裂能量的角度出发，对裂纹扩展过程中的能量变化情况进行分析。根据 Griffith 能量准则得出岩体的损伤变形能，具体如式(3-51)所示，即

$$U = \frac{{\sigma_3}^2 \pi a l_{\mathrm{c}}}{2E(1 - D_{\mathrm{c}})} \tag{3-51}$$

对式(3-51)进行求导，可得损伤应变能计算公式(3-52)，即

$$Y = \frac{\mathrm{d}U}{\mathrm{d}l} = \frac{{\sigma_3}^2 \pi a}{2E(1 - D_{\mathrm{c}})} \tag{3-52}$$

裂纹面扩展释放的单位面积变形能，即能量释放率，如式(3-53)所示，即

$$G = \frac{K_{\mathrm{I}}^2}{E(1 - D_{\mathrm{c}})} \tag{3-53}$$

裂纹在扩展过程中所需的能量为损伤应变能 Y 和裂纹面扩展能量释放率 G，如式(3-54)所示，即

$$\begin{aligned} G_{\mathrm{I}} = \frac{K_{\mathrm{I}}^2}{E(1 - D_{\mathrm{c}})} + \frac{\sigma_3^2 \pi a}{2E(1 - D_{\mathrm{c}})} &= \frac{1}{E\left[1 - \pi(a\sin\beta + l_{\mathrm{c}} + r_{\mathrm{pc}})^2 N_{\mathrm{a}}\right]} \\ &\times \left\{ p^2 \pi l_{\mathrm{c}} + \frac{a^2(\sigma_3 \sin 2\beta - 2f\sigma_3\cos^2\beta + 2apf)^2 \cos^2\beta}{\pi l_{\mathrm{c}}} \right. \\ &\left. + 2pa(\sigma_3\sin 2\beta - 2f\sigma_3\cos^2\beta + 2\alpha pf)\cos\beta + \frac{{\sigma_3}^2 \pi a}{2} \right\} \end{aligned} \tag{3-54}$$

当裂纹在扩展过程中所需的能量 G_{I} 大于或等于岩石的临界能量释放率 G_{IC} 时，裂纹将发生贯穿破坏，并导致煤层底板突水。以辛安煤矿 112145 工作面底板 23m 处的粉砂岩为例进行分析，底板最小主应力 σ_3 =7.95MPa，p =6MPa，σ_t =1.73MPa，E=10.2GPa。根据底板裂隙的统计结果，将其参数简化为 a =1cm，s =10cm，α =0.6，β =30°。通过将以上参数代入式(3-54)，整理得出 G_{I}=174.8N/m，小于岩石的临界能量释放率，即距底板 23m 处的岩体在煤层采动后未发生卸荷破坏，故不存在突水危险性。为了分析并确定式(3-54)结论的合理性，对比分析考虑分支裂纹端部塑性区 r_{pc} 对裂纹损伤断裂能量的影响，如图 3-12 所示。

综合图 3-12(a)～(e)可以看出，考虑了分支裂纹端部塑性区影响的裂纹面积的能量变化率相比于不考虑其影响时偏大，而深部岩体自身的特性决定了岩体由脆性破坏向塑性破坏转变，故裂纹端部因应力集中引起的塑性破坏加大了底板裂纹扩展积累的能量，增大了突水危险性。这说明考虑裂纹端部塑性区的影响，深部岩体裂纹损伤断裂能量的计算更为合理。下面结合图 3-12(a)～(e)分析裂纹损伤断裂能量及其影响因素的关系。

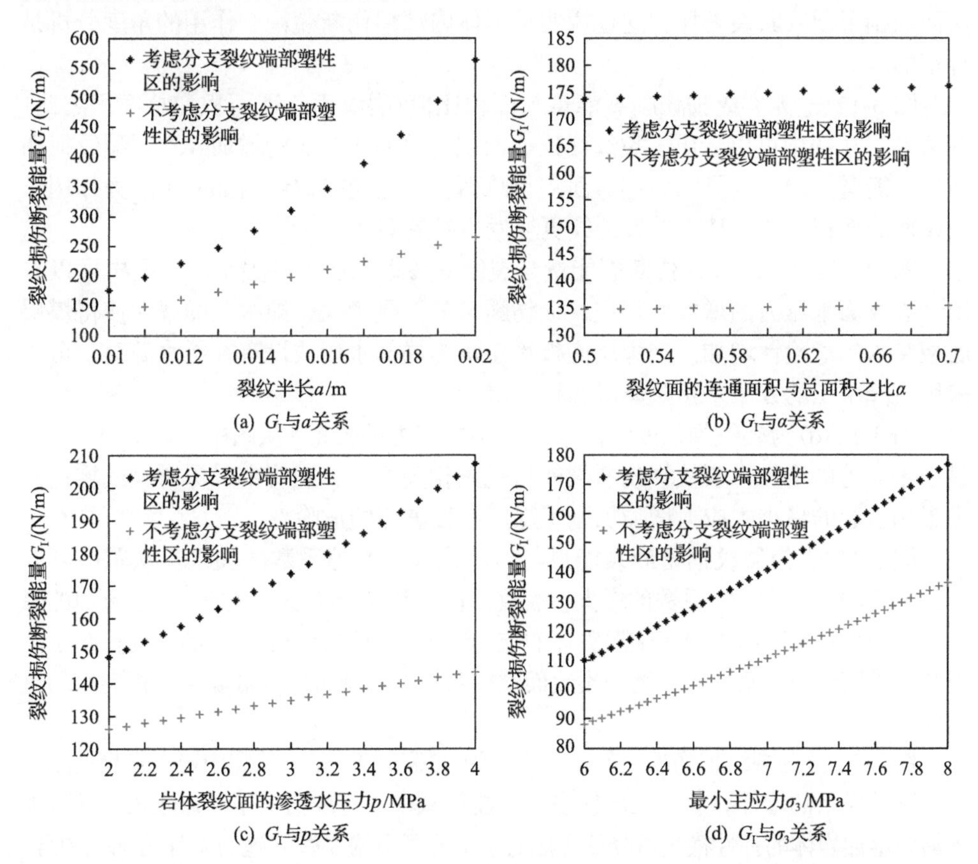

(a) G_{I}与a关系

(b) G_{I}与α关系

(c) G_{I}与p关系

(d) G_{I}与σ_3关系

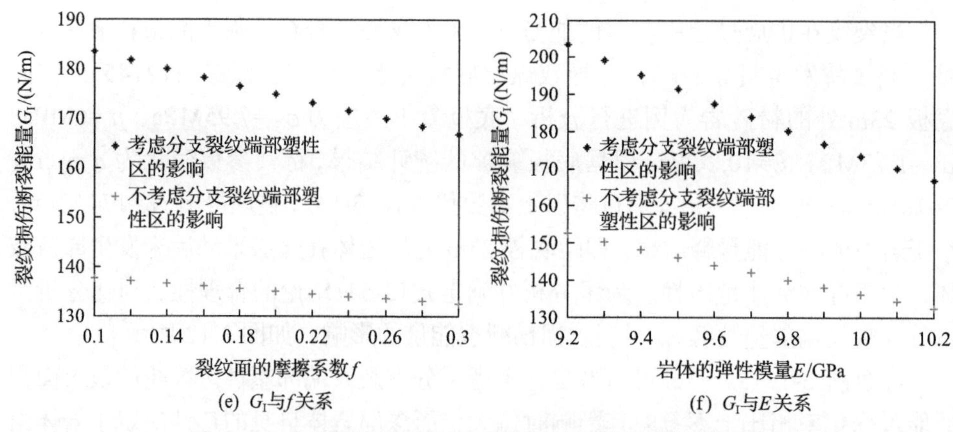

(e) G_I与f关系　　(f) G_I与E关系

图 3-12　分支裂纹端部塑性区对裂纹损伤断裂能量的影响

图 3-12(a)为裂纹损伤断裂能量与裂纹半长的关系。从图中可以看出，随着裂纹长度的增加，裂纹面附近积累的能量随之增加。当 $G_I \geqslant G_{IC}$ 时，裂纹将发生贯穿破坏，从而导致煤层底板突水。裂纹半长增加，表明岩体内的损伤程度增加，从而加剧了裂纹断裂破坏，这也说明从岩体内部损伤断裂耦合作用的角度分析是合理的。

图 3-12(b)为裂纹损伤断裂能量与面积比值(裂纹面连通面积和总面积之比)的关系。从图中可以看出，裂纹面连通面积与总面积之比的增加导致了裂纹损伤断裂的能量增加。这是因为连通面积与总面积之比使得裂纹内部的水压力作用于裂纹面的面积增加，从而导致裂纹更易发生扩展破坏。

图 3-12(c)为裂纹损伤断裂能量与裂纹面渗透水压力的关系。从图中可以看出，裂纹面水压力的增加使得裂纹损伤断裂的能量增大，即水压的增大使得煤层底板突水的危险性增加。当煤层底板承压水为局部水压或没有补给水源时，可以采用疏降水压的方法来预防煤层底板突水。

图 3-12(d)为裂纹损伤断裂能量与最小主应力的关系。从图中可以看出，随着最小主应力的增加，裂纹损伤断裂能量呈正相关变化，表明由采深增大或构造应力影响引起的最小主应力增加加剧了煤层底板破坏的危险性。

图 3-12(e)为裂纹损伤断裂能量与岩体裂纹面摩擦系数的关系。从图中可以看出，随着裂纹面摩擦系数的增大，裂纹损伤断裂能量减小。这是由于裂纹面的摩擦系数增大，裂纹面抗剪切变形破坏的能力增强，裂纹面积的损伤断裂能量减小。因此，采用底板注浆加固等增加裂纹面摩擦系数的措施可以降低煤层底板突水的危险性。

图 3-12(f)为裂纹损伤断裂能量与岩体弹性模量的关系。从图中可以看出，随着岩体弹性模量的增加，裂纹面的损伤断裂能量减小。这表明采用底板注浆或其他加固措施增加岩体的弹性模量可降低煤层底板突水的危险系数，这与实际情况相吻合。

3.2.3　采动卸荷作用下底板弱面承压导升破坏的机理

目前国内外学者关于底板导升破坏带高度的研究主要通过现场观测和经验公式获得，尚未进行理论推导，为此这里运用材料力学得出了在承压水的作用下，采场隔水层底界面由压缩区向卸压膨胀区过渡的岩体最易发生损伤破坏，且随着工作面的推进，损伤程度不断加剧的结论。当损伤因子达到损伤阈 D_c 时将产生细微裂隙。运用断裂力学建立断裂力学模型，并分析其在水压及矿山压力共同作用下的应力强度因子。最后，从损伤断裂能量的角度分析并确定了隔水层易破坏区域形成初始宏观裂纹的损伤断裂能量释放率的计算公式，并对初始宏观裂纹损伤断裂能量释放率及其影响因素的关系进行了分析，为进一步研究底板突水提供了理论依据。

1. 底板隔水层承压水导升的力学模型

工作面自开切眼到基本顶初次断裂的过程中，采空区范围不断扩大，采空区内底板岩体处于卸压状态，此时可以将底板隔水层简化为板模型进行力学分析。根据弹塑性理论，对于四边固支的板，当其两个方向的跨度之比为 $0.5< L_x/L_y<2$（按弹性计算）或为 $1/3< L_x/L_y<3$ 时（按塑性计算），通常称作双向板。跨度比在以上范围之外的情况则为单向板，即认为板上的载荷沿着短跨方向传递到支撑边界上，单向板可近似作为梁进行处理。

首先对底板隔水层做如下假定：①将底板隔水层简化为两端固支的平面应变梁；②取梁为单位宽度；③底板采动破坏带不具备承载能力；④忽略底板承压水对底板岩体的渗流破坏作用及腐蚀软化作用。在正常的地质和开采条件下，多数工作面的底板突水发生在基本顶初次来压和周期来压期间。假定煤层开采之前，岩体内的裂隙是闭合的，那么随着煤层的开挖，底板隔水层处于卸压状态。将底板隔水层简化为弹性梁，这里在基本顶未达到初次断裂时，建立底板隔水层的力学模型如图 3-13 所示。

底板隔水层分别受正向载荷和负向载荷的作用。负向载荷为承压水压力 q 作用，对底板起破坏作用。正向载荷为采空区冒落矸石及底板破坏带的重量 p 和隔水层的重量 γh。因此隔水层底界面所受的等效正向载荷可简化为 $p+\gamma h$，正向载荷抑制底板突水，h 为采动破坏带的深度。

根据材料力学可得任一点的应力，即

正应力：

$$\sigma = \frac{12My}{h^3} \tag{3-55}$$

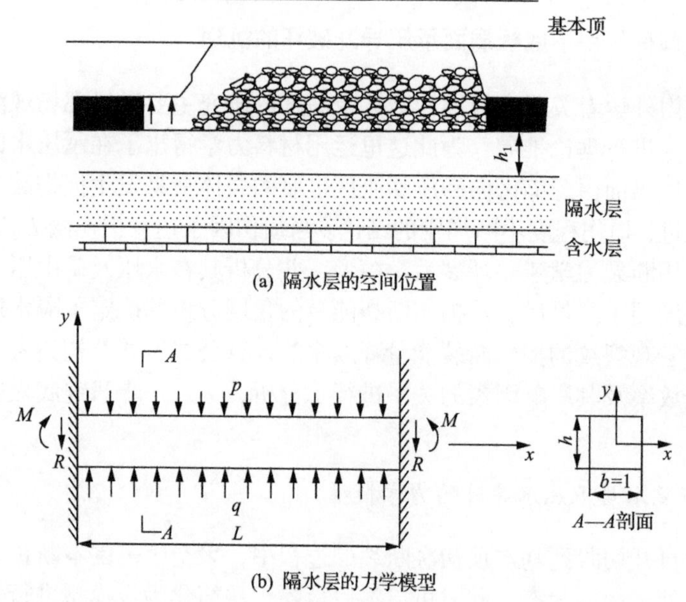

图 3-13　底板隔水层的力学模型

剪应力：

$$\tau_{xy} = \frac{3}{2} F_{\mathrm{s}} \left(\frac{h^2 - 4y^2}{h^3} \right) \tag{3-56}$$

式(3-55)和式(3-56)中，M 为该点的弯矩，N·m；F_{s} 为该点的剪应力，N；y 为该点到断面中性轴的距离，m。

最大弯矩位于梁的两端，即 x=0 或 x=L，有

$$M_{\max} = \frac{1}{12}(q - p - \gamma h)L^2 \tag{3-57}$$

采场端部底板隔水层所受的最大拉应力为

$$\sigma_{\mathrm{tmax}} = \frac{(q - p - \gamma h)L^2}{2h^2} \tag{3-58}$$

在梁的上下表面剪应力为最小，τ_{xy}=0。

2. 底板隔水层损伤机理分析

岩石材料是经过长时间地质作用形成的一种天然产物，期间不可避免地存在大小不一、形状各异的裂纹和孔隙，这些孔隙大多是孤立地存在于岩石中间，有

的则与岩石表面相连，因此可以认为岩石是一种天然的损伤材料。但未考虑渗透水压对底板隔水层的力学作用机制，这里通过材料力学分析得出底板隔水层固支梁两端底界面的拉应力最大，首先产生损伤破坏。在此基础上，考虑损伤区内孔隙压力的影响，计算得出损伤变量的阈值 D_{c}。根据几何损伤理论，底板损伤区内所受的有效应力由岩石骨架所受的应力和裂隙内的孔隙压力来平衡，损伤区的有效应力 σ' 与无损状态应力 σ 及损伤区残余水压力 q'的关系为

$$\sigma'(1-D)A=\sigma A+q'DA \tag{3-59}$$

式中，$\sigma=\dfrac{12My}{(h-h')^3}$；$D$ 为损伤因子。

整理得

$$\sigma'=\frac{\sigma+q'D}{(1-D)} \tag{3-60}$$

将式(3-55)和式(3-56)代入式(3-60)，可得隔水层损伤区内岩体的有效应力为

$$\sigma'=\frac{(q-p-\gamma h)L^2+2q'D(h-h')^2}{2(1-D)(h-h')^2} \tag{3-61}$$

当 $\sigma'=\sigma_{\mathrm{s}}$ 时，认为岩体骨架达到应力屈服状态，从而得出损伤变量的临界值，即

$$D_{\mathrm{c}}=\frac{2(h-h')^2\sigma_{\mathrm{s}}-(q-p-\gamma h)L^2}{2(h-h')^2(\sigma_{\mathrm{s}}+q')} \tag{3-62}$$

当 $D=D_{\mathrm{c}}$ 时，岩体骨架发生屈服破坏，岩体内部形成微裂纹且裂纹端部应力集中并形成翼状裂纹。在基本顶初次来压之前，随着工作面的不断推进，底板隔水层的卸压程度逐渐增加，隔水层底界面由压缩区向卸压膨胀区过渡的岩体所受的拉应力逐渐增加，损伤区裂纹的密度不断增加并相互贯通。

3. 底板隔水层断裂的力学模型

随着“下三带”“下四带”理论的提出，相关人员对底板导升破坏带的高度也进行了大量的研究。文献总结了现场观测、室内模拟、经验公式等方法，运用断裂力学理论及水化学对隔水底板底部的原始构造裂隙进行了分析判断。文献采用 I 型中心裂纹进行分析，而实际上底板导升破坏裂纹为单边裂纹。这里在底板隔水层底界面由压缩区向卸压膨胀区过渡的岩体损伤破坏并形成宏观裂纹的基础上，结合材料力学建立底板隔水层断裂力学模型，更加合理地分析了底板隔水层

导升带的高度，为煤层底板突水的预测和预报研究提供了理论依据。

在隔水层易破坏区域形成宏观裂纹的情况下，对裂纹进行力学分析。为简化计算，在分析裂纹端部的应力集中系数时，忽略剪应力的影响。由底板承压水挤压作用，底板隔水层向卸压采空区变形，因此隔水层底界面形成的宏观裂纹受到远场拉应力及水压渗透扩展的共同作用。综合以上方面，这里建立的断裂力学模型如图 3-14 所示。

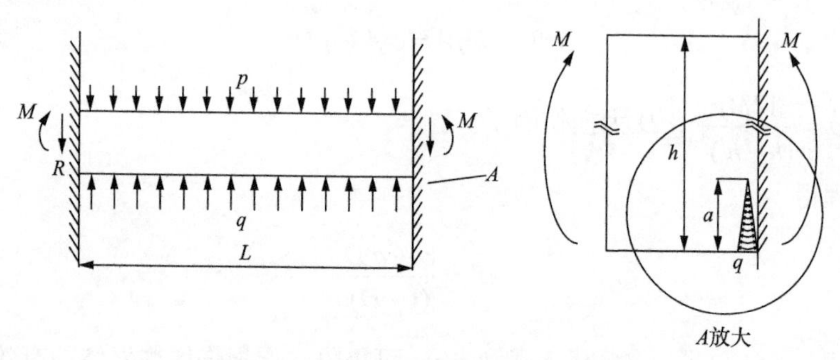

图 3-14　底板隔水层断裂的力学模型

由于岩石为脆性材料，因此可依据应力强度因子手册得出，有限宽长条板有单边裂纹所受到无穷远处纯弯曲的应力强度因子为

$$K=\frac{6M\sqrt{\pi a}}{\left(h-h'\right)^2}f\left(\frac{a}{h}\right) \tag{3-63}$$

式中，$f\left(\frac{a}{h}\right)$为形状因子或几何因子。

当底板隔水层易破坏区域形成宏观裂纹时

$$K_M=\frac{6M_{\max}\sqrt{\pi a}}{\left(h-h'\right)^2}f\left(\frac{a}{h}\right)=\frac{0.5\left(q-p-\gamma h\right)L^2\sqrt{\pi a}}{\left(h-h'\right)^2}f\left(\frac{a}{h}\right) \tag{3-64}$$

认为底板承压水压力在裂纹中呈线性变化，故由底板承压水所产生的应力强度因子为

$$K_q=0.439q\sqrt{\pi a}+0.681q'\sqrt{\pi a} \tag{3-65}$$

根据叠加原理可知，裂纹尖端的应力集中系数为

$$K_1=K_M+K_q=\left[\frac{0.5\left(q-p-\gamma h\right)L^2}{\left(h-h'\right)^2}f\left(\frac{a}{h}\right)+0.439q+0.681q'\right]\sqrt{\pi a} \tag{3-66}$$

4. 岩体初始宏观裂纹损伤断裂强度分析

裂纹在垂直于拉应力的方向发生扩展，裂纹间岩体首先发生损伤破坏，然后才可能发生裂纹的贯穿破坏，这里从损伤断裂能量的角度分析裂纹扩展过程中的能量变化分布情况。根据 Griffith 能量准则得出岩体损伤的变形能为

$$U=\frac{\sigma_{\mathrm{t}}^{2}\pi a l_{\mathrm{c}}}{2E\left(1-D_{\mathrm{c}}\right)} \tag{3-67}$$

对其进行求导，可得损伤应变能，即损伤增长时的应变能释放率：

$$Y=\frac{\mathrm{d}U}{\mathrm{d}l}=\frac{\sigma_{\mathrm{t}}^{2}\pi a}{2E\left(1-D_{\mathrm{c}}\right)} \tag{3-68}$$

裂纹面扩展释放的单位面积变形能，即能量释放率：

$$G=\frac{K_{\mathrm{I}}^{2}}{E\left(1-D_{\mathrm{c}}\right)} \tag{3-69}$$

在形成裂纹并发生扩展的过程中，损伤断裂的能量释放率为损伤应变能释放率 Y 和裂纹面扩展的能量释放率 G，即

$$G_{\mathrm{I}}=\frac{K_{\mathrm{I}}^{2}}{E\left(1-D_{\mathrm{c}}\right)}+\frac{\sigma_{\mathrm{t}}^{2}\pi a}{2E\left(1-D_{\mathrm{c}}\right)} \tag{3-70}$$

G_{I} 值仅表示裂纹是否会发生扩展的一种倾向能力，裂纹并没有真的释放出能量。当 $G_{\mathrm{I}}\geqslant G_{\mathrm{IC}}$ 时，裂纹发生不稳定扩展，其中 G_{IC} 为裂纹发生失稳扩展时 G_{I} 的临界值。

为了简化分析形成初始裂纹时损伤断裂能量释放率的影响因素，取 $h'=0$，$q'=q$，K_{M} 中形状因子 $f(a/h)=1$，联立式(3-58)、式(3-62)、式(3-66)和式(3-70)，整理得

$$G_{\mathrm{I}}=\frac{\left(\sigma_{\mathrm{s}}+q\right)\left[0.75\left(q-p-\gamma h\right)^{2}L^{4}+2.5088q^{2}h^{4}+2.24q\left(q-p-\gamma h\right)L^{2}h^{2}\right]\pi a}{E\left[2h^{2}q+\left(q-p-\gamma h\right)L^{2}\right]h^{2}} \tag{3-71}$$

选取相关参数，$a=0.02$，σ_{s}=5MPa，p=4MPa，γ=2500kN/m^3，h=40m，q=1MPa，L=35m，E=15GPa。分析整理后得出裂纹损伤断裂的能量释放率及其影响因素的关系，如图 3-15 所示。

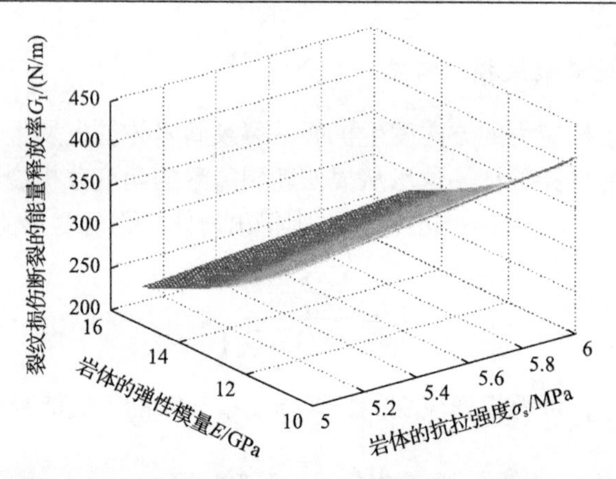

(a) 裂纹损伤断裂能量释放率G_I与岩体的抗拉强度σ_s、弹性模量E的关系

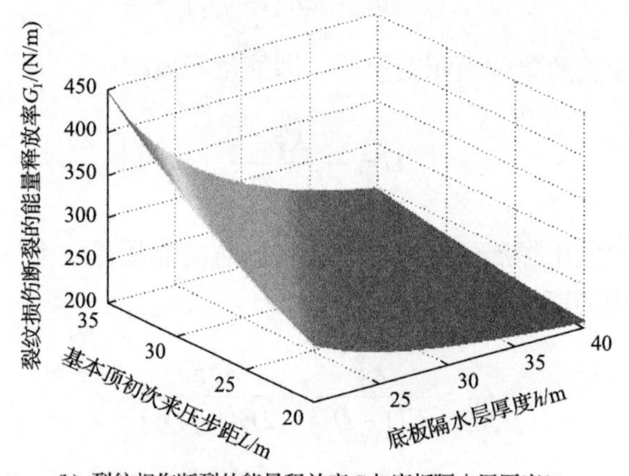

(b) 裂纹损伤断裂的能量释放率G_I与底板隔水层厚度h、基本顶初次来压步距L的关系

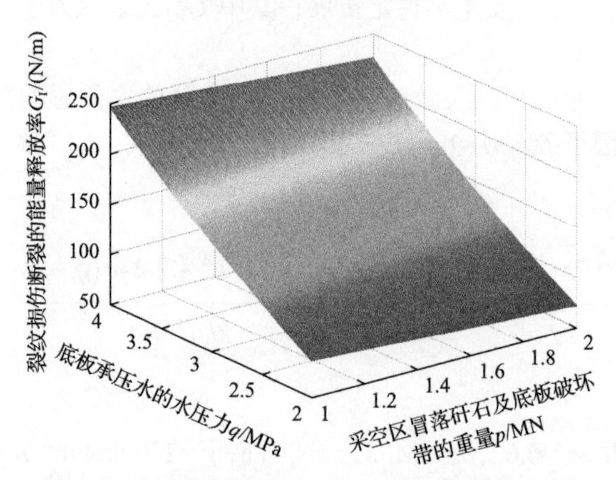

(c) 裂纹损伤断裂的能量释放率G_I与采空区冒落矸石及底板破坏带的重量p、底板承压水压力q的关系

图 3-15　裂纹损伤断裂的能量释放率与岩体力学参数的关系

(1) 图 3-15 (a) 为裂纹损伤断裂的能量释放率与岩体抗拉强度、弹性模量的关系。从图中可以看出，随着岩体的抗拉强度及弹性模量的增加，裂纹损伤断裂释放能量的能力逐渐降低，当其小于或等于裂纹损伤断裂能量释放率的临界值 G_{IC} 时，底板隔水层突水的危险性降低。这表明通过采用底板注浆或其他加固手段增加岩体的力学特性，可降低底板突水的危险系数。

(2) 图 3-15 (b) 为裂纹损伤断裂的能量释放率与底板隔水层厚度、基本顶初次来压步距的关系。从图中可以看出，随着基本顶初次来压步距的增加，裂纹损伤断裂释放能量的倾向性逐渐增强，当 $G_I \geqslant G_{IC}$ 时，裂纹扩展，底板突水的危险性增加。随着底板隔水层厚度的降低，裂纹损伤断裂释放能量的能力也逐渐增高，这表明底板突水的危险性增加，这也同现场观测的结论相吻合。

(3) 图 3-15 (c) 为裂纹损伤断裂的能量释放率与采空区冒落矸石及底板破坏带的重量、底板承压水压力的关系。从图中可以看出，随着采空区冒落矸石及底板破坏带重量的增加，裂纹扩展损伤断裂释放能量的能力逐渐减小，因此在顶板较为坚硬的情况下，强制放顶可以增加等效正向载荷，即增加底板抑制裂纹变形突水的能力。底板承压水压力增加，裂纹损伤断裂的能量释放率也随之增加，因此，降低底板水压可以有效控制裂纹扩展，从而降低底板突水的危险性。当底板水为局部水压或没有补给水源时，可以采用疏降水压的方法来防止底板突水。

3.3　底板弱面突水机理与渗透性分布特征

3.3.1　底板弱面突水机理

近年来，随着开采深度的不断增加，部分矿井煤层底板突水的危险性逐渐增大。尤其是处于高承压水压力、高地应力、复杂构造等地质条件的矿井。煤层开采以后，采场围岩所处的原岩应力状态被打破，采场周边形成了一定程度的应力集中。采场底板岩体在矿山压力的作用下发生变形破坏，同时底板隔水层在承压水挤压作用和采空区卸压的双重作用下发生导升破坏，煤层底板岩层的有效隔水层厚度不断减小。煤层底板突水与底板隔水层的完整性、稳定性等因素密切相关，因此研究底板隔水层的稳定性对分析底板突水问题具有重要的理论意义。

根据材料力学理论，将突水临界状态的底板隔水层薄弱区视为受承压水压力和矿山压力耦合作用下的梁，以拉伸破断、剪切破断的力学判据为条件，判断底板隔水层是否具备隔水性能。对底板隔水关键层所处的三种不同地质构造条件进行分析，即底板完整弱面突水、底板隐伏构造弱面突水、底板多重构造弱面突水。

1. 底板完整弱面突水机理

1) 基础力学模型

在不考虑地质构造影响的情况下，煤层底板的有效隔水层厚度分布较为均一。根据材料力学理论，可将岩层底板有效隔水层(薄弱面)视为受承压水压力和矿山压力耦合作用下的固支梁模型。图 3-16 为底板完整薄弱面示意图，图 3-17 为底板完整弱面力学模型。图 3-17 中固支梁长度为 L，承压水导开区平均厚度为 h，隔水岩层的弹性模量为 E，矿山压力为 G，承压水压力为 $P_{水压}$。

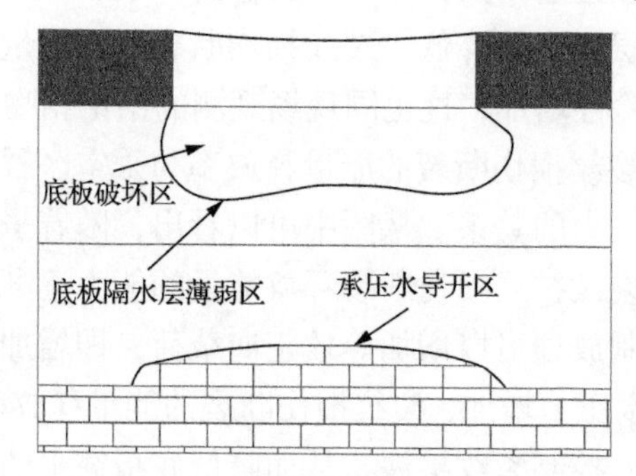

图 3-16　底板完整薄弱面示意图

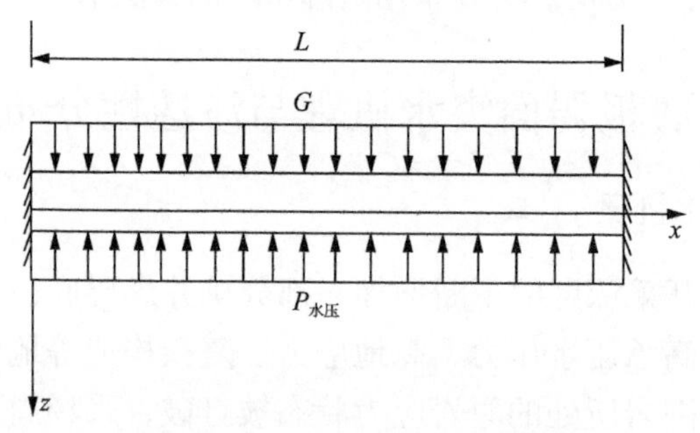

图 3-17　底板完整弱面力学模型

由图 3-16 可知，底板完整弱面的范围越大，底板发生突水的可能性就越大。为便于分析，取底板隔水层薄弱面为研究对象，建立如图 3-17 所示的力学模型，并分析该固支梁在均布载荷作用下岩梁的稳定性。

2) 突水灾变的力学判据

弱面受力分析

采场底板一般为层状岩体，在平行于层理方向的压力作用下，底板将产生挠曲甚至破断，为此将沿工作面推进方向设为 x 轴，垂直于岩层方向设为 z 轴，以梁的中心为 O 点，建立相应的坐标系。根据材料力学中超静定问题理论计算，上述固支梁的基本结构如图 3-18 所示，其应力分析如图 3-19 所示。

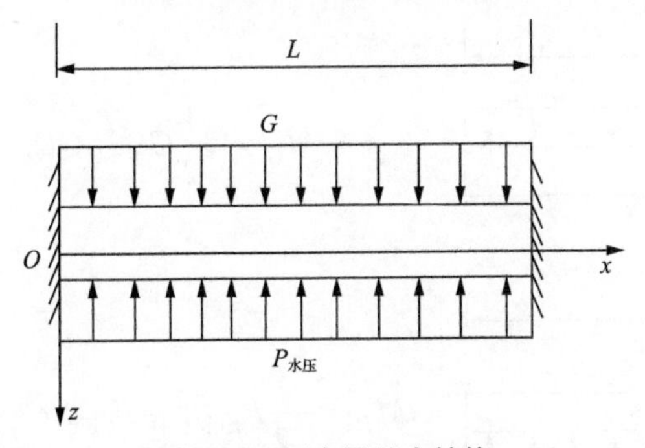

图 3-18　固支梁基本结构

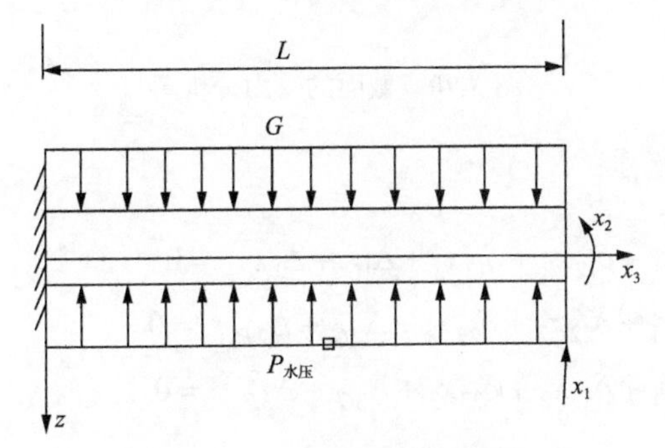

图 3-19　固支梁应力分析

截面各弯矩分析如图 3-20(a)～(e)所示。各截面的弯矩如式(3-72)～式(3-76)所示。

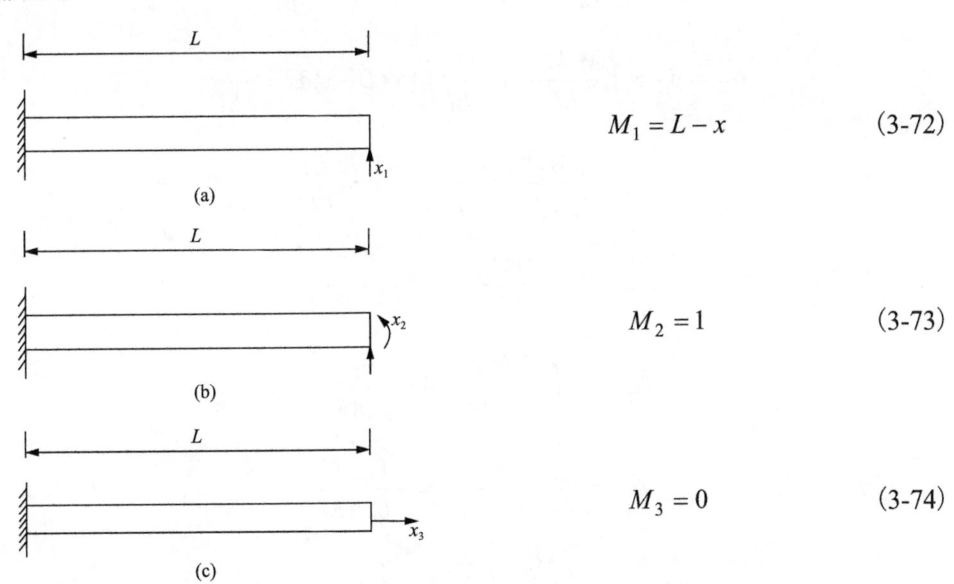

$$M_1 = L - x \tag{3-72}$$

$$M_2 = 1 \tag{3-73}$$

$$M_3 = 0 \tag{3-74}$$

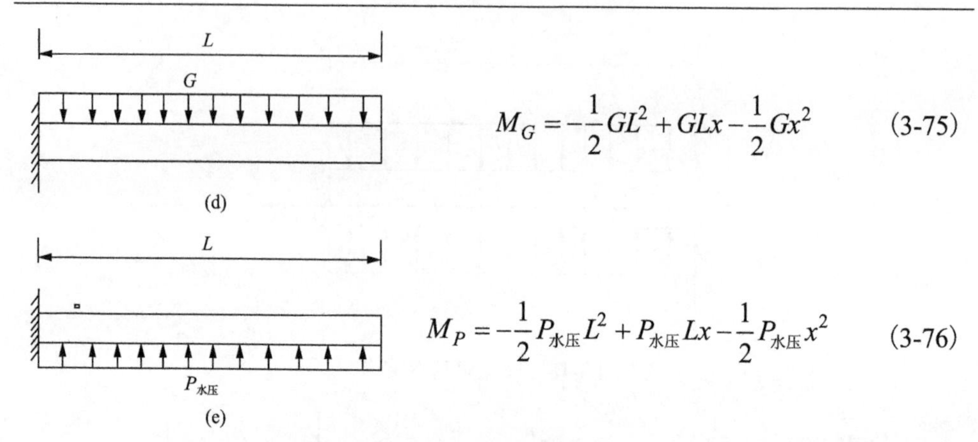

$$M_G = -\frac{1}{2}GL^2 + GLx - \frac{1}{2}Gx^2 \tag{3-75}$$

$$M_P = -\frac{1}{2}P_{水压}L^2 + P_{水压}Lx - \frac{1}{2}P_{水压}x^2 \tag{3-76}$$

图 3-20　截面的受力分析图

根据力法正则方程：

$$\begin{cases} \delta_{11}x_1 + \delta_{12}x_2 + \delta_{13}x_3 + \Delta_{1G} + \Delta_{1P_{水压}} = 0 & ① \\ \delta_{21}x_1 + \delta_{22}x_2 + \delta_{23}x_3 + \Delta_{2G} + \Delta_{2P_{水压}} = 0 & ② \\ \delta_{31}x_1 + \delta_{32}x_2 + \delta_{33}x_3 + \Delta_{3G} + \Delta_{3P_{水压}} = 0 & ③ \end{cases} \tag{3-77}$$

各计算系数如下：

$$\delta_{11} = \int \frac{M_1^{\ 2}}{EI}\mathrm{d}x = \frac{1}{EI}\int (L-x)^2\,\mathrm{d}x = \frac{L^3}{3EI}$$

$$\delta_{21} = \delta_{12} = \int \frac{M_1 M_2}{EI}\mathrm{d}x = \frac{1}{EI}\int 1\times(L-x)\mathrm{d}x = \frac{L^2}{2EI}$$

$$\delta_{22} = \int \frac{M_2^{\ 2}}{EI}\mathrm{d}x = \frac{1}{EI}\int 1^2\,\mathrm{d}x = \frac{L}{EI}$$

$$\Delta_{1G} = \int \frac{M_1 M_G}{EI}\mathrm{d}x = -\frac{1}{8}G\frac{L^4}{EI}$$

$$\delta_{1P_{水压}} = \int \frac{M_1 M_{P_{水压}}}{EI}\,\mathrm{d}x = \frac{P_{水压}L^4}{8EI}$$

$$\Delta_{2G} = \int \frac{M_2 M_G}{EI}\,\mathrm{d}x = -\frac{1}{6}G\frac{L^3}{EI}$$

$$\Delta_{2P_{水压}} = \int \frac{M_2 M_{P_{水压}}}{EI}\,\mathrm{d}x = \frac{1}{6}P_{水压}\frac{L^3}{EI}$$

代入力法正则方程①和②，有

$$\begin{cases}\dfrac{L^3}{3EI}X_1+\dfrac{L^2}{2EI}X_2+\dfrac{P_{水压}L^4}{8EI}X_1-\dfrac{GL^4}{8EI}X_1=0\\ \dfrac{L^2}{2EI}X_1+\dfrac{L}{2EI}X_2+\dfrac{P_{水压}L^3}{6EI}X_1-\dfrac{GL^3}{6EI}X_1=0\end{cases} \text{及} \begin{cases}X_1=\dfrac{GL}{2}-\dfrac{P_{水压}L}{2}\\ X_2=-\dfrac{GL^2}{12}+\dfrac{P_{水压}L^2}{12}\end{cases} \tag{3-78}$$

根据式(3-78)可知 X_1、X_2，即可求解静定结构——基本结构的弯矩，如图 3-21 所示，从而可得左边固支梁的支撑力大小，即

$$\begin{cases}M_A=x_2+x_1L+\dfrac{1}{2}P_{水压}L^2-\dfrac{1}{2}GL^2=-\dfrac{GL^2}{12}+\dfrac{P_{水压}L^2}{12}\\ F_A=GL-P_{水压}L-x_1=\dfrac{GL}{2}-\dfrac{P_{水压}L}{2}\end{cases} \tag{3-79}$$

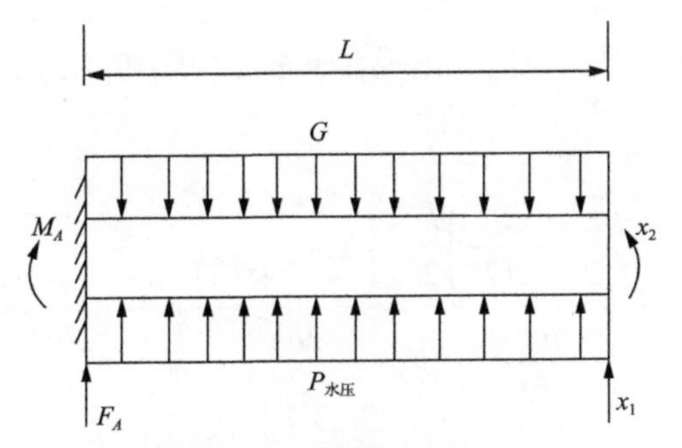

图 3-21　固支梁基本结构

由截面法可知，梁上任意一点的弯矩和剪切力(图 3-22)为

$$\begin{cases}M=\left(-\dfrac{GL^2}{12}+\dfrac{P_{水压}L^2}{12}\right)+\left(\dfrac{GL}{2}-\dfrac{P_{水压}L}{2}\right)x+\dfrac{P_{水压}x^2}{2}-\dfrac{Gx^2}{2}\\ F_s=\dfrac{GL}{2}-\dfrac{P_{水压}L}{2}-Gx+P_{水压}x\end{cases} \tag{3-80}$$

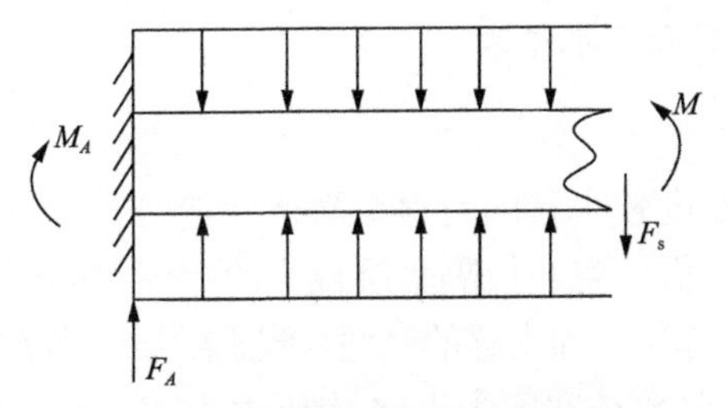

图 3-22　固支梁任意一点受力

由弯矩可得梁上任意一点的正应力情况：

$$\sigma_x = \frac{\left[\left(-\frac{GL^2}{12}+\frac{pL^2}{12}\right)+\left(\frac{GL}{2}-\frac{pL}{2}\right)x+\frac{1}{2}Px^2-\frac{1}{2}Gx^2\right]y}{\frac{bh^3}{12}} \tag{3-81}$$

若$G > P_{水压}$，整体最大拉应力出现在上边界两端$(0, -h/2)$、$(L, -h/2)$，最大拉应力为

$$\sigma_x = \frac{\left(\frac{GL^2}{12}-\frac{PL^2}{12}\right)\frac{h}{2}}{\frac{bh^3}{12}} = \frac{\left(GL^2 - P_{水压}L^2\right)}{2bh^2} = \frac{\left(G-P_{水压}\right)L^2}{2bh^2} \tag{3-82}$$

若$P_{水压} > G$，整体最大拉应力出现在下边界两端$(0, h/2)$、$(L, h/2)$，最大拉应力为

$$\sigma_x = \frac{\left(\frac{PL^2}{12}-\frac{GL^2}{12}\right)\frac{h}{2}}{\frac{bh^3}{12}} = \frac{\left(PL^2 - GL^2\right)}{2bh^2} = \frac{\left(P_{水压}-G\right)L^2}{2bh^2} \tag{3-83}$$

由式(3-82)和式(3-83)可知，当某一处拉裂时的承载力为正应力$\sigma_{\max}$时，岩层达到抗拉极限强度R_T，因此梁断裂时的承载力为

$$P_{水压} - G = \frac{2bh^2R_T}{L^2} \tag{3-84}$$

式中，h为有效隔水层厚度；L为有效隔水层长度；b为有效隔水层厚度；R_T为隔水层的极限抗拉强度。

2. 底板隐伏构造弱面突水机理

1) 基础力学模型

当底板隔水层的厚度较小且同时存在隐伏构造时，对煤层底板突水机理分析的难度更大。为简化分析，将底板隔水层视为两端固定的固支梁(图 3-23)，将隐伏构造简化为局部应力作用于固支梁的模型。假定梁长度为L，平均厚度为h，隔水岩层的弹性模量为E，陷落柱宽度为l，矿山压力为G，承压非均布水压力为$P_{水压}$。

底板陷落柱的水压力值对底板的作用可视为宽度为 l 的非均布载荷，隔水层顶板受覆岩矿山压力的作用，其受力示意图如图 3-24 所示。

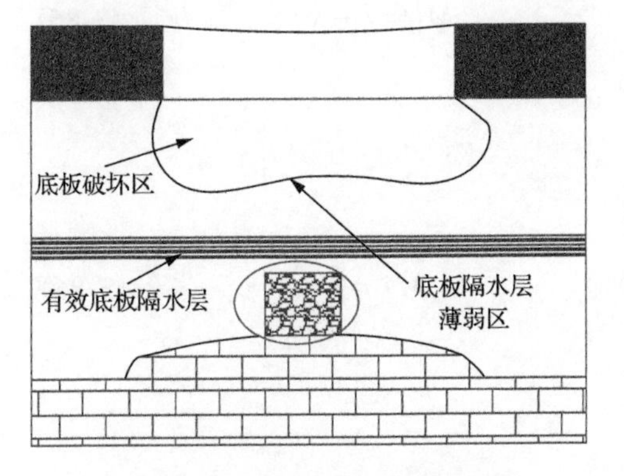

图 3-23　隔水层陷落柱弱面示意图

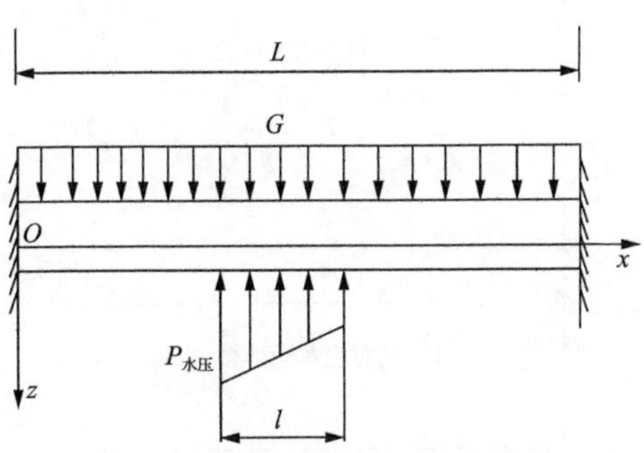

图 3-24　隔水层陷落柱弱面的力学模型

由图 3-23 可知，由于隐伏构造的存在，底板隔水层的厚度进一步减小，突水的危险性更大。为便于分析，取有效隔水层为研究对象，建立如图 3-24 所示的力学模型，分析该固支梁在覆岩自重的均布载荷及非均布水压力作用下岩梁的稳定性。

2）突水灾变的力学判据

弱面受力分析

这里在分析底板隔水层陷落柱弱面突水时采用梁理论，根据材料力学中关于超静定问题的理论计算，上述底板隔水层陷落柱弱面突水应力分析的基本结构如图 3-25 所示，应力分析如图 3-26 所示。

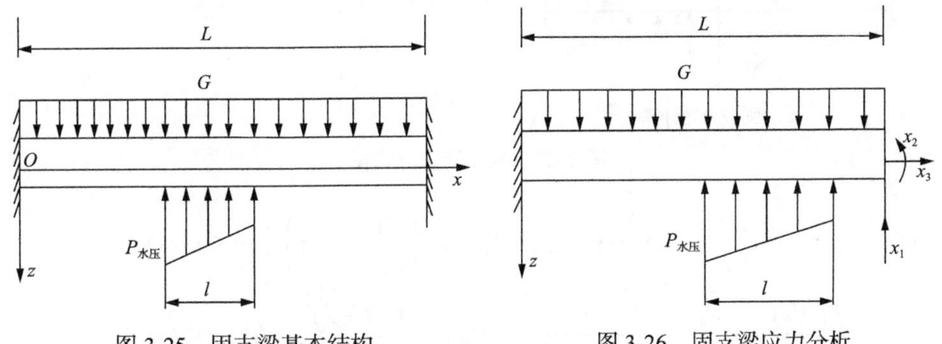

图 3-25　固支梁基本结构　　图 3-26　固支梁应力分析

截面各弯矩分析如图 3-27(a)～(e)所示。各截面的弯矩如式(3-85)～式(3-89)所示。

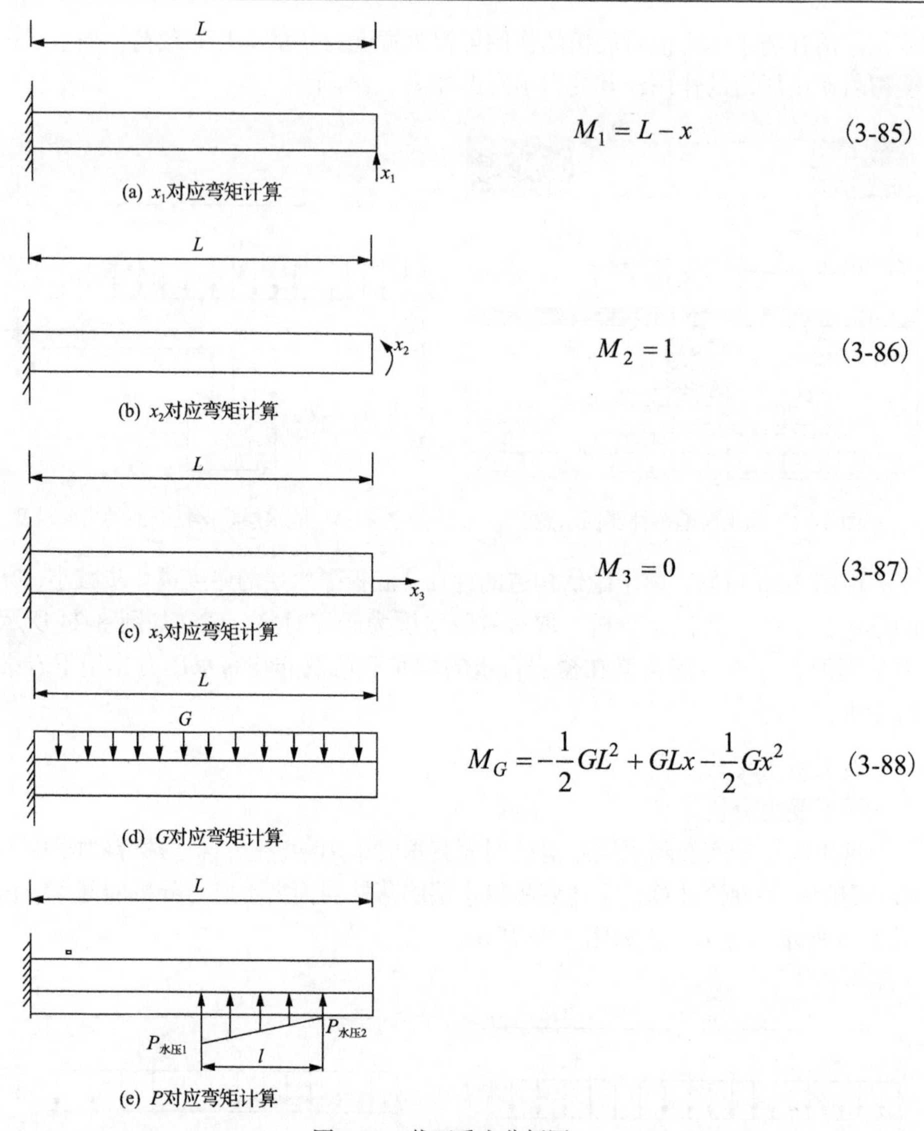

(a) x_1对应弯矩计算

$$M_1 = L - x \tag{3-85}$$

(b) x_2对应弯矩计算

$$M_2 = 1 \tag{3-86}$$

(c) x_3对应弯矩计算

$$M_3 = 0 \tag{3-87}$$

(d) G对应弯矩计算

$$M_G = -\frac{1}{2}GL^2 + GLx - \frac{1}{2}Gx^2 \tag{3-88}$$

(e) P对应弯矩计算

图 3-27　截面受力分析图

$$\begin{cases} M_{P_{水压}} = P_{水压2}a\left(\dfrac{a}{2}+t-x\right)+\left(P_{水压1}-P_{水压2}\right)\dfrac{a}{2}\left(\dfrac{a}{3}+t-x\right) & (0 \leqslant x \leqslant t) \\ M_{P_{水压}} = \left(\dfrac{P_{水压1}-P_{水压2}}{a}\right)\dfrac{(a+t-x)^3}{6}+P_{水压2}\dfrac{(a+t-x)^2}{2} & (t \leqslant x \leqslant t+a) \\ M_{P_{水压}} = 0 \quad (t+a \leqslant x \leqslant L) \end{cases} \tag{3-89}$$

根据力法正则方程：

$$\begin{cases} \delta_{11}x_1+\delta_{12}x_2+\delta_{12}x_3+\Delta_{1G}+\Delta_{1P_{水压}}=0 & ① \\ \delta_{21}x_1+\delta_{22}x_2+\delta_{22}x_3+\Delta_{2G}+\Delta_{2P_{水压}}=0 & ② \\ \delta_{31}x_1+\delta_{32}x_2+\delta_{33}x_3+\Delta_{3G}+\Delta_{3P_{水压}}=0 & ③ \end{cases} \tag{3-90}$$

各计算系数如下：

$$\delta_{11}=\int\frac{{M_1}^2}{EI}\mathrm{d}x=\frac{1}{EI}\int(L-x)^2\mathrm{d}x=\frac{L^3}{3EI} \tag{3-91}$$

$$\delta_{12}=\delta_{21}=\int\frac{M_1M_2}{EI}\mathrm{d}x=\frac{1}{EI}\int 1\times(L-x)\,\mathrm{d}x=\frac{L^2}{2EI} \tag{3-92}$$

$$\delta_{22}=\int\frac{1}{EI}\mathrm{d}x=\frac{L}{EI} \tag{3-93}$$

$$\Delta_{1G}=\int\frac{M_1M_G}{EI}\mathrm{d}x=-\frac{GL^4}{8EI} \tag{3-94}$$

$$\Delta_{2G}=\int\frac{M_2M_G}{EI}\mathrm{d}x=-\frac{GL^3}{6EI} \tag{3-95}$$

$$\begin{aligned}\Delta_{1P_{水压}}=&\int\frac{M_1M_{P_{水压}}}{EI}\mathrm{d}x=\frac{1}{EI}\int_0^t\left[P_{水压2}a\left(\frac{a}{2}+t-x\right)+\left(P_{水压1}-P_{水压2}\right)\frac{a}{2}\left(\frac{a}{3}+t-x\right)\right](L-x)\,\mathrm{d}x\\&+\frac{1}{EI}\int_t^{t+a}\left[\left(\frac{P_{水压1}-P_{水压2}}{a}\right)\frac{(a+t-x)^3}{6}+P_{水压2}\frac{(a+t-x)^2}{2}\right](L-x)\mathrm{d}x\end{aligned} \tag{3-96}$$

$$\begin{aligned}\Delta_{2P_{水压}}=&\int\frac{M_1M_{P_{水压}}}{EI}\mathrm{d}x=\frac{1}{EI}\int_0^t\left[P_{水压2}a\left(\frac{a}{2}+t-x\right)+\left(P_{水压1}-P_{水压2}\right)\frac{a}{2}\left(\frac{a}{3}+t-x\right)\right]\mathrm{d}x\\&+\frac{1}{EI}\int_t^{t+a}\left[\left(\frac{P_{水压1}-P_{水压2}}{a}\right)\frac{(a+t-x)^3}{6}+P_{水压2}\frac{(a+t-x)^2}{2}\right]\mathrm{d}x\end{aligned} \tag{3-97}$$

代入力法正则方程①和②可得

$$\begin{cases} x_1=\left(\Delta_{1P_{水压}}-\dfrac{L\Delta_{2P_{水压}}}{2}\right)\dfrac{12EI}{L^3}+\left(\Delta_{1G}-\dfrac{L\Delta_{2G}}{2}\right)\dfrac{12EI}{L^3} \\ x_2=\left(2L\Delta_{2P_{水压}}-5\Delta_{1P_{水压}}\right)\dfrac{2EI}{L^2}+\left(2L\Delta_{2G}-5\Delta_{1G}\right)\dfrac{2EI}{L^2} \end{cases} \tag{3-98}$$

根据式(3-98)可知 X_1、X_2 即可求解静定结构——基本结构的弯矩，如图 3-28 所示，从而可得左边固支端的支撑力大小，即

$$\begin{cases} M_A = -\dfrac{GL^2}{2} + P_{水压2}\left(\dfrac{a^2}{2} + at\right) + \left(P_{水压1} - P_{水压2}\right)\left(\dfrac{a^2}{6} + \dfrac{at}{2}\right) + x_1 L + x_2 \\ F_A = GL - \dfrac{\left(P_{水压1} + P_{水压2}\right)}{2} a - x_1 \end{cases} \tag{3-99}$$

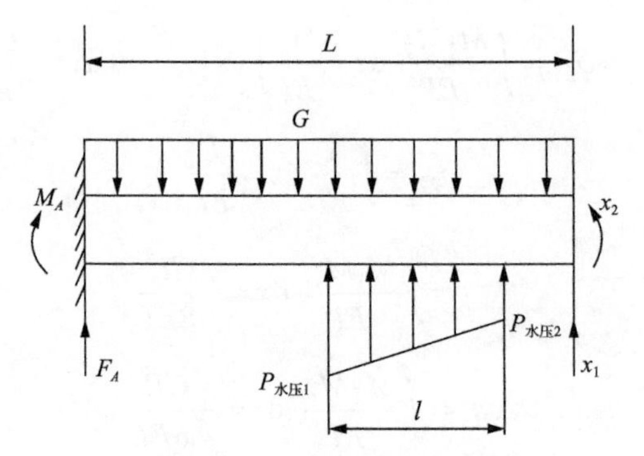

图 3-28　固支梁基本结构

由截面法可知，梁上任意一点的弯矩和剪切力(图 3-29)为

$$\begin{cases} M = M_A + F_A x - \dfrac{1}{2} G x^2 \quad (0 \leqslant x \leqslant t) \\ M = M_A + F_A x - \dfrac{1}{2} G x^2 + \left[P_{水压1} - \dfrac{(x-t)\left(P_{水压1} - P_{水压2}\right)}{a}\right] \dfrac{(x-t)^2}{2} \\ \qquad + \dfrac{(x-t)^3\left(P_{水压1} - P_{水压2}\right)}{6a} \quad (t \leqslant x \leqslant t+a) \\ M = x_2 + x_1 (L - x) \quad (t + a \leqslant x \leqslant L) \end{cases} \tag{3-100}$$

$$\begin{cases} F = Gx - F_A \quad (0 \leqslant x \leqslant t) \\ F = Gx - F_A - \left\{\left[P_{水压1} - \dfrac{(x-t)\left(P_{水压1} - P_{水压2}\right)}{a}\right] + P_{水压1}\right\} \dfrac{(x-t)}{2} \quad (t \leqslant x \leqslant t+a) \\ F = Gx - \dfrac{\left(P_{水压1} + P_{水压2}\right)a}{2} - F_A \quad (t + a \leqslant x \leqslant L) \end{cases} \tag{3-101}$$

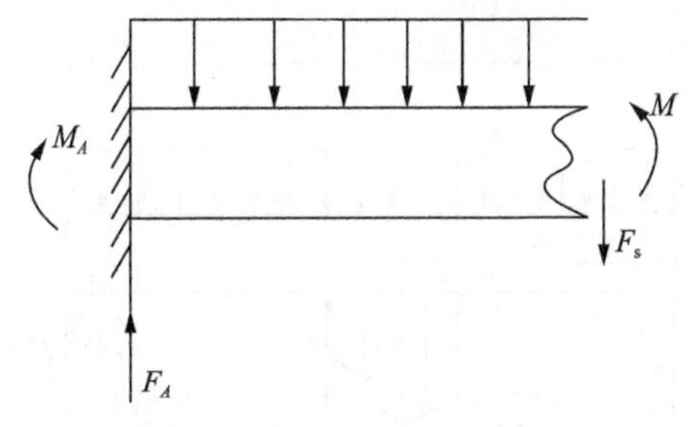

图 3-29　固支梁任意一点受力

由弯矩可得梁上任意一点的正应力情况：

$$\sigma_x = \frac{My}{\frac{bh^3}{12}} \tag{3-102}$$

3. 底板多重构造弱面的突水机理

1) 基础力学模型

考虑到煤矿在实际生产过程中，常出现不止一类地质构造，因此以断层和隐伏陷落柱并存的情况为研究对象，具体见图 3-30。为了研究底板薄隔水层能够承受的极限临界水压力值，将底板发生突水时的破断隔水层简化为如图 3-31 所示的力学模型。该力学模型为一边固支和一边简支的梁模型，梁的上部承受矿上压力的作用，下部承受非均布水压力。梁长度为 L，平均厚度为 h，隔水岩层的弹性模量为 E，陷落柱宽度为 l，矿山压力为 G，承压非均布水压力为 $P_{水压}$。

2) 突水灾变的力学判据

弱面受力分析

断裂构造的存在破坏了煤层底板岩体的完整性，同时构造结构面又是一种薄

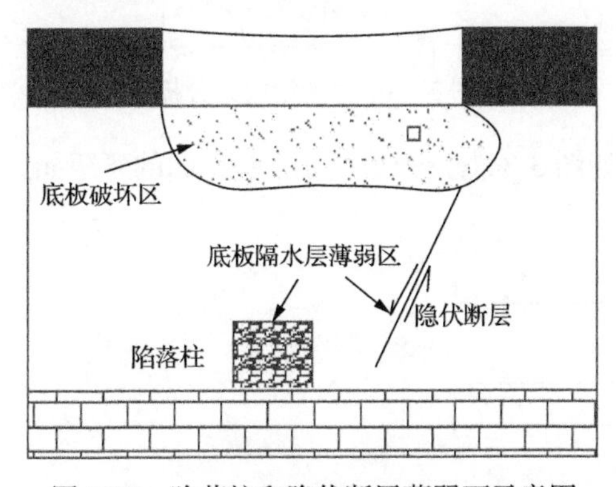

图 3-30　陷落柱和隐伏断层薄弱面示意图

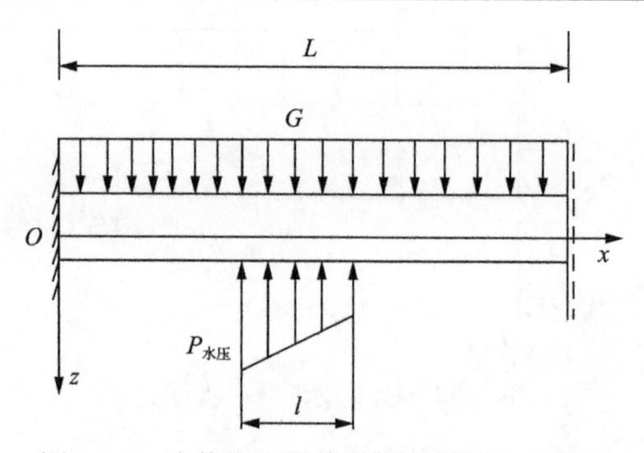

图 3-31　陷落柱和隐伏断层薄弱面力学模型

弱面，降低了隔水层的抗拉强度。因此，地质构造的发育部位是最易突水的部位。

根据材料力学中关于超静定问题的理论计算，上述超薄底板隔水层存在陷落柱和隐伏断层弱面应力分析的基本结构如图 3-32 所示，应力分析如图 3-33 所示。

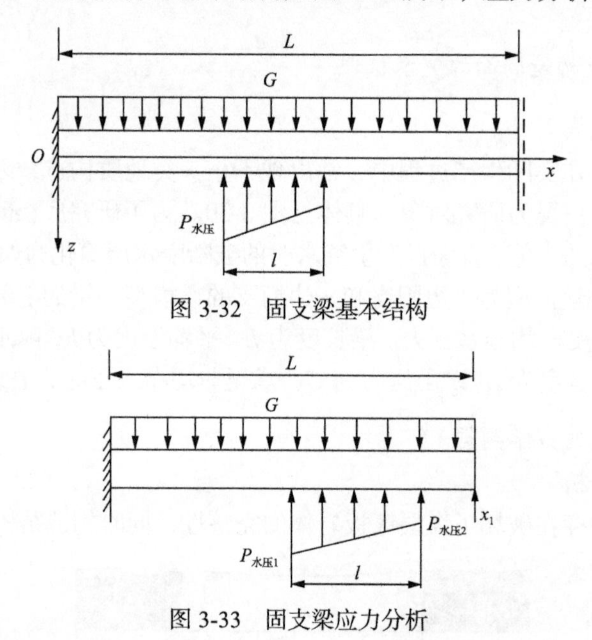

图 3-32　固支梁基本结构

图 3-33　固支梁应力分析

截面各弯矩分析如图 3-34(a)～(c)所示。各截面的弯矩如式(3-103)～式(3-105)所示。

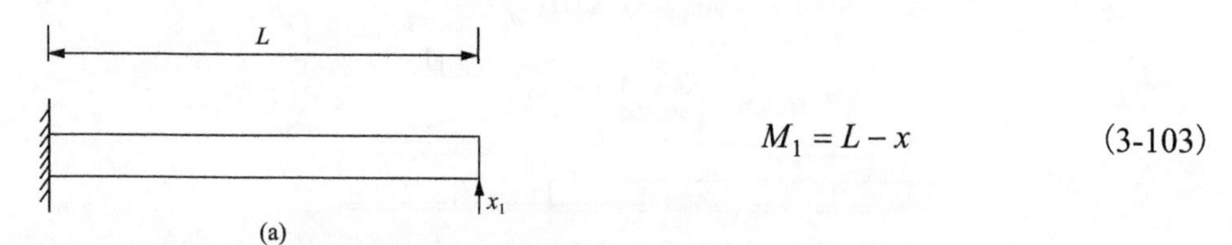

$$M_1 = L - x \tag{3-103}$$

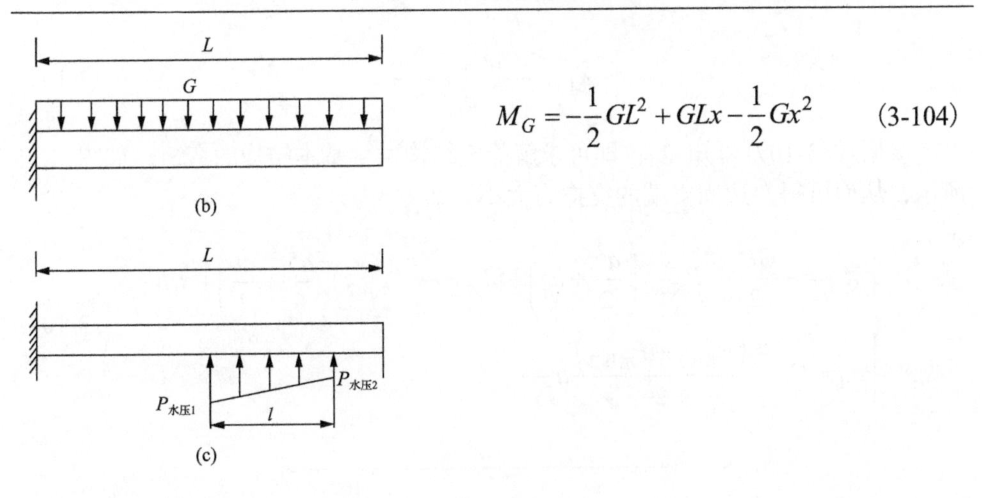

$$M_G = -\frac{1}{2}GL^2 + GLx - \frac{1}{2}Gx^2 \tag{3-104}$$

$$\begin{cases} M_{P_{水压}} = P_{水压2}a\left(\dfrac{a}{2}+t-x\right)+\left(P_{水压1}-P_{水压2}\right)\dfrac{a}{2}\left(\dfrac{a}{3}+t-x\right) & (0 \leqslant x \leqslant t) \\ M_{P_{水压}} = \left(\dfrac{P_{水压1}-P_{水压2}}{a}\right)\dfrac{(a+t-x)^3}{6}+P_{水压2}\dfrac{(a+t-x)^2}{2} & (t \leqslant x \leqslant t+a) \\ M_{P_{水压}} = 0 \quad (t+a \leqslant x \leqslant L) \end{cases} \tag{3-105}$$

图 3-34　截面受力分析图

根据力法正则方程：

$$\delta_{11}x_1 + \Delta_{1G} + \Delta_{1P_{水压}} = 0 \tag{3-106}$$

各计算系数如下：

$$\delta_{11} = \int \frac{M_1^2}{EI}\mathrm{d}x = \frac{1}{EI}\int (L-x)^2 \mathrm{d}x = \frac{L^3}{3EI}$$

$$\Delta_{1G} = \int \frac{M_1 M_G}{EI}\mathrm{d}x = -\frac{GL^4}{8EI}$$

$$\Delta_{1P_{水压}} = \int \frac{M_1 M_{P_{水压}}}{EI}\mathrm{d}x = \frac{1}{EI}\int_0^t \left[P_{水压2}a\left(\frac{a}{2}+t-x\right)+\left(P_{水压1}-P_{水压2}\right)\frac{a}{2}\left(\frac{a}{3}+t-x\right)\right]$$

$$(L-x)\mathrm{d}x$$

$$+\frac{1}{EI}\int_t^{t+a}\left[\left(\frac{P_{水压1}-P_{水压2}}{a}\right)\frac{(a+t-x)^3}{6}+P_{水压2}\frac{(a+t-x)^2}{2}\right](L-x)\mathrm{d}x$$

代入力法正则方程：

$$X_1=\frac{-\Delta_{1P_{\text{水压}}}-\Delta_{1G}}{\delta_{11}} \tag{3-107}$$

根据式(3-107)可知 X_1，即可求解静定结构——基本结构的弯矩，如图 3-35 所示，从而可得左边固支端的支撑力大小，即

$$\begin{cases} M_A=-\dfrac{GL^2}{2}+P_{\text{水压}2}\left(\dfrac{a^2}{2}+at\right)+\left(P_{\text{水压}1}-P_{\text{水压}2}\right)\left(\dfrac{a^2}{6}+\dfrac{at}{2}\right)+x_1L \\ F_A=GL-\dfrac{\left(P_{\text{水压}1}+P_{\text{水压}2}\right)}{2}a-x_1 \end{cases} \tag{3-108}$$

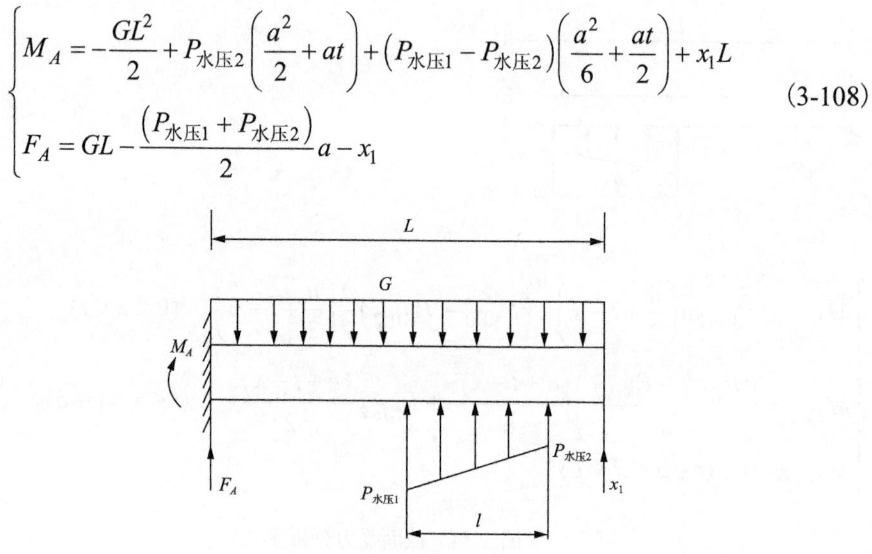

图 3-35　固支梁基本结构

由截面法可知，梁上任意一点的弯矩和剪切力为

$$\begin{cases} M=M_A+F_Ax-\dfrac{1}{2}Gx^2 \quad (0\leqslant x\leqslant t) \\ M=M_A+F_Ax-\dfrac{1}{2}Gx^2+\left[P_{\text{水压}1}-\dfrac{(x-t)\left(P_{\text{水压}1}-P_{\text{水压}2}\right)}{a}\right]\dfrac{(x-t)^2}{2} \\ \quad +\dfrac{(x-t)^3\left(P_{\text{水压}1}-P_{\text{水压}2}\right)}{6a} \quad (t\leqslant x\leqslant t+a) \\ M=x_1(L-x) \quad (t+a\leqslant x\leqslant L) \end{cases} \tag{3-109}$$

$$\begin{cases} F=Gx-F_A \quad (0\leqslant x\leqslant t) \\ F=Gx-F_A-\left\{\left[P_{\text{水压}1}-\dfrac{(x-t)\left(P_{\text{水压}1}-P_{\text{水压}2}\right)}{a}\right]+P_{\text{水压}1}\right\}\dfrac{(x-t)}{2} \quad (t\leqslant x\leqslant t+a) \\ F=Gx-\dfrac{\left(P_{\text{水压}1}+P_{\text{水压}2}\right)a}{2}-F_A \quad (t+a\leqslant x\leqslant L) \end{cases} \tag{3-110}$$

由弯矩可得梁上任意一点的正应力情况：

$$\sigma_x = \frac{My}{\frac{bh^3}{12}} \tag{3-111}$$

3.3.2 底板完整弱面的渗透性分布特征

考虑到地质构造对底板岩体的渗透性分布特征影响较大，且现有理论难以科学获取相关规律，因此仅针对底板完整弱面的渗透性分布特征开展研究。目前，国内很多学者通过理论分析、相似模拟及数值模拟等方法对底板突水机理进行了大量的研究，但对岩体内存在细微观裂隙及裂隙角度对渗透系数影响的研究较少。岩体在长期形成的过程中，考虑到渗透水压力的存在，易在特定角度发生破坏。这里运用断裂力学理论中的压剪断裂判据，考虑裂隙倾角对岩体渗透系数的影响，从而确定出在采动影响下岩体中易破坏的优势角裂隙，建立优势角力学模型。在优势角力学模型分析的基础上，建立采场裂隙岩体优势角应力与渗透性耦合的力学模型。

1. 采场裂隙岩体的优势角力学模型

1) 采场裂隙岩体的优势角分析

岩体经过长期的原岩应力、构造应力作用及采动作用，会产生不同程度的损伤断裂破坏。这里考虑了裂隙中存在渗透水压力的影响，建立了优势角力学模型，并根据断裂力学中的压剪断裂判据，确定了采场裂隙岩体最易发生破坏的角度，其力学模型如图 3-36 所示。

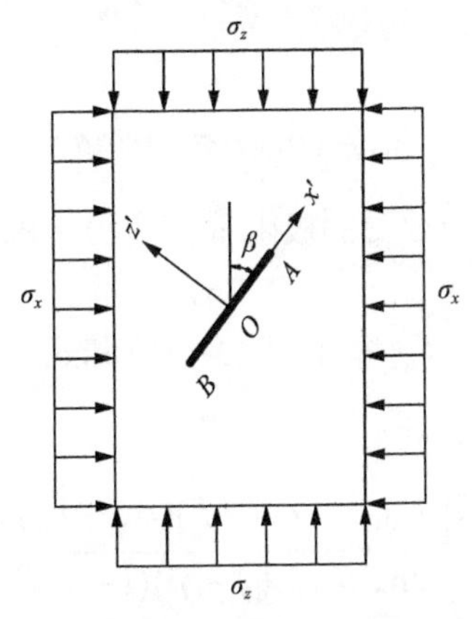

图 3-36　优势角力学模型

考虑裂隙内部存在渗透水压力 p_0，计算得出裂隙在局部坐标 x'-z'下，所受远

场沿 z' 方向的正应力 σ_N、沿 x' 方向的正应力 $\sigma_{x'}$ 及剪应力 τ^{∞} 分别为

$$\begin{cases}\sigma_N = \sigma_z \sin^2 \beta + \sigma_x \cos^2 \beta - p_0 \\ \sigma_{x'} = \sigma_z \cos^2 \beta + \sigma_x \sin^2 \beta \\ \tau^{\infty} = (\sigma_z - \sigma_x)\sin\beta\cos\beta\end{cases} \tag{3-112}$$

式中，p_0 为裂隙内的渗透水压力，Pa；σ_z、σ_x 为裂隙面沿 z 及 x 方向的远场正应力，Pa；β 为裂隙面法向方向与远场应力 z 方向的夹角，(°)。

将裂隙表面的摩擦力 τ 简化为常数，即 $\tau = f\sigma_N$。裂隙表面受到的等效剪应力为 $\tau_e = \tau^{\infty} - \tau$，将式(3-112)代入得

$$\tau_e = \tau^{\infty} - \tau = (\sigma_z - \sigma_x)\sin\beta\cos\beta - f(\sigma_z \sin^2\beta + \sigma_x \cos^2\beta - p_0) \tag{3-113}$$

考虑到裂隙内渗透水压力的存在，在压剪应力的作用下裂隙不完全闭合($K_{\text{I}} \neq 0$、$K_{\text{II}} \neq 0$)。基于大量的试验研究，针对压剪断裂提出压剪断裂判据，即

$$\lambda_{12} K_{\text{I}} + |K_{\text{II}}| = K_{\text{IIC}} \tag{3-114}$$

式中，λ_{12} 为压剪系数；K_{IIC} 为 II 型断裂韧度；K_{I} 为 I 型应力强度因子，即 $K_{\text{I}} = \sigma\sqrt{\pi a}$；$K_{\text{II}}$ 为 II 型应力强度因子，即 $K_{\text{II}} = \tau\sqrt{\pi a}$。

将式(3-112)代入应力强度因子 $K_{\text{I}} = \sigma\sqrt{\pi a}$、$K_{\text{II}} = \tau\sqrt{\pi a}$，整理得

$$K_{\text{I}} = \sigma_N\sqrt{\pi a} = \left(\sigma_z \sin^2\beta + \sigma_x \cos^2\beta - p_0\right)\sqrt{\pi a} \tag{3-115}$$

$$K_{\text{II}} = \tau_e\sqrt{\pi a} = \left\{(\sigma_z - \sigma_x)\sin\beta\cos\beta - f\left(\sigma_z \sin^2\beta + \sigma_x \cos^2\beta - p_0\right)\right\}\sqrt{\pi a} \tag{3-116}$$

设岩体的抗脆断能力为

$$k_{cr} = \left(\sigma_{zc} - \sigma_{xc}\right)\sqrt{\pi a} \tag{3-117}$$

式中，σ_{zc} 为岩体破断时所能承受的极限垂直应力，Pa；σ_{xc} 为岩体破断时所能承受的极限水平应力，Pa。

在临界情况下，$|K_{\text{II}}| = K_{\text{IIC}}$，将式(3-115)和式(3-116)代入式(3-114)，并联立式(3-117)，整理得

$$k_{cr} = \frac{2\left[K_{\text{IIC}} - (\lambda_{12} - f)(\sigma_x - p_0)\sqrt{\pi a}\right]}{\sin 2\beta + (\lambda_{12} - f)(1 - \cos 2\beta)} \tag{3-118}$$

固定 f、p_0、λ_{12} 和 σ_x，令 $\beta = \beta_m$ 时，k_{cr} 达到最小，即 $\frac{\partial k_{cr}}{\partial \beta} = 0$，$\frac{\partial^2 k_{cr}}{\partial \beta^2} > 0$，

得出 $\tan 2\beta_{\mathrm{m}} = \dfrac{1}{f - \lambda_{12}}$，称 β_{m} 为岩体裂隙内存在渗透水压力情况下最易破坏的角度，即优势角。

2) 采场裂隙岩体优势角应力与渗透性耦合的力学模型

假设底板岩体由一组互相平行的裂隙及完整岩石组成，在推导渗透系数方程时未考虑裂隙倾角对渗透系数的影响。在上述优势角力学模型分析的基础上，假设岩体中裂隙面与竖直应力的夹角为 β_{m}，继而建立了采场裂隙岩体优势角应力与渗透性耦合的力学模型，如图 3-37 所示。模型中岩体由宽度为 s、弹性模量为 E 的完整岩石与宽度为 b、法向刚度为 K_{n} 的裂隙串联组成，假设裂隙中的渗透水压力为定值，且不随裂隙宽度的变化而改变，考虑到完整岩石的渗透率与裂隙相比很小，故可忽略不计。

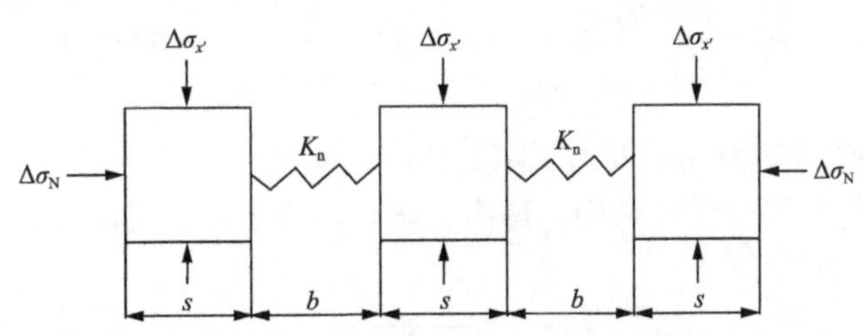

图 3-37　采场裂隙岩体优势角应力与渗透性耦合的力学模型

岩体的位移变化量 $\Delta\mu_{\mathrm{t}}$ 为裂隙的位移变化量 $\Delta\mu_{\mathrm{f}}$ 与岩块的位移变化量 $\Delta\mu_{\mathrm{r}}$ 之和，故裂隙的位移变化量为

$$\Delta\mu_{\mathrm{f}} = \Delta\mu_{\mathrm{t}} - \Delta\mu_{\mathrm{r}} \tag{3-119}$$

用应变量表示为

$$\Delta\mu_{\mathrm{f}} = (s + b)\Delta\varepsilon_{\mathrm{t}} - s\Delta\varepsilon_{\mathrm{r}} \tag{3-120}$$

式中，s 为岩块的宽度，m；b 为裂隙的宽度，m；$\Delta\varepsilon_{\mathrm{t}}$ 为沿裂隙法线方向岩体的应变；$\Delta\varepsilon_{\mathrm{r}}$ 为沿裂隙法线方向岩块的应变。

沿裂隙法线方向岩体的应变可以表示为

$$\Delta\varepsilon_{\mathrm{t}} = \frac{1}{E_{\mathrm{t}}}\left[\Delta\sigma_{\mathrm{N}} - \mu\left(\Delta\sigma_{x'} + \Delta\sigma_{y'}\right)\right] \tag{3-121}$$

式中，E_{t} 为岩体的弹性模量，Pa；$\Delta\sigma_{\mathrm{N}}$ 为法线方向的正应力，N；μ 为岩体的泊松比；$\Delta\sigma_{x'}$、$\Delta\sigma_{y'}$ 分别为垂直于法线方向的正应力，考虑模型处于平面应力状态，故 $\Delta\sigma_{y'}=0$。

沿裂隙法线方向岩块的应变可以表示为

$$\Delta\varepsilon_{\mathrm{r}}=\frac{1}{E_{\mathrm{r}}}\left[\Delta\sigma_{\mathrm{N}}-\mu'\left(\Delta\sigma_{x'}+\Delta\sigma_{y'}\right)\right] \tag{3-122}$$

式中，E_{r} 为岩块的弹性模量，Pa；$\Delta\sigma_{\mathrm{N}}$ 为法线方向的正应力，N；μ' 为岩块的泊松比；$\Delta\sigma_{x'}$、$\Delta\sigma_{y'}$ 分别为垂直于法线方向的正应力，考虑模型处于平面应力状态，故 $\Delta\sigma_{y'}=0$。

为简化计算，这里认为岩体的泊松比与岩块的泊松比相差较小，故取 $\mu'=\mu$。将式(3-121)和式(3-122)代入式(3-120)，并考虑在平面应力状态下，$\Delta\sigma_{y'}=0$，整理得裂隙的位移变化量为

$$\Delta\mu_{\mathrm{f}}=\frac{(s+b)}{E_{\mathrm{t}}}\left(\Delta\sigma_{\mathrm{N}}-\mu\Delta\sigma_{x'}\right)-\frac{s}{E_{\mathrm{r}}}\left(\Delta\sigma_{\mathrm{N}}-\mu\Delta\sigma_{x'}\right) \tag{3-123}$$

式中，s 为岩块的宽度，m；b 为裂隙的宽度，N。

将岩体简化为组合弹性结构，得出岩体与岩块的弹性模量有如下关系，即

$$\frac{1}{E_{\mathrm{t}}}=\frac{1}{E_{\mathrm{r}}}+\frac{1}{K_{\mathrm{n}}b} \tag{3-124}$$

式中，K_{n} 为裂隙的法向刚度，N/m。

将式(3-124)代入式(3-123)，整理可得在压应力 $\Delta\sigma_{\mathrm{N}}$、$\Delta\sigma_{x'}$ 的作用下，裂隙的位移变化量为

$$\Delta\mu_{\mathrm{f}}=\left(\frac{s}{K_{\mathrm{n}}b}+\frac{1}{K_{\mathrm{n}}}+\frac{b}{E_{\mathrm{r}}}\right)\left(\Delta\sigma_{\mathrm{N}}-\mu\Delta\sigma_{x'}\right) \tag{3-125}$$

因应力变化将引起裂隙宽度 b 的变化，则应力变化后的渗透系数 K 为

$$K=K_0\left[1-\left(\frac{s}{K_{\mathrm{n}}b}+\frac{1}{K_{\mathrm{n}}}+\frac{b}{E_{\mathrm{r}}}\right)\left(\Delta\sigma_{\mathrm{N}}-\mu\Delta\sigma_{x'}\right)\right]^3 \tag{3-126}$$

将式(3-112)代入式(3-126)，整理得岩体应力与渗透性耦合力学模型的渗透系数 K 为

$$K=K_0\left\{1-\left(\frac{s}{K_{\mathrm{n}}b}+\frac{1}{K_{\mathrm{n}}}+\frac{b}{E_{\mathrm{r}}}\right)\cdot\left[\Delta\sigma_z\left(\sin^2\beta-\mu\cos^2\beta\right)-\mu\Delta\sigma_x\left(\cos^2\beta-\mu\sin^2\beta\right)\right]\right\}^3 \tag{3-127}$$

2. 采场周围的应力分布情况

沿工作面倾向建立力学模型，主要对采场煤壁附近处于应力集中部分的岩体进行力学分析。在计算过程中，对水平应力 σ_x 进行了简化，忽略了 $(1-\lambda)\gamma H$ 对水平应力的影响，尚未对工作面后方采场的应力变化进行分析研究。这里沿工作面走向方向建立力学模型，并对零位破坏带及采空区的岩体进行力学分析，如图 3-38 所示。根据断裂力学理论选取应力函数，并考虑 $(1-\lambda)\gamma H$ 的影响，通过计算整理得采场平面应力状态下周围岩体的应力场。

$$\left.\begin{aligned}\sigma_x&=\frac{\gamma H}{2}\sqrt{\frac{L_x}{r}}\cos\frac{\theta}{2}\left(1-\sin\frac{\theta}{2}\sin\frac{3\theta}{2}\right)-(1-\lambda)\gamma H\\ \sigma_z&=\frac{\gamma H}{2}\sqrt{\frac{L_x}{r}}\cos\frac{\theta}{2}\left(1+\sin\frac{\theta}{2}\sin\frac{3\theta}{2}\right)\\ \tau_{xz}&=\frac{\gamma H}{2}\sqrt{\frac{L_x}{r}}\cos\frac{\theta}{2}\sin\frac{\theta}{2}\cos\frac{3\theta}{2}\end{aligned}\right\}\tag{3-128}$$

式中，H 为采深，m；λ 为侧压系数；γ 为上覆岩层的容重，kg/m^3；σ_x 为采场的水平应力，Pa；σ_z 为采场的垂直应力，Pa；τ_{xz} 为采场的剪应力，Pa；L_x 为基本顶初次来压步距，m；r、θ 分别为以采场端部为坐标原点的极坐标下的极径、极角。

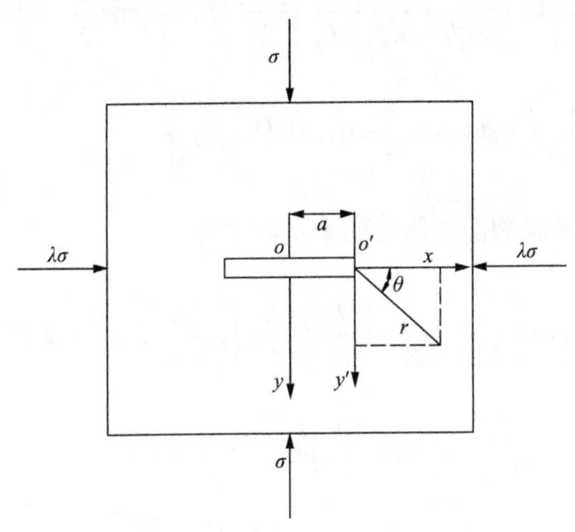

图 3-38　采场应力分布计算

假设裂隙变化对裂隙内渗透水压力的影响较小，可以忽略，则应力的变化量可以表示为

$$\begin{cases}\Delta\sigma_x=\sigma_x-\lambda\gamma H\\ \Delta\sigma_z=\sigma_z-\gamma H\end{cases} \tag{3-129}$$

将式(3-128)代入式(3-129)，整理得

$$\begin{cases}\Delta\sigma_x=\dfrac{\gamma H}{2}\left[\sqrt{\dfrac{L_x}{r}}\cos\dfrac{\theta}{2}\left(1-\sin\dfrac{\theta}{2}\sin\dfrac{3\theta}{2}\right)-2\right]\\ \Delta\sigma_z=\dfrac{\gamma H}{2}\left[\sqrt{\dfrac{L_x}{r}}\cos\dfrac{\theta}{2}\left(1+\sin\dfrac{\theta}{2}\sin\dfrac{3\theta}{2}\right)-2\right]\end{cases} \tag{3-130}$$

3. 采场周围渗透系数方程的建立

随着工作面的不断推进，底板岩体经历了压缩-卸压膨胀-重新压实三个阶段。采场端部岩体受支承压力的影响处于压缩状态，采空区底板岩体应力释放处于卸压状态，根据零位破坏理论可知，在采场端部附近易形成剪切裂隙。由上述优势角力学模型可知易形成破坏的裂隙角度为 β_{m}，故结合采动影响下采场应力的变化可得出采场端部零位破坏带渗透系数的分布方程，这为预测和预防底板突水提供了理论依据。考虑岩体在平面应力状态下，整理得出采场裂隙岩体的渗透系数为

$$K=K_0\left\{1-\left(\frac{s}{K_{\mathrm{n}}b}+\frac{1}{K_{\mathrm{n}}}+\frac{b}{E_{\mathrm{r}}}\right)\frac{\gamma H}{2}\cdot\left[\left(\sqrt{\frac{L_x}{r}}\cos\frac{\theta}{2}-2\right)(1-\mu)-\frac{1}{2}\sqrt{\frac{L_x}{r}}\sin\theta\sin\frac{3\theta}{2}\cos2\beta\cdot(1+\mu)\right]\right\}^3 \tag{3-131}$$

整理上式可得采场裂隙岩体的渗透系数比为

$$\frac{K}{K_0}=\left\{1-\left(\frac{s}{K_nb}+\frac{1}{K_n}+\frac{b}{E_r}\right)\frac{\gamma H}{2}\cdot\left[\left(\sqrt{\frac{L_x}{r}}\cos\frac{\theta}{2}-2\right)(1-\mu)-\frac{1}{2}\sqrt{\frac{L_x}{r}}\sin\theta\sin\frac{3\theta}{2}\cos2\beta\cdot(1+\mu)\right]\right\}^3 \tag{3-132}$$

根据优势角 $\tan2\beta_{\mathrm{m}}=\dfrac{1}{f-\lambda_{12}}$，整理得出

$$\cos2\beta_{\mathrm{m}}=\frac{f-\lambda_{12}}{\sqrt{1+\left(f-\lambda_{12}\right)^2}} \tag{3-133}$$

在采动影响下采场裂隙岩体的渗透系数比为

$$\frac{K}{K_0}=\left\{1-\left(\frac{s}{K_\mathrm{n}b}+\frac{1}{K_\mathrm{n}}+\frac{b}{E_\mathrm{r}}\right)\frac{\gamma H}{2}\cdot\left[\left(\sqrt{\frac{L_x}{r}}\cos\frac{\theta}{2}-2\right)(1-\mu)\right.\right.$$
$$\left.\left.-\frac{f-\lambda_{12}}{2\sqrt{1+\left(f-\lambda_{12}\right)^2}}\sqrt{\frac{L_x}{r}}\sin\theta\sin\frac{3\theta}{2}\cdot(1+\mu)\right]\right\}^3 \tag{3-134}$$

选取 s=1.0m，E_r=1000MPa，K_n=10000MPa/m，b=0.001m，λ_{12}=0.365，并选取其他力学参数分别为 γ =2500kg/m^3，H =300m，L_x=30m，μ=1/3，f=0.5。考虑零位破坏带一般发生在工作面附近，取 θ=−95°，r =3m，其渗透系数比的分布变化情况见图 3-39(a)。对于工作面底板由于煤层开采处于卸压状态，取 θ=−170°，r=15/tanθ，分析渗透系数比的变化情况见图 3-39(b)。

根据式(3-124)绘制出渗透系数比与其影响因素的关系。

(1)图 3-39(a)给出了采场渗透系数比与采场端部极角 θ、极径 r 的关系。随着极角 θ 的不断增大，岩体的应力释放程度逐渐增加，渗透系数比也随之增大，即采空区岩体的渗透系数增大。在 θ 角不变的情况下，随着距采场端部距离的增加，受采场端部应力集中的影响变小，渗透系数比变大。在零位破坏带及采空区端部底板附近渗透系数比的增加，导致了突水危险性增大。

(2)图 3-39(b)给出采空区中部底板中渗透系数比与采场端部极角 θ、极径 r 的关系。由于煤层开采，采场底板岩体在一定范围内处于卸压状态，采场渗透系数比大于 1。随着距采空区中部底界面距离的增加，岩体的卸压程度逐渐减弱，故岩体的渗透系数比逐渐减小。同样，在距采场端部相同距离的情况下，随着 θ 角的增大，在一定范围内岩体的卸压程度增大，底板岩体的渗透系数比增加。

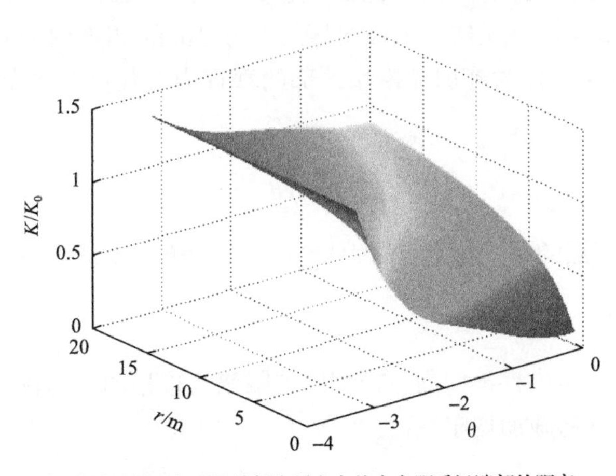

(a) 渗透系数比与采场端部水平方向的夹角距采场端部的距离

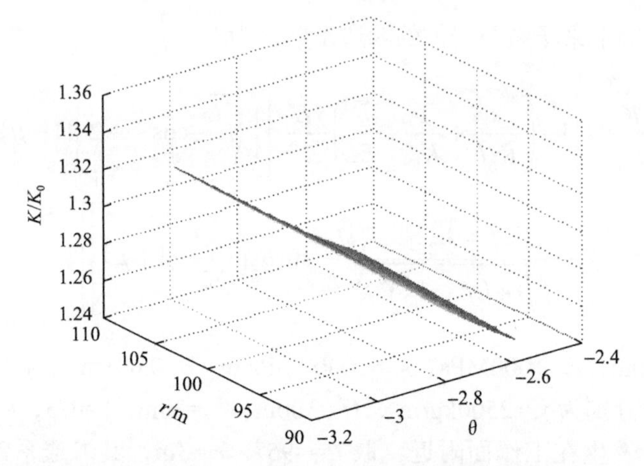

(b) 采场底板中部渗透系数比与采场端部水平方向的夹角距采场端部距离的关系

图 3-39　渗透系数比及其影响因素的关系

3.4　底板弱面突水的数值模拟

3.4.1　数值模拟方案

1. 数值模型尺寸

结合三种底板弱面突水机理(底板完整弱面、底板隐伏构造弱面、底板多重构造弱面)的力学模型，运用 FLAC^{3D} 数值模拟软件中的流固耦合模块模拟承压水从三种底板弱面突破的动态过程。以某煤矿下组煤 10$^{\#}$煤层六采区的水文地质模型为模拟对象。本次模拟在莫尔-库仑模型下完成流固耦合计算，为保证数值模拟运行结果的可靠性，模型尺寸长 220m、宽 150m、高 100m，为消除边界效应模型两侧各保留 45m 边界煤柱。顶板取煤层上方 100m 高度内的岩层进行模拟计算，其余上覆岩层转化为施加在模型顶部的垂直均布载荷，均布载荷 σ_z 按下式给出，即

$$\sigma_z = \gamma h \tag{3-135}$$

式中，γ 为上覆岩层的平均容重，取 25kN/m^3；h 为模型底边界距地表的深度，m。

2. 模型的力学边界条件

模型顶部为自由边界，四周及模型底部限制位移移动，即仅允许模型发生垂直方向的位移，顶部施加均布载荷。

3. 模型的渗流边界条件

模型的周围为不透水边界。含水层顶部为压力水头边界，压力水头按照模拟要求设置，为了使模拟符合含水层的富水性，设置模型底部为透水边界，固定水头压力。含水层的初始饱和度设为 1，含水层以上的岩层初始饱和度为 0。假设地层为各向同性，工作面开采后的采空区为排水边界。

4. 岩体的物理力学参数

模型选取的力学参数如表 3-1 所示。

表 3-1　模拟计算力学参数表

岩石名称	物理性质			力学性质		
	真密度/(g/cm^3)	视密度/(g/cm^3)	含水率/%	自然抗压强度/MPa	抗拉强度/MPa	抗剪强度/MPa
含铝泥岩	3.08～3.14 3.11	3.01～3.07 3.04	2.40～2.50 2.45	39.9～68.10 54.00	1.80～4.00 2.90	3.90～10.10 7.00
泥岩	2.63～2.65 2.64	2.47～2.50 2.49	5.70～7.10 6.33	15.30～38.30 27.13	0.70～4.10 1.03	2.10～4.70 3.48
砂质泥岩	2.63	2.49	5.60	46.3	1.80	5.70
粉砂岩	2.70～2.82 2.78	2.59～2.71 2.67	4.10～4.40 4.23	46.40～61.60 51.70	1.80～2.60 2.23	7.10～10.20 8.13
细粒砂岩	2.58～2.80 2.71	2.44～2.68 2.58	4.90～5.90 5.32	42.70～66.70 52.60	1.80～4.20 2.98	7.20～12.10 9.55
中粒砂岩	2.65～2.67 2.66	2.41～2.51 2.47	6.50～10.40 7.83	17.10～60.80 42.67	0.70～4.00 2.57	3.20～10.70 8.03
石灰岩	2.70～2.73 2.71	2.61～2.64 2.62	3.50	60.80～72.70 67.47	4.30～5.00 4.57	12.10～14.10 13.13

5. 数值模拟方案

根据研究内容，数值模拟的主要方案如下所述。

方案 1：模拟工作面底板完整弱面突水，在开挖过程中应力场、围岩塑性区分布、渗流场的变化情况。

方案 2：模拟工作面底板隐伏构造弱面突水，在开挖过程中应力场、围岩塑性区分布、渗流场的变化情况。

方案 3：模拟工作面多重构造弱面突水，在开挖过程中应力场、围岩塑性区分布、渗流场的变化情况。

3.4.2 底板弱面突水的数值模拟结果

1. 底板完整弱面突水的数值模拟

根据某煤矿下组煤 $10^{\#}$ 煤层六采区的水文地质概况为模拟背景，建立 FLAC 数值计算模型尺寸长 220m、宽 150m、高 100m，模型如图 3-40 所示。工作面切眼的宽度为 60m，根据“见方来大压”的矿山压力理论，推进距离同样也选取 70m。最终的开挖模型如图 3-41 所示。

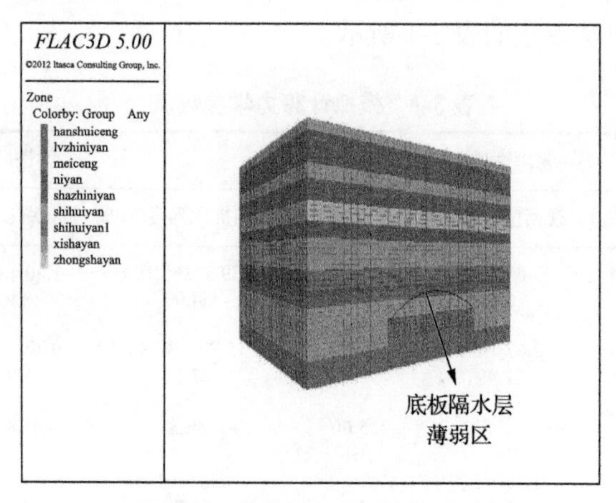

图 3-40　数值模拟的模型示意图

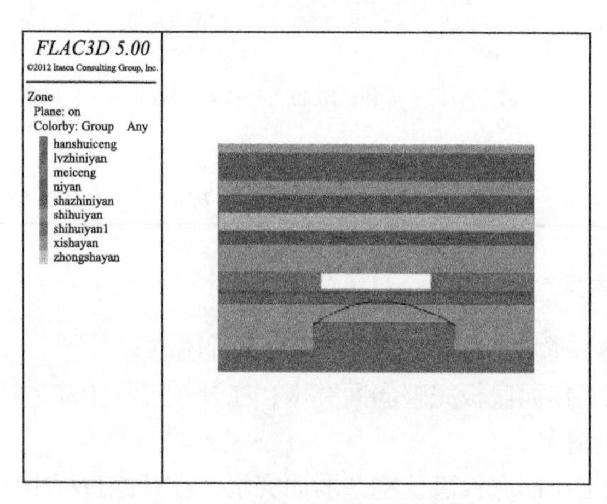

图 3-41　最终开挖模型示意图

1) 不同推进长度下应力场的演变特征

为了监测工作面底板应力的变化规律，数值模拟分别在走向和倾向上各设置一条观测线，走向和倾向方向上每隔 5m 布置一个监测点。观测线深度距离煤层底板分别为 5m、10m、15m、20m，分别提取工作面推进 10m、20m、30m、40m、50m、60m、70m 时各监测点的垂直应力变化曲线。

I. 工作面走向方向上应力场的演变特征

随着工作面推进，底板走向上垂直应力的变化规律如图 3-42 所示。

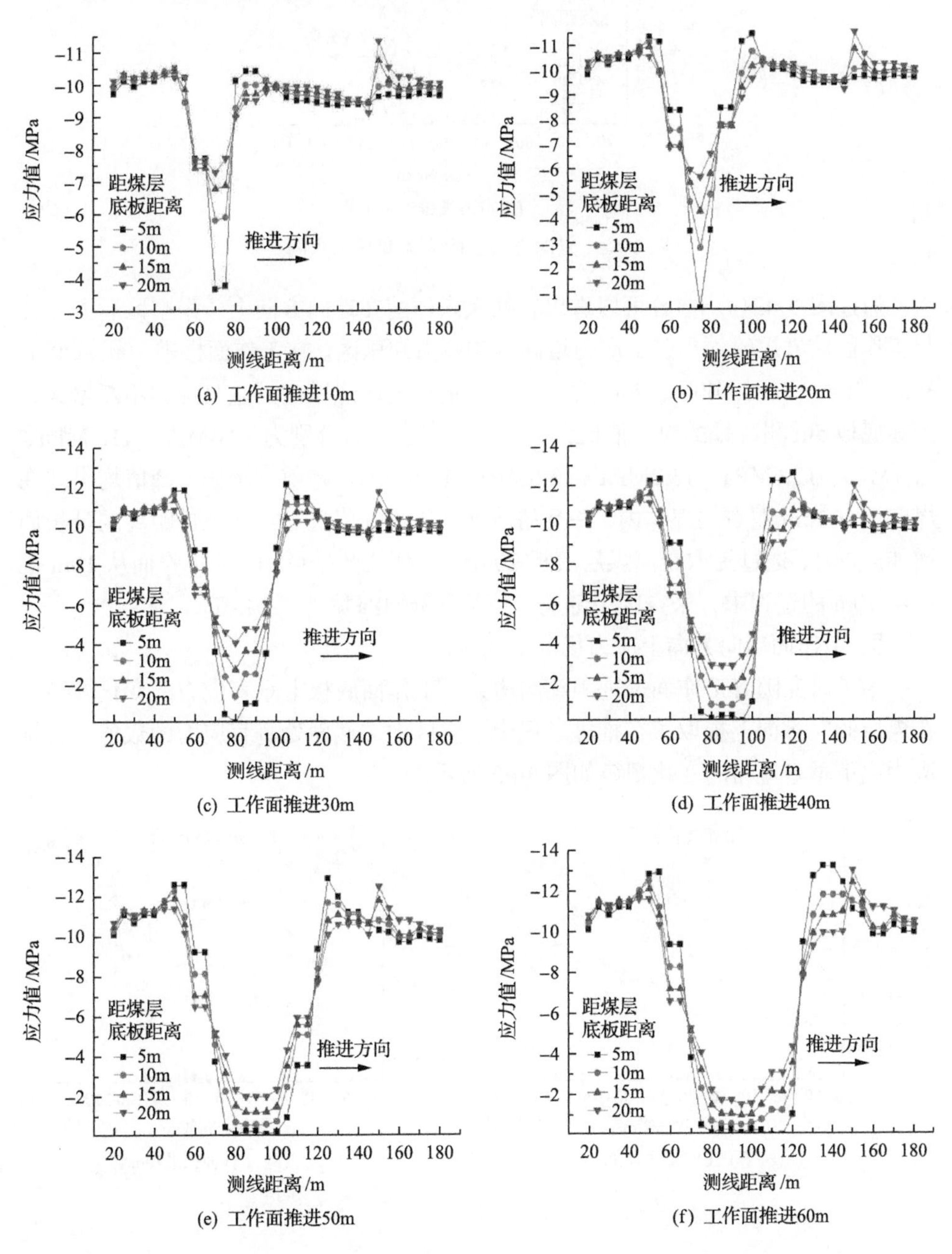

(a) 工作面推进10m　(b) 工作面推进20m

(c) 工作面推进30m　(d) 工作面推进40m

(e) 工作面推进50m　(f) 工作面推进60m

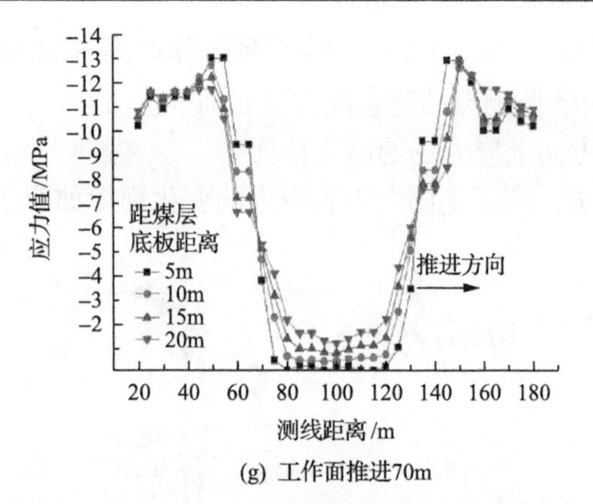

(g) 工作面推进70m

图 3-42　走向方向上的应力变化示意图

通过图 3-42(a)～(g)可以看出，初次来压前在走向方向上，采空区后方煤柱与工作面前方煤壁均出现了应力增高区和应力卸压区。在工作面推进 10m、20m、30m、40m、50m、60m、70m 时，工作面前后两端煤壁内的垂直应力不断增大，距离底板 5m 测线处的应力值最大，且最大支承压力分别为 10.4MPa、11.1MPa、12.1MPa、12.6MPa、13.2MPa、13.6MPa、13.8MPa。超前支承压力峰值均出现在煤壁前方 15m 左右的煤体内，并且超前支承压力峰值随工作面推进距离的延长而增加。同时，通过提取距离煤层底板 20m 处的测线数据可知，在工作面从 10m 推进至 70m 的过程中，采空区中部应力值从 5.36MPa 降为 1.24MPa。

Ⅱ. 工作面倾向方向上应力场的演变特征

为了研究随着工作面推进距离的增大，工作面底板上垂直应力的变化规律，在煤层倾向方向上提取了在推进过程中采空区中部截面处垂直应力的数值，各推进距离下垂直应力的变化规律如图 3-43 所示。

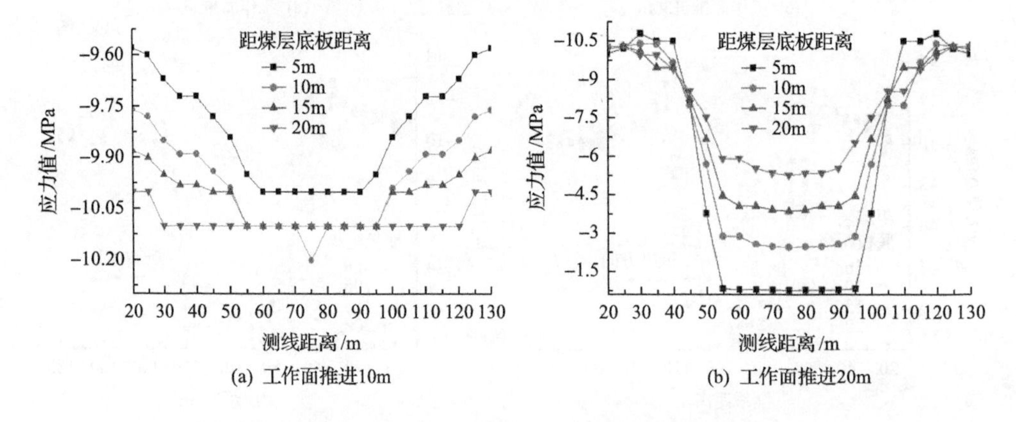

(a) 工作面推进10m　　(b) 工作面推进20m

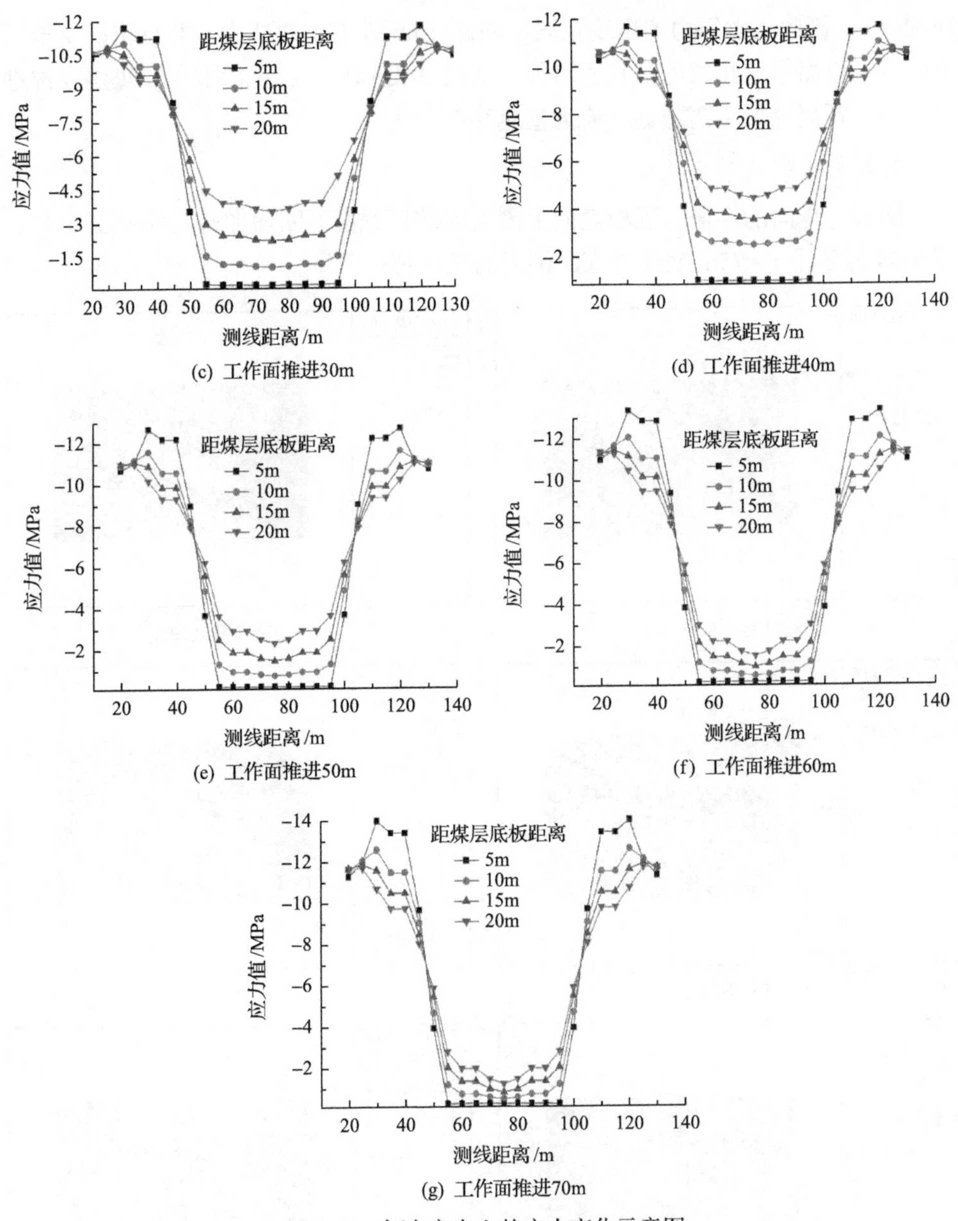

(c) 工作面推进30m

(d) 工作面推进40m

(e) 工作面推进50m

(f) 工作面推进60m

(g) 工作面推进70m

图 3-43　倾向方向上的应力变化示意图

从图 3-43 可以看出，在工作面推进的过程中，底板岩层的变化规律曲线基本与图 3-42 的应力变化示意图相似。随着工作面的推进，工作面煤壁两侧的垂直应力不断增大，当工作面推进 10m、20m、30m、40m、50m、60m、70m 时，其最大支承压力分别为 10MPa、10.8MPa、11.7MPa、12.2MPa、12.2MPa、13.7MPa、

14.4MPa。侧向支承压力均出现在煤壁两侧 10m 左右的煤体内，并且超前支承压力随着工作面推进距离的延长而增加。从图 3-43(a)～(g)可以看出，煤层在推进过程中，距离煤层距离越远，应力值越小。

2)煤层围岩的破坏特征

随着工作面的推进，底板走向上围岩的破坏程度不断增加，具体见图 3-44。图 3-44 显示了 y=75m 截面处煤层围岩的破坏特征。

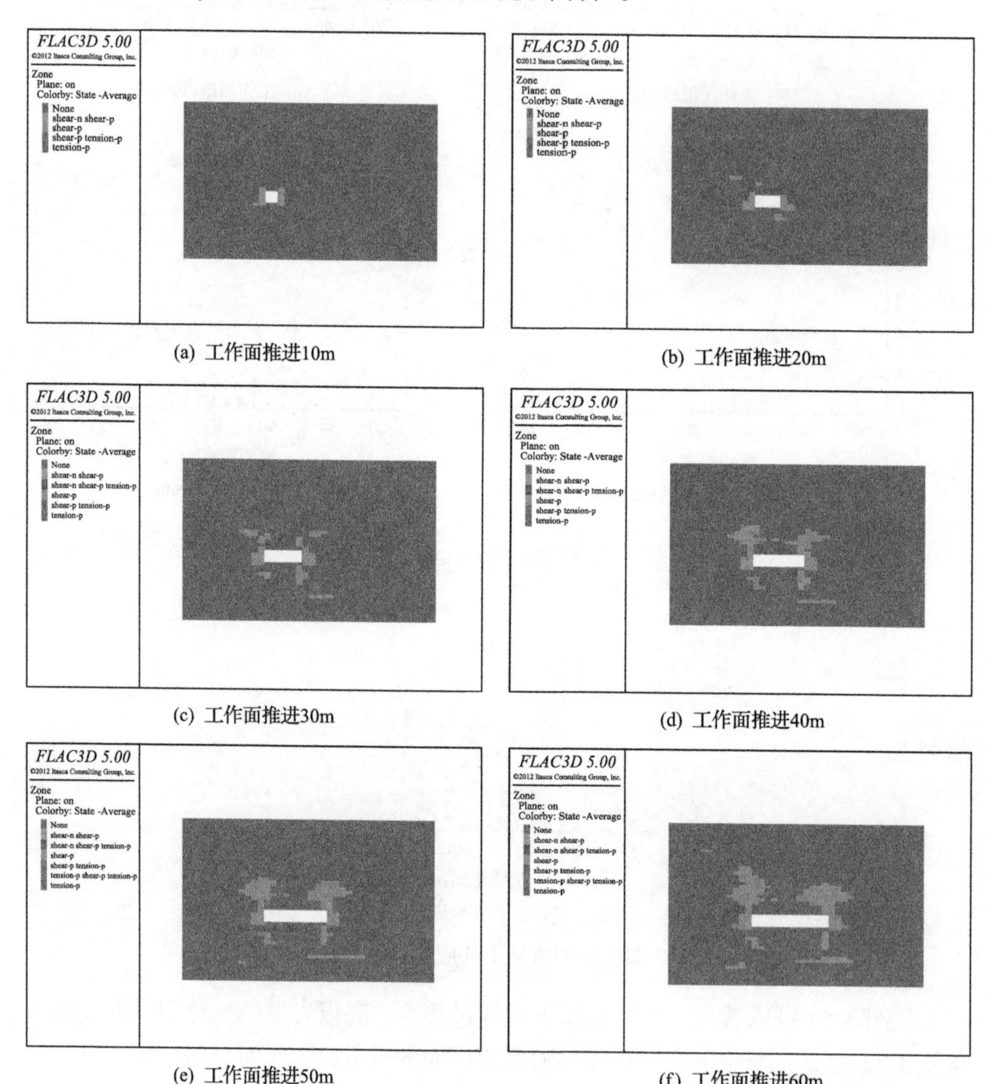

(a) 工作面推进10m　(b) 工作面推进20m

(c) 工作面推进30m　(d) 工作面推进40m

(e) 工作面推进50m　(f) 工作面推进60m

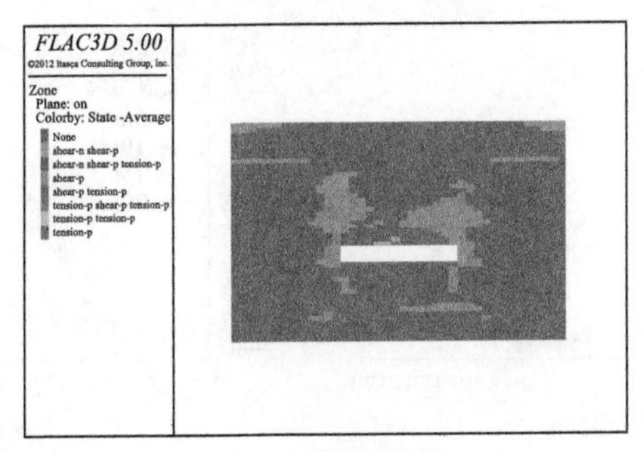

(g) 工作面推进70m

图 3-44 不同推进距离下围岩破坏示意图

由图 3-44 可知，在推进过程中，煤壁附近由于受到压应力的作用，煤壁附近出现剪切破坏；采空区顶底板均表现出拉剪复合破坏，顶板呈现出“马鞍形”破坏形态，底板呈现出“倒马鞍形”破坏形态。随着工作面的不断推进，底板隔水岩层在矿山压力和承压水压力的作用下，煤层底板采动破坏深度不断加大。同时，在推进过程中，隔水层底板薄弱处在矿山压力和承压水压力的耦合作用下也出现了破坏区，并且破坏区的高度不断向上延伸。当底板推进至 70m 处时，底板破坏带基本与隔水层底板薄弱处破坏带发生了导通。

根据图 3-44 在不同推进距离下围岩的破坏规律，必须提前对底板隔水层的相对薄弱区进行改造或者采取合理的回采工艺，从而避免底板突水事故的发生。

3) 不同推进长度下位移场的演变特征

为了模拟在煤层推进过程中，工作面底板位移场的变化规律，分别在煤层底板 5m、10m、15m、20m 上设置一条观测线，观测线上每隔 5m 布置一个监测点，所得的各测线上垂直位移的变化曲线如图 3-45 所示。

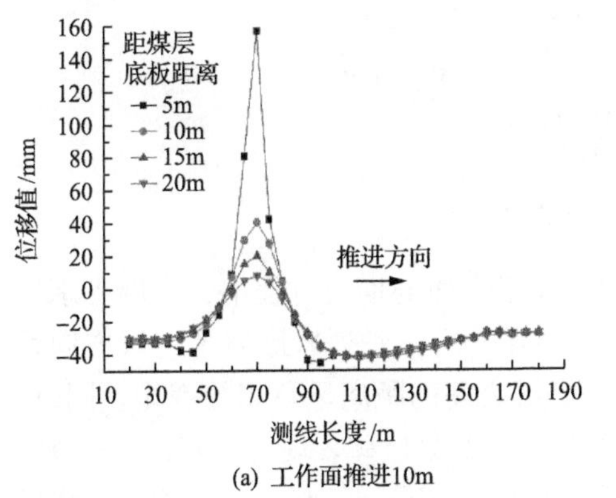

(a) 工作面推进10m

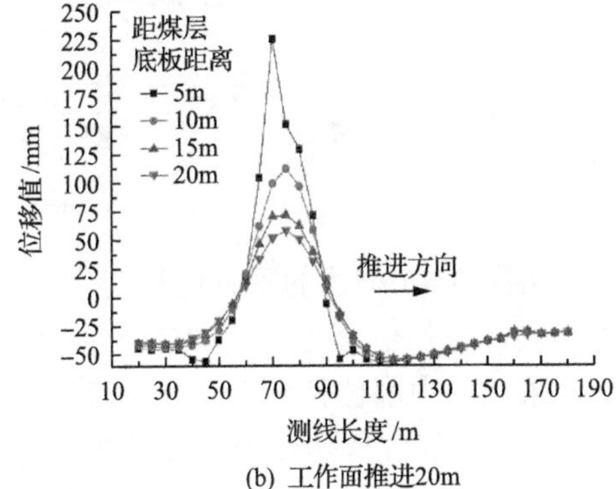

(b) 工作面推进20m

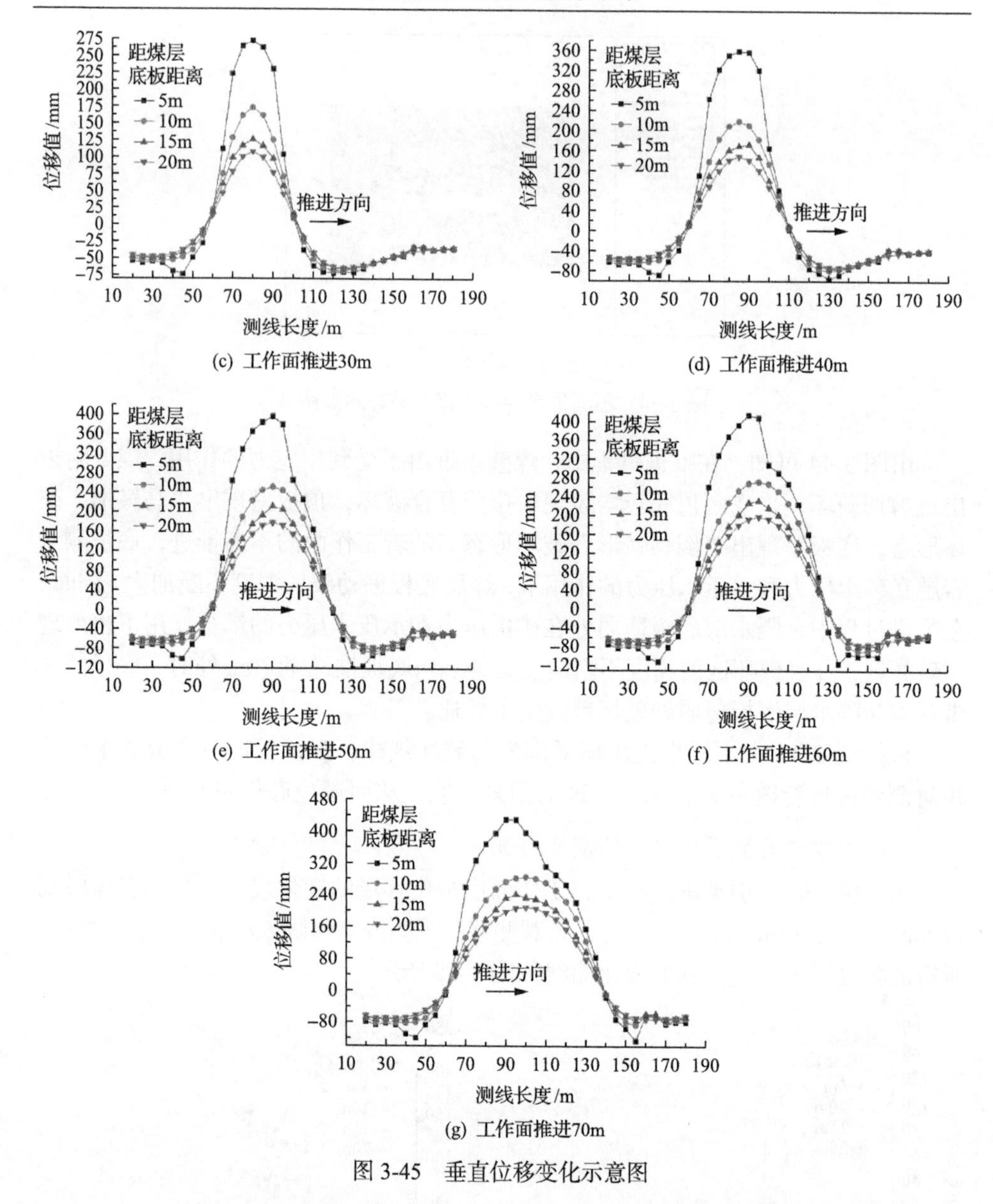

(c) 工作面推进30m

(d) 工作面推进40m

(e) 工作面推进50m

(f) 工作面推进60m

(g) 工作面推进70m

图 3-45　垂直位移变化示意图

由图 3-45 描述的垂直位移变化可知：在工作面的推进过程中，煤层支承压力影响区域的位移为负，即向下移动；煤层开采后，底板岩层向采空区方向移动，采空区中部位移最大，且垂直位移与煤层之间的距离呈负相关变化。同时，从图 3-45 还可以看出，在煤壁附近的底板岩体，部分位移表现为正值，部分位移表现为负值，即煤壁附近的岩体，部分受拉应力，部分受压应力。这说明在煤壁附近容易产生剪切裂隙，因此煤壁附近为易突水区域。当工作面推进 10m、20m、

30m、40m、50m、60m、70m 时，底板各测线内的最大垂直位移均发生在采空区中部下方，且与煤层底板岩体的距离越大，位移越小。当工作面推进 70m 时，距离煤层底板 5m 处监测线的位移最大，采空区位移最大为 0.43m。

4）不同推进长度下渗流场的演变特征

如图 3-46 所示为在开采过程中，当工作面推进 10m、20m、30m、40m、50m、60m、70m 时承压水压力云图和水流矢量图。为研究推底板隔水层薄弱区影响下的承压水导升高度的变化规律，在模型含水层上部间隔布置水压动态监测点。

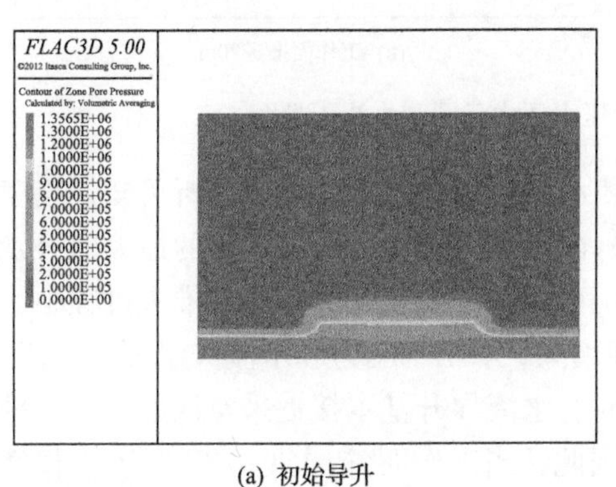

(a) 初始导升

(b) 工作面推进10m

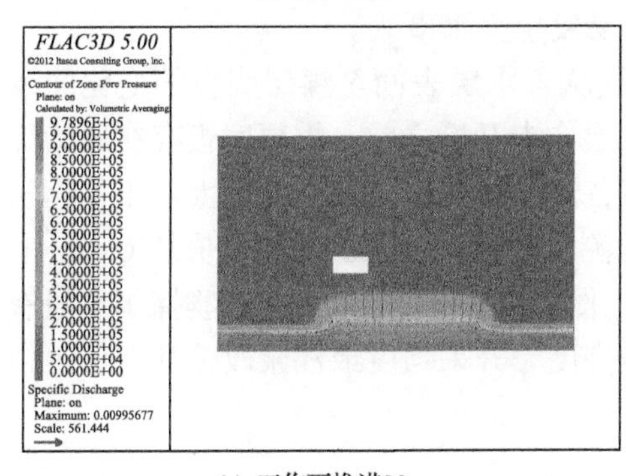

(c) 工作面推进20m

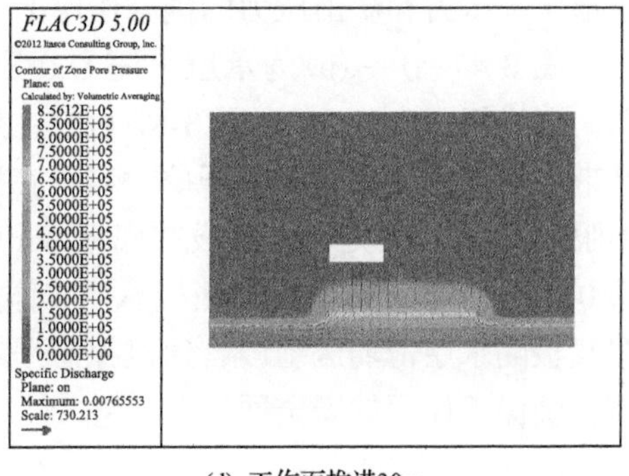

(d) 工作面推进30m

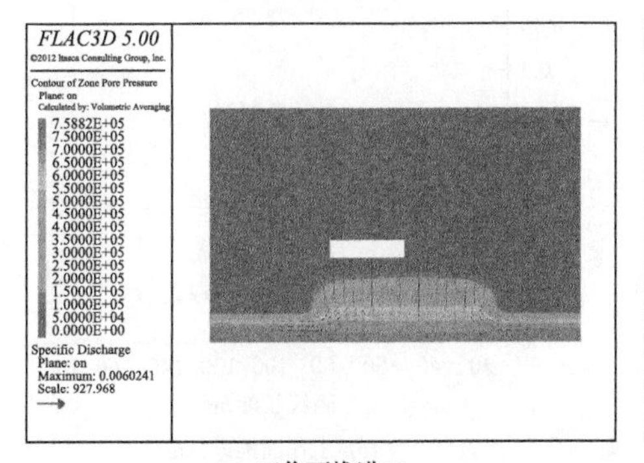

(e) 工作面推进40m

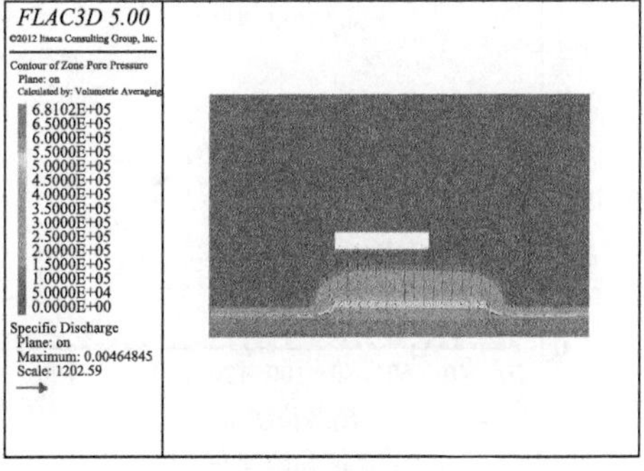

(f) 工作面推进50m

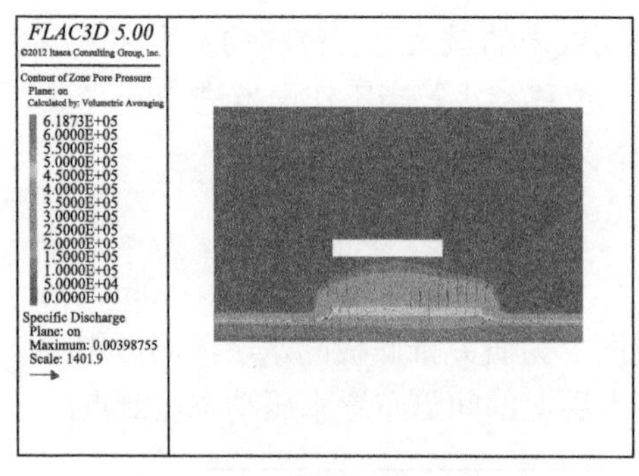

(g) 工作面推进60m

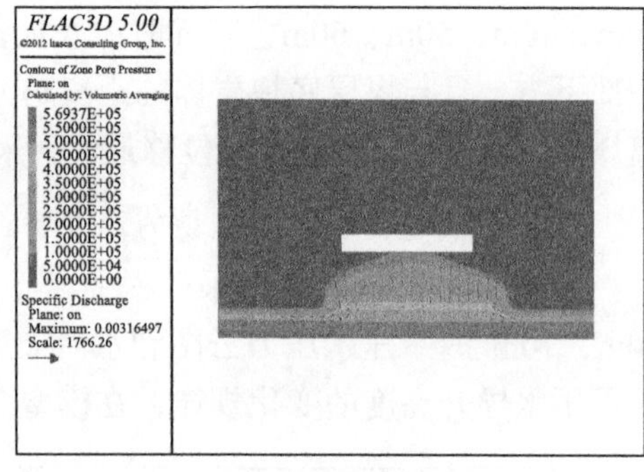

(h) 工作面推进70m

图 3-46 不同推进距离的承压水压力云图和水流矢量图

从图 3-46(a)～(h)承压水压力云图和水流矢量图的变化规律分析可知，当工作面推进 10m、20m、30m、40m、50m、60m、70m 时，水流矢量的最大值分别为 0.0133、0.0099、0.0076、0.0060、0.0046、0.0039、0.0031。根据推进过程中水流矢量的变化可知，随着推进距离的不断增大，承压水压力和水流矢量逐渐变小，同时水流不断向上导升，当推进至 60m 时，水流导升基本接近采空区底板；当推进至 70m 时，水流与采空区底板贯通。因此，当工作面“初次见方”以后，工作面在承压水压力和矿山压力的耦合作用下，易发生突水事故。

图 3-47(a)～(h)为承压水压力观测线从含水层表面至煤层底板的变化曲线图，测线间距为 1m。由图 3-47 可知：煤层在未开挖之前，煤层底板存在原始导升带；随着工作面的不断开挖，煤层底板各测线的水压力值不断增大。工作面从切眼推进至 70m 处时，埋设在底板 0m 处测线(底板表面处)的应力值从 0MPa 变为 0.011MPa。因此，针对底板承压水体上采煤，需提前通过钻探、物探等手段查明底板隔水层薄弱区地段，通过控制采煤高度、开采强度或注浆改造薄弱区等措施，确保工作面的安全回采。

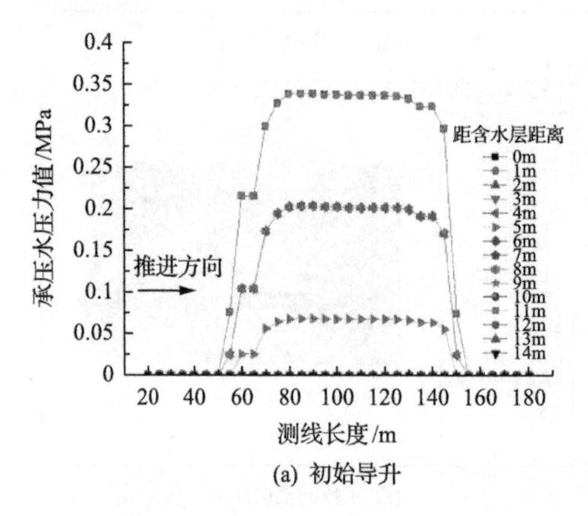

(a) 初始导升

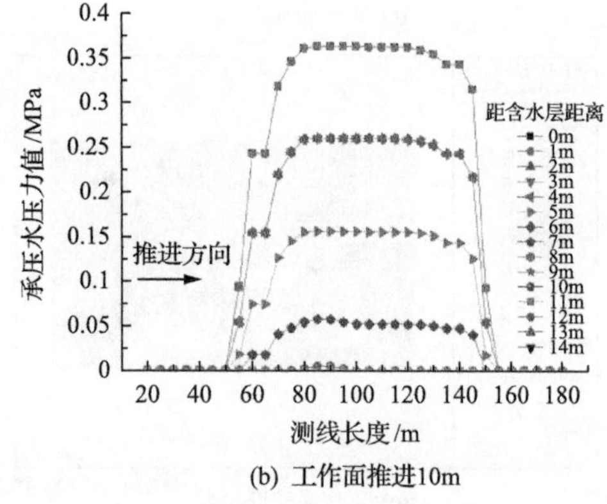

(b) 工作面推进10m

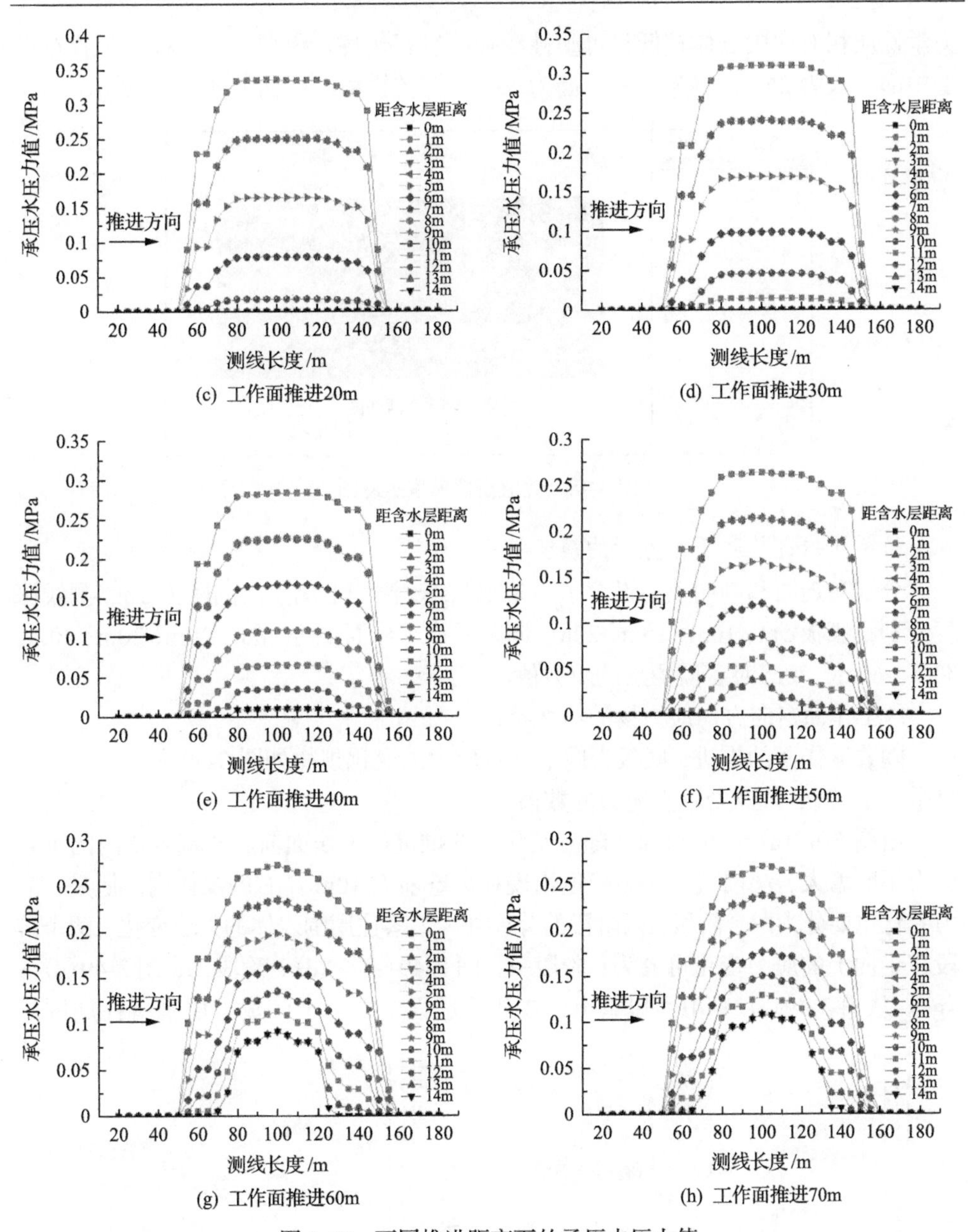

(c) 工作面推进20m

(d) 工作面推进30m

(e) 工作面推进40m

(f) 工作面推进50m

(g) 工作面推进60m

(h) 工作面推进70m

图3-47　不同推进距离下的承压水压力值

2. 底板隐伏构造弱面突水的数值模拟

为了分析煤层底板隔水层陷落柱弱面突水时应力场、位移场、渗流场的变化规律，建立FLAC数值计算模型。本节在做陷落柱模拟时将其视为一个弱面，用力学性质相对周围岩体较低且可塑性较强的岩石代替。模型中陷落柱的位置在模型中部，长为 25m，宽为 15m，高为 12m。开挖模型的截面如图 3-48 所示。

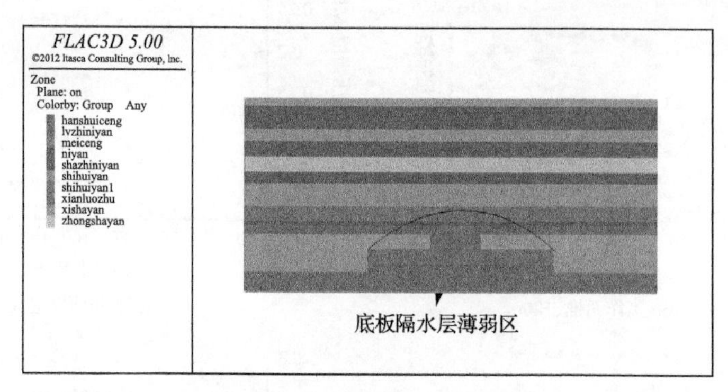

图 3-48 数值模拟模型示意图

1) 不同推进长度下应力场的演变特征

分别在走向和倾向上各设置了一条观测线，测线上测点的间距为 5m。测线深度分别距底板 5m、10m、15m、20m，同时提取工作面推进 10m、20m、30m、40m、50m、60m、70m 时各监测点的应力值。

Ⅰ. 工作面走向方向应力场的演变特征

随着工作面的推进，底板走向上垂直应力的变化规律如图 3-49 所示，图 3-49 显示了 y=75m 截面处垂直应力的数值。

由图 3-49 (a) ～ (g) 可知，随着工作面的推进，工作面前后两端煤壁内的垂直应力不断增大，超前支承压力峰值出现在煤壁前方 10m 左右的煤体内。但是，应力变化主要分为两个阶段，两阶段的分界处为陷落柱周围岩体的失稳变化，两个阶段在走向上的应力变化可分为：阶段一，图 3-49 (a) ～ (d)；阶段二，图 3-49 (d) ～ (g)。从图 3-49 (a) ～ (d) 可以看出，在开挖过程中，位于底板岩层陷落柱周围的

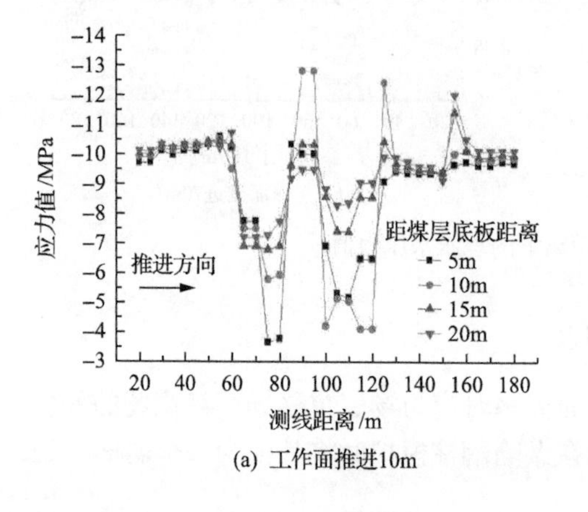

(a) 工作面推进10m

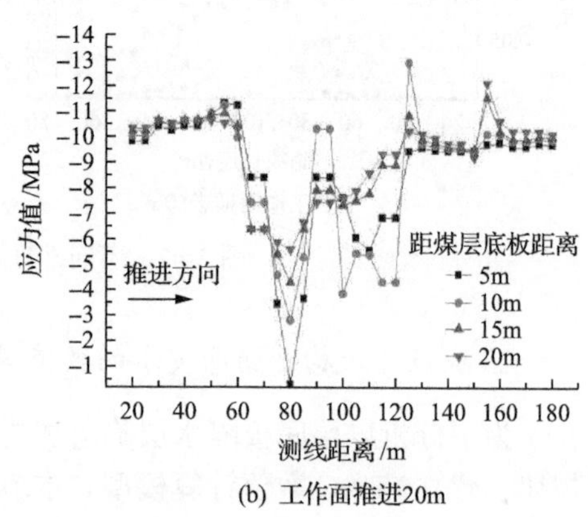

(b) 工作面推进20m

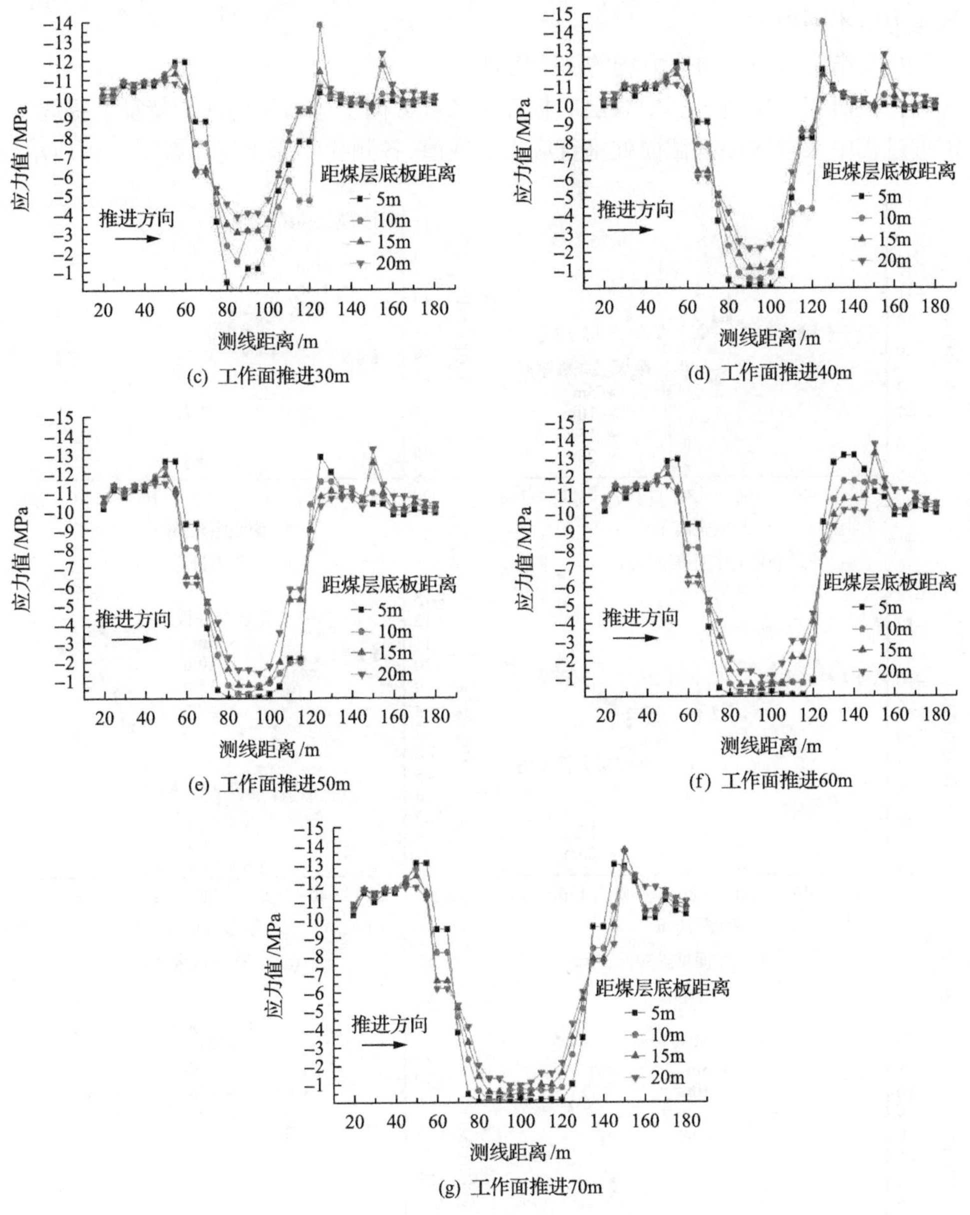

(c) 工作面推进30m　(d) 工作面推进40m

(e) 工作面推进50m　(f) 工作面推进60m

(g) 工作面推进70m

图 3-49　走向上的应力变化示意图

应力变化存在突变现象，其主要原因是最开始开挖时超前支承压力并未影响到陷落柱，随着工作面的不断推进，陷落柱逐渐受到影响。当工作面推进至 40m 时，陷落柱周围的岩体失稳。在陷落柱周围岩体失稳的过程中，埋设在底板岩层的应力主要突变位于埋设在底板 10m 处，由最初的 12.8MPa，到应力卸载时的 0.0924MPa。从图 3-49(d)～(g)可以看出，随着工作面的不断向前推进，各测线的应力值不断增大。

Ⅱ. 工作面倾向方向应力场的演变特征

为了研究在推进过程中煤层底板在倾向和方向上应力场的演变特征，提取了推进过程中采空区中部截面处垂直应力的数值，各测线的变化规律如图3-50所示。

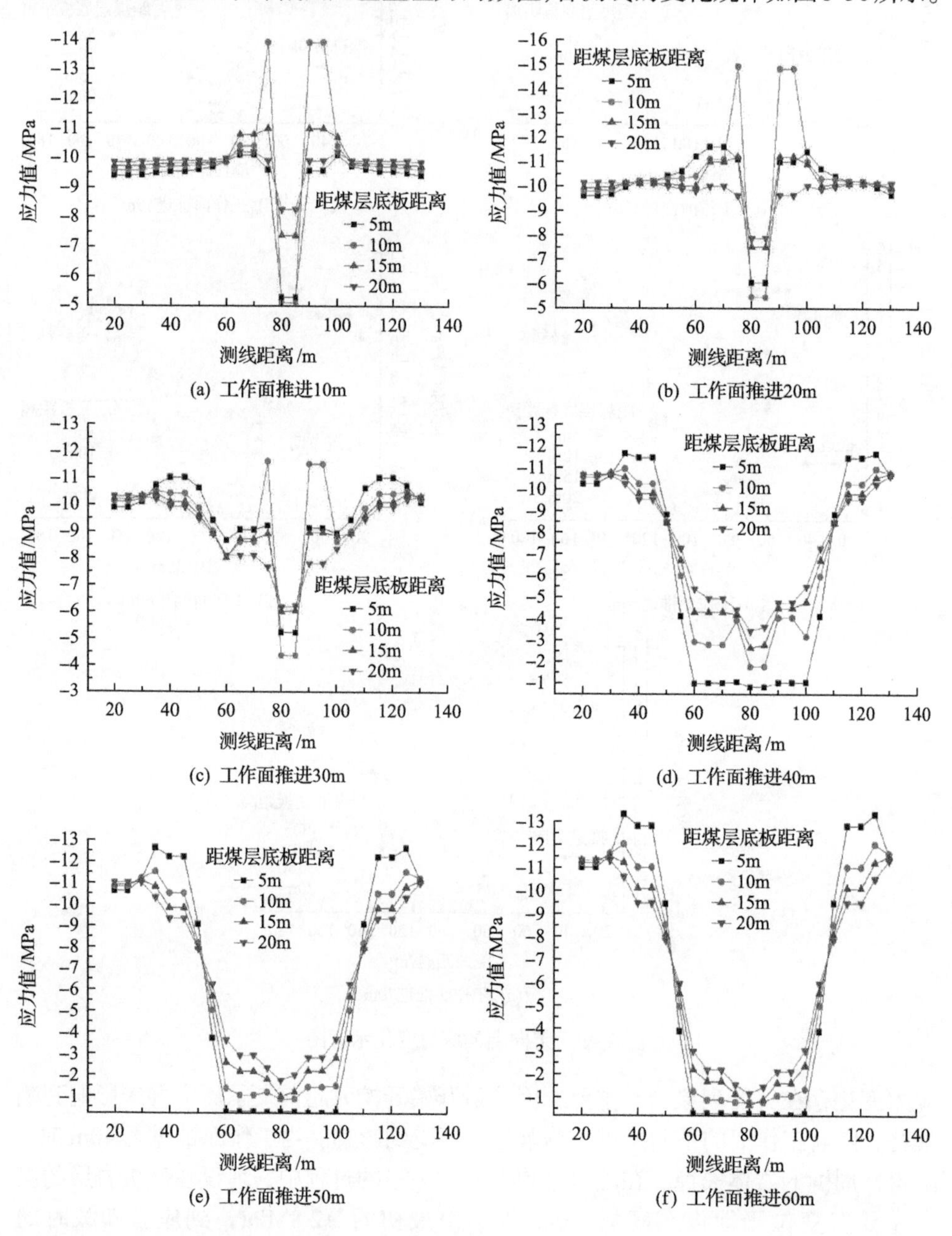

(a) 工作面推进10m　(b) 工作面推进20m

(c) 工作面推进30m　(d) 工作面推进40m

(e) 工作面推进50m　(f) 工作面推进60m

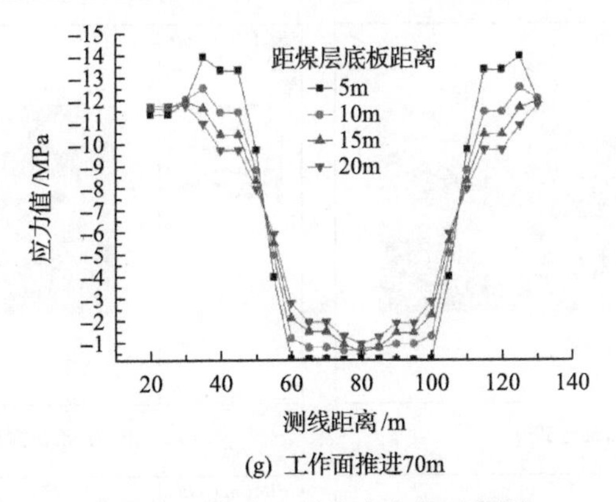

(g) 工作面推进70m

图 3-50　倾向上的应力变化示意图

从图 3-50 可以看出，在工作面的推进过程中，底板岩层的变化规律与图 3-49 在走向上的应力变化相似，其变化规律仍受陷落柱的影响。从图 3-50(a)～(d)可以看出，当工作面从 10m 推进至 20m 处时，陷落柱周围的应力呈现出增加的趋势，由最初的 10.2MPa 变为 11.6MPa；当工作面从 20m 推进至 40m 处时，应力值由 11.6MPa～8.56MPa～3.91MPa，陷落柱周边的应力呈现减小的趋势，分析认为陷落柱已经发生了失稳破坏。同时，从图 3-50(a)～(g)可以看出，从采空区至工作面前方依次分为应力降低区、应力升高区、原岩应力区；随着工作面的推进，工作面煤壁两侧内的垂直应力不断增大，当工作面推进 10m、20m、30m、40m、50m、60m、70m 时，最大支承压力分别为 10.1MPa、10.7MPa、11MPa、11.4MPa、12.2MPa、13.3MPa、13.9MPa。侧向支承压力均出现在煤壁两侧 10m 左右的煤体内，并且超前支承压力随工作面推进距离的增加而增加。

2) 煤层围岩的破坏特征

随着工作面的推进，底板走向上的围岩破坏特征如图 3-51 所示，图 3-51 显示了 y=75m 截面处煤层围岩的破坏特征。

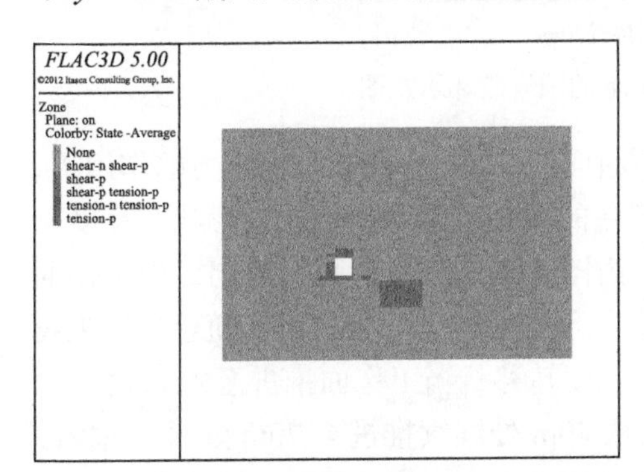

(a) 工作面推进10m

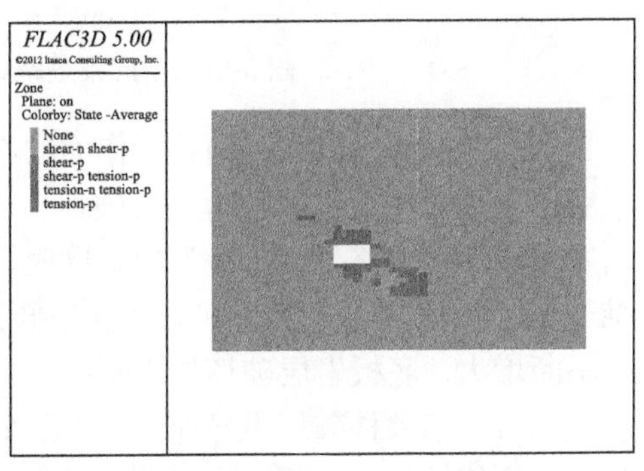

(b) 工作面推进20m

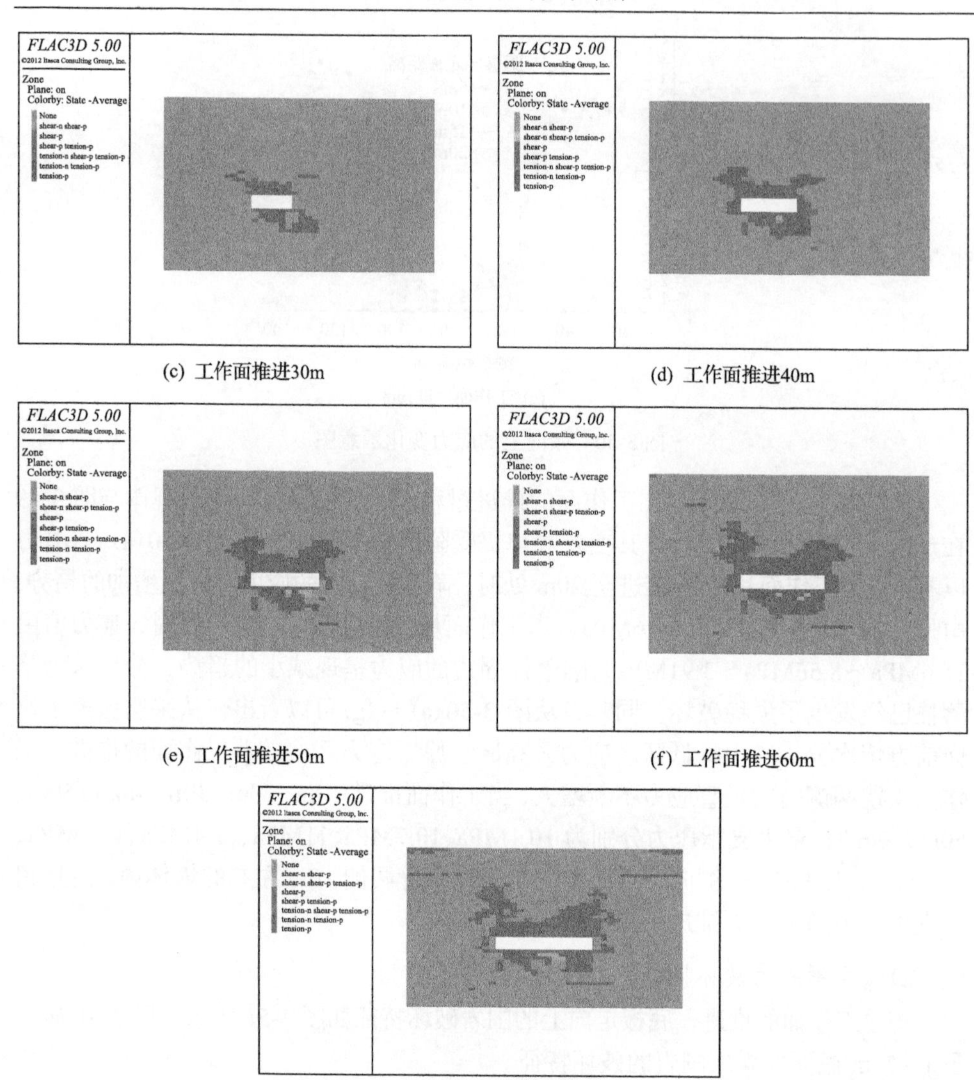

(c) 工作面推进30m

(d) 工作面推进40m

(e) 工作面推进50m

(f) 工作面推进60m

(g) 工作面推进70m

图 3-51　不同推进距离下的围岩破坏示意图

从图 3-51 可以看出，随着工作面的不断向前推进，岩层在矿山压力的作用下，采空区顶底板均表现出拉剪复合破坏，岩层的破坏范围不断扩大，形状和高度不断发生改变，最终呈“马鞍”形。同时，由图 3-51(a)～(d)可以看出，当工作面推进至 10m 时，由于陷落柱的强度较低，呈现出剪切破坏；同时，随着推进距离的不断增大，底板岩层破坏带不断向底板深度转移；当工作面推进至 40m 时，底板破坏带与陷落柱破坏带导通。当工作面从 40m 处继续推进至 70m 处时，底板破坏的深度继续扩大；同时，随着开挖面积的不断扩大，含水层顶部岩层在水压力和垂直应力的作用下也开始产生破坏。

3）不同推进长度下位移场的演变特征

为分析工作面位移场的变化规律，在煤层底板5m、10m、15m、20m处各设置一条观测线，观测线上测点的间隔为5m，位移变化曲线如图3-52所示。

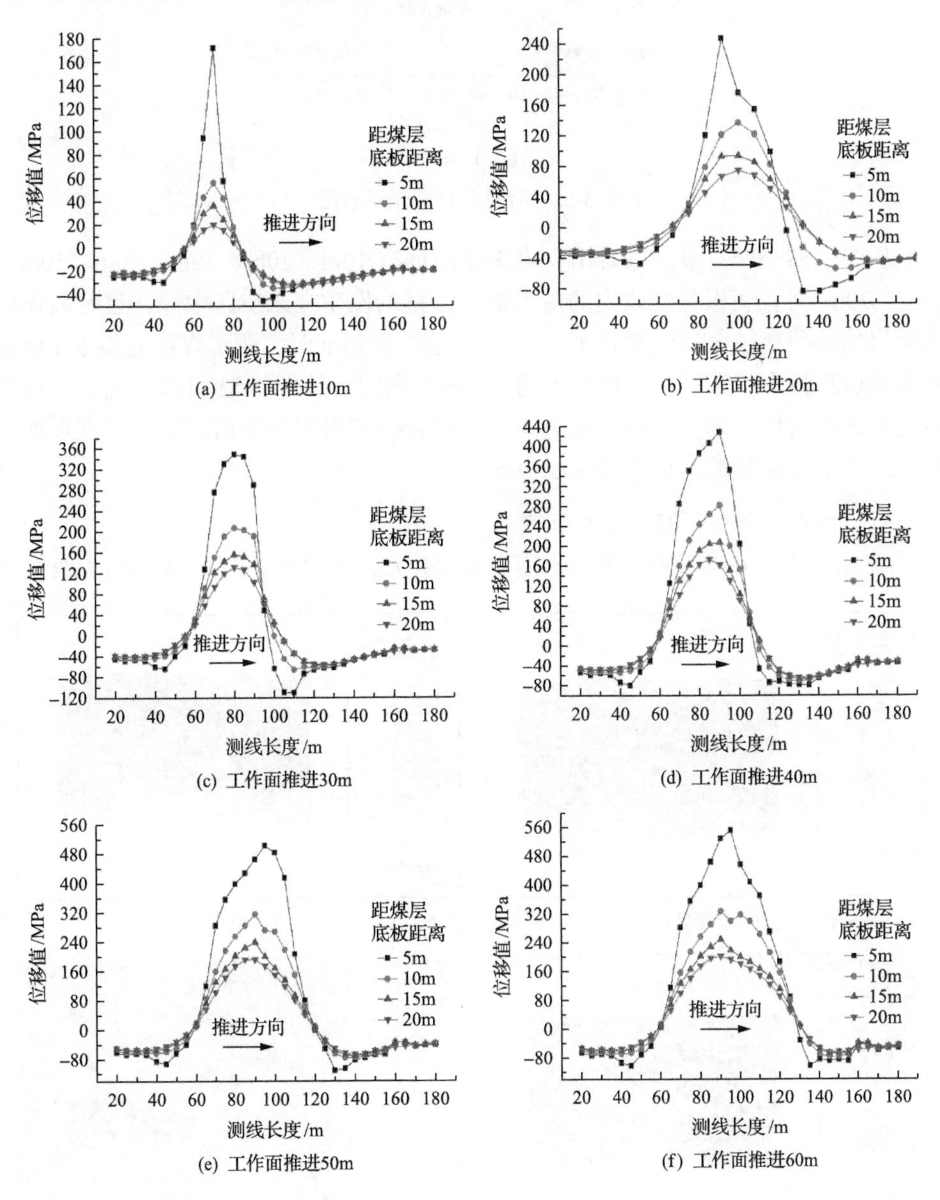

(a) 工作面推进10m　(b) 工作面推进20m

(c) 工作面推进30m　(d) 工作面推进40m

(e) 工作面推进50m　(f) 工作面推进60m

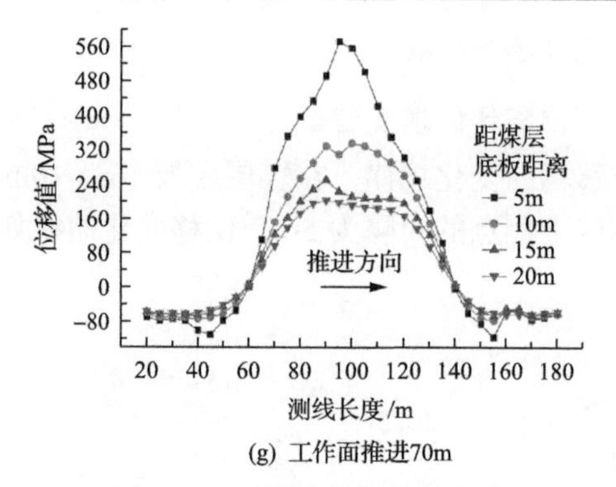

(g) 工作面推进70m

图 3-52 垂直位移变化示意图

从图 3-52(a)～(g)可以看出，当工作面推进 10m、20m、30m、40m、50m、60m、70m 时，底板各测线内的最大垂直位移均发生在采空区中部，且距离煤层底板岩体的距离越大，位移越小。当工作面推进 70m 时，距离煤层底板 5m 处观测线的位移最大，采空区位移最大为 0.57m。同时，从图 3-52 可以看出，在煤壁附近的底板岩体，部分位移表现为正值，部分位移表现为负值，这说明在煤壁附近容易产生剪切裂隙，从而诱发底板突水。

4)不同推进长度下渗流场的演变特征

图 3-53 为在开采过程中承压水压力云图和水流矢量图，图 3-54 为所提取观测

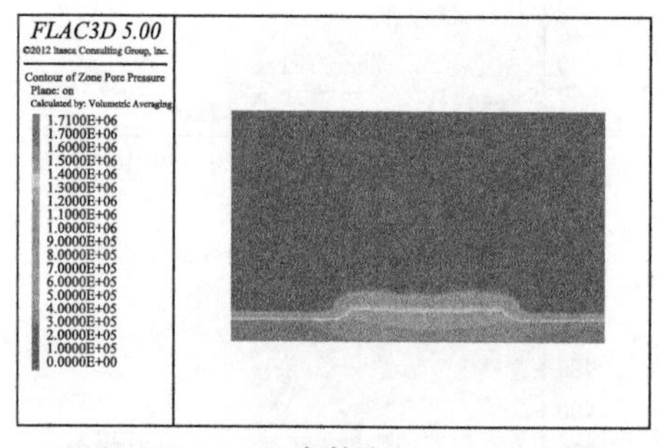

(a) 初始导升

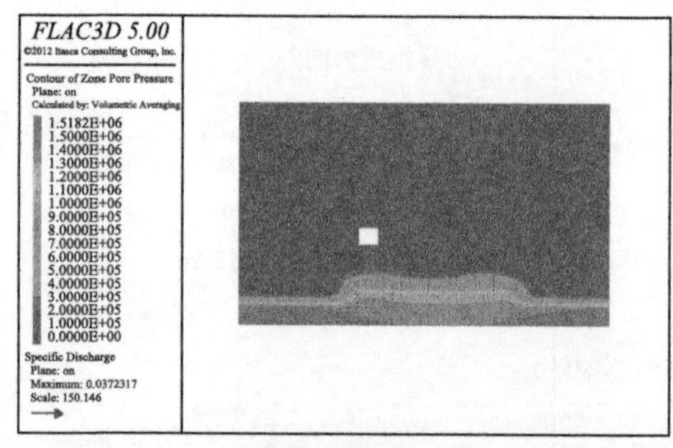

(b) 工作面推进10m

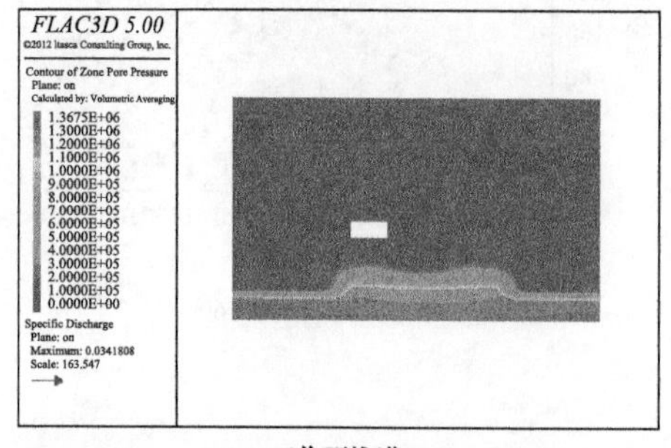

(c) 工作面推进20m

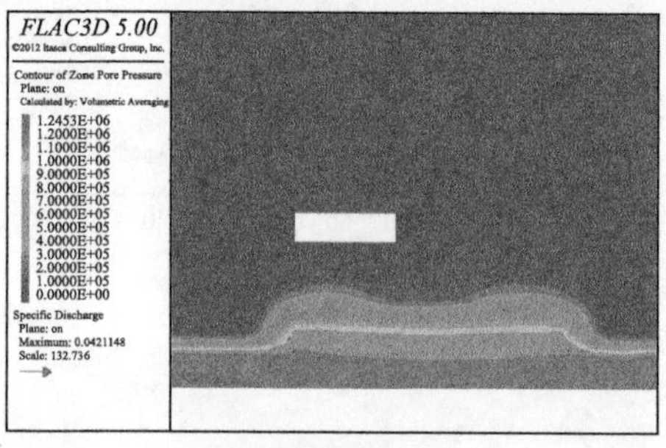

(d) 工作面推进30m

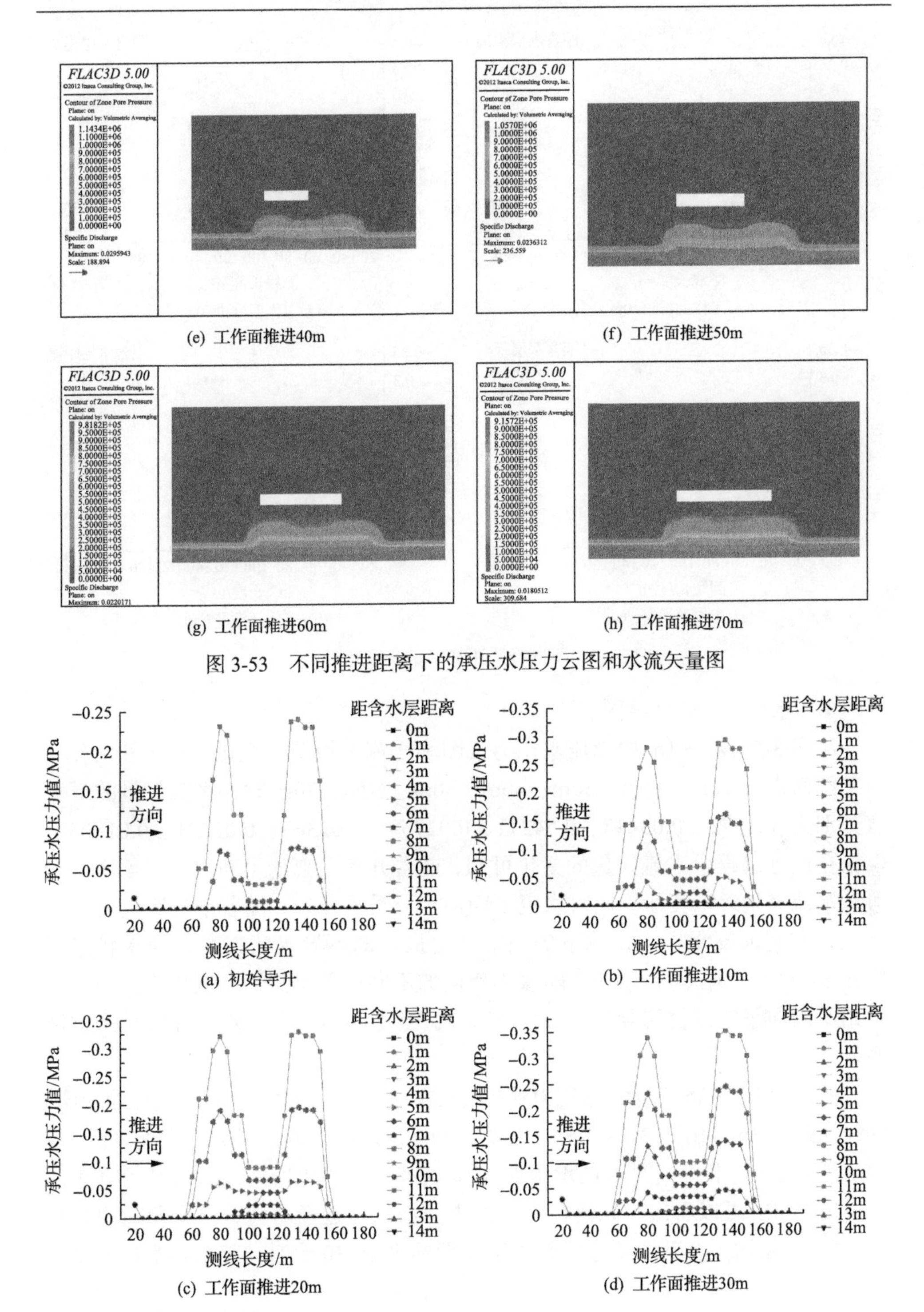

(e) 工作面推进40m

(f) 工作面推进50m

(g) 工作面推进60m

(h) 工作面推进70m

图 3-53　不同推进距离下的承压水压力云图和水流矢量图

(a) 初始导升

(b) 工作面推进10m

(c) 工作面推进20m

(d) 工作面推进30m

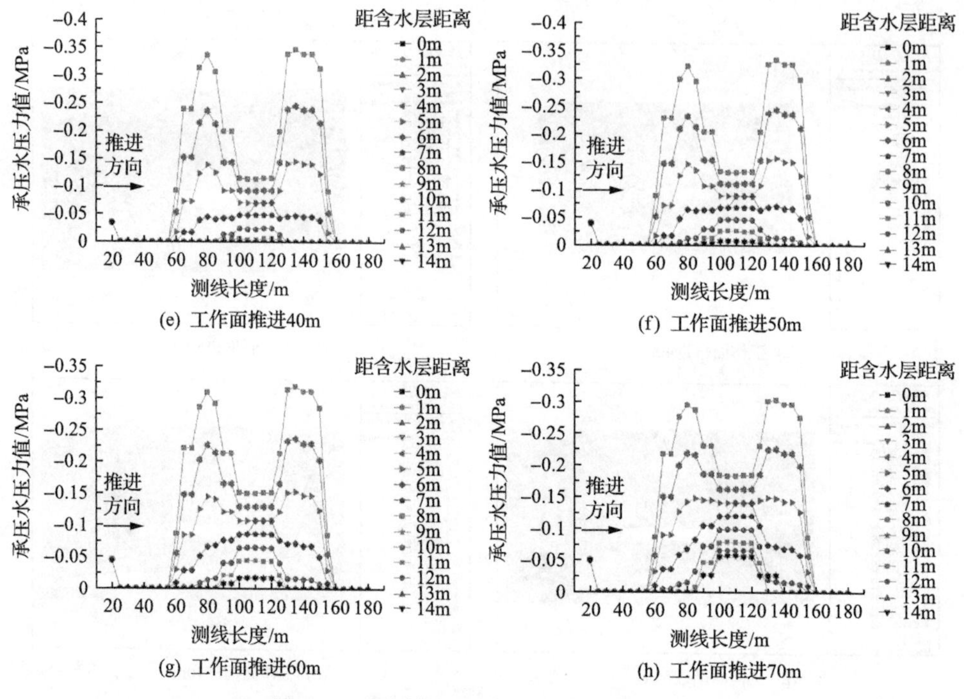

图 3-54　不同推进距离下的承压水压力值

点的承压水压力变化曲线图。

从图 3-53(a)～(h)的承压水压力云图和水流矢量图的变化规律分析可知，当工作面推进 10m、20m、30m、40m、50m、60m、70m 时，水流矢量的最大值分别为 0.0372、0.03418、0.04211、0.02959、0.02363、0.02201、0.01805。根据在推进过程中水流矢量的变化可知，随着开挖距离的不断增大，承压水压力和水流矢量逐渐变小，同时水流不断向上导升。此外，随着推进距离的不断增大，在超前支承压力影响下的陷落柱由最初的不导水状态变为导水状态。由图 3-53(d)～(g)可以看出，随着工作面的不断向前推进，水流从陷落柱位置开始不断向采空区位置导升。工作面当推进至 70m 时，承压水已导升至采空区底板。

图 3-54(a)～(h)为承压水压力观测线从含水层表面至煤层底板的变化曲线图，测线间距为 1m。由图 3-54 可知，各测线的承压水压力值呈现出“驼峰”形，以陷落柱为中心，陷落柱两边的承压水压力大，陷落柱中间的承压水压力小。由图 3-54(a)～(h)可以看出，陷落柱位置的水压力值在逐渐增大，且变化速率从图 3-54(c)开始增大，其主要原因是当工作面推进至 30m 时，陷落柱受超前支承

压力和承压水压力的作用，陷落柱顶部与底板破坏区发生导通，部分水流开始从陷落柱处进行导升。同时，当工作面从切眼推进至70m处时，埋设在底板0m处测线(即底板表面处)的应力值从0MPa变为0.056MPa。该测线水压力值的变化恰好验证了图3-54水压力值云图的变化规律。因此，在底板隔水层陷落柱弱面的开采条件下制定防治底板突水措施时，首先应该确定煤层底板的隐伏陷落柱是否为导水性陷落柱，其次应确定陷落柱是否切穿煤层。

3. 底板多重构造弱面突水的数值模拟

为了分析底板多重构造弱面突水时应力场、位移场、渗流场的变化规律，本节仍依据与前文相同的水文地质背景及岩层力学参数，建立计算模型。将陷落柱和隐伏断层视为弱面，用力学性质相对于周围岩体较低且可塑性较强的岩石代替，模型如图3-55所示。

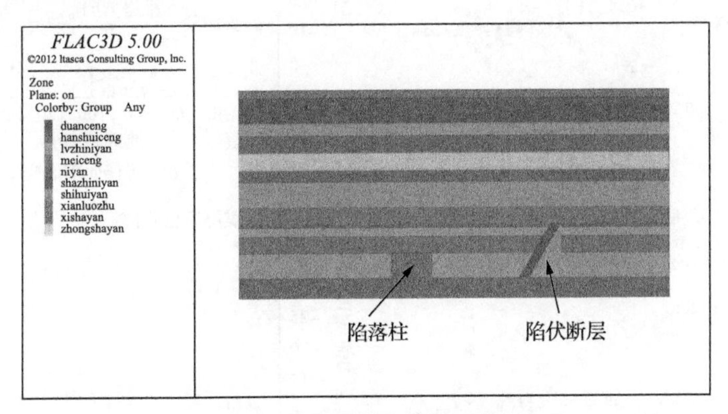

图3-55　数值模拟模型示意图

1) 不同推进长度下应力场的演变特征

本节和前文相同，分别在走向和倾向上各设置了一条观测线，测线上测点的间距为5m。测线深度分别距底板5m、10m、15m、20m，同时提取工作面推进10m、20m、30m、40m、50m、60m、70m时各监测点的应力值。

Ⅰ. 工作面走向方向上应力场的演变特征

随着工作面的推进，底板走向垂直应力的变化规律如图3-56所示，图3-56显示了y=75m截面处垂直应力的数值。

从图3-56可以看出，由于隐伏断层的存在，在开挖过程中隐伏断层附近的应力产生了集中现象，并随着开挖距离断层距离的减小，这种集中现象更加明显，这说明了隐伏断层的存在增加了突水的危险性。

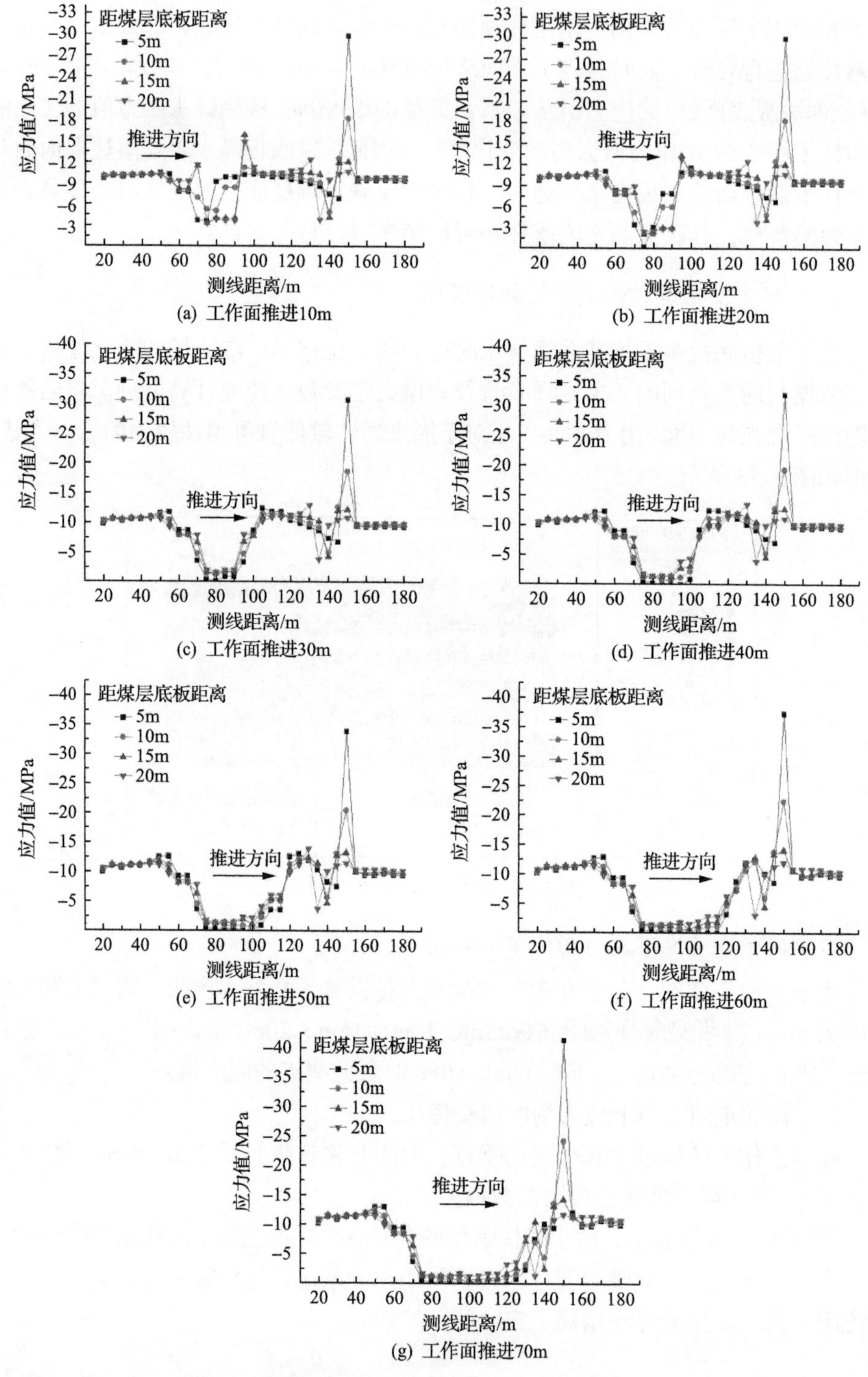

图 3-56　走向上的应力变化示意图

Ⅱ. 工作面倾向方向应力场的演变特征

为了研究随着工作面推进距离增大，工作面底板垂直应力的变化规律，在煤层倾向方向上提取了在推进过程中采空区中部截面处垂直应力的数值，各推进距离下垂直应力的变化规律如图 3-57 所示。

从图 3-57 可以看出，从采空区至工作面前方依次分为应力降低区、应力升高区、原岩应力区；随着工作面的推进，工作面煤壁两侧内的垂直应力不断增大，

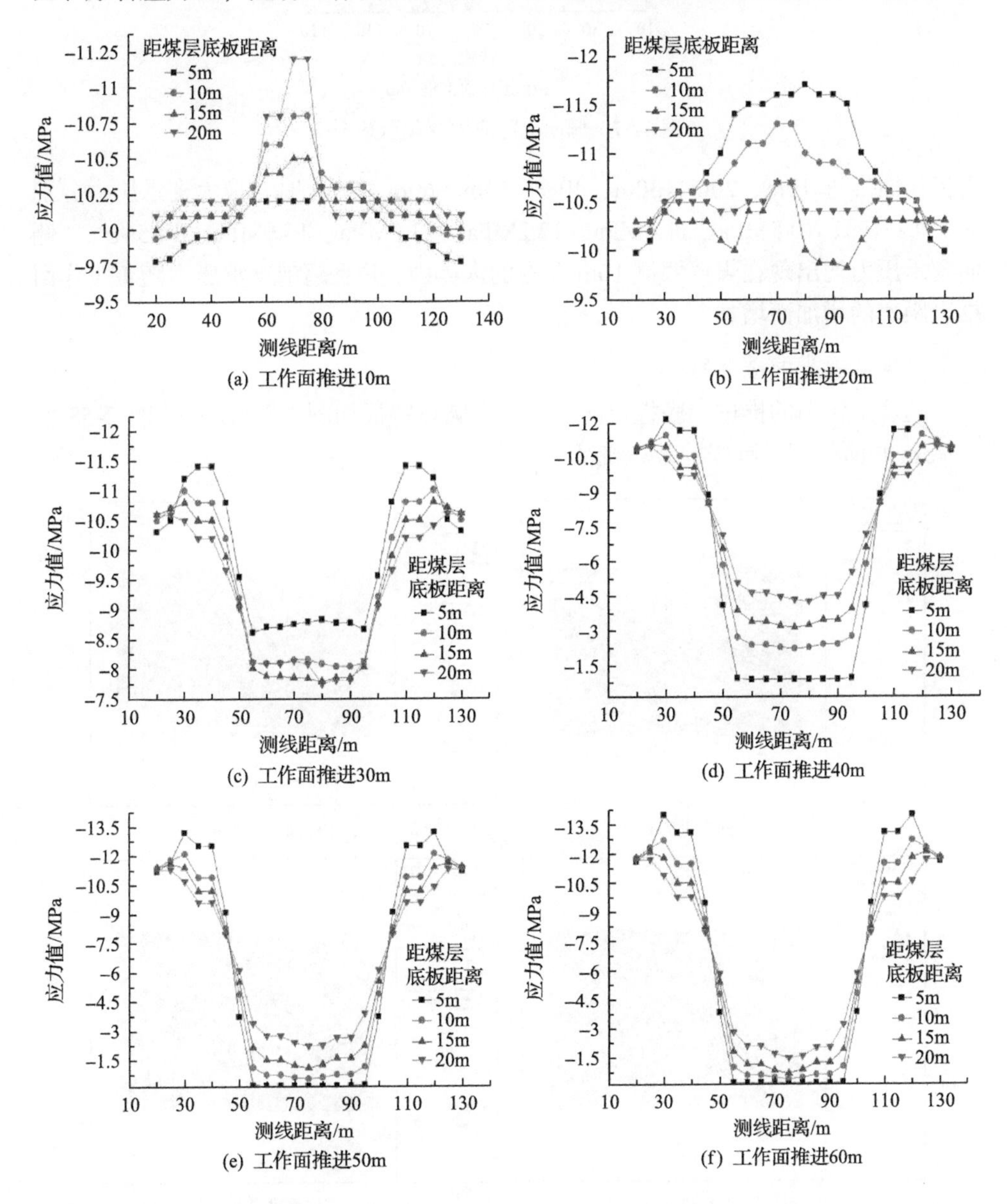

(a) 工作面推进10m

(b) 工作面推进20m

(c) 工作面推进30m

(d) 工作面推进40m

(e) 工作面推进50m

(f) 工作面推进60m

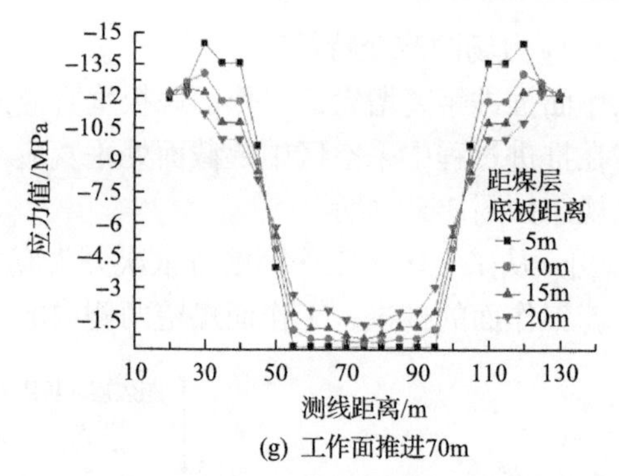

(g) 工作面推进70m

图 3-57　倾向上的应力变化示意图

当工作面推进 10m、20m、30m、40m、50m、60m、70m 时，最大支承压力分别为 10.2MPa、10.8MPa、11.4MPa、12.2MPa、13.2MPa、14.0MPa、14.5MPa。侧向支承压力均出现在煤壁两侧 10m 左右的煤体内，并且超前支承压力随着工作面推进距离的增加而增加。

2)煤层围岩的破坏特征

随着工作面的推进，底板走向上的围岩破坏特征如图 3-58 所示，图 3-58 为 y =75m 截面处煤层围岩的破坏特征。

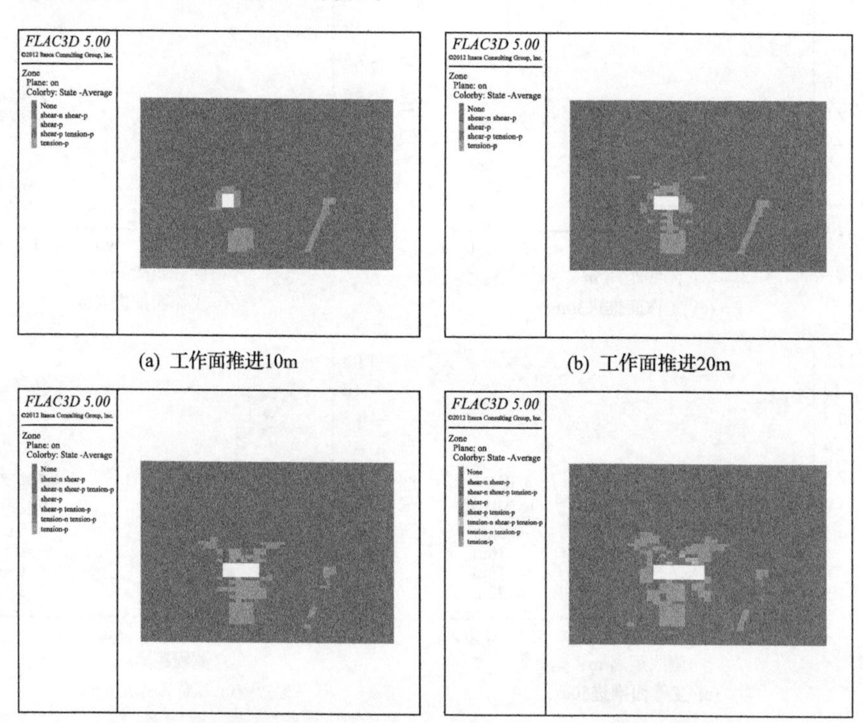

(a) 工作面推进10m　(b) 工作面推进20m

(c) 工作面推进30m　(d) 工作面推进40m

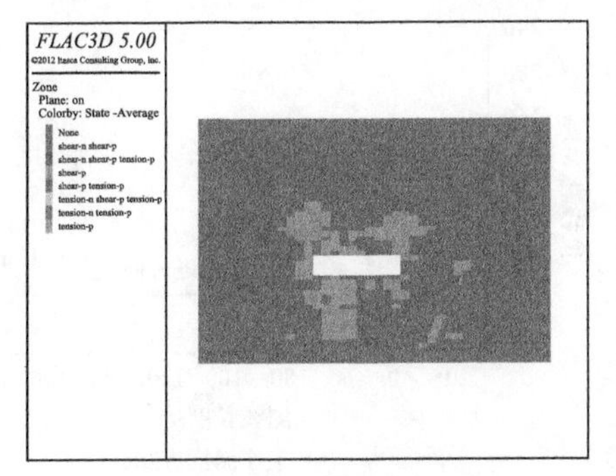

(e) 工作面推进50m

(f) 工作面推进60m

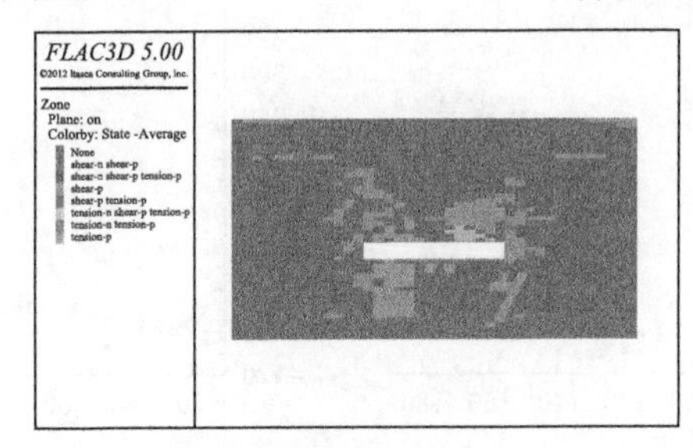

(g) 工作面推进70m

图3-58　不同推进距离下的围岩破坏示意图

从图3-58可知，随着工作面的不断向前推进，采空区顶底板均表现出拉剪复合破坏，围岩的破坏范围不断扩大，形状和高度不断发生改变，最终呈“马鞍”形破坏。同时，从图3-58(a)～(g)可以看出，由于在含水层顶部存在陷落柱，当工作面推进至10m时，隔水层底板薄弱处就开始发生剪切破坏，当工作面推进至30m时，底板破坏带与陷落柱周围的破碎岩体发生贯通；随着工作面的不断向前推进，底板破坏带的深度继续扩大，当工作面推进至70m时，其与隐伏断层发生贯通。由图3-58在不同推进距离下的围岩破坏示意图可以看出，在底板隔水层存在陷落柱和隐伏断层弱面的条件下，防治水的难度极其大，工作面突水的概率较高。

3)不同推进长度下位移场的演变特征

为了研究在超薄底板隔水层存在陷落柱和隐伏断层弱面条件下工作面底板位移场的变化规律，分别在煤层底板5m、10m、15m、20m上设置一条观测线，测线上每隔5m布置一个监测点，各测线的变化曲线如图3-59所示。

从图3-59(a)～(g)可以看出，当工作面推进10m、20m、30m、40m、50m、60m、70m时，底板各测线内的最大垂直位移均发生在采空区中部，且距离煤层底板岩体的距离越大，位移越小。同时，随着工作面的不断向前推进，底板的底鼓现象逐渐增大。

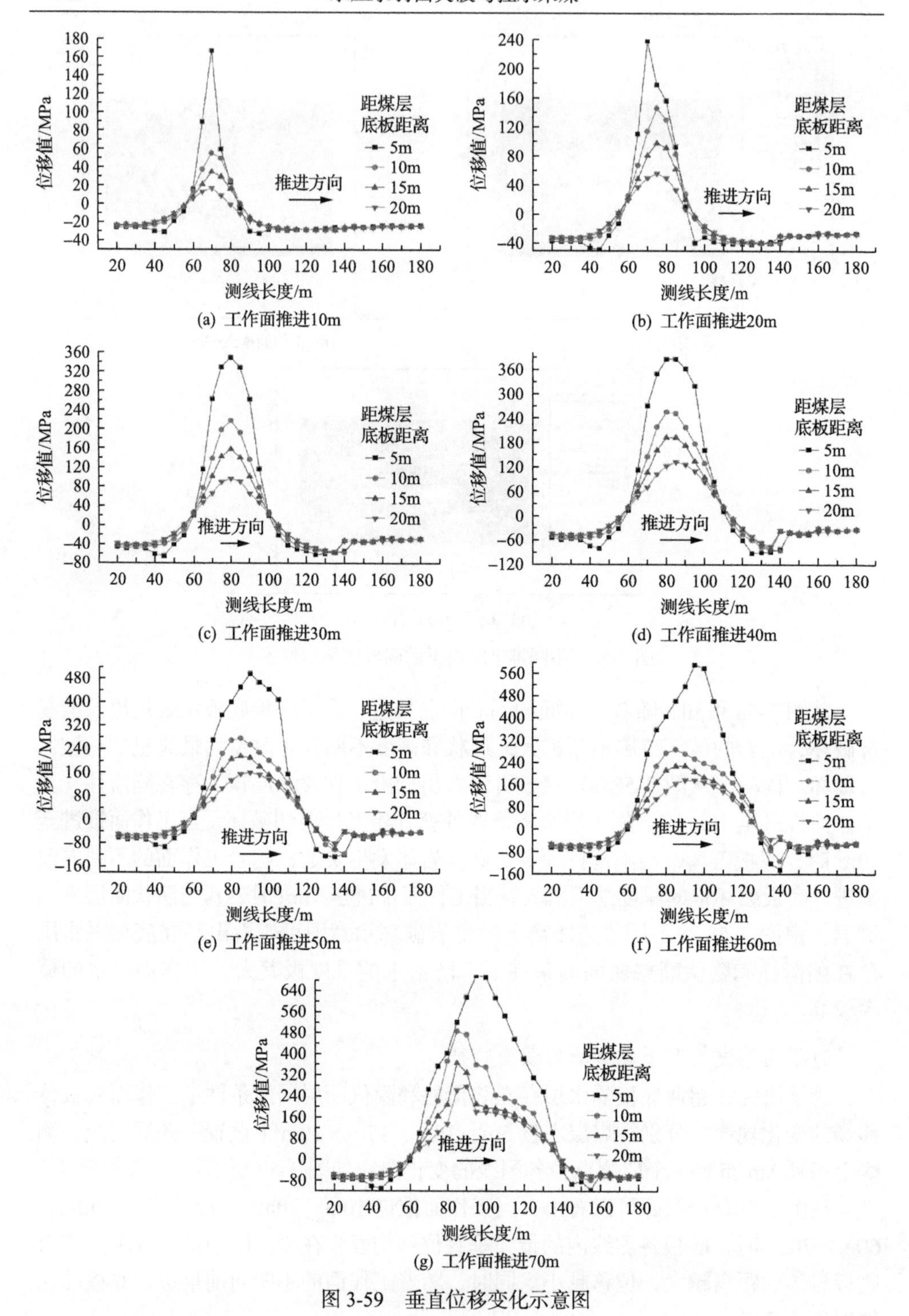

图 3-59　垂直位移变化示意图

4) 不同推进长度下渗流场的演变特征

为了分析不同推进长度下的渗流特征，分析工作面推进 10m、20m、30m、40m、50m、60m、70m 时承压水压力云图和水流矢量图，具体见图 3-60。图 3-61 为在开采过程中，提取观测点的水压力变化曲线图。

从图 3-60 (a) ~ (h) 承压水压力云图和水流矢量图的变化规律分析可知，随着开挖距离的不断增大，承压水压力和水流矢量逐渐变小，同时水流不断向上导升。从图 3-60 (a) 可以看出，当底板存在弱面时，在承压水压力的不断作用下，

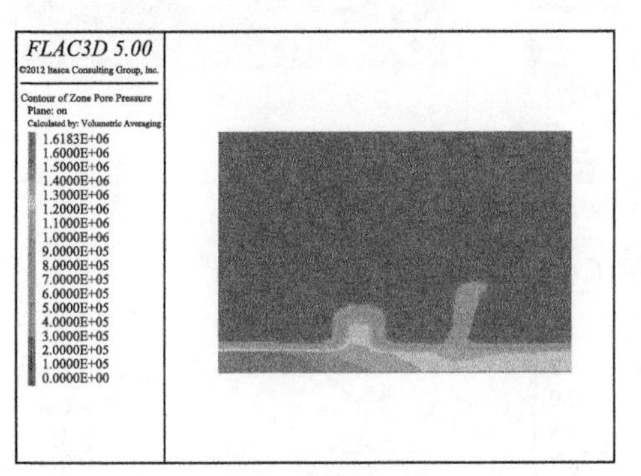

(a) 初始导升

(b) 工作面推进10m

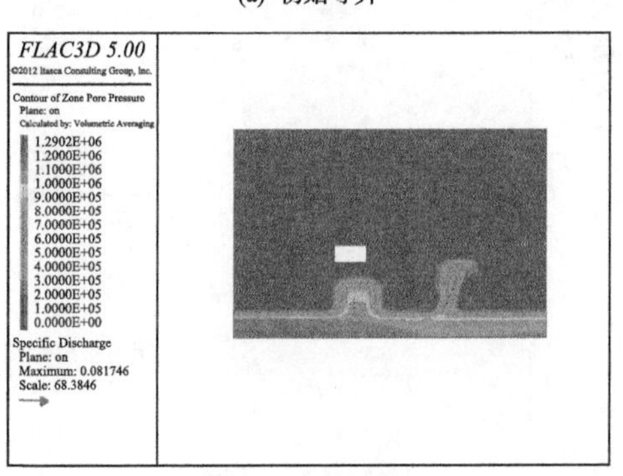

(c) 工作面推进20m

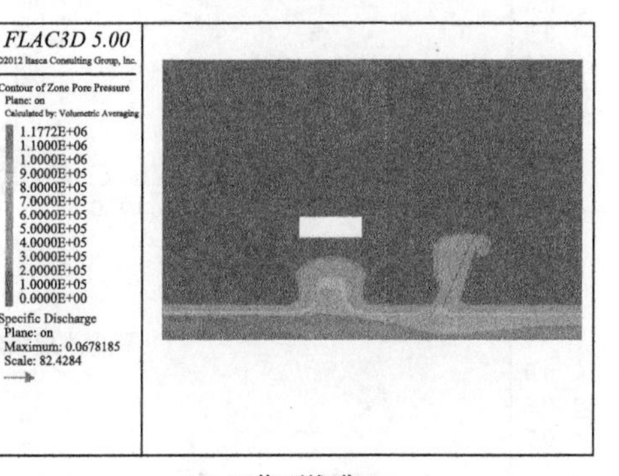

(d) 工作面推进30m

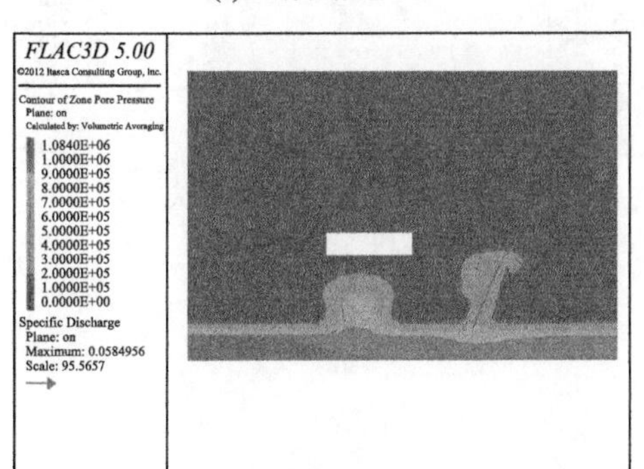

(e) 工作面推进40m

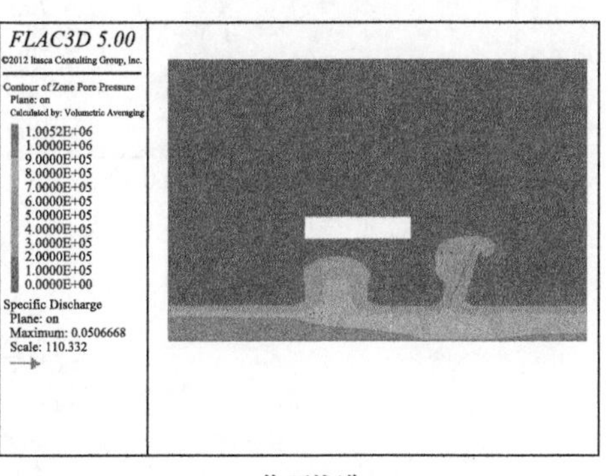

(f) 工作面推进50m

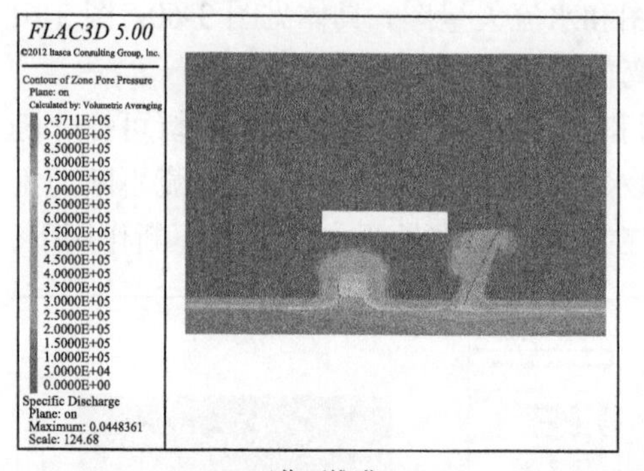

(g) 工作面推进60m

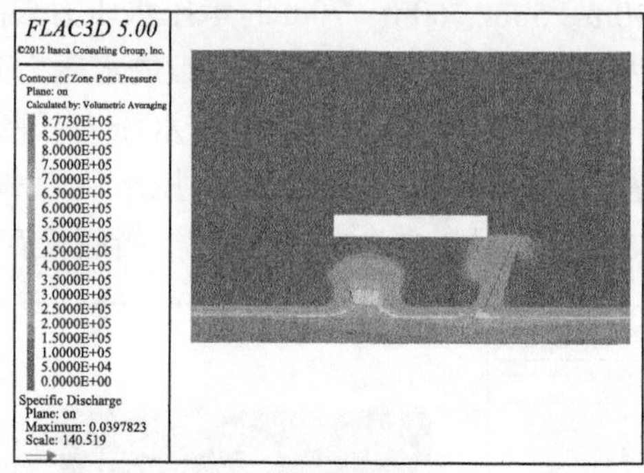

(h) 工作面推进70m

图 3-60　不同推进距离下的承压水压力云图和水流矢量图

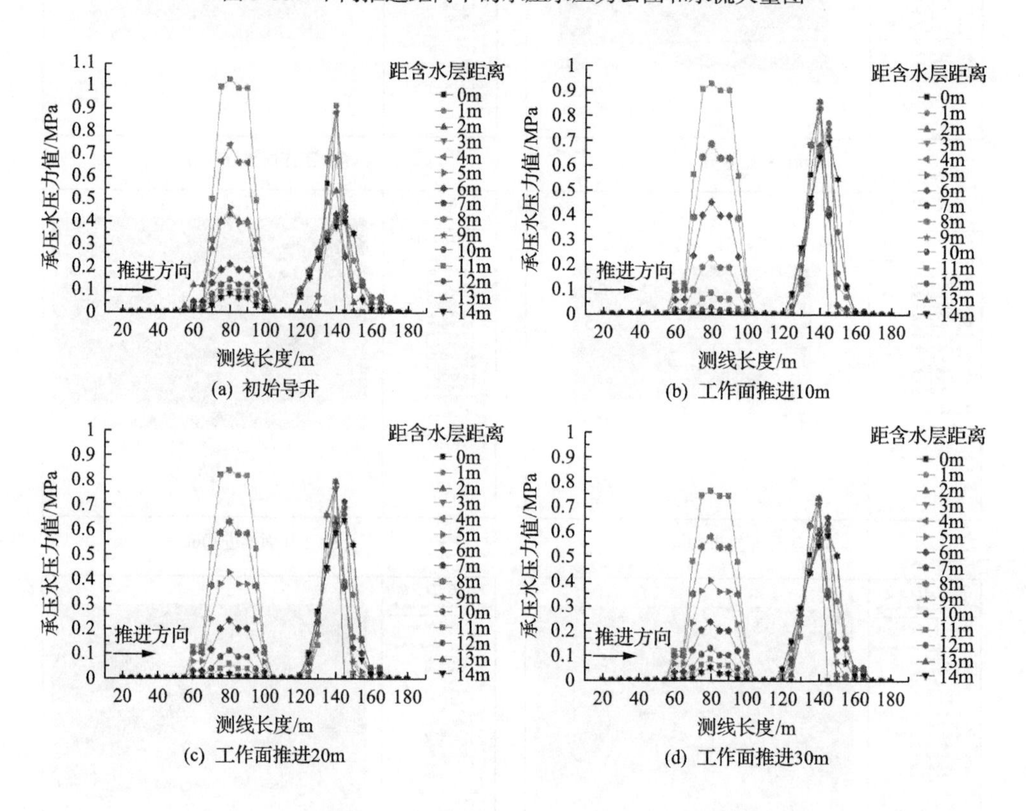

(a) 初始导升

(b) 工作面推进10m

(c) 工作面推进20m

(d) 工作面推进30m

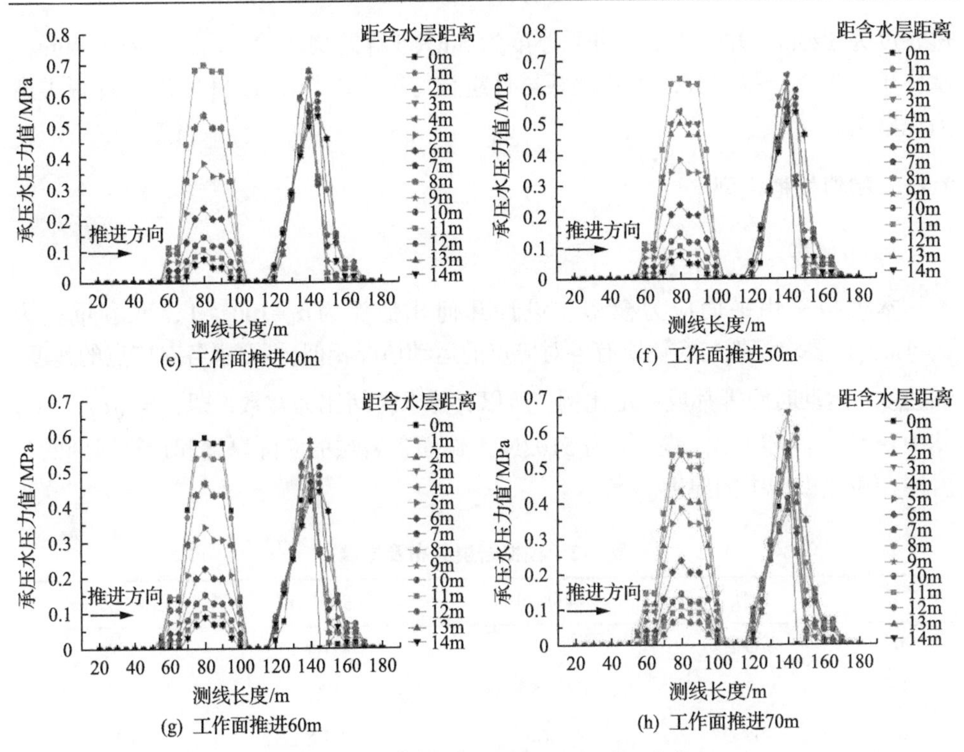

图 3-61　不同推进距离下的承压水压力值

承压水导升的高度不断增大。当工作面推进至 50m 时，承压水经陷落柱导升至煤层底板 4.2m 处；当工作面推进至 60m 时，陷落柱和隐伏断层两弱面均接近底板；当工作面推进至 70m 时，承压水已通过隐伏断层附近的导水通道，导开至采空区底板。

从图 3-61(a)～(h)可知，由于测线从模型两侧边界煤柱开始布置的，故布设在底板的测线均经过了隐伏构造，因此由图 3-61 可以看出在隐伏断层附近出现了应力集中现象。同时，随着采空区面积的不断扩大，埋设在底板 0m 处岩层的水压力值不断增大。因此，在底板隔水层存在陷落柱和隐伏断层弱面时，首先应该明确陷落柱和隐伏断层的位置及其导水性；其次应该根据煤层距离上述两种弱面构造的空间位置，确定合理的回采参数；最后，应该在回采过程中时刻监测并预报危险位置突水的可能性。

3.5　底板完整弱面突水的相似模拟

为分析底板完整弱面突水机理，以蔚州矿区单侯矿井现场实际地质和采矿条件为基础，开展 5102N 工作面的突水相似模拟。5102N 工作面长度为 150m，推进长度为 120m，开采 5 煤，开采厚度为 5m，5 煤距奥灰的平均距离约为 40m，水头压力为 2.2～2.7MPa。5 煤底板岩性组合特征为砂岩、煤层和泥岩，底板类型为完整型。

3.5.1 相似模拟模型

1. 相似比

本模拟采用平面应力模型。设计几何相似比为 α_L=100：1，取容重比为 α_γ=1.6：1，要求模拟与实体所有各对应点的运动情况相似，即要求各对应点的速度、加速度、运动时间等都成一定比例。所以，要求时间比为常数，即 $\alpha_t = \sqrt{a_L} = 10$，其中 α_t 为时间相似比。表 3-2 为 5102N 工作面各岩层的实际厚度和计算得到的各岩层在相似模型中的厚度。

表 3-2 模拟岩层分布及层厚

序号	岩性	实际层厚/m	底板埋深/m	模拟层厚/cm
1	粉砂岩	20	211.5	20
2	6 煤	3.5	215	3.5
3	中砂岩	22.5	237.5	22.5
4	泥岩	4.5	242	4.5
5	5 煤	3	245	3
6	细砂岩	8	253	8
7	粉砂岩	11	264	11
8	1 煤	4	268	4
9	鲕状泥岩	7	275	7
10	灰岩	32	307	32

2. 岩石的力学参数

根据矿井地质资料选取单侯矿工作面顶底板各岩层的物理力学性质参数，按照相似比，逐层计算模型岩石的强度指标，计算结果见表 3-3。

表 3-3 单侯矿岩层物理力学性质表

岩性	实际容重/(g/cm³)	实际抗压强度/MPa	模拟容重/(g/cm³)	模拟抗压强度/MPa	配比	配比材料	骨料/胶结料	石灰/石膏
粉砂岩	2.72	18	1.7	0.11	7：6：4	细砂：石灰：石膏	7：1	3：2
6 煤	1.52	10	0.95	0.06	10：8：2	细砂：石灰：石膏	9：1	7：3

续表

岩性	实际容重/(g/cm^3)	实际抗压强度/MPa	模拟容重/(g/cm^3)	模拟抗压强度/MPa	配比	配比材料	骨料/胶结料	石灰/石膏
中砂岩	2.72	30	1.68	0.19	9∶7∶3	细砂∶石灰∶石膏	10∶1	4∶1
泥岩	2.7	18	1.68	0.11	9∶8∶2	细砂∶石灰∶石膏	9∶1	4∶1
5煤	1.52	10	0.95	0.06	10∶8∶2	细砂∶石灰∶石膏	9∶1	7∶3
细砂岩	2.72	30	1.7	0.19	9∶7∶3	细砂∶石灰∶石膏	6∶1	3∶2
粉砂岩	2.72	18	1.7	0.11	7∶6∶4	细砂∶石灰∶石膏	7∶1	3∶2
1煤	1.52	10	0.95	0.06	10∶8∶2	细砂∶石灰∶石膏	9∶1	7∶3
鲕状泥岩	2.7	18	1.68	0.11	9∶8∶2	细砂∶石灰∶石膏	9∶1	4∶1
灰岩	2.7	100	1.68	0.62	9∶7∶3	细砂∶石灰∶石膏	10∶1	4∶1

由 $a_{\mathrm{L}}=100, a_{\gamma}=1.6$ 得 $a_{\sigma}=a_L \cdot a_{\gamma}=160$。

由主导相似准则可推导出原型与模型之间强度参数的转化关系式，即

$$[\sigma_{\mathrm{c}}]_{\mathrm{M}}=\frac{L_{\mathrm{M}}}{L_{\mathrm{H}}}\cdot\frac{\gamma_{\mathrm{M}}}{\gamma_{\mathrm{H}}}[\sigma_{\mathrm{c}}]_{\mathrm{H}}=\frac{[\sigma_{\mathrm{c}}]}{a_L . a_{\gamma}}=\frac{[\sigma_{\mathrm{c}}]}{a_{\sigma}} \tag{3-136}$$

式中，σ_{c} 为单轴抗压强度，MPa。

根据式(3-136)，可以求出 5 煤及不同顶板岩层模型的单轴抗压强度 σ_{c} 及容重 γ_{M}。

第一、七层顶板砂岩模型的抗压强度及容重为

$$[\sigma_{\mathrm{c}}]_{\mathrm{M1、7}}=18/160=0.11\mathrm{MPa},\quad \gamma_{\mathrm{M1、7}}=2.72/1.6=1.70\mathrm{g/cm^3}$$

第二、五、八层 6、5、1 煤模型的抗压强度及容重为

$$[\sigma_{\mathrm{c}}]_{\mathrm{M2、5、8}}=10/160=0.06\mathrm{MPa},\quad \gamma_{\mathrm{M2、5、8}}=1.52/1.6=0.95\mathrm{g/cm^3}$$

第三、四层泥岩模型的抗压强度及容重为

$$[\sigma_{\mathrm{c}}]_{\mathrm{M3、4}}=30/160=0.19\mathrm{MPa},\quad \gamma_{\mathrm{M3、4}}=2.70/1.6=1.68\mathrm{g/cm^3}$$

第六层砂岩模型的抗压强度及容重为

$$[\sigma_{\mathrm{c}}]_{\mathrm{M6}}=30/160=0.19\mathrm{MPa},\quad \gamma_{\mathrm{M6}}=2.72/1.6=1.70\mathrm{g/cm^3}$$

第九层底板泥岩模型的抗压强度及容重为

$$[\sigma_{\mathrm{c}}]_{\mathrm{M9}}=18/160=0.11\mathrm{MPa},\quad \gamma_{\mathrm{M9}}=2.70/1.6=1.1.68\mathrm{g/cm^3}$$

第十层底板灰岩模型的抗压强度及容重为

$$[\sigma_c]_{M10}=100/160=0.62\text{MPa},\quad \gamma_{M10}=2.70/1.6=1.68\text{g/cm}^3$$

3. 相似模拟材料

根据单侯矿的实际地质资料，选择相似模拟材料的组分，相似模拟材料主要由两种成分组成——骨料和胶结料。骨料在材料中所占的比重较大，是胶结料胶结的对象，其物理力学性质对相似材料的性质有重要的影响。骨料主要有细砂、石英砂、岩粉等，本试验中的骨料采用细砂。

胶结料是决定相似材料性质的主导成分，其力学性质在很大程度上决定了相似材料的力学性质，常用的胶结材料主要有石膏、水泥、碳酸钙、石灰、高岭土、石蜡、锯末等。根据试验及地质成分，本试验中的胶结料采用石灰和石膏。

不同胶结料与骨料混合组成不同种类的相似材料，其力学性能不同。根据已计算出模型的力学参数，选定骨料及胶结料进行配比试验，为了精确选定与计算参数一致的配比，经过多次配比试验，做出了各种配比表，最后选择出满足试验要求的一种，材料配比见表 3-3。

最终，考虑到边界效应等的影响，参照 5102N 工作面地质钻孔获得工作面原始地层的岩性参数，并对原始数据进行修正调整。建立的实际模型如图 3-62 所示。

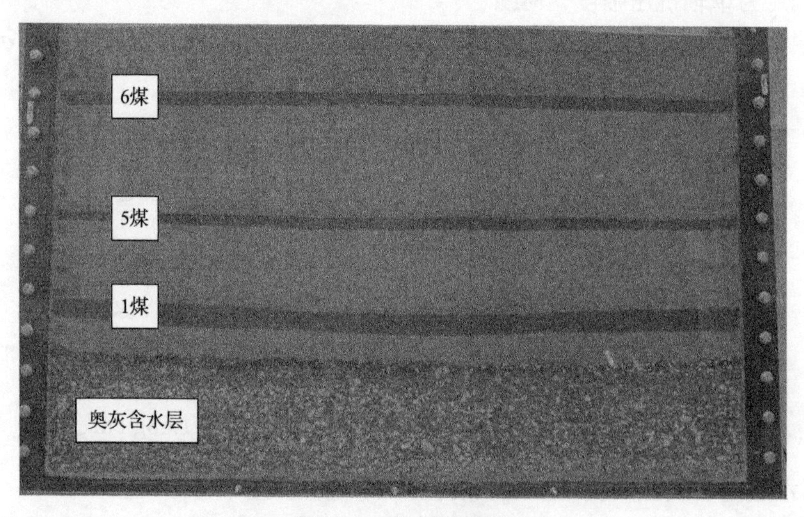

图 3-62　相似模型图

3.5.2　实验过程

为保证实验台的密封性，实验之前采取了相应的优化手段，并且根据相似比例换算，使水压近似于恒压状态，实验步骤大致如下：

(1)通过试验台底部的注水管向奥灰含水层注水，含水层的水压由孔隙水压力传感器二次仪表读出，通过改变注水量来控制含水层水压并使其趋于相对稳定；

(2)在距离模拟岩层边界30cm(实际30m)处开切眼，每次推进5cm(实际5m)，在推进的同时，对底板视电阻率、底板应力及含水层水压进行记录；

(3)试验过程中不断采集照片，记录不同推进时刻顶底板的破坏状态。

3.5.3 相似模拟结果

1. 煤层底板裂隙扩展及导水通道的形成过程

(1)在工作面的不断推进下，顶底板岩层逐渐发生破坏。在推进到距开切眼10m处时，直接顶开始出现初次垮落，如图3-63所示。在推进至距切眼30m时，基本顶发生初次垮落，确定初次来压步距约为30m，如图3-64所示。

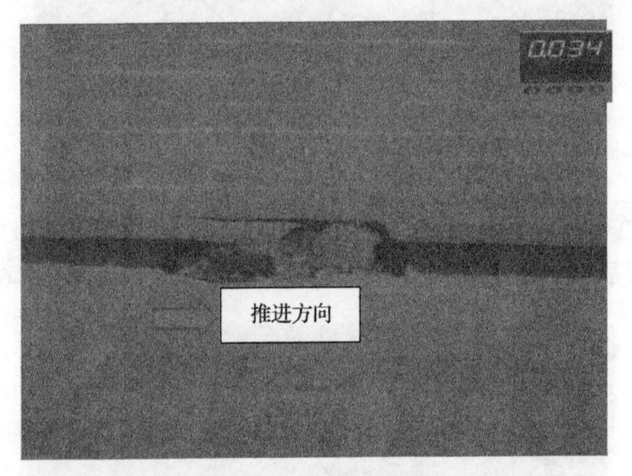

图3-63　直接顶垮落

图3-64　顶板初次来压

(2) 当开采到距开切眼 40m 处时，基本顶发生第一次周期来压，垮落时基本顶沿垮落角切顶线一次垮落，基本顶层位无悬挂岩层，周期垮落步距约为 10m，此后的开采过程中基本顶来压平稳，来压步距基本保持在 10m 左右，多次来压的顶板垮落如图 3-65 所示。

图 3-65　顶板多次垮落覆岩破坏

(3) 当工作面推进至距开切眼 45m 处时，底板岩层开始发生破裂，出现微小的裂隙，并在底板靠近煤壁处出现水位上升且浸湿的现象，如图 3-66 所示。

图 3-66　底板出现浸水范围

(4) 随着工作面继续推进，靠近煤壁处的底板出现纵向裂隙，并伴有底板离层，随着工作面的继续推进，原有裂隙继续向深处发展、延伸，小裂隙逐渐发育，底板破坏加剧，同时浸水范围随着裂隙的扩展在不断增大，如图 3-67 和图 3-68 所示。随后在距切眼 55m 处发生突水。突水发生在靠近煤壁处的位置，发育的底板裂隙成为突水的主要通道，水与泥砂的混合物瞬间充满工作面空间。此时，测得的孔隙水压力瞬时降低，如图 3-69 右上角水压显示所示。发生突水时，底板破坏深度(裂隙向底板延伸的深度)大约为 18m，远达不到奥灰含水层，但是裂隙发育进入了承压水向上导升的范围(图中底板有浸水的范围)，也就是说奥灰含水层在水压和采动的共同作用下产生了向上导升，并且连通了底板破坏深度，因此发生了突水。

(5)突水发生后，孔隙水压力传感器显示含水层水压逐渐下降至正常水平。

图 3-70 是煤层底板破坏素描图。由图 3-70 可知，底板采动破坏带内的裂隙主要分布于煤壁靠近采空区的内侧，裂隙以垂直于层面的纵向裂隙为主，并向底板

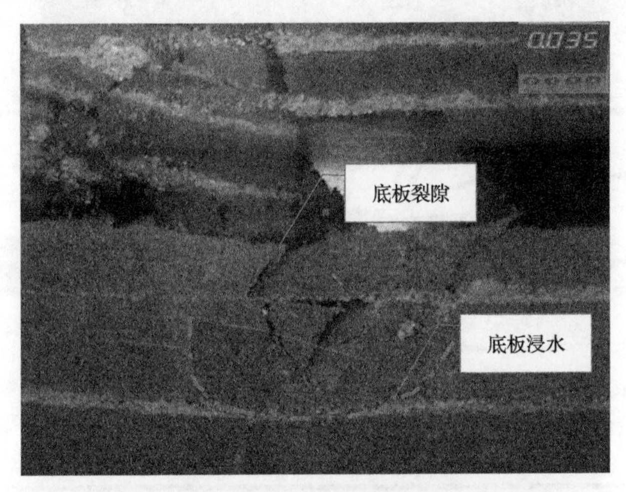

图 3-67　靠近煤壁附近的底板裂隙及浸水范围

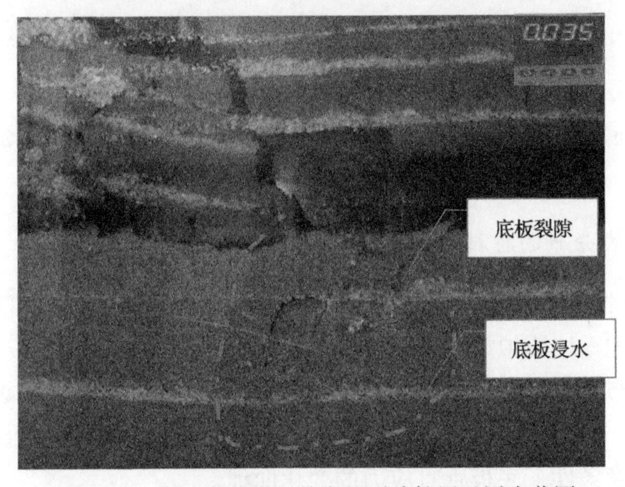

图 3-68　靠近煤壁附近的底板裂隙扩展及浸水范围

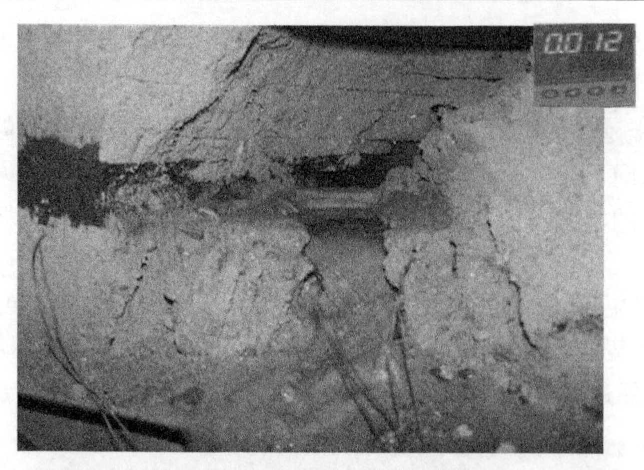

图 3-69　发生底板突水(模型背面)

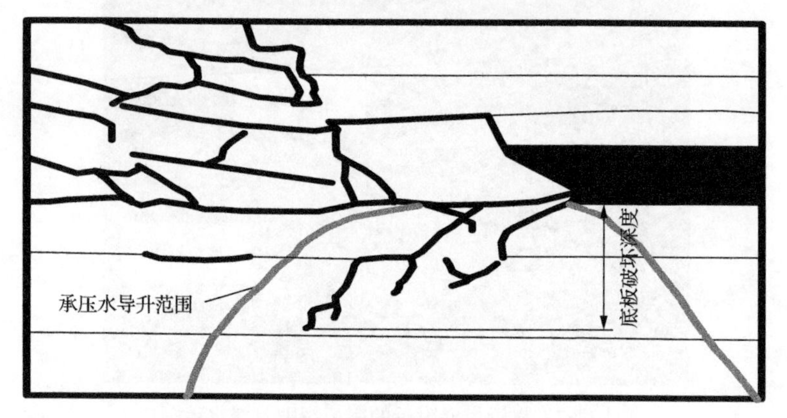

图 3-70　煤层底板破坏和裂隙演化素描图

深处传递至约 18m 的位置(采动破坏深度)，而在采空区中央底板的裂隙较少，只发育平行于层面的离层裂隙。在矿压和水压力的共同作用下，含水层的水向上导升至煤层底板。由此可见，底板突水发生是采动破坏带与承压水导升带连通的结果。

2. 底板应力分布的特征

在模型铺设的过程中，为研究和分析顶底板岩层应力的变化规律，在模型顶界面布置金属配重块模拟加压以产生压力，并在 5 煤层顶板、底板 2cm 的位置，沿工作面走向布设高灵敏应变片测点，用静态应变测试系统(7v14 数据采集系统、数据分析系统、结果输出系统)采集不同阶段的底板应力数据。如图 3-71 所示为在不同推进长度条件下底板垂直应力的变化曲线。

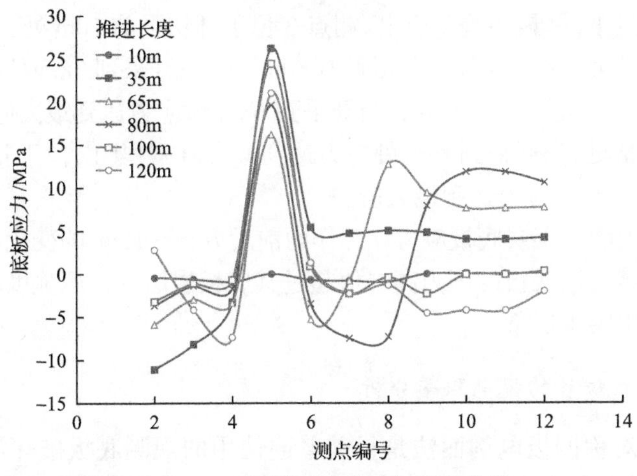

图 3-71　不同推进长度底板应力曲线

底板应力随着回采的进行，均呈现出整体增大的趋势，随后应力值下降并逐渐趋于稳定。五条曲线均在测点 5 位置处产生较大的拉应力。模拟结果表明随着采空区的出现，顶底板因卸载将由压缩状态转入膨胀状态，呈现出整体底鼓，同时其上方又未被上覆岩层压实，使其产生很大的拉应力。下伏岩层表面产生垂直于层面的张裂隙，随着裂隙的扩张、延伸和增多，底板破坏向深处发展，而该测点正处于裂隙方向上。

为了进一步研究底板各测点处应力变化的规律性，从埋设的 12 个压力传感器中选取距开切眼 10m（测点 3）、30m（测点 5）、60m（测点 8）、80m（测点 10）、100m（测点 12）位置处的 5 个有代表性测点的应力进行分析，5 个代表性测点的应力曲线如图 3-72 所示。

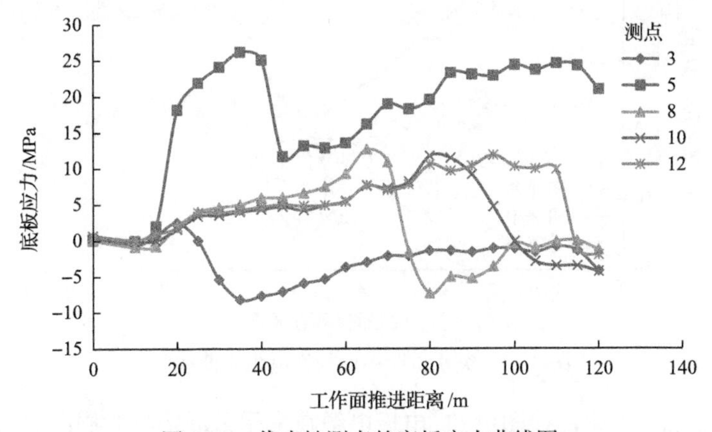

图 3-72　代表性测点的底板应力曲线图

由图 3-72 可知，随着回采的进行，5 个测点的应力首先呈增加的趋势，继续推进应力急剧减小，并最终趋于稳定。测点 3 位于开切眼前 10m 处，当回采到 22m 处时应力达到最大；测点 5 位于开切眼前 30m 处，当开采到 38m 处应力值达到最大；测点 8 位于开切眼前 60m 处，当开采到 68m 时应力达到最大值；测点 10 位于开切眼前 80m 处，当开采到 85m 处应力达到最大值；测点 12 位于开切眼前 100m 处，当开采到 90m 处应力达到最大值。

由此可以说明，煤层底板应力在工作面前后方 5～10m 的变化幅度较大，属于突水敏感区域；当底板的压力高峰值超过其底板岩层的抗压强度时，底板便会受到破坏，发生突水现象。

3. 底板突水位置的视电阻率分析

矿井直流对称四极电剖面法是目前普遍使用的观测底板破坏深度的方法之一，即根据工作面回采前后底板岩层视电阻率的变化情况来确定底板的破坏深度。其原理是底板岩层未受采动影响时测得相应的岩层视电阻率初始背景值；若底板岩层破坏后其岩层裂隙内会迅速充满灰岩水，测得的视电阻率将急剧减小，由此可判定底板岩层在回采过程中的突水位置、底板破坏深度。

试验过程中首先将电缆电极埋设于底板岩层中，数据观测时使用 WDJD-3 多功能数字直流激电仪自动记录数据。对底板岩层视电阻率的观测记录分为开挖前、开采中和突水后三个阶段，每个测点均采用多次测量求平均值法以减小测量误差。然后对采集数据进行整理分析，绘制试验的视电阻率曲线，并由这些曲线得到底板的突水位置，见图 3-73。

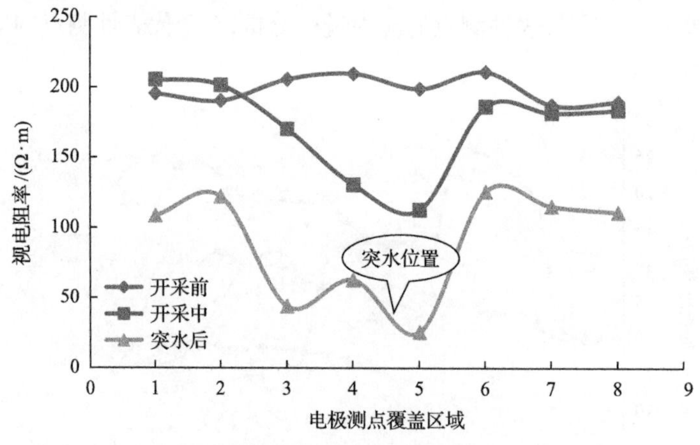

图 3-73　突水试验中底板视电阻率曲线图

(1) 通过视电阻率曲线图可知，电极电缆在未受采动影响时周围岩层的视电阻率背景值均比较稳定，基本在 180～210Ω·m 波动，小幅波动的原因主要为岩层干湿程度不同。

(2)在底板突水试验初始的开采阶段，底板岩层的视电阻率值开始出现明显变化，随着开采的不断推进，视电阻率值也不断变小，分析为含水层的水向上导升，使底板岩层渗水所致。

(3)开采至第三阶段，底板岩层的视电阻率值急剧减小，这说明此时岩层裂隙内被水充满，也就是承压水向上导升进入了采动裂隙。突水点发生在靠近第五个电极覆盖点域附近，即工作面推进至距开切眼 50m 左右处发生了突水现象，与模型外部观测的突水位置相吻合。

3.6 底板破坏带与应力应变监测

为明确承压水弱面突水的机理，监测分析在采动过程中弱面的变形破坏特征尤为重要。以峰峰辛安矿 112145 工作面为例，对煤层岩层应力-应变、底板破坏带深度进行测试。

3.6.1 监测方法

目前对煤层底板破坏深度的探测方法较多，如钻孔分段注水试验法、应变测量法、声波 CT 探测法和坑透电法等。结合 112145 工作面的地质条件，现场同时采用钻孔注水试验方法和钻孔应力应变法进行煤层底板破坏深度实测。这主要是由于两种方法可以在实测过程中起到互相补充的作用，具体分析如下。①煤层底板注水试验受底板岩性的影响。当煤层底板岩体含遇水膨胀的蒙脱石、遇水泥化的泥岩或页岩时，处于采动变形而未完全丧失承载能力的煤层底板采动裂隙在注水试验过程中发生泥化闭合现象，故难以观测到较大的漏失量。然而，在这种情况下，钻孔应力应变传感器可以捕捉到煤层底板的应力应变效应，获取煤层底板破坏深度的实测数据。②使用煤层底板钻孔应力应变法观测煤层底板破坏深度时，由于未能考虑岩层自身的性质，故仅能分析得出煤层底板的采动变形。当煤层底板处于较为破碎的区域时，不能有效地传递煤层底板的采动应力，故难以观测煤层底板的采动破坏深度。而采用钻孔注水试验法则可以有效地观测到煤层底板破坏渗透系数的变化。综合以上分析，选择钻孔注水试验法和钻孔应力应变法同时对峰峰辛安煤矿 112145 工作面煤层底板破坏深度进行观测。

3.6.2 钻孔孔位设计

在距 112145 工作面开切眼 27.1m 处布置钻场，共 4 个钻孔，3 个注水试验钻孔，每个孔设 1 个测点，总体控制深度为 18.17～28.71m；1 个应力应变试验孔，总体控制深度为 9.53～24.53m，钻孔施工的主要参数如表 3-4 所示。位于钻场的钻孔均匀地布置在距煤壁 1m 的位置，各孔间距为 0.5m。其中 1#～3#钻孔为注水试验孔，4#为应力应变试验孔，钻孔具体布置平面图如图 3-74 所示。

表 3-4　煤层底板破坏深度试验孔施工主要参数

编号	设计垂直深度/m	实际垂直深度/m	实际钻孔倾角/(°)	钻孔方位角/(°)
1#	29	28.71	–69	284
2#	23	24.36	–68	284
3#	17	18.19	–63	284
4#	27	24.5	–68	284

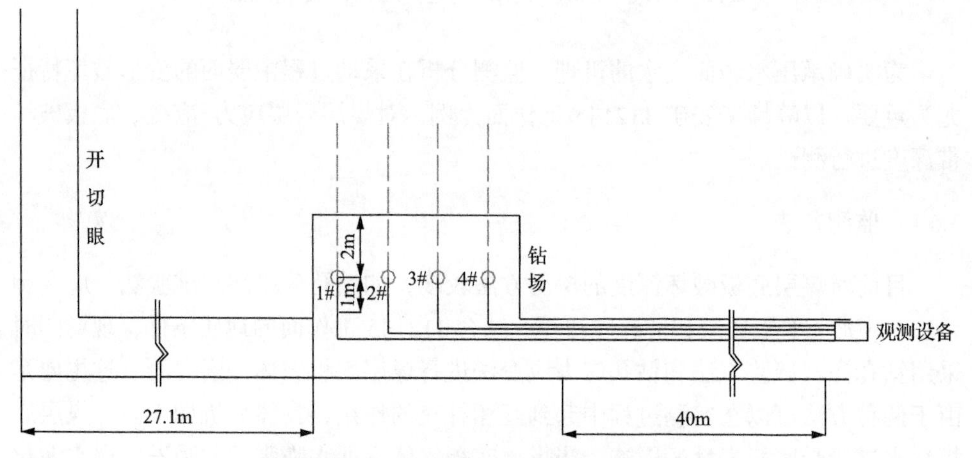

图 3-74　煤层底板破坏深度钻场布置示意图

3.6.3　注水试验钻孔数据分析

煤层底板发生塑性破坏是一个渐进破坏的过程，从应力应变的逐渐增加直到最终的破坏。煤层底板发生破坏丧失阻水性能应体现为岩体内部的裂隙变化，因此从注水试验的角度进行分析是合理的，选择用渗透系数 K^* 来衡量。

依据注水试验参数及钻孔参数确定了采动前后渗透系数变化 ΔK^* 及相对变化量 λ，以此来判断底板破坏深度更为可靠、便捷。注水试验法是测定承压水位以上岩体渗透性变化的重要方法，其计算方法可用刘让公式(3-137)，即

$$K^* = \alpha^* \frac{Q}{L^* P^*} \tag{3-137}$$

式中，K^* 为渗透系数，m/d；Q 为注水试验时的稳定渗流，m^3/d；P^* 为孔底水压，m(水注高，下同)；L^* 为注水段长度，m；α^* 为系数，α^*=0.83～1.18，这里取 0.83。

考虑到岩体在施工过程中，需完成下套管、注浆试压、扫孔等过程，其岩体的原生裂隙将被注浆充填。因此，假定采前岩体的渗透系数为某一值，采动影响的煤层底板破坏深度以渗透系数增量 ΔK^* 为依据进行判断，具体见式(3-138)。本章取采前原始渗透系数为 0。当渗透系数增量 $\Delta K^* \geqslant 0.2\text{m/d}$ 时，认为底板岩体破坏。

$$\Delta K^* = K_2^* - K_1^* = \alpha^* \frac{Q_2 - Q_1}{L^* P^*} \tag{3-138}$$

式中，ΔK^* 为某深度处岩体的渗透系数增量，m/d；K_1^*、K_2^* 分别为该处岩体回采前后的渗透系数，m/d；Q_1、Q_2 分别为该处岩体回采前后的渗透注水量，m^3/d；

距煤层底板不同距离的岩体随工作面推进度的不同而呈现出不同的规律，具体如图 3-75 所示。

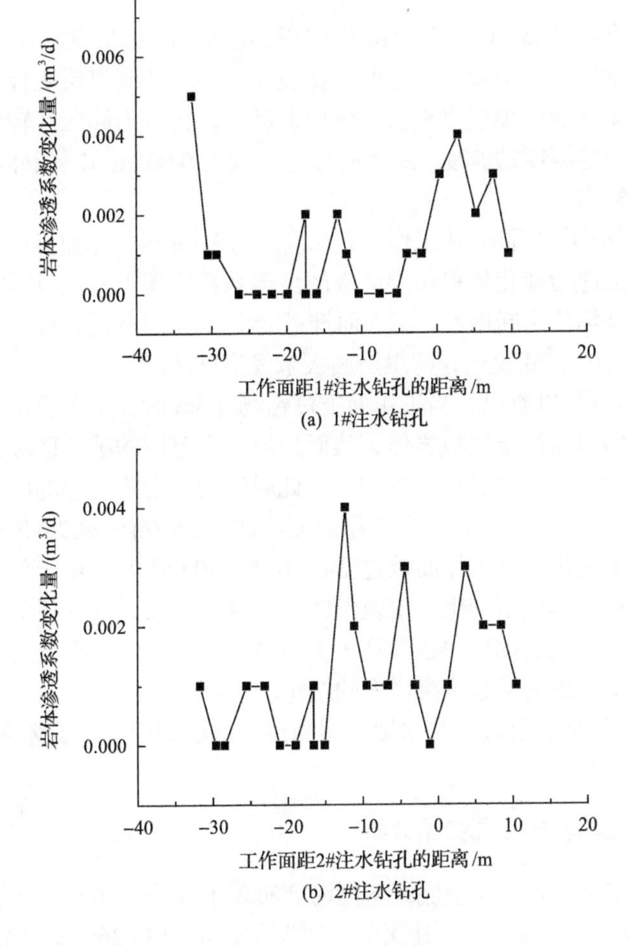

(a) 1#注水钻孔

(b) 2#注水钻孔

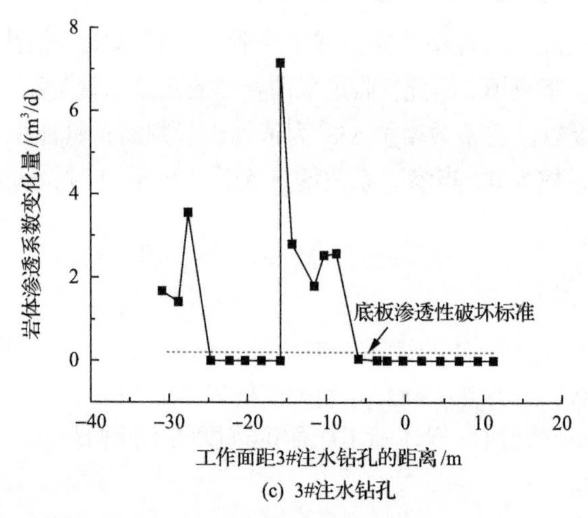

(c) 3#注水钻孔

图 3-75 煤层底板注水钻孔的渗透系数变化与其距工作面间距离的关系

由图 3-75(a)可以看出，当工作面距 1#钻孔 7.6m～0.4m 时，底板岩体受超前支承压力的采动影响，出现了一定的细微裂隙，但未达到煤层底板破坏的条件。当工作面推过钻孔后，煤层底板岩体由应力集中区向应力卸压区转变，岩体的渗透系数呈现出一定幅度的波动，最大的渗透系数为 0.005m^3/d，同样不满足煤层底板破坏的判断标准。

由图 3-75(b)可以看出，从工作面距 2#钻孔 10.5m 至工作面推过 2#钻孔 15.1m 的过程中，采动应力变化使得煤层底板的渗透系数出现了一定范围的波动，但未达到煤层底板破坏的判断标准。工作面推过 2#钻孔 15.1m 后，煤层底板岩体的渗透系数在 0～0.001m^3/d 变化，即煤层底板未发生破坏。

由图 3-75(c)可以看出，当工作面推过钻场 3.6m 时，由于上覆岩层的应力集中向采空区方向挤压煤层底板岩体，从而形成一定范围的破坏区域。当工作面推过钻孔 15.8m 时，煤层底板处于采空区，此时已处于滑移变形的破坏范围以外，煤层顶板垮落范围减小。因此，当工作面推过钻孔 15.8m～24.7m 时，煤层底板的渗透系数未发生变化。当工作面推过钻孔 20.6～30.9m 时，由于顶板垮落重新压实，对煤层底板岩体重新产生一定范围的应力扰动，故煤层底板的渗透系数再次出现一定的响应变化。此现象也验证了实验室试验模拟得出在岩石峰后卸载并重新加载的过程中，渗透系数再次增大的结论。

综上所述，依据煤层底板注水钻孔实测得出煤层底板采动破坏深度在 18.19～24.36m。

3.6.4 应力应变试验的钻孔数据分析

4#应力应变钻孔在距煤层底板不同深度布置了 4 个应力计，并将其自浅至深逐一命名为 1#、2#、3#、4#，其深度分别为 9.53m、13.82m、20.24m、24.53m，具体如图3-76所示。

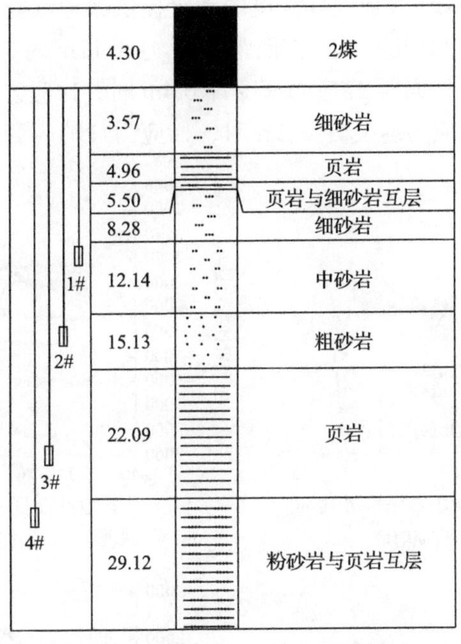

图3-76　4#钻孔应力计布置层位图

每个应力应变仪存在4组应变片，每组包括2个应变片，呈垂直分布。每组应变片呈90°间隔分别布置在应力计四周，具体如图3-77所示。

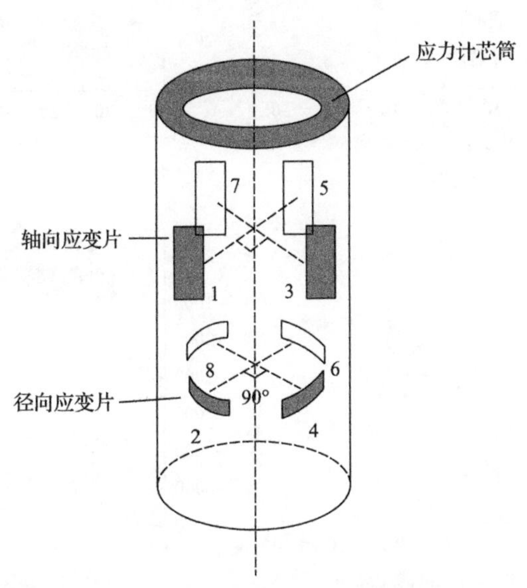

图3-77　应力计和应变片布置示意图

通过绘制岩体在采动过程中应力计的应变增量和累计应变量来说明岩体的应力应变状态，从而为煤层底板破坏深度的确定提供参考依据。

从图 3-78(a1)可以看出，当工作面距 1#应力计 12m 时，1#应力计的最大应变增量为–5803με。当工作面距 1#应力应变计 0.4m 时，1#应力计应变的变化趋于缓和。在工作面推过 1#应力应变计 5.2m 时，1#应力计的应变呈现小幅度变化后趋

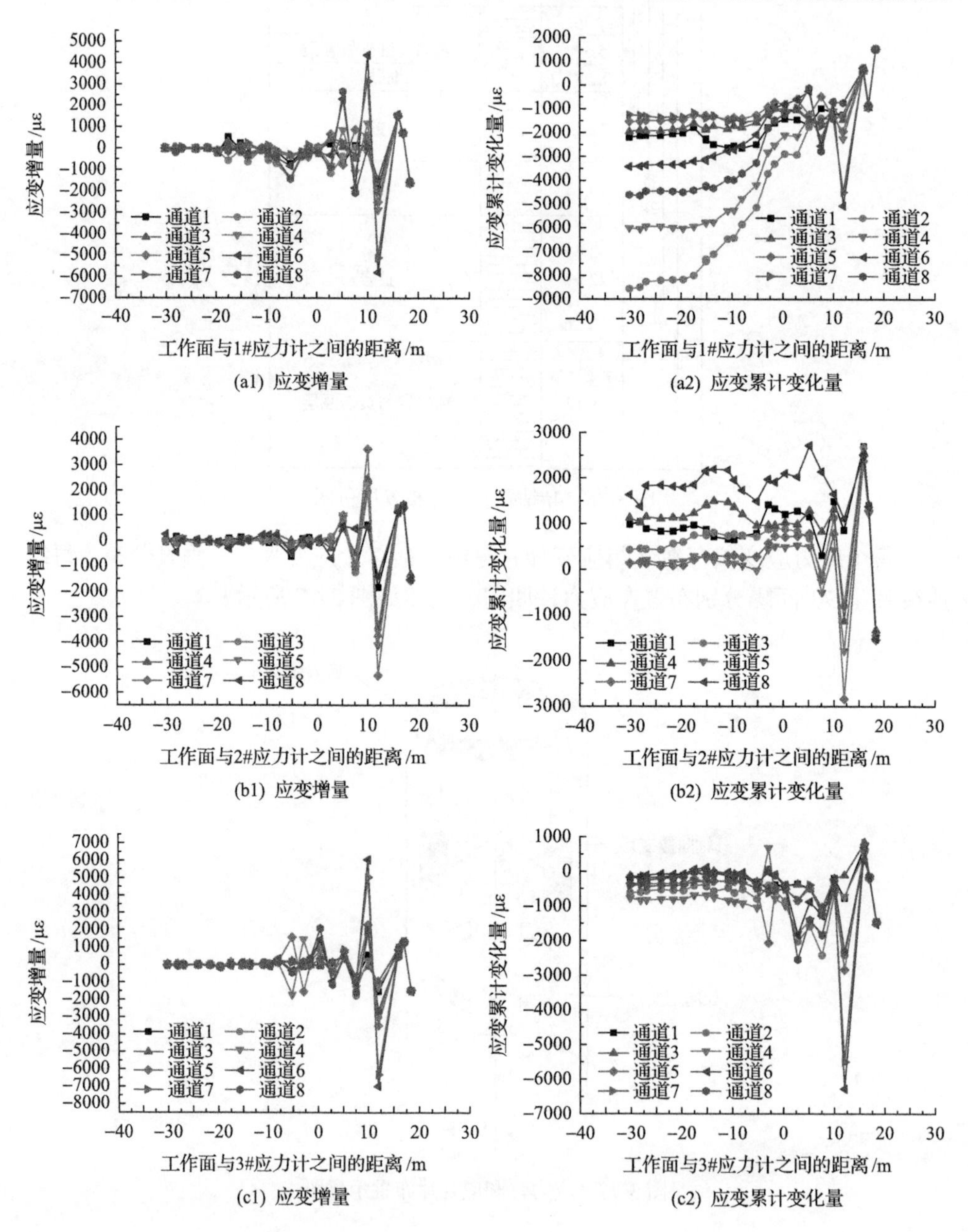

(a1) 应变增量　　(a2) 应变累计变化量

(b1) 应变增量　　(b2) 应变累计变化量

(c1) 应变增量　　(c2) 应变累计变化量

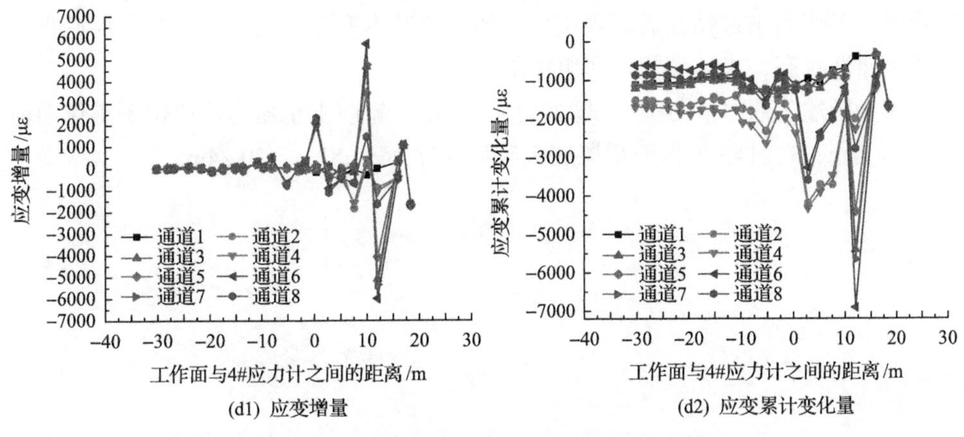

(d1) 应变增量
(d2) 应变累计变化量

图 3-78 应力应变计随开采距离的变化曲线

于稳定，但煤层底板应变的变化均为负数，即煤层底板位于 1#应力计处的岩体出现变形破坏，且未恢复至原有的应力状态。从图 3-79(a2)可以看出，除通道 1 在工作面推过钻场 10.8～17.5m 略微增大外，其余通道的应变均在工作面推过钻孔后呈现单调减小的状态，这说明煤层底板发生了不可逆转的塑性变形破坏。

从图 3-78(b1)可以看出，工作面距 2#应力应变计 17m 至工作面距 2#应力应变计 2.8m 的范围内，2#应力计受超前支承压力的影响，呈现出较大幅度的变化。当工作面距 2#应力应变计 12m 时，2#应力计的最大应变增量为−5339με。当 2#应力应变计位于采空区后方时，采动应力对煤层底板的影响程度明显减弱，并趋于稳定。2#应力计的通道 2 及通道 6 在实测过程中均为超限，这主要是由于相距 0.5m 的注水钻孔在钻进至 15m 左右时与应力应变钻孔发生串通，钻孔试压期间破坏了 2#应力计的部分应变片。从图 3-78(b2)可以看出，当工作面推过钻孔时，由于应力计周围岩体的破坏，其不能较好地传递围岩应力致使工作面，故推过 2#应力应变计后应变基本保持稳定。

从图 3-78(c1)可以看出，当工作面距 3#应力应变计 12m 时，3#应力计的最大应变增量为−6986με。当工作面推过 3#应力应变计 2.9～5.2m 时，3#应力计部分应变片出现小幅度的变化后趋于稳定。由图 3-78(c2)可以看出，工作面推过钻孔 5.2m 后，3#应力计的变化较小，并保持至观测结束。这说明埋深为 20.24m 的岩体经过工作面的采动扰动影响后，岩体未发生破坏，采动应力消除后岩体重新恢复至较小的应变状态。

从图 3-78(d1)可以看出，在工作面推进距 4#应力应变计 12～10m 的过程中，煤层底板的应变状态发生了较大幅度的变化。当工作面推进至钻孔附近时，煤层底板 4#应力计出现了一定幅度的变化，而后保持小幅度的波动。由图 3-78(d2)可以看出，工作面推过钻孔后，煤层底板的应变基本变化不大，即认为煤层底板岩体处于弹性状态，未达到塑性屈服极限。

综上所述，通过应力应变试验钻孔分析得出超前支承压力峰值位于工作面前方 10～12m，112145 工作面煤层底板破坏深度为 13.82m～20.24m。

第4章　承压水体上采煤安全性的评价方法

煤矿进入带压区掘进和回采前，应对掘进、回采工作面的安全性进行评价，为承压水上采掘提供参考。

4.1　突水系数法

第1章中已对突水系数法进行了介绍，突水系数法以简单、实用的优点被广泛应用于煤层底板突水危险性的评价及矿井的生产实践中。众所周知，突水系数法是以典型大水矿区底板突水资料为基础，提出具有统计意义的公式，计算式为$T_s=P$(水压)/M(底板隔水层的厚度)。煤炭科技及现场工程人员经过几十年的实践和研究，认为煤层底板突水是受含水层水压、富水性及渗透性、底板隔水层厚度、矿山压力、底板岩层组合及地质构造等多种因素综合作用的结果，且初始突水系数计算公式的评价结果在不同矿井出现了不适用等情况，因而国内相关科研机构及学者在实践中不断深入研究和探讨，使突水系数计算公式不断得以改进，所考虑的引发底板突水的各项影响因素逐渐接近客观实际。2018年6月4日，国家煤矿安全监察局印发的《煤矿防治水细则》将初始公式作为评价底板突水危险性的计算公式，即仅以含水层水压和底板隔水层厚度作为计算要素而获取突水系数值。初始突水系数计算式作为统计意义的经验公式是底板突水综合要素的量值反映，具有相对较好的适用性。在煤矿的实际评价中应坚持使用《煤矿防治水细则》推荐的公式进行评价、计算，并进一步结合具体矿井的实际条件进行分析、采纳、剔除。

但是，传统突水系数公式毕竟在一些矿区出现了小于突水系数临界值突水或者大于甚至远大于突水系数临界值未突水的情况，鉴于此，从学术角度探讨矿山压力(对应的计算要素为底板破坏带深度)、底板岩层组合(对应的计算要素为等效隔水层厚度)、奥灰原始导升带、含水层的富水性、地质构造等作为突水系数计算要素，从而解决了特定煤层在水文地质条件下的底板突水评价问题。

国内许多学者和科研机构在将底板突水主控因素作为突水系数计算要素方面做了大量工作。目前，较完善的突水系数公式考虑了底板破坏深度、有效隔水层厚度、奥灰原始导升带、奥灰顶部隔水层等计算要素，形成了式(4-1)的改进型突水系数计算式。

$$T_s=\frac{P}{\sum M_i\cdot\xi_i-C_p-h_d+M_0} \tag{4-1}$$

式中，P 为煤层底板隔水层承受的水压力，MPa；M_i 为底板隔水层中第 i 层岩层的厚度，m；ξ_i 为底板隔水层中第 i 层岩层的等效隔水系数(无岩溶化灰岩、泥灰岩为1.3，泥岩、泥灰岩、黏土、页岩为1.0，砂质页岩为0.8，褐煤为0.7，砂岩为0.4，砂、砾石、碎石、岩溶化灰岩、垮落裂隙带为 0)；C_p 为采矿对底板扰动的破坏深度，m；h_d 为承压水的导升高度，m；M_0 为奥灰顶部充填的隔水层厚度，m。

式(4-1)较全面地体现了底板突水的主控因素，但是底板含水层的富水性和地质构造这两大重要因素并没有以计算要素的形式出现。含水层的富水性呈现出不均一性，水压仅是含水层属性的表现因素之一，某区域水压高并不代表其富水性好，若该区域不富水则不易发生底板突水或突水量不大。而承压水体上的开采实践证明，构造使得底板的相对隔水层变薄，因此构造区域通常是发生底板突水的危险区。

煤矿现场钻探反映出若某区域灰岩含水层富水性差，即使突水系数大也不容易突水；某区域突水系数再小，但是存在断层、陷落柱等导水构造，突水危险性将骤增。因此，这里主要从学术角度探讨将含水层的富水性和地质构造因素转化为突水系数计算要素，从而解决上述问题。

1. 含水层富水性的计算要素表征

1)含水层富水性与底板突水的关联分析

根据对肥城、焦作、淄博、峰峰、郑州、西山、霍州、晋北等矿区突水资料的分析，以突水点规模为依据，将突水点的单位涌水量与突水量进行关联分析，如表 4-1 所示。

表 4-1　突水规模与含水层富水性(q)的关联性统计表

突水规模	$q \leqslant 0.05$L/(s.m)突水次数占比/%	$0.05 < q \leqslant 0.1$L/(s.m)突水次数占比/%	$0.1 < q \leqslant 1$L/(s.m)突水次数占比/%	$1 < q \leqslant 5$L/(s.m)突水次数占比/%	$q > 5$L/(s.m)突水次数占比/%	在突水统计总数中的占比/%
小型突水	0	2.72	31.91	3.93	0	38.56
中等突水	0	0	1.86	30.12	21.74	53.72
大型及特大型突水	0	0	0	0	7.72	7.72

注：①小型突水：$Q \leqslant 60m^3/h$；②中等突水：$60m^3/h < Q \leqslant 600m^3/h$；③大型突水：$600m^3/h < Q \leqslant 1800m^3/h$；④特大型突水：$Q > 1800m^3/h$。

由表 4-1 的统计可知，当含水层的富水性指标 $q \leqslant 0.1$L/(s.m)(传统弱富水性)时，以发生小型突水为主，且突水次数占比较小；当发生大型及特大型底板突水时，含水层的富水性指标 $q > 5$L/(s.m)，即在传统的极强富水性含水层(段)才会发生大型及特大型突水；小型突水最易发生在 $0.1 < q \leqslant 1$L/(s.m)；中等突水则易发生在 $q > 1$L/(s.m)时，且在 $1 < q \leqslant 5$L/(s.m)时发生的中等规模突水占比最高。

由此可见，底板突水的发生和突水点规模与岩溶含水层的富水性息息相关。若隔水层厚度一定，在底板岩层完整的条件下，开采区段底部含水层的富水性越强，发生突水的可能性就越大，且突水规模越大。当使用初始突水系数公式的计算值较大且富水性参数 $q \leqslant 0.1$L/(s.m)时，底板突水的可能性小；另外，统计显示当 $q \leqslant 0.05$L/(s.m)时，即使初始公式的突水系数值大，底板仍有极大可能不发生突水。

2)含水层富水性影响系数

由岩溶发育特征和富水性对底板突水的关联分析结果可知，在使用突水系数法评价底板突水危险性时，须考虑含水层的富水性特征。当含水层的富水性弱($q \leqslant 0.05$L/(s.m))时,底板基本不出水,含水层向采掘空间充水的水源和强度不足，这种情况下应弱化突水系数；当含水层的富水性参数为 $0.05 < q \leqslant 1$L/(s.m)时，以发生小型突水为主，符合现在绝大多数底板突水的情况，使用现有突水系数公式较为合理；当含水层的富水性参数 $1 < q \leqslant 5$L/(s.m)时，多发生中型以上突水，含水层的富水性对底板突水的贡献程度大于常规情况；特别是 $q > 5$L/(s.m)时多发生大型和特大型突水，易发生灾难性后果，应注意防范底板水害，并提供安全预防级别，所以预测时应增大富水性的影响程度。据此提出含水层富水性影响系数(K_{ω})，以反映底板含水层的富水性对底板突水危险性评价的贡献，K_{ω} 的赋值见表4-2。

表4-2 不同富水性级别的含水层富水性影响系数(K_{ω})取值表

级别	单位涌水量 q(L/(s.m))	含水层富水性影响系数(K_{ω})
1	$q \leqslant 0.05$	0.1
2	$0.05 < q \leqslant 1$	1.0
3	$1 < q \leqslant 5$	1.5
4	$q > 5$	2.5

2. 地质构造的计算要素表征

构造因素是底板突水的关键因素和最重要的控制因素。应用初始突水系数计算公式时，存在突水系数安全区在构造影响下突水的情况。针对这种情况，提出构造规模指数(S_c)和构造底板完整性系数(K_c)的概念。

定义标准统计单元格内(1000m×1000m)，断层、陷落柱和褶皱轴部及其影响区面积占整个单元格的比值为构造规模指数(structure scale index)。

构造规模指数的表达式为

$$S_c = S_f + S_k + S_{fa} \tag{4-2}$$

式中，S_c 为构造规模指数；S_f 为断层规模指数；S_k 为岩溶陷落柱规模指数；S_{fa} 为皱褶轴影响指数。

断层规模指数的表达式：

$$S_f = \frac{\sum_{i=1}^{n_1} L_{f_i} \cdot H_i}{S} \tag{4-3}$$

式中，S 为统计单元格面积，m^2；L_{f_i} 为第 i 条断层落在单元格内的走向长度，m；H_i 为第 i 条断层落差，m；n_1 为统计单元格中的断层数。

岩溶陷落柱规模指数的表达式：

$$S_k = \frac{\sum_{i=1}^{n_2} 1.2 S_{s_i} \cdot h_i}{S} \tag{4-4}$$

式中，S_{s_i} 为第 i 个岩溶陷落柱横截面面积，m^2；h_i 为第 i 个陷落柱垂高，m；n_2 为统计单元格中的岩溶陷落柱个数。

褶皱轴影响指数的表达式：

$$S_{ka} = \frac{\sum_{i=1}^{n_3} L_{ka_i} \cdot D_i}{S} \tag{4-5}$$

式中，L_{ka_i} 为第 i 个褶皱轴落在单元格内走向长度，m；D_i 为第 i 个褶皱翼核垂高，m；n_3 为统计单元格中的褶皱轴个数。

将式(4-3)～式(4-5)代入式(4-2)中，可得

$$S_c = \frac{\sum_{i=1}^{n_1} L_{f_i} \cdot H_i + \sum_{i=1}^{n_2} 1.2 S_{s_i} \cdot h_i + \sum_{i=1}^{n_3} L_{ka_i} \cdot D_i}{S} \tag{4-6}$$

利用式(4-6)计算出井田全部构造规模指数后，将各个统计单元格构造规模指数进行归一化处理，评价井田受构造的影响程度。

归一化公式为

$$S_{c_i}^1 = \frac{S_{c_i} - \min(S_{c_i})}{\max(S_{c_i}) - \min(S_{c_i})} \tag{4-7}$$

归一化的构造规模指数反映了不同区块对底板突水构造的控制程度，在利用突水系数法进行突水危险性评价时，主要体现为构造对底板隔水层完整性影响系

数参数中。底板隔水层完整性系数(K_c)反映了构造对底板突水相对隔水层完整性的影响程度，K_c值越小，底板越破碎，抵抗水压的能力越差，越易发生底板突水。不同构造规模指数下的底板完整性系数见表4-3。

表4-3 构造规模指数与底板完整性系数取值表

影响级别	构造规模指数 S_c^1	底板完整性系数 K_c
无构造影响	$S_c^1=0$	1
一般影响	$S_c^1\leqslant 0.25$	0.6
中等影响	$0.25< S_c^1\leqslant 0.5$	0.5
严重影响	$0.5< S_c^1\leqslant 1$	0.25

3. 富水构造型突水系数的全要素计算式

将含水层的富水性和地质构造作为突水系数法的计算要素，在公式(4-1)的基础上提出富水构造型突水系数计算公式：

$$T_{qC}=\frac{K_{\omega}\cdot P}{K_c\cdot\left(\sum M_i\cdot\xi_i-C_p-h_d+M_0\right)} \tag{4-8}$$

该公式不仅考虑了含水层水压、相对隔水层厚度、底板采动破坏带、承压水导升带和奥灰含水层顶部隔水层，还将岩溶含水层的富水性和构造影响这两个重要因素纳入了底板突水评价中，形成全要素的突水系数计算式。

4.2 阻水系数法

4.2.1 阻水系数计算

阻水系数法是利用测试岩层的阻水能力系数来评价底板整体抗压能力的方法，阻水系数计算公式见式(1-3)。式(1-3)中岩体破裂压力P_b与地应力和岩体抗张强度有关，MPa，即

$$P_b=3\sigma_h-\sigma_H+T-P_0 \tag{4-9}$$

式中，P_b为使岩体破裂时的临界水压力，MPa；σ_h为作用于岩体的最小水平主应力，MPa；σ_H为作用于岩体的最大水平主应力，MPa；T为岩体的抗拉强度，MPa；P_0为岩体孔隙中的水压力，MPa。

底板需要满足的阻水带厚度(h_2)等于作用在底板上的水压力(P)除以阻水系数(Z)，即

$$h_2 = \frac{P}{Z} \tag{4-10}$$

据实测资料，不同岩层的一般阻水系数可考虑为中粗粒砂岩为 0.3～0.5MPa/m，细粒砂岩约为 0.3MPa/m，粉砂岩约为 0.2MPa/m，泥岩 0.1～0.3MPa/m，石灰岩约为 0.4MPa/m，铝土质泥岩 0.114MPa/m。断层带因其中充填物质及胶结的密实程度不同，其阻水能力的变化很大，按充填物的强弱程度考虑，其阻水能力为 0.05～0.10MPa/m。

部分矿区经压裂试验实测的各类岩层的阻水能力见表 4-4。

表 4-4　钻孔水力压裂试验得出的底板岩层阻水系数资料

试验地点	岩层名称	实验序号	破裂压力 P_t/MPa	阻水系数 Z/(MPa/m)	平均阻水系数 Z_t/(MPa/m)	备注
开滦赵各庄矿井下五巷道，取样深度 434m	中粒砂岩	1	13.44	0.313	0.331	现场钻孔水力压裂实验，破裂半径 R 取 43m
		2	15.00	0.349		
	细粒砂岩	1	10.44	0.243	0.285	
		2	14.00	0.326		
	粉砂岩	1	9.00	0.209	0.194	
		2	7.69	0.179		
	泥岩	1	12.62	0.293	0.293	
	铝土岩	1	4.89	0.114	0.114	
开滦赵各庄矿井下十二道巷，取样深度 1070m	中粗粒砂岩	1	25.00	0.581	0.491	室内三向围岩压力压裂实验，取样于开滦赵各庄现生产水平十二道巷 三向围压： σ_1：24.0～24.5MPa σ_2：13.4～14.2MPa σ_3：19.0～20.5MPa
		2	27.00	0.628		
		3	20.00	0.465		
		4	12.50	0.290		
	中粒砂岩	1	15.00	0.349	0.377	
		2	9.00	0.210		
		3	20.00	0.465		
		4	14.00	0.326		
		5	23.00	0.535		
	细粒砂岩	1	13.00	0.302	0.302	
	细砂岩	1	5.00	0.116	0.209	
		2	13.00	0.302		
	泥岩	1	15.00	0.349	0.393	
		2	15.00	0.349		
		3		0.406		
		4		0.470		

续表

试验地点	岩层名称	实验序号	破裂压力 P_t/MPa	阻水系数 Z/(MPa/m)	平均阻水系数 Z_t/(MPa/m)	备注
焦作九里山矿，取样深度约 300m	石灰岩	1	25.00	0.581	0.399	室内三向水力压裂实验 模拟焦作九里山矿 三向围压： σ_1 ： 8.94MPa σ_2 ： 3.84MPa σ_3 ： 2.95MPa
		2	10.50	0.244		
		3	16.00	0.372		
义棠煤矿六采区 100602 工作面回风巷	铝土泥岩	1	7.77	0.155	0.151	
		2	10.13	0.203		
		3	6.26	0.125		
		4	6.13	0.122		
	泥岩	5	6.92	0.138	0.181	
		6	8.40	0.168		
		7	10.87	0.217		
		8	8.15	0.163		
		9	11.03	0.221		
	细砂岩	10	7.11	0.142	0.224	
		11	13.93	0.279		
		12	12.51	0.250		
	灰岩	13	15.71	0.314	＞0.437	
		14	23.64	0.473		
		15	＞26.21	＞0.524		
	砂质泥岩	16	13.56	0.271	0.271	

4.2.2　测试方法与原理

采用水压致裂方法测试地应力及岩体破裂压力。水压致裂法测量钻孔中的应力，它是利用一对可膨胀的橡胶封隔器，在选定的测量深度封隔一段裸露的岩孔，然后通过泵入流体对这段钻孔增压，使压力持续增高直至钻孔围岩产生破裂，继续加压使破裂扩展。在压裂过程中记录压力、流量随时间的变化，根据压力-时间曲线即可求出主应力。

水压致裂就平面应力测量而言，它的三个基本假设条件为：①岩石呈线弹性且各向同性；②岩石是完整的、非渗透性的；③岩石中主应力之一的方向和钻孔轴平行。因此，水压致裂的力学模型可简化为一个平面问题，相当于两个相互垂直的水平应力 σ_1 和 σ_2 作用在一个带圆孔的无限大平面上。

根据弹性力学的计算可知圆孔孔壁夹角为 90°的 A、B 两点的应力分别为(图 4-1)：

$$\left.\begin{aligned}\sigma_A = 3\sigma_2 - \sigma_1\\ \sigma_B = 3\sigma_1 - \sigma_2\end{aligned}\right\} \tag{4-11}$$

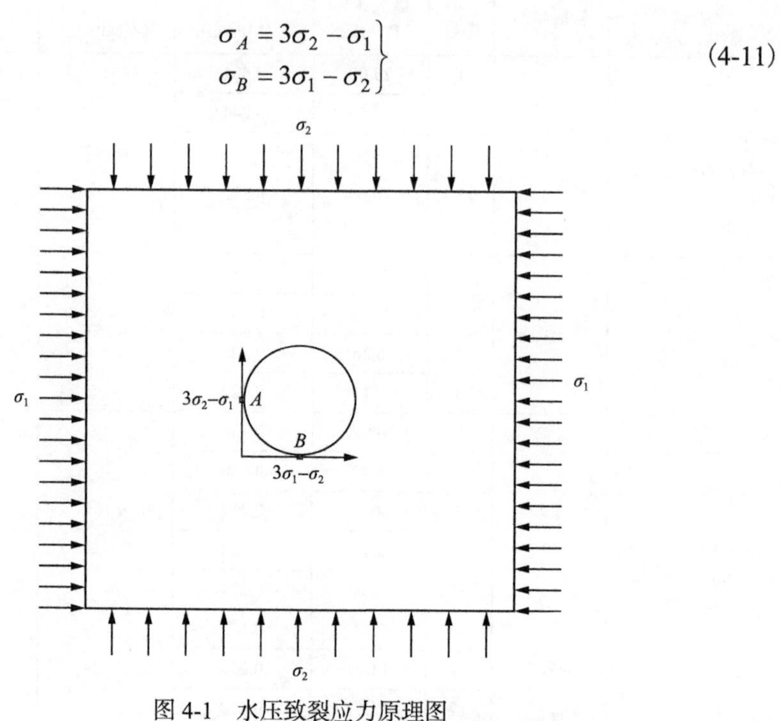

图 4-1　水压致裂应力原理图

若 $\sigma_1 > \sigma_2$，则 $\sigma_A < \sigma_B$，因此当圆孔内施加的液压大于孔壁上岩石所承受的压力时，将在最小切向应力的位置上，即 A 点及其对称点 A'点处产生张破裂。同时破裂将沿着垂直于最小压应力的方向扩展，此时把使孔壁产生破裂的外加液压 P_{b} 称为临界破裂压力，临界破裂压力等于孔壁破裂处的应力加上岩石的抗拉强度 T，即

$$P_{\mathrm{b}} = 3\sigma_2 - \sigma_1 + T \tag{4-12}$$

若考虑岩石中所存在的孔隙压力 P_0，可将有效应力换为区域主应力，上式将变为

$$P_{\mathrm{b}} = 3\sigma_h - \sigma_H + T - P_0 \tag{4-13}$$

式中，σ_h、σ_H 分别为地应力场中的最小和最大水平主应力。

在实际测量中被封隔器封闭的孔段，在孔壁破裂后，若继续注液增压，裂隙将向纵深处扩展，若马上停止注压并保持压裂系统封闭，裂隙将立即停止延伸，在地应力场的作用下被高压液体涨破的裂隙趋于闭合，把保持裂隙张开时的平衡

压力称为瞬时关闭压力 P_{s}，它等于垂直裂隙面的最小水平主应力，即

$$P_{s}=\sigma_{h} \tag{4-14}$$

如果再次对封闭段注液增压，使破裂重新张开时，即可得到破裂重新张开的压力 P_{r}，由于此时岩石已经破裂，抗张强度 T=0，那么有

$$P_{r}=3\sigma_{h}-\sigma_{H}-P_{0} \tag{4-15}$$

用式(4-13)减去式(4-15)即可得到岩石的抗张强度为

$$T=P_{b}-P_{r} \tag{4-16}$$

根据式(4-14)和式(4-15)又可得到求取最大水平应力 σ_{H} 的公式，即

$$\sigma_{H}=3P_{s}-P_{r}-P_{0} \tag{4-17}$$

式(4-14)和式(4-17)是平面水压致裂应力测量中的重要公式，而垂直应力可根据上覆岩石的重量来计算，即

$$\sigma_{v}=\rho gH \tag{4-18}$$

对于平面应力测量，在巷道底板垂直向下布置钻孔，测量水平面上的最大与最小水平主应力。本次主要对底板相对隔水层进行测试，孔内无含水层涌水，孔隙水压力为零，故通过读数仪采集到的数据来计算地应力大小的公式见(4-19)式，即

$$\begin{aligned}&\sigma_{h}=P_{s}-\gamma_{w}h\\&\sigma_{v}=\gamma H\\&\sigma_{H}=3P_{s}-P_{r}\ \ -2\gamma_{w}h\end{aligned} \tag{4-19}$$

式中，P_{r}、P_{s}、P_{0}、P_{b} 为读数仪上的重张压力、封闭压力、静水压力及破裂压力，MPa；γ_{w} 为水的容重，MN/m^{3}；h 为测站到读数仪的垂直距离，m；γ 为上覆岩层岩石容重；H 为埋深。

岩体破裂临界压力的测量是在现场巷道围岩钻孔中进行的(图 4-2)。在打好的钻孔中先用注水管将一对橡胶封隔器送到钻孔的指定位置，然后注入高压水，将封隔器涨起，使两个封隔器之间的岩孔封闭。对封隔器之间的岩孔进行高压注水，直到将围岩压裂，压裂的方向即为最大水平应力方向。

1)测量系统组成

煤炭科学研究总院开采研究院开发并研制了 SYY-56 型小孔径水压致裂地应

力测量装置。该装置采用小直径钻孔(56mm)，可在井下进行快速、大面积的地应力测量。同一钻孔还可用于巷道围岩的强度测量。

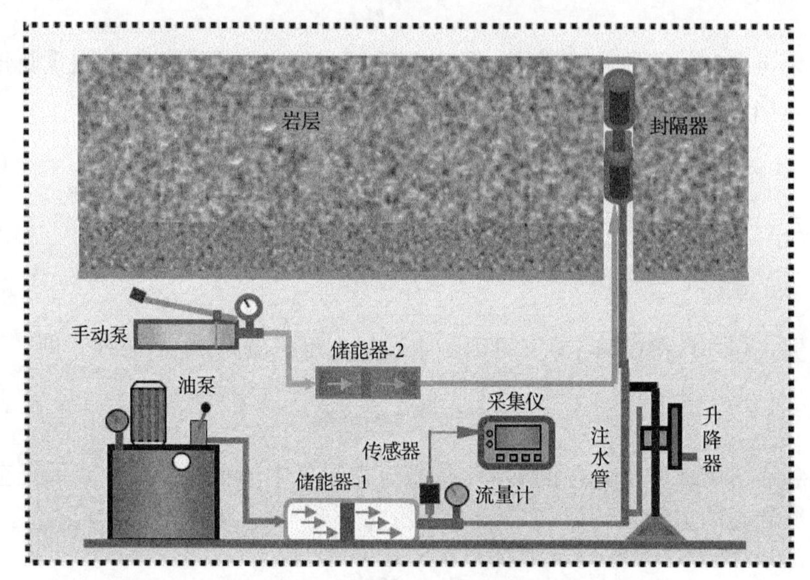

图 4-2　水压致裂地应力测量示意图

该测试装置由以下部分组成(图 4-3)。

(1)由隔爆电机驱动的高压泵站；

(2)蓄存压裂介质水和油的储能器；

(3)静压水进水管路；

(4)便携式数据采集分析装置；

(5)小孔径封隔器和印模器、定向仪；

(6)可快速连接的高压供水管路；

(7)高压手动泵站；

(8)封隔器(印模器)和注水管路的辅助提升装置。

2)水压致裂液压系统

采用适于井下电压的隔爆电机驱动高压电动泵，用防爆电机驱动，可在含有可燃气体的环境中安全运行。运行该装置时，首先打开五通上的球型截止阀，在静水压力的推动下，储能器内的活塞推动液压油返回油箱，使水充满储能器，同时通过注水管充满封隔器之间的水将被压裂到钻孔中。在压裂段岩孔充满水后，关闭入水口的球形截止阀，同时通过手动泵给封隔器加压，使封隔器胶囊与岩壁密封，岩孔压裂段便形成了一密封空间，这样压裂段内的水即使在高压作用下也不会外泄。启动电动泵，油注入蓄能器，这时油将推动蓄能器中的活塞，将活塞

图 4-3　SYY-56 型水压致裂地应力测量装置

另一侧的水压入钻孔的压裂段，通过数据采集装置显示、记录测试数据，并监控测试过程。煤矿井下巷道一般高 2.5～3.5m，受空间限制，用水压致裂法进行原岩应力和岩性测试时，只能用小型钻机打孔，因此水压致裂装置必须小型化，所有装置必须隔爆、防水且能在灰尘很大的恶劣环境下运行。

3) 数据采集系统

为实时监控测试过程，显示、记录和分析测试结果，开发研制了水压致裂数据采集系统。系统由 SYY-56 型水压致裂地应力测量仪和数据处理分析软件组成。

4.3　承压水体上安全煤岩柱留设法

4.3.1　承压水上允许的采动等级

根据“下三带”理论，当底板相对隔水层满足底板防水安全煤岩柱留设要求时，可实现承压水上的安全开采。煤层底板在任何开采情况下都会产生破坏，即第 I 带 (导水破坏带) 是一定存在的，而其他“两带”可能缺其一二。其中第 II 带 (有效保护层带) 对预防底板突水至关重要，其存在与否及其厚度大小 (阻水性强弱) 是能否进行安全开采评价的重要因素。对水体上的开采等级及允许的采动等级和要求见表 4-5。

4.3.2　承压水上防水安全煤岩柱的留设

设计煤层底板防水安全煤岩柱的原则是：不允许底板采动导水破坏带波及水

体，或者与承压水导升带连通。因此，设计的底板防水安全煤岩柱厚度（h_s）应当大于或者等于导水破坏带（h_1）和阻水带厚度（h_2）之和(图 4-4(a))，即

$$h_s \geqslant h_1 + h_2 \tag{4-20}$$

表 4-5　承压水上允许采动的程度

煤层位置	水体采动等级	水体类型	允许采动程度	要求留设的安全煤岩柱类型
水体上	Ⅰ	①位于煤系地层之下的灰岩强含水体； ②位于煤层之下的薄层灰岩具有强水源补给的含水体； ③位于煤层之下的作为重要水源或旅游资源保护的水体	不允许底板采动导水破坏带波及水体，或与承压水导升带沟通，但又能起到强阻水作用的有效保护层	底板强防水安全煤岩柱
	Ⅱ	①位于煤系地层之下的弱含水体或已疏降的强含水体； ②位于煤系地层之下的无强水源补给的薄层灰岩含水体； ③位于煤系地层或煤系地层底部其他岩层中的中、弱含水体	允许采取安全措施后的底板采动导水破坏带波及水体，或与承压水导升带连通，但防水安全煤岩柱仍能起到安全阻水作用	底板弱防水安全煤岩柱

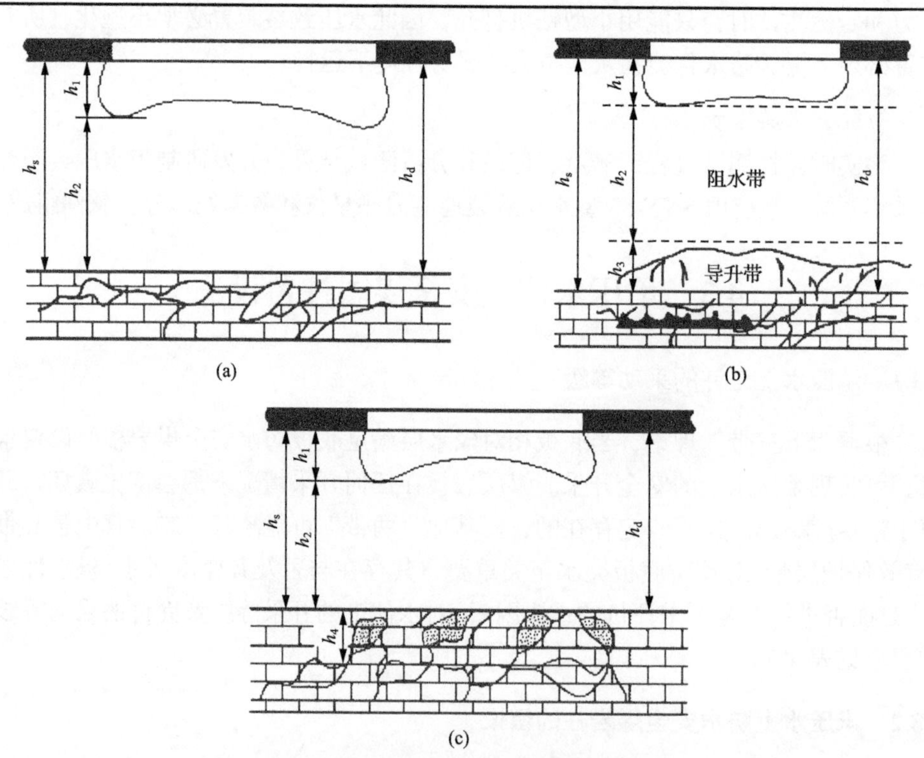

图 4-4　底板防水安全煤岩柱设计示意图

如果底板含水层上部存在承压水导升带(h_3)，那么底板安全煤岩柱厚度(h_s)应当大于或者等于导水破坏带(h_1)、阻水带厚度(h_2)及承压水导升带(h_3)之和(图4-4(b))，即

$$h_s \geqslant h_1 + h_2 + h_3 \tag{4-21}$$

如果底板含水层顶部存在被泥质物充填的厚度稳定的隔水带，那么充填隔水带厚度(h_4)可以作为底板防水安全煤岩柱厚度(h_s)的组成部分(图4-4(c))，即

$$h_s \geqslant h_1 + h_2 + h_4 \tag{4-22}$$

4.4　脆弱性指数法

"脆弱性指数法"是一种将可确定充水含水层富水性多种主控因素权重系数的信息融合方法与具有强大空间信息分析处理功能的GIS耦合为一体的预测评价方法。它不仅可以考虑影响充水含水层富水性的众多主控因素，而且还可以刻画多因素之间复杂的相互作用关系及对富水性贡献的相对"权重"比例，并可实施富水性的多级分区。依据信息融合的不同数学方法，充水含水层的富水性评价新方法可划分为非线性和线性两大类。非线性评价方法有基于地理信息系统(GIS)的人工神经网络(ANN)型脆弱性指数法、基于GIS的证据权重法型脆弱性指数法、基于GIS的贝叶斯法型脆弱性指数法等；线性评价方法有基于GIS的层次分析法(AHP)型脆弱性指数法等。该方法是在实践中逐步完善起来的，是现代信息技术与地学的结晶，它使复杂的底板水害问题以更直观、更准确的表达形式指导于矿井的实际生产。

以梧桐庄矿为例,采用基于GIS的AHP型脆弱性指数法对梧桐庄矿2号煤底板突水的危险性进行评价。首先，利用GIS强大的空间信息处理能力对各地质要素图形信息进行量化；其次，运用层次分析法(AHP)对各定性的地质因素进行定量化处理，计算出各因素对富水性的影响权重；最后，应用GIS的空间复合叠加功能再结合AHP的计算结果进行富水性评价,并以直观的图件形式给出评价分区结果。该方法不仅充分利用了大量繁杂的空间信息，运用定性与定量相结合的思维来研究地学问题，深入剖析了问题的本质，而且其评价结果较单一的文字评价更为直观、准确。

1. 主控因素确定

煤层底板突水主要控制因素的选取直接影响了层次分析模型的建立和最终的评价结果。因此，通过认真研究梧桐庄矿现有的水文地质资料，深入分析各类因

素对梧桐庄井田的突水影响及实际生产中的突水状况，结合华北型煤田底板突水的评价经验，按照便于采集数据的原则，确定了 8 个主控因素，它们分别是承压含水层水压、厚度、有效隔水层厚度、断层分布、断层交点及端点的分布、断层规模指数、陷落柱影响区和褶皱轴影响带。

2. 主控因素数据采集与量化专题图的建立

主控因素的子专题图是指反映某一因素在井田范围内的分布状况的附有属性数据的电子图件。将收集到的梧桐庄矿区 2 号煤层底板突水各主控因素的基础数据进行插值计算处理，建立各主控因素子专题图(这里仅展示野青灰岩含水层各主控因素专题图，图 4-5～图 4-12)。

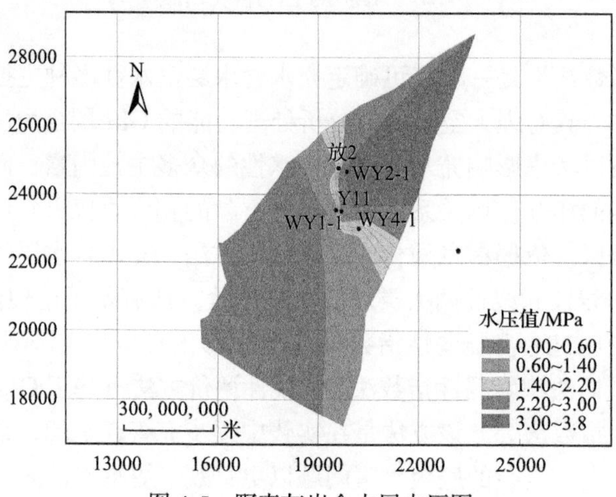

图 4-5　野青灰岩含水层水压图

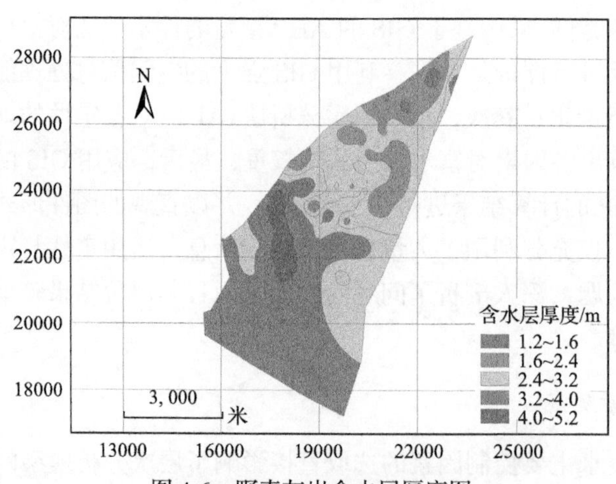

图 4-6　野青灰岩含水层厚度图

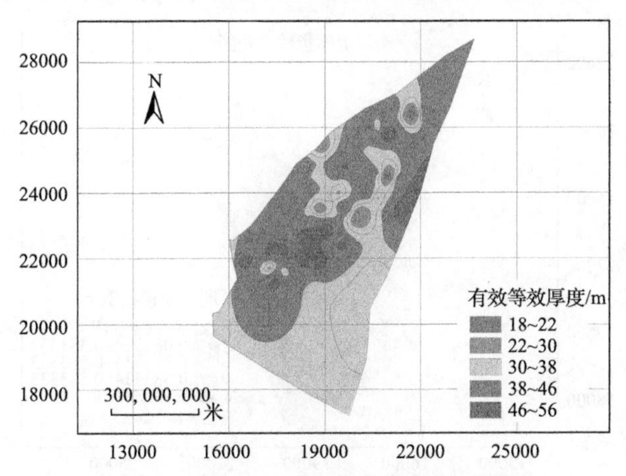

图 4-7　野青灰岩有效等效隔水层厚度图

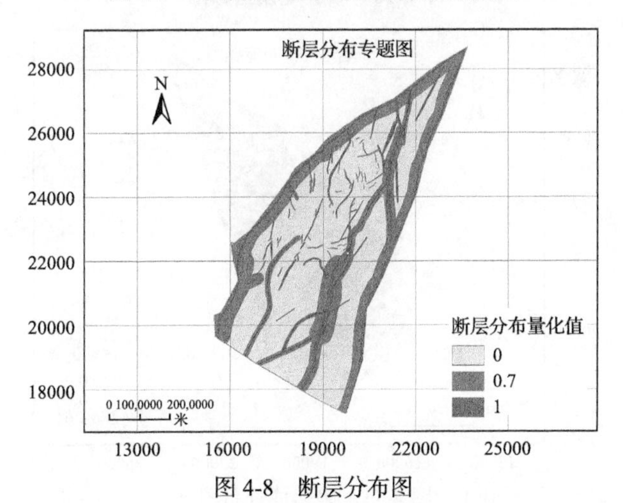

图 4-8　断层分布图

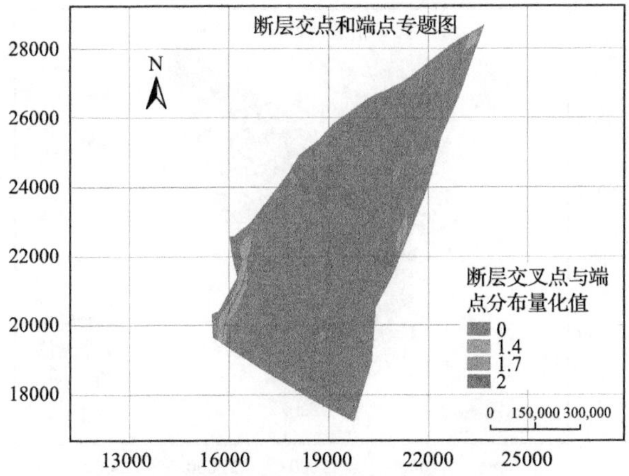

图 4-9　断层交点和端点分布图

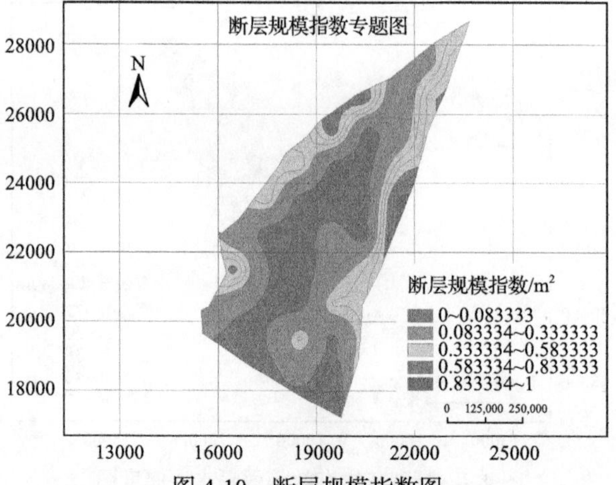

图 4-10　断层规模指数图

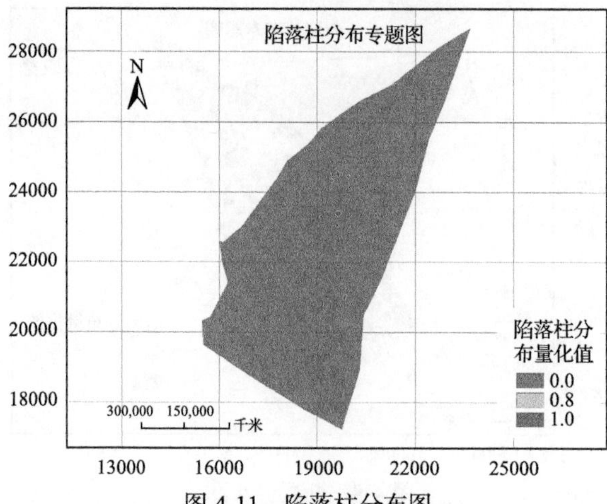

图 4-11　陷落柱分布图

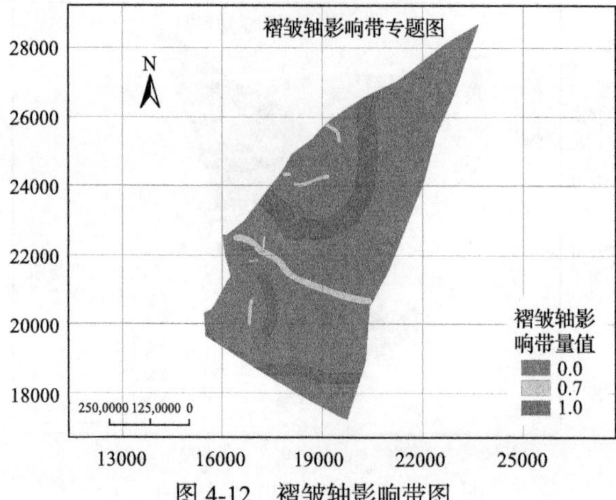

图 4-12　褶皱轴影响带图

3. 应用 AHP 法确定各主控因素的影响权重

1) 建立层次模型

经过对影响梧桐庄矿底板突水主控因素的分析，将目标问题划分为 3 个层次(图 4-13)。底板突水脆弱性评价是要最终解决的问题，是层次模型的目标层(A 层次)；水文地质基础条件和地质构造决定了突水的可能性，但其影响方式还需通过与其相关的具体因素来体现，这是解决底板脆弱性问题的中间环节，作为准则层(B 层次)；各个具体的主控因素指标构成了层次模型的方案层(C 层次)，通过对该层次问题进行决策，最终可解决目标问题。

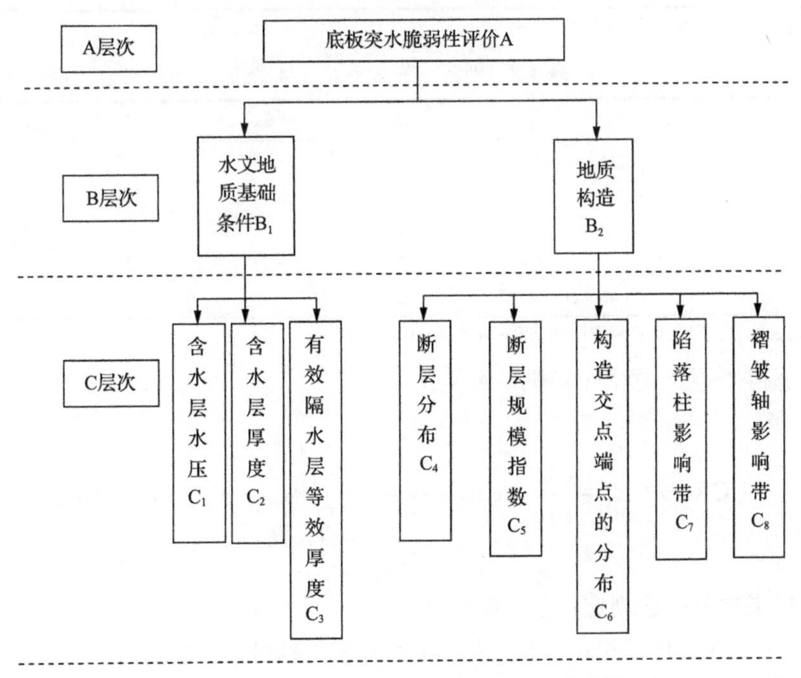

图 4-13　底板突水脆弱性评价层次分析结构模型

2) 构建 AHP 判断矩阵及一致性检验与权值的确定

根据各主控因素在梧桐庄矿底板突水中的作用，根据矿方经验和专家评分，逐层构建目标层 A 对准则层 B_1、B_2，准则层 B_1 对方案层 C_1～C_3 及准则层 B_2 对方案层 C_4～C_8 的判断矩阵，通过单排序一致性检验后，建立层次总排序(A 对方案层 C_1～C_8 的总排序)，即 C_i(i=1～8)对总目标 A 的权重进行一致性检验。

根据判断矩阵计算出各层单排序的权值(表 4-6～表 4-8 中 W 列)。

通过表 4-6～表 4-8 可知，各组矩阵计算出 λ_{max}、CI 与 CR，存在的 CR 值都小于 0.1，判断矩阵具有令人满意的一致性，可以通过一致性检验。

表 4-6　判断矩阵 $A \sim B_i(i=1\sim2)$

A	B_1	B_2	$W(A/B_i)$
B_1	1	1/2	0.3333
B_2	2	1	0.6667

注：$\lambda_{max}=2$，$CI_1=0$，$RI_1=0$，$CR_1=0<0.1$。

表 4-7　判断矩阵 $B_1 \sim C_i(i=1\sim3)$

B_1	C_1	C_2	C_3	$W(B_1/C_i)$
C_1	1	1	2	0.4
C_2	1	1	2	0.4
C_3	1/2	1/2	1	0.2

注：$\lambda_{max}=3$，$CI_{21}=0$，$RI_{21}=1.12$, $CR_{21}=0<0.1$。

表 4-8　判断矩阵 $B_2 \sim C_i(i=4\sim8)$

B_2	C_4	C_5	C_6	C_7	C_8	$W(B_3/C_i)$
C_4	1	3	2	1/3	1/2	0.17124
C_5	1/3	1	1/2	1/4	1/3	0.07194
C_6	1/2	2	1	1/3	1/2	0.11744
C_7	3	4	3	1	2	0.39804
C_8	2	3	2	1/2	1	0.24133

注：$\lambda_{max}=5.11$，$CI_{22}=0.028$，$RI_{22}=0$,$CR_{22}=0.0025<0.1$。

计算得 C 层的总排序随机一致性比率为

$$CR_2 = CR_1 + \frac{CI_2}{RI_2} = CR_1 + \frac{\sum_{i=1}^{2} CI_{2i} W(A/B_i)}{\sum_{i=1}^{2} RI_{2i} W(A/B_i)} = 0.0199 < 0.10 \qquad (4\text{-}23)$$

根据层次分析法规定：若 CR＜0.10，则认为判断矩阵具有较满意的一致性，$W(A/C_i)$可以作为最终决策依据，从而确定出 8 个影响 2 号煤层底板灰岩突水的主要控制因素的权重值(表 4-9)。

表 4-9　各指标对总目标的权重

A/C_i	B_1/0.3333	B_2/0.6667	$W(A/C_i)$
C_1	0.4		0.1333
C_2	0.4		0.1333
C_3	0.2		0.0667
C_4		0.17124	0.1142
C_5		0.07194	0.0480
C_6		0.11744	0.0783
C_7		0.39804	0.2654
C_8		0.24133	0.1609

4. 煤层底板突水脆弱性评价分区

(1)含水层专题数据的归一化：为了消除主控因素中不同量纲数据对评价结果的影响，需要对4个含水层的数据进行统一的归一化处理，以避免各个含水层间评价结果的矛盾与冲突。

归一化公式为

$$A_i = a + (b - a)[x_i - \min(x_i)] / [\max(x_i) - \min(x_i)] \tag{4-24}$$

式中，A_i为归一化处理后的数据；a、b分别为归一化范围的下限和上限，a、b分别取0和1；x_i为归一化前的原始数据；$\min(x_i)$和$\max(x_i)$分别为各主控因素量化值的最小值和最大值。

煤层底板突水的8个主控因素中，除隔水层厚度外，其他均与底板突水呈正相关。这里采用$(1-A_i)$的方式对隔水层厚度数据进行归一化处理，这样得出的结果与底板突水呈正相关关系。

(2)各主控因素归一化专题图的建立：各主控因素的原始数据经归一化处理后，便可建立各因素属性的数据库。运用GIS处理归一化数据，建立各主控因素的归一化专题图。

(3)专题图复合叠加：把各主控因素无量纲化后的归一化专题图配准合成一个新的图形，并重建拓扑形成新的拓扑关系属性表，利用GIS对各归一化后的专题图进行叠加处理。

(4)脆弱性指数法模型的建立：根据“脆弱性指数法”的脆弱性模型可得出梧桐庄矿大煤底板突水脆弱性模型为

$$\begin{aligned}\mathrm{VI} &= \sum_{i=1}^{n} W_i \cdot f_i(x, y) = 0.1333 f_1(x, y) + 0.1333 f_2(x, y) + 0.0667 f_3(x, y) + 0.1142 f_4(x, y) \\ &\quad + 0.048 f_5(x, y) + 0.0783 f_6(x, y) + 0.2654 f_7(x, y) + 0.1609 f_8(x, y)\end{aligned}$$

式中，$f_i(x, y)$为单因素影响值函数。

(5)煤层底板突水脆弱性分区评价：底板突水的脆弱性指数越大，突水的可能性也就越大。脆弱性分区的方法是对突水脆弱性指数进行统计分析后做出底板突水脆弱性指数VI的累计统计折线图(图4-14)，找出统计折线图，拐点值并作为分区区间临界值，从而确定出相应的分区。

根据VI阈值将研究区域划分为五个区域(图4-15)：

VI∈[0.0256，0.0800)　　野青灰岩含水层突水脆弱性相对安全区

VI∈[0.0800，0.1100)　　野青灰岩含水层突水脆弱性较安全区

VI∈[0.1100，0.2000)　　野青灰岩含水层突水脆弱性过渡区

VI∈[0.2000，0.2800)　　野青灰岩含水层突水脆弱性较脆弱区

VI∈[0.2800，0.6360]　　野青灰岩含水层突水脆弱性脆弱区

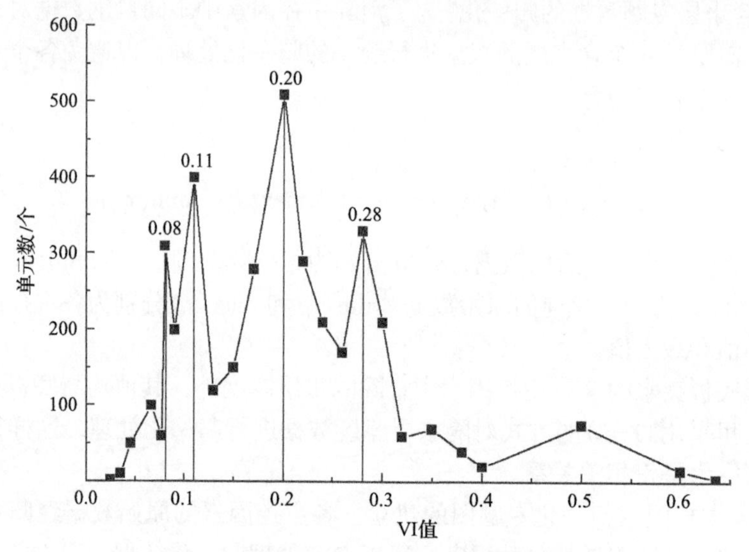

图 4-14　野青灰岩含水层脆弱性指数统计图

(6)模型的识别与验证：模型识别。

检验需要引入脆弱拟合率(vulnerability fitting percentage，VFP)概念，并结合矿井实际突水点的分布位置，若突水点位置处于脆弱区和较脆弱区(图 4-15 中的红

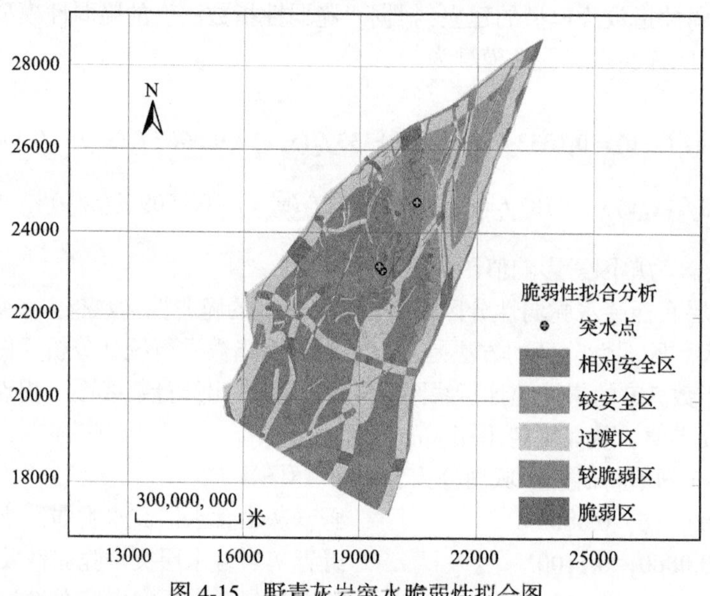

图 4-15　野青灰岩突水脆弱性拟合图

色和橙色区域）的百分率大于 90%，则认为模型可信。脆弱拟合率 VFP 表达式为

$$\mathrm{VFP}=\frac{\mathrm{FP}}{\mathrm{AP}}\times 100\% \tag{4-25}$$

式中，VFP 为脆弱拟合率；FP 为落在脆弱区和较脆弱区的突水点个数；AP 为区域内突水点的总数。

目前，梧桐庄矿在生产实际中出现的突水点较少，共有 3 个突水点，分别分布在 182101、182102、182201 工作面。经将这三个突水点与分区结果进行拟合分析得知，对梧桐庄矿底板矿井突水影响最大的地质因素是构造因素，已有的突水点均处于断层及褶皱轴部影响带范围内，三个突水点均处在四层含水层的脆弱区和较脆弱区中，即均分布于分区图中的橙色、红色危险区域内，脆弱拟合率达到了 100%，评价结果符合生产实践和理论分析，是真实可信的。

4.5　深部开采 PSO-SVM 评价法

结合华北型石炭二叠系深部煤层底板破坏深度实测数据及其相关影响因素，运用多元非线性统计分析方法构建了深部煤层底板破坏深度数学模型。在此基础上，结合华北地区的深部煤层底板突水危险性评价案例，运用 MATLAB 构建了深部煤层底板突水危险性预测的粒子群优化算法（PSO）优化支持向量机（SVM）（PSO-SVM）模型。

4.5.1　深部分界点的界定

1. 深浅部分界点数学解

通过煤层底板突水危险性的主控因素体系及现场实测数据的分析，确定出煤层底板破坏深度的主控因素为埋深、煤层倾角、采厚、工作面斜长及地质构造。其中，地质构造主要指断层，为了简化分析，将存在断层的情况定义为 1，不存在断层的情况定义为 0。通过搜集大量的文献，共给出华北地区石炭二叠系煤层底板破坏深度实测数据 74 组，具体见表 4-10。

表 4-10　煤层底板破坏深度实测数据

编号（Nu）	工作面名称	埋深 H/m	煤层倾角 α/(°)	采厚 M/m	工作面斜长 L/m	地质构造 F	底板破坏深度 h/m
1	峰峰四矿 4804	110	12	1.4	100	0	10.7
2	邯郸王凤矿 1930	118	18	2.5	80	0	10
3	邯郸王凤矿 1830	123	15	1.1	70	0	7
4	邯郸王凤矿 1951	123	15	1.1	100	0	13.4

续表

编号(Nu)	工作面名称	埋深 H/m	煤层倾角 α/(°)	采厚 M/m	工作面斜长 L/m	地质构造 F	底板破坏深度 h/m
5	峰峰三矿 3707	130	15	1.4	135	0	12
6	峰峰二矿 2701(1)	145	16	1.5	120	0	14
7	肥城曹庄矿 9203	148	18	1.8	95	0	9
8	邯邢矿区某矿 2911	196.9	10	4	383	0	12.4
9	霍县曹村 11-014	200	10	1.6	100	0	8.5
10	兖州煤田田庄矿 11703	205	4	0.9	192	0	12.8
11	肥城白庄矿 7406	225	14	1.9	130	0	9.75
12	井陉三矿 5701(1)	227	12	3.5	30	0	3.5
13	井陉三矿 5701(2)	227	12	3.5	30	1	7
14	韩城马沟梁矿 1100	230	10	2.3	120	0	13
15	鹤壁三矿 128	230	26	3.5	180	0	20
16	邢台矿 7802	259	4	3	160	0	16.4
17	兖州煤田杨村矿 3710	259	12	1.1	75	0	5.5
18	兖州煤田杨村矿 4602	272	7	1.2	187	0	9.2
19	淄博双沟矿 1208	287	10	1	130	0	9.5
20	肥城煤田某矿 9207	287	6	1.1	80	0	12.54
21	肥城煤田某矿 10305	297	6	1.3	60	1	12.42
22	兖州煤田杨村矿 2602	297	15	1.18	180	0	12.3
23	澄合二矿 22510	300	8	1.8	100	0	10
24	淄博双沟矿 1204	308	10	1	160	0	10.5
25	霍州团柏矿 10115	308	4	2.77	160	0	12
26	新庄孜矿 4303(1)	310	26	1.8	128	0	16.8
27	新庄孜矿 4303(2)	310	26	1.8	128	1	29.6
28	邯邢矿区某矿 6707	316	10	3.5	45	0	3.45
29	肥城煤田曹庄矿 9604	316	17	1.35	125	1	14.2
30	郑州煤田超化矿 22061	316.5	13.8	10	141	0	12.9
31	吴村煤矿 3305	327	12	2.4	120	0	11.7
32	宁武煤田忻州轩岗矿区刘家梁矿 22121(东)	330	2	9	98	0	13
33	肥城煤田某矿 9101	336	6	1.34	100	1	15.32
34	肥城煤田某矿 9906	360	7	1.35	120	0	18.02

续表

编号(Nu)	工作面名称	埋深 H/m	煤层倾角 α/(°)	采厚 M/m	工作面斜长 L/m	地质构造 F	底板破坏深度 h/m
35	吴村煤矿 32031(1)	375	14	2.4	70	0	9.7
36	吴村煤矿 32031(2)	375	14	2.4	100	0	12.9
37	汾西河东矿 31005	379	2.8	3.6	180	1	17.26
38	井陉一矿 4707 小 1	400	9	7.5	34	0	8
39	井陉一矿 4707 大工作面	400	9	4	34	0	6
40	井陉一矿 4707 小 3	400	9	4	45	0	6.5
41	肥城煤田某矿 9507	400	7	1.34	120	0	20.38
42	澄合矿区董家河矿 22507	407.7	7	3	114	1	10.8
43	郑州煤田告成矿 21021	414.9	11	4.7	154	1	10
44	宁煤一矿 213	416	18	1.5	115	0	16.5
45	曹庄煤矿 8812	420	20	1.97	120	0	18.5
46	郑州煤田超化矿 22121	430	17	10	101	1	15
47	肥城煤田曹庄矿 8812	442	20	1.97	125	0	36.5
48	刘桥一矿Ⅲ423	450	9	1.94	170	0	21
49	淮北孙疃矿 1028	466	17	3.4	180	0	17
50	兖州煤田兴隆庄矿 10302	467.1	7	8.91	200	1	19
51	肥城煤田某矿 8203	468	7	1.93	85	1	27.44
52	某矿	470	15	4	120	0	13
53	青东煤矿 104	489	15	2.75	321	0	16.86
54	淮北桃园矿 1066	500	28	3.4	112	0	16
55	淮北刘桥二矿 2614	500	8.5	2.9	160	1	14.9
56	新汶华丰矿 41303	520	30	0.94	120	0	13
57	肥城煤田白庄矿 7105	520	10	1.5	80	1	21.56
58	杨煤五矿 8403 面	520	8.5	8.74	220	1	20
59	赵固一矿 11111	570	2	3.5	175	0	23.48
60	潘三煤矿 37(1)	590	15	3	205	0	14.6
61	兖州煤田东滩矿 1305	598.36	6	8.78	223	1	20
62	钱营孜煤矿 13	630	9	3.5	200	0	17
63	新汶煤田良庄矿 51302(1)	640	12	1	165	1	35

续表

编号(Nu)	工作面名称	埋深 H/m	煤层倾角 α/(°)	采厚 M/m	工作面斜长 L/m	地质构造 F	底板破坏深度 h/m
64	新汶煤田良庄矿 51101W	640	15	1.5	165	0	20.1
65	新集二矿首采面	650	10	4.5	150	0	19.17
66	钱营孜煤矿 12	650	9	3.5	150	0	24.3
67	赵固一矿 11011	710	3	3.6	180	0	25.8
68	新汶华丰矿 2 号井 41303	721	30	0.94	120	0	11.95
69	开滦赵各庄矿 1237(1)	900	26	2	200	0	27
70	巨野煤田赵楼矿 1304(2)	984.5	4	4.81	205	0	22.6
71	开滦赵各庄矿 1237(2)	1000	30	2	200	0	38
72	邢东矿 2121	1000	12	3.7	150	0	32.5
73	邯邢地区某矿 1212	1000	10	3.5	150	1	33.76
74	开滦赵各庄矿 12 槽煤 1237	1056	26	10	200	1	35

注：地质构造 F 主要指断层，0 表示无断层，1 表示有断层。

随着采深的增加，煤层底板岩体的力学性质发生了一定程度的变化，从而使得煤层底板深度与其主控因素的关联性发生变化。从深部、浅部煤层底板破坏规律存在差异性的角度出发，认为实测数据中必然存在一组数据使得深部、浅部煤层底板破坏规律的关联性最小，并将此组数据作为深浅部煤层底板破坏规律的分界点。通过构建增广矩阵，求解相关系数及其关联性的方法对深浅部分界点进行计算。

1) 相关系数的计算

首先对因变量与自变量进行标准化处理，并将自变量与因变量的关系表示为式(4-26)。其中，煤层底板破坏深度为因变量 y，其主控因素为 5 个自变量，即 $x_1, x_2,\cdots, x_5$。

$$y = \beta_1 x_{i1} + \beta_2 x_{i2} + \cdots + \beta_5 x_{i5} + \varepsilon_i \tag{4-26}$$

式中，i=1, 2, …, n。

将自变量与因变量的关系式写成矩阵的形式，即

$$\boldsymbol{X} = \begin{pmatrix} x_{1,1} & \cdots & x_{1,5} \\ \vdots & \ddots & \vdots \\ x_{n,1} & \cdots & a_{n,5} \end{pmatrix}, \quad \boldsymbol{Y} = \begin{pmatrix} y_1 \\ \vdots \\ y_n \end{pmatrix} \tag{4-27}$$

将自变量与因变量共同构建成增广矩阵 $\boldsymbol{U}=(X, Y)$，其增广矩阵的逆矩阵与增广矩阵乘积的相关系数矩阵可写为

$$V=\frac{1}{n-1}(\boldsymbol{X},\boldsymbol{Y})^{\mathrm{T}}(\boldsymbol{X},\boldsymbol{Y})=\frac{1}{n-1}\begin{pmatrix}\boldsymbol{X}^{\mathrm{T}}\boldsymbol{X} & \boldsymbol{X}^{\mathrm{T}}\boldsymbol{Y}\\ \boldsymbol{Y}^{\mathrm{T}}\boldsymbol{X} & \boldsymbol{Y}^{\mathrm{T}}\boldsymbol{Y}\end{pmatrix}=\begin{pmatrix}a_{1,1} & \cdots & a_{1,6}\\ \vdots & \ddots & \vdots\\ a_{6,1} & \cdots & a_{6,6}\end{pmatrix} \tag{4-28}$$

式中，$a_{i,j}$ 为增广矩阵的相关系数。

2) 分界点的确定

分别提取深部、浅部底板破坏深度相关系数矩阵中关于因变量与自变量及其自身的相关系数，并将其定义为深部向量 $\boldsymbol{W}_{深}$ 与浅部向量 $\boldsymbol{W}_{浅}$。计算向量 $\boldsymbol{W}_{深}$ 与向量 $\boldsymbol{W}_{浅}$ 的相关系数绝对值 $|\boldsymbol{R}\mathbf{W}(1,2)|$ 或 $|\boldsymbol{R}\mathbf{W}(2,1)|$。当 $|\boldsymbol{R}\mathbf{W}(2,1)|$ 或 $|\boldsymbol{R}\mathbf{W}(1,2)|$ 达到最小时，认为深部、浅部底板破坏规律的差异性最大，即可得出深部与浅部的分界点。

3) 判断流程

以埋深从小到大的顺序对华北地区石炭二叠系煤层底板破坏深度的实测数据进行排序，然后以不同的埋深依次将底板破坏深度实测数据划分为两类（当存在埋深相同的情况时，依次以不同数据对煤层底板破坏深度数据进行划分），分别构建相应的增广矩阵 $\boldsymbol{U}$。在计算增广矩阵逆矩阵与增广矩阵乘积的相关系数矩阵 $\boldsymbol{V}$ 的基础上，提取相应的向量 $\boldsymbol{W}$，计算得出向量 $\boldsymbol{W}_{深}$ 与向量 $\boldsymbol{W}_{浅}$ 相关系数绝对值 $|\boldsymbol{R}_i(1,2)|$ 或 $|\boldsymbol{R}_{\mathrm{W}}(2,1)|$ 的最小值 Q 及深部的界定位置 Nu，具体流程如图 4-16 所示，具体步骤如下所述。

(1) 赋值给 $i=2$，$Q=1$，Nu $=0$。

(2) 如果 $i<n-1$，满足条件则将煤层底板破坏深度实测数据分为两个增广矩阵 $\boldsymbol{U}_{深}$、$\boldsymbol{U}_{浅}$；如果 $i\geqslant n-1$，则直接执行步骤(6)。

(3) 分别对两个增广矩阵进行标准化处理，计算出增广矩阵的逆矩阵与增广矩阵乘积的相关系数矩阵 $\boldsymbol{V}_{深}$、$\boldsymbol{V}_{浅}$。

(4) 分别从相关系数矩阵 $\boldsymbol{V}_{深}$、$\boldsymbol{V}_{浅}$ 中提取因变量与自变量及其自身的相关向量 $\boldsymbol{W}_{深}$、$\boldsymbol{W}_{浅}$，计算出两个向量的相关系数 $|\boldsymbol{R}_i(1,2)|$ 或 $|\boldsymbol{R}_i(2,1)|$。

(5) 如果 $Q>|\boldsymbol{R}_i(1,2)|$，将其赋值给 Q，并将 i 赋值给 Nu；如果 $Q\leqslant|\boldsymbol{R}_i(1,2)|$，$i=i+1$，并回到步骤(2)。

(6) 输出最小相关系数 Q 及深部、浅部的分界点 Nu。

4) 仿真模拟

下面以 $i=40$ 为例，对整个流程进行仿真模拟。首先，将表 3.1 的数据分为深

部、浅部煤层底板破坏深度两组数据，并分别进行归一化处理，归一化的区间为[−0.5，0.5]。其次，将归一化后的矩阵按照式(4-28)并提取因变量与自变量及自身的相关向量 $\boldsymbol{W}_{浅}$=[−0.0045，0.0329，0.0560，0.0622，0.0910，0.0677]和 $\boldsymbol{W}_{深}$=[0.0583，0.0105，0.0062，0.0146，0.0166，0.0671]。

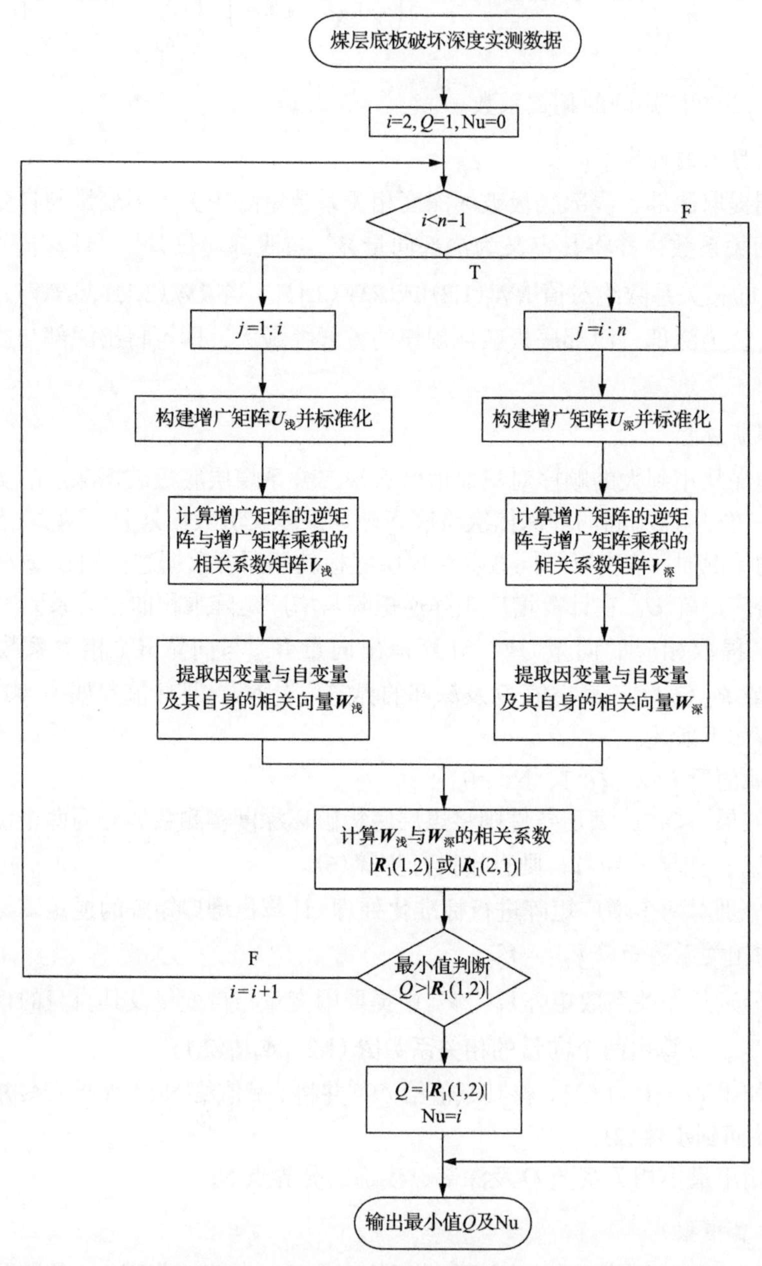

图 4-16　基于底板破坏深度与其主控因素关联性的深浅部界定判断流程图

通过相关性计算公式得出 $\boldsymbol{W}_{浅}$ 与 $\boldsymbol{W}_{深}$ 的相关系数为–0.3257，通过取绝对值得出$|\boldsymbol{R}_{40}(2,1)|$=0.3257。

运用MATLAB编写循环程序，对不同分界点下深部、浅部煤层底板破坏规律的相关性进行求解，具体结果见表4-11。

表4-11　不同分界点下深浅部煤层底板破坏规律的相关性

$\|\boldsymbol{R}_i(1,2)\|(i=2\sim73)$							
0.4189	0.0228	0.2860	0.4825	0.4509	0.5138	0.5926	0.4480
0.6033	0.5458	0.3661	0.3471	0.3628	0.1952	0.3877	0.2019
0.1211	0.0735	0.1418	0.2039	0.2217	0.1883	0.1611	0.1977
0.3754	0.0424	0.0873	0.1115	0.3475	0.368	0.319	0.3139
0.2473	0.2629	0.2971	0.3008	0.2496	0.2852	0.3257	0.2627
0.2719	0.1926	0.0495	0.0514	0.0591	0.0572	0.0169	0.0233
0.0201	0.1557	0.1113	0.0953	0.0425	0.0209	0.0668	0.0103
0.0438	0.2013	0.2049	0.2148	0.3911	0.555	0.2598	0.2407
0.2706	0.3805	0.3452	0.2796	0.1147	0.2115	0.8343	0.3008

由表4-11可知，华北地区石炭二叠系煤层深浅部的分界点为表4-10中Nu=57，埋深为520m，具体如图4-17所示。

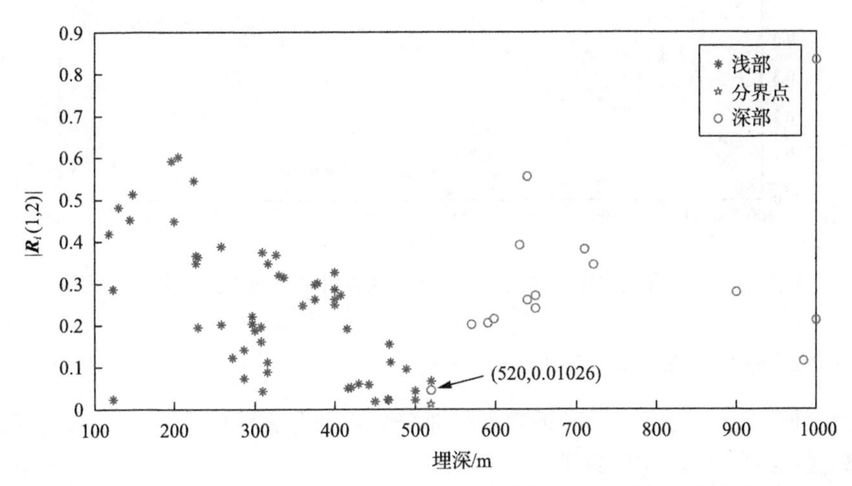

图4-17　基于底板破坏深度与其主控因素关联性的深浅部界定分类图

从图4-17可以看出，忽略埋深分布区间两端的数据(由于两端存在浅部数据或深部数据量较少的情况，所以分析得出的深浅部煤层底板破坏规律的相关性误差较大)，华北地区石炭二叠系深浅部煤层底板破坏规律的相关性与埋深的关系呈“V”形。当埋深为430～520m时，深浅部破坏规律的相关性相对较小。

2. 深浅部分界点的稳定性验证

为了验证深部、浅部煤层底板破坏规律分界点的稳定性，在原有实测数据的基础上，增加两组数据，对深部、浅部煤层底板破坏规律的分界点进行计算，具体如表 4-12 所示。

表 4-12　深浅部分界点合理性验证数据表

编号	工作面名称	埋深 H/m	煤层倾角 α/(°)	采厚 M/m	工作面斜长 L/m	地质构造 F	底板破坏深度 h/m
1	峰峰二矿 2701(2)	145	15.5	1.5	120	1	18
2	峰峰 2 矿 7 煤(小青煤)	145	15.5	1.5	97.5	0	14

增加两组数据后，通过 MATLAB 编制相应的循环程序，重新计算深浅部的分界点，计算得出深浅部的分界点不变。这说明该方法得出的分界点具有一定的稳定性和实用性，具体见图 4-18。

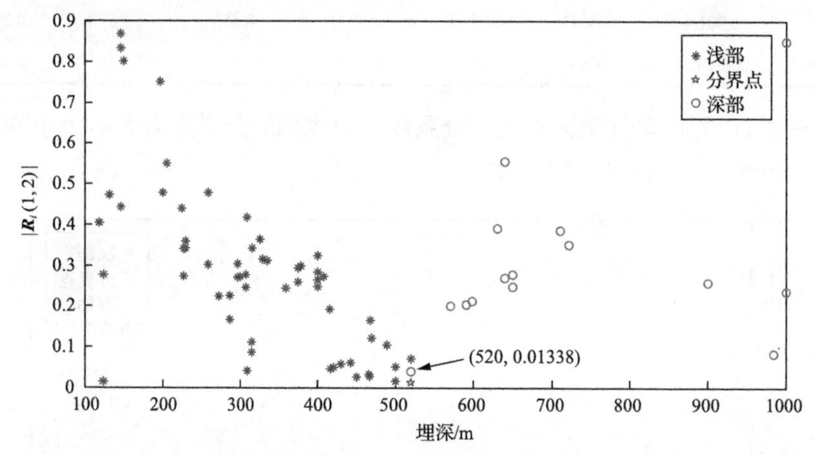

图 4-18　基于底板破坏深度与其主控因素关联性的深浅部界定分类验证图

3. 深浅部分界点的合理性验证

为验证深部、浅部煤层底板破坏规律分界点划分方法的合理性，采用较为成熟的算法——模糊 C 均值聚类法进行判断。

1) 模糊 C 均值聚类模型

模糊 C 均值聚类的核心思想是通过调整每个类所包括的元素，使得各个类的中心与元素之间的距离之和达到最小。

设 $X=\{x_1,x_2,\cdots,x_n\}\subset R$ 为样本集，n 为样本容量。将 X 分成 c 类 $(2\leqslant c\leqslant n)$，令 $V=\{v_1,v_2,\cdots,v_c\}$，其中 v_i 为 c 个类的聚类中心。

记 u_{ij} 为第 j 个 x_j 样品属于第 i 个中心的隶属度，$0\leqslant u_{ij}\leqslant 1$，$\sum_{i=1}^{c}u_{ij}=1$。定义目标函数为

$$\text{Minimize } J_m(U,V)=\sum_{j=1}^{n}\sum_{i=1}^{c}(u_{ij})^m\|x_i-v_i\|^2\ (1\leqslant i\leqslant c,\ 1\leqslant j\leqslant n) \tag{4-29}$$

式中，$U=(u_{ij})_{c\times n}$ 为隶属度矩阵；m 为模糊性加权指数，m 的取值可以用来控制聚类结果的模糊程度，缺省状态下取值为2；$\|x_i-v_i\|$ 为类中心 v_i 与元素 x_i 之间的欧式距离。

模糊 C 均值聚类法计算的具体求解步骤如下。

(1) 根据样本 $X=\{x_1,x_2,\cdots,x_n\}$ 确定类别数 c、模糊加权指数 m 及迭代停止阈值 ε。本章将煤层底板的破坏深度分为两类，模糊加权指数 m=2；迭代停止阈值 $\varepsilon=1.0\times10^{-6}$。

(2) 聚类中心 v_i 的计算公式：

$$v_i=\frac{\sum_{j=1}^{n}(u_{ij})^m x_j}{\sum_{j=1}^{n}(u_{ij})^m} \tag{4-30}$$

式中，$1\leqslant i\leqslant c$，m=2。

(3) 隶属度矩阵 U 的计算公式：

$$u_{ij}=\frac{1}{\sum_{k=1}^{c}\left(\frac{\|x_j-v_i\|}{\|x_j-v_k\|}\right)^2} \tag{4-31}$$

基于隶属度矩阵和聚类中心计算得出的目标函数值为

$$J_2(U,V)=\sum_{j=1}^{n}\sum_{i=1}^{c}\left(u_{ij}\right)^2\|x_i-v_i\|^2 \tag{4-32}$$

(4) 若 $\left\|J_2^{(s)}-J_2^{(s-1)}\right\|\leqslant\varepsilon$，则算法结束，其中 s 为迭代次数；否则回到步骤(2)。

2) 仿真模拟

由表 4-10 可知，煤层底板破坏深度的实测数据中共 74 组待聚类分析样本 $X=\{x_1,x_2,\cdots,x_{74}\}$，其中 $x_i=\{x_{i1},x_{i2},\cdots,x_{i6}\}$。将 74 组实测数据划分为深部、浅部两组，即设定 c=2。

根据式(4-31)计算得出聚类中心 $\boldsymbol{v}_1$={312.6821，12.0675，2.7948，119.9224，

0.2160，13.2874}，v_2={735.8857，14.0680，3.6223，174.7131，0.2637，23.9971}。

根据式(4-32)计算得出深浅部聚类中心对应的隶属度值，具体见表 4-13。根据式(4-33)计算目标函数值 $J_2^{(38)}=1.2513\times10^6$。此时分类结果得出表 4-10 中 Nu=1～57 属于浅部，Nu=58～74 属于深部。

表 4-13 模糊 C 均值聚类法划分的隶属度值

	样本 $X=\{x_1, x_2, \cdots, x_{74}\}$								
$u_{1,j}$	0.9055	0.9082	0.9094	0.9129	0.9165	0.926	0.9269	0.8017	0.9571
	0.9437	0.9712	0.9475	0.9477	0.9743	0.9599	0.9804	0.9795	0.9721
	0.9962	0.9892	0.9815	0.9803	0.997	0.9911	0.9909	0.9985	0.9971
	0.9713	0.9996	0.9971	0.9988	0.9946	0.9941	0.9844	0.9567	0.9694
	0.9402	0.8982	0.8982	0.9071	0.9377	0.9246	0.8992	0.9079	0.8986
	0.8747	0.8369	0.7924	0.7287	0.7063	0.7575	0.7488	0.5353	0.6282
	0.6039	0.5358	0.5546	0.4786	0.2849	0.2094	0.1878	0.1002	0.0791
	0.0785	0.0654	0.0652	0.0051	0.0212	0.0731	0.1205	0.1287	0.1295
	0.1295	0.156							
$u_{2,j}$	0.0945	0.0918	0.0906	0.0871	0.0835	0.074	0.0731	0.1983	0.0429
	0.0563	0.0288	0.0525	0.0523	0.0257	0.0401	0.0196	0.0205	0.0279
	0.0038	0.0108	0.0185	0.0197	0.003	0.0089	0.0091	0.0015	0.0029
	0.0287	0.0004	0.0029	0.0012	0.0054	0.0059	0.0156	0.0433	0.0306
	0.0598	0.1018	0.1018	0.0929	0.0623	0.0754	0.1008	0.0921	0.1014
	0.1253	0.1631	0.2076	0.2713	0.2937	0.2425	0.2512	0.4647	0.3718
	0.3961	0.4642	0.4454	0.5214	0.7151	0.7906	0.8122	0.8998	0.9209
	0.9215	0.9346	0.9348	0.9949	0.9788	0.9269	0.8795	0.8713	0.8705
	0.8705	0.844							

3) 深浅部分界点核验

根据分析可知，由深浅部分界点的数学解可得出埋深 520m(表 4-10 中 Nu=57)为深部、浅部煤层底板破坏规律的分界点。运用模糊 *C* 均值聚类法对其进行验证，并将分界点划归为浅部，即表 4-10 中 Nu=57 及其以浅的部分定义为浅部，反之为深部，具体如图 4-19 所示。

4.5.2 深部煤层底板破坏深度的数学模型

1. 建立数学模型

基于前面的分析得出，埋深 520m 为深浅部的分界点。取华北地区石炭二叠系煤层底板实测数据中分界点以深的数据(58～74 组)为构建深部煤层底板破坏深度数学模型的基础数据，具体如表 4-14 所示。

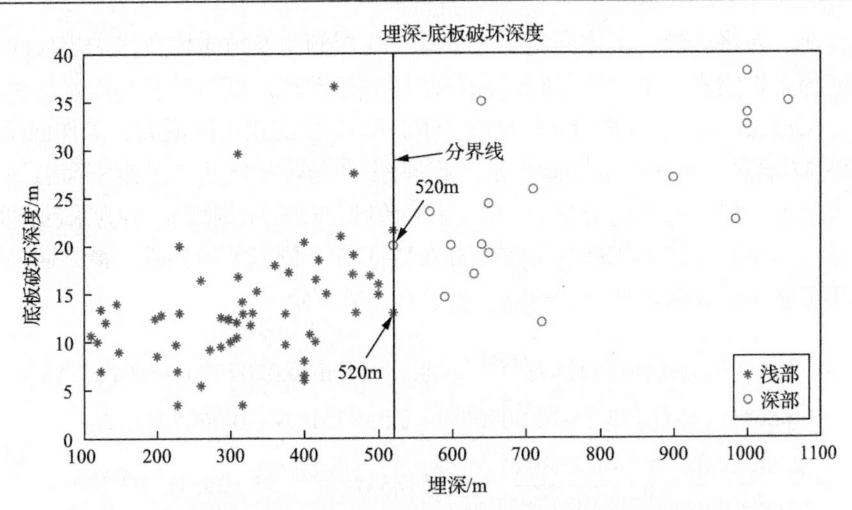

图 4-19　基于模糊 C 均值聚类模型的深浅部煤层底板破坏深度分类图

表 4-14　华北地区石炭二叠系深部煤层底板采动破坏深度实测数据

编号	工作面名称	埋深 H/m	煤层倾角 α/(°)	采厚 M/m	工作面斜长 L/m	地质构造 F	底板破坏深度 h/m
1	杨煤五矿 8403 面	520	8.5	8.74	220	1	20
2	赵固一矿 11111	570	2	3.5	175	0	23.48
3	潘三煤矿 37(1)	590	15	3	205	0	14.6
4	兖州煤田东滩矿 1305	598.36	6	8.78	223	1	20
5	钱营孜煤矿 13	630	9	3.5	200	0	17
6	新汶煤田良庄矿 51302(1)	640	12	1	165	1	35
7	新汶煤田良庄矿 51101W	640	15	1.5	165	0	20.1
8	新集二矿首采面	650	10	4.5	150	0	19.17
9	钱营孜煤矿 12	650	9	3.5	150	0	24.3
10	赵固一矿 11011	710	3	3.6	180	0	25.8
11	新汶华丰矿 2 号井 41303	721	30	0.94	120	0	11.95
12	开滦赵各庄矿 1237(1)	900	26	2	200	0	27
13	巨野煤田赵楼矿 1304(2)	984.5	4	4.81	205	0	22.6
14	开滦赵各庄矿 1237(2)	1000	30	2	200	0	38
15	邢东矿 2121	1000	12	3.7	150	0	32.5
16	邯邢地区某矿 1212	1000	10	3.5	150	1	33.76
17	开滦赵各庄矿 12 槽煤 1237	1056	26	10	200	1	35

注：地质构造 F 主要指断层，0 表示无断层，1 表示有断层。

目前，多将埋深、工作面斜长、采厚、煤层倾角及地质构造作为煤层底板破坏深度的主控因素。依据所分析的深部煤层底板破坏深度与其影响因素的关联性可知，深部煤层底板的破坏深度 h 与工作面埋深 H 的相关性最大，工作面斜长 L 及采厚 M 次之，再次是煤层倾角 α。将埋深 H 与煤层倾角 α 的乘积命名为上覆岩层自重沿岩层面的切向分量 N；将工作面斜长与采厚的乘积命名为采动空间 S；将采厚与煤层倾角的乘积命名为煤壁分布特征 W。依据上述分析，最终回归得出深部煤层底板破坏深度的数学模型，如式(4-33)所示。

$$\begin{aligned} h = & 0.846510 + 0.0000119129H^{2.06588} + 4.55015\sin(0.020755\alpha - 0.01677) \\ & + 0.68649\cos(0.01933\alpha - 0.003659) - 2.55836\ln N - 0.0625011\sqrt{N} \\ & + \frac{2.03689M^{1.41010} + 0.298973}{0.0598569M^{1.66449} + 0.12811} + 2.15185M^{1.23927} + 1.10951L^{0.684143} \\ & + 2.92123\ln S - 2.34137\sqrt{S} + 2.14766\sqrt{W} + 6.84665F \end{aligned} \tag{4-33}$$

从式(4-33)可以看出，随着埋深的增加，煤层底板的破坏深度增大。由于埋深增大了煤层采动后的应力变化幅度，致使煤层底板的破坏深度增加。煤层倾角与煤层底板的破坏深度呈正弦关系或余弦关系变化。上覆岩层自重沿岩层面的切向分量与煤层底板的破坏深度呈负相关。这说明在煤层倾角为 2°～30°时，由煤层倾角引起上覆岩层应力分布至采掘空间周边煤岩体的应力分量增加，而作用于煤层底板的应力分量减小，这使得煤层底板破坏深度减小。随着工作面斜长的增加，煤层底板的破坏深度增大。采厚的增加使得煤层底板的采动空间增加，煤层底板的破坏深度也随之增大。采动空间对煤层底板破坏深度的作用机理更为复杂，表现为正负两个变化量。煤壁的分布特征由采厚及煤层倾角的乘积组成，采厚及煤层倾角增加，煤壁的塑性破坏范围增加，从而增大了煤层底板的破坏深度。地质构造的存在增大了煤层底板的破坏深度。基于此，可分析得出多元非线性耦合回归结果与实测结果的相关系数为 0.9415，这说明拟合程度高。

2. *误差分析*

对比分析多元非线性回归的计算公式(4-33)与《建筑物、水体、铁路及主要井巷煤柱留设与压煤开采规程》中给出的工作面煤层底板的破坏深度计算公式，具体结果见表 4-15。

从表 4-15 可以看出，多元非线性回归公式的相对误差为 9.82%，远小于经验公式的相对误差 25.99%，这说明深部煤层底板破坏呈非线性多因素耦合的特点。

表 4-15　深部煤层底板多元非线性回归、“三下”规程与实测数据的误差分析

编号	工作面名称	底板破坏深度实测数据/m	多元非线性回归绝对误差/m	多元非线性回归相对误差/%	经验公式绝对误差/m	经验公式相对误差/%
1	杨煤五矿 8403 面	20	0.096	0.48	5.21535	26.08
2	赵固一矿 11111	23.48	2.0088	8.56	3.7774	16.09
3	潘三煤矿 37(1)	14.6	4.2827	29.33	10.6741	73.11
4	兖州煤田东滩矿 1305	20	0.9101	4.55	5.78886	28.94
5	钱营孜煤矿 13	17	3.2393	19.05	7.0756	41.62
6	新汶煤田良庄矿 51302(1)	35	1.1561	3.30	14.1164	40.33
7	新汶煤田良庄矿 51101W	20.1	0.6873	3.42	1.2831	6.38
8	新集二矿首采面	19.17	1.9649	10.25	0.1529	0.80
9	钱营孜煤矿 12	24.3	3.7106	15.27	5.4494	22.43
10	赵固一矿 11011	25.8	0.8723	3.38	4.2014	16.28
11	新汶华丰矿 2 号井 41303	11.95	4.8242	35.47	6.1136	44.95
12	开滦赵各庄矿 1237(1)	27	0.672	2.49	2.2011	8.15
13	巨野煤田赵楼矿 1304(2)	22.6	1.7164	7.59	4.19585	18.57
14	开滦赵各庄矿 1237(2)	38	4.4103	11.61	7.2829	19.17
15	邢东矿 2121	32.5	2.7221	8.38	10.1749	31.31
16	邯邢地区某矿 1212	33.76	0.013	0.04	11.7679	34.86
17	开滦赵各庄矿 12 槽煤 1237	35	1.3324	3.81	4.4729	12.78
	平均相对误差			9.82		25.99

4.5.3　深部煤层底板突水危险性预测的 PSO 优化 SVM 模型

深部煤层底板突水危险性分析主要研究深部煤层底板含水层水压、煤层底板隔水层厚度、工作面斜长、埋深、煤层倾角、采厚及地质构造的影响。其中，煤层底板的破坏深度与工作面斜长、埋深、煤层倾角、采厚、地质构造五个因素相关。因此，选取煤层底板破坏深度、煤层底板含水层水压、煤层底板隔水层厚度、工作面斜长及埋深五个因素对深部煤层底板突水危险性进行预测。考虑到深部煤层底板突水危险性与其主控因素的关系更为复杂，基于神经网络具有很强的鲁棒性、记忆能力、非线性映射能力及强大自学习能力的特点，本节运用 PSO 对 SVM 中核函数参数 g 及惩罚因子 c 进行参数寻优，构建深部煤层底板突水危险性预测的 PSO 优化 SVM 模型。

1. PSO 算法及原理

1) PSO 算法介绍

粒子群优化算法(particle swarm optimization，PSO)由 Kennedy 和 Eberhart 于 1995 年提出，是计算机智能领域的一种群体智能优化算法。该算法依据鸟类在捕食过程中，通过搜索距当前食物最近鸟的周边区域来获取相关信息，从而提高搜索效率。

2) PSO 算法的原理

PSO 算法首先在可解空间内初始化一组粒子，即一组问题的潜在解。运用位置、速度和适应度值三项指标表示粒子的运动特征。其中，由适应度函数计算得出的适应度值决定了粒子的优劣程度。粒子在求解过程中，通过不断更新个体极值和群体极值来获取最优的适应度值。

假设在 D 维的搜索空间中，由 n 个粒子组成种群 $X=[X_1, X_2,\cdots, X_n]$。其中 $X_i=[x_{i1}, x_{i2},\cdots, x_{iD}]^{\mathrm{T}}$ 代表第 i 个粒子在 D 维搜索空间中的位置，也代表一个潜在解。根据适应度函数可计算出相应的适应度值。第 i 个粒子的速度为 $V_i=[V_{i1}, V_{i2},\cdots, V_{iD}]^{\mathrm{T}}$，其个体极值为 $P_i=[P_{i1}, P_{i2},\cdots, P_{iD}]^{\mathrm{T}}$，种群的全局极值为 $P_g=[P_{g1}, P_{g2}, \cdots, P_{gD}]^{\mathrm{T}}$。

在每一次迭代过程中，粒子通过个体极值和全局极值更新自身的速度和位置，更新公式为

$$V_{id}^{k+1} = \omega V_{id}^{k} + c_1 r_1 (P_{id}^{k} - X_{id}^{k}) + c_2 r_2 (P_{gd}^{k} - X_{gd}^{k}) \tag{4-34}$$

$$X_{id}^{k+1} = X_{id}^{k} + V_{id}^{k+1} \tag{4-35}$$

式中，ω 为惯性权重；$d=1, 2, \cdots, D$；$i=1, 2, \cdots, n$；k 为当前迭代次数；V_{id} 为粒子速度；c_1、c_2 为加速度因子，为非负常数，本章均为 1.7；r_1、r_2 为分布于[0,1]的随机数。

为防止粒子的盲目所搜，本章设定位置和速度的初始限定区间分别为[−100, 100]、[−1000,1000]。

2. SVM 算法及原理

支持向量机(supprot vector machine，SVM)由 Vapnik 首先提出。SVM 的主要思想是将输入向量通过非线性映射至分类超平面，使得分类间隔边缘达到最大化。从图 4-20 可以看出，菱形与圆形为两类样本，H 为分界线，H_1、H_2 分别为两组样本最靠近分界线的样本连线且平行于分界线。两组样本之间的距离称为分类间隔，SVM 的目的是确保两组样本间的分类间隔达到最大。

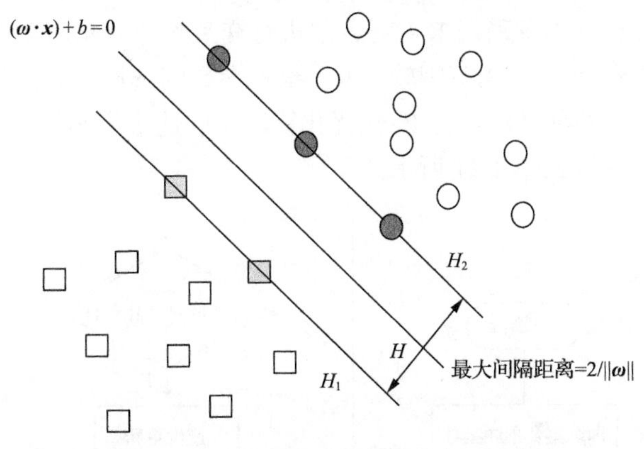

图 4-20　两类线性分类的最优分类面示意图

对于线性可分问题，给出训练样本集：$T=\{(x_1, y_1),\cdots,(x_l,y_l)\}$，其中 $x_1\in R_n$，$y_i\in\{-1,\ 1\}$，$i=1,\ 2,\ \cdots,\ l$。寻求最优超平面$(\boldsymbol{\omega}\cdot\boldsymbol{x})+b=0$，确保两组数据均满足 $y_i[(\boldsymbol{\omega}\cdot\boldsymbol{x})+b]\geqslant 1$，其中，$i=1, 2, \cdots, l$。为同时满足分类间隔最大，可使得 $2/\|\boldsymbol{\omega}\|$最大，等价于$\|\boldsymbol{\omega}\|^2/2$ 最小，即求解 $\min\frac{1}{2}\|\boldsymbol{\omega}\|^2$，其约束条件为 $y_i\left[(\boldsymbol{\omega}\cdot x_i)+b\right]\geqslant 1\ (i=1, 2, \cdots, l)$。

利用拉格朗日函数，将线性可分优化问题转化为对偶目标函数 $\max W(\boldsymbol{\alpha})=\sum_{i=1}^{l}\alpha_i-\frac{1}{2}\sum_{i=1}^{l}\sum_{j=1}^{l}\alpha_i\alpha_j y_i y_j(x_i\cdot y_j)$，其约束条件为 $\sum_{j=1}^{l}\alpha_i y_i=0\ (\alpha_i\geqslant 0,\ i=1, 2, \cdots, l)$。

通过求解不等式约束条件下的二次函数，得出最优解 α^*，且只有部分 $\alpha_i\neq 0$。求解上述问题后得到的最优分类函数是 $f(x)=\operatorname{sgn}\{(\boldsymbol{\omega}\cdot\boldsymbol{x})+b\}=\operatorname{sgn}\left\{\sum_{i=1}^{l}\alpha_i^* y_i(\boldsymbol{x}\cdot x_i)+b^*\right\}$。

当训练集为线性不可分的情况时，通过非线性映射函数，将输入空间的训练集样本 R^n 映射到高维特征空间 G，并在高维特征空间 G 中构建最优超平面。训练算法使用特征向量中的内积 $\varphi(x_i)\cdot\varphi(x_i)$，当引入核函数满足 Mercer 条件时，确保存在核函数 $K(x_i, x_i)=\varphi(x_i)\cdot\varphi(x_i)$ 实现非线性变化的线性分类。本章采用径向基核函数，此时的对偶问题变为 $\max W(\boldsymbol{\alpha})=\sum_{i=1}^{l}\alpha_i-\frac{1}{2}\sum_{i=1}^{l}\sum_{j=1}^{l}\alpha_i\alpha_j y_i y_j K(x_i\cdot y_j)$，其约束条件为 $0\leqslant\alpha_i\leqslant C(i=1, 2,\cdots, l)$。求解该问题的最优解 $\alpha^*=(\alpha_1^*, \alpha_2^*,\cdots, \alpha_l^*)^{\mathrm{T}}$，进而计算 $\omega^*=\sum_{j=1}^{l}\alpha_i^* y_i x_i$，分类决策函数为 $f(x)=\operatorname{sgn}\left\{\sum_{i=1}^{l}\alpha_i^* y_i K(x_i\cdot x_j)+b^*\right\}$。

3. PSO 优化 SVM 模型

采用 SVM 进行分类预测时，主要是调节惩罚因子 c 和核函数参数 g。为了更为准确地预测分类，本章采用 K-CV 方法进行交叉验证，从而选择最佳惩罚因子 c 和核函数参数 g。考虑到当范围较大时，最佳参数的选取费时加长，因此本章将训练集 CV 意义下的准确度作为 PSO 优化算法中的适应度函数，并对 SVM 参数进行优化计算，具体如图 4-21 所示。

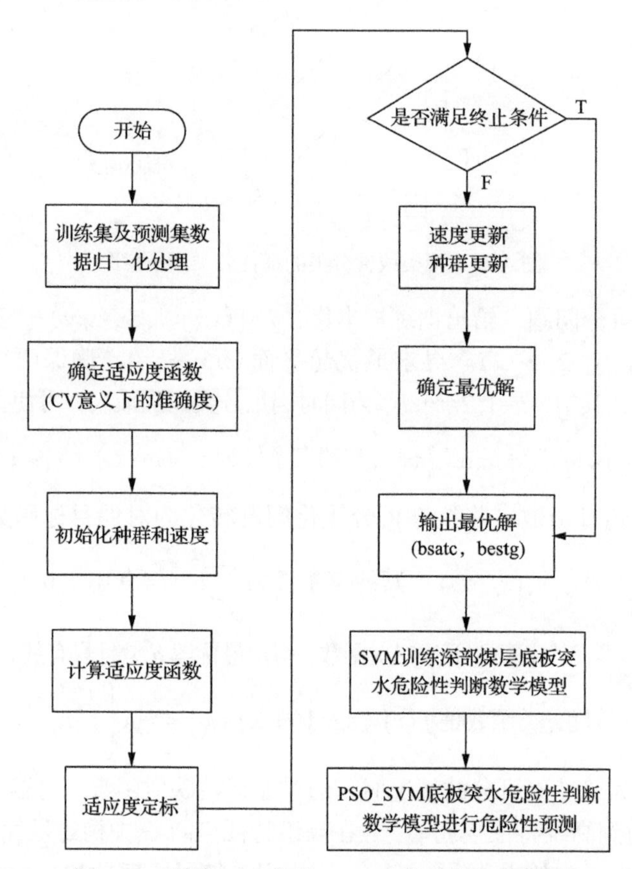

图 4-21　利用 PSO 优化 SVM 参数的算法流程图

1) 评价指标体系

近年来，邯邢矿区随着开采深度的逐渐增大，煤炭资源回采逐渐进入深部，随之而来的是复杂的地质构造及地应力条件、高承压水压力及强采动扰动影响。

深部煤层底板突水呈多因素耦合和非线性的特点，因此现有的突水系数法难以满足对矿井煤炭资源回采的安全评价。因此，基于深部煤层底板破坏深度的数学模型，并结合煤层底板含水层水压、煤层底板隔水层厚度、工作面斜长及埋深四个因素对深部煤层底板突水危险性进行预测。本章通过对峰峰矿区及相关文献的资料搜集，共总结了 19 个深部煤层底板突水判断案例，具体见表 4-16。

表 4-16 深部煤层底板突水危险性判断案例

序号	矿名	埋深/m	煤层倾角/(°)	煤层厚度/m	工作面斜长/m	地质构造	底板承压水压力/MPa	底板隔水层厚度
1	九龙矿 1#工作面	653	1.4	1.89	124	1	1.4	28.32
2	九龙矿 2#工作面	760	12	1.34	134	1	2.47	28.32
3	九龙矿 3#工作面	833	11	1.4	122	0	6.1	66
4	九龙矿 4#工作面	873	11	1.4	142	1	8.685	41.5
5	九龙矿 5#工作面	662.4	15.9	2.37	164.24	0	5.23	101.4
6	九龙矿 6#工作面	715.3	15.9	2.69	143.7	0	5.76	101.4
7	九龙矿 7#工作面	790.3	12.6	1.92	202	0	6.51	105
8	九龙矿 8#工作面	738.34	13	1.34	120	0	6.1	66
9	辛安矿 1#工作面	707.07	19	3.4	133.68	1	8.9	70
10	辛安矿 2#工作面	721	24	4.4	111.3	0	6.05	116.2
11	辛安矿 3#工作面	764.34	23	4.13	142.7	0	6.48	116.2
12	羊东矿 1#工作面	840	10	1.3	180	0	3.25	78.15
13	羊东矿 2#工作面	849	7.5	1.13	152.7	0	3.49	78.15
14	羊东矿 3#工作面	849	7.5	1.13	152.7	0	1.05	34.9
15	梧桐庄矿 1#工作面	635	7	3	150	1	2.95	40.7
16	梧桐庄矿 2#工作面	635	7	3	150	1	5.94	30
17	梧桐庄矿 3#工作面	621.6	13	3.2	135.3	1	2.7	40
18	赵各庄矿 2137	1100	26	9	180	0	10	130
19	枣庄付村矿 206	542	3	3.86	153	0	5.2	58

为了简化参数，忽略了由底板隐伏构造引起的承压水导升高度对煤层底板承压水压力的影响，仅考虑由导升高度引起的承压水压力的水头损失。将表 4-16 中埋深、煤层倾角、煤层厚度、工作面斜长及地质构造 5 组数据代入式(4-33)，得出了深部煤层底板的破坏深度。将其作为煤层底板突水危险性评价的重要参数，得出深部煤层底板突水危险性评价表，具体如表 4-17 所示。

将深部煤层底板的破坏深度、深部煤层底板含水层水压、煤层底板隔水层厚度、工作面斜长及埋深 5 个因素作为深部煤层底板突水危险性预测的输入向量；将深部煤层底板突水危险性作为目标向量。当煤层底板发生突水危险时，目标向量定义为 1；当煤层底板无突水危险性时，目标向量定义为 0。将 1～15 组数据作为训练集，16～19 组数据作为验证集。

表 4-17　深部煤层底板突水危险性评价表

分组	序号	矿名	埋深/m	工作面斜长/m	底板承压水压力/MPa	底板隔水层厚度/m	底板破坏预测回归深度/m	底板突水危险性判断
训练集	1	九龙矿 1#工作面	653	124	1.4	28.32	35.20	1
	2	九龙矿 2#工作面	760	134	2.47	28.32	34.86	1
	3	九龙矿 3#工作面	833	122	6.1	66	24.16	1
	4	九龙矿 4#工作面	873	142	8.685	41.5	33.34	1
	5	九龙矿 5#工作面	662.4	164.24	5.23	101.4	21.25	1
	6	九龙矿 6#工作面	715.3	143.7	5.76	101.4	21.60	0
	7	九龙矿 7#工作面	790.3	202	6.51	105	33.70	0
	8	梧桐庄矿 1#工作面	635	150	2.95	40.7	33.97	1
	9	辛安矿 1#工作面	707.07	133.68	8.9	70	33.19	1
	10	辛安矿 2#工作面	721	111.3	6.05	116.2	30.13	0
	11	羊东矿 1#工作面	840	180	3.25	78.15	24.76	0
	12	羊东矿 2#工作面	849	152.7	3.49	78.15	32.35	0
	13	羊东矿 3#工作面	849	152.7	1.05	34.9	32.35	0
	14	赵各庄矿 2137	1100	180	10	130	31.99	0
	15	枣庄付村矿 206	542	153	5.2	58	21.63	0
验证集	16	九龙矿 8#工作面	738.34	120	6.1	66	27.03	0
	17	梧桐庄矿 2#工作面	635	150	5.94	30	33.97	1
	18	梧桐庄矿 3#工作面	621.6	135.3	2.7	40	34.01	1
	19	辛安矿 3#工作面	764.34	142.7	6.48	116.2	31.739	1

2) 预测结果分析

SVM 从训练样本中获取知识，利用 PSO 寻优能力确定 SVM 的最优惩罚因子 c 及核函数参数 g，建立了深部煤层突水危险性预测模型。在使用 MATLAB 优化数学模型的过程中，取 PSO 初始局部搜索能力参数及初始全局搜索能力参数均为 1.7，迭代进化次数为 2000，种群规模为 30，惩罚因子的取值范围为[0.1, 100]，核函数参数的取值范围为[0.1, 1000]。

通过优化计算得出最优惩罚因子 c 为 1.5187，最优核函数参数 g 为 0.11526，具体结果如表 4-18 和图 4-22 所示。

由图 4-22(a)可知，经过 2000 步的迭代进化，训练集的最佳适应度为 93.33%，平均适应度呈先增大后减小的趋势。这说明 2000 步的迭代进化训练得出的预测模型已经成熟，此时训练集的最佳分类准确率为 93.33%(14/15)。由图 4-22(b)和表

4-18 可知，测试集的准确率为 100%(4/4)，这说明深部煤层底板突水危险性预测的 PSO 优化 SVM 模型是合理的。

表 4-18　深部煤层底板突水危险性评价对比表

分组	序号	矿名	底板突水危险性实际结果	底板突水危险性预测结果
验证集	1	梧桐庄矿	1	1
	2	梧桐庄矿	1	1
	3	辛安矿	1	1
	4	九龙矿	0	0

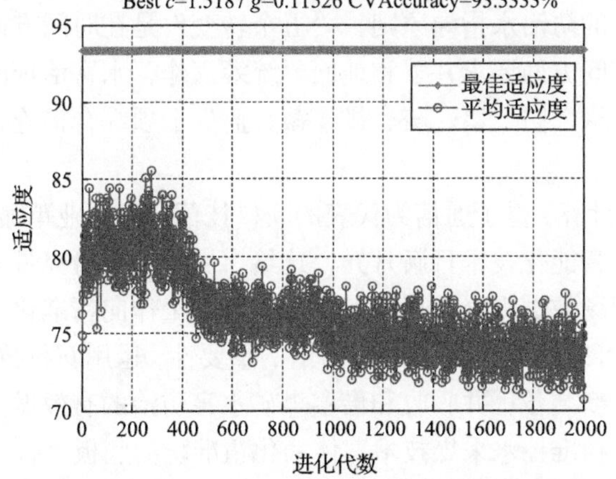

(a) 不同进化代数下的训练集最佳适应度与平均适应度的演变情况

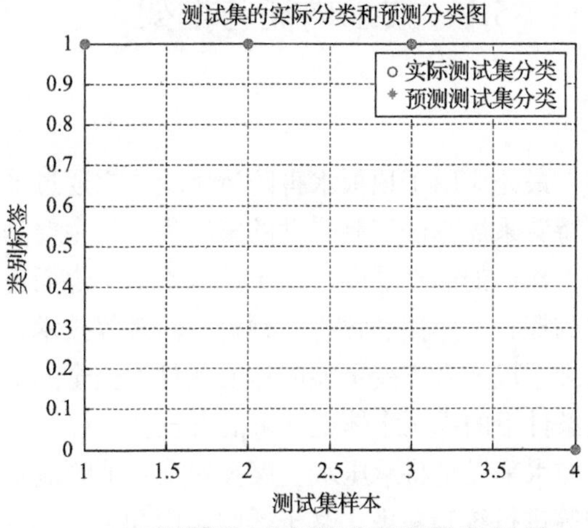

(b) 训练集样本的实际分类与预测分类对比图

图 4-22　深部煤层底板危险性预测

第5章　承压水体上精准控水采煤技术

随着我国煤炭资源的持续开发，煤矿采深逐年增加，多数矿井已进入下组煤和深部开采，千米深井有50余对，新汶孙村矿、大屯孔庄矿等开采深度已达1300～1500m。煤矿深部的下组煤带压已达7～10MPa，且底板相对隔水层厚度10～20m的超薄隔水层工作面不断增多，承压水上开采压力骤增。面对复杂的水文地质条件，《煤矿防治水细则》提出了由过程治理向源头预防转变，由局部治理向区域治理转变，由井下治理向井上下治理转变，由措施预防向工程治理转变，由治水为主向治保结合转变的防治水指导原则，“五个转变”是在时间方面要求水害治理的程序要提前，空间方面要求井下和地面要统筹工作，水害治理的落脚点为工程治理，通过采取“探、防、堵、疏、排、截、监”七项综合措施，促进矿井的防治水安全。

以大数据、云计算、量子通信为代表的新科技革命和产业革命的时代已到来，信息化、数值化、智能化技术日新月异，这给煤炭防治水研究带来了新思路，以透明地质和多物理场数据耦合为基础，实现防治水工作向精准化、信息化、智能化方向升级。鉴于承压水体上采煤水害防治的重要性，运用新科技革命的新技术、新方法、新工艺、新装备，并吸收和借鉴煤矿水害防治的有效做法和成功经验，提出了承压水体上精准控水采煤技术，体系化精准防治底板水害。

5.1　技术内涵与框架

5.1.1　技术内涵

所谓“控水采煤”最先应用于顶板水害防治领域，它通过采取限厚开采、条带开采、充填开采等特殊采煤方法控制采动的影响程度，主要是控制采动裂隙的发育高度，从而控制工作面的涌水强度。对于承压水上采煤而言，运用控水采煤的思想，利用现代化的探查、建模、评价、预警、治理等技术，系统化防控底板的涌水程度，通过治理手段变有灾变可能的地质条件为安全的地质采矿条件，从而实现复杂水文地质条件下的承压水体上开采的安全。

承压水体上精准控水采煤是将承压水上煤炭安全开采的地质条件、致灾因素、评价治理、实时监控等进行统筹考虑，基于透明矿山和多物理场耦合，以精准立体探测、数字化建模、地理信息融合评价、矿压调控、大数据分析计算等作为支撑，具有地质体精准切片、底板突水风险判识、监控预警等处置功能，能够实现有效防控底板突水灾害或控制煤层底板涌水强度的安全、智能、精准开采的模式，其要义和终极目标是建立承压水体上透明地质模型，体系化探测、治理和监测，以最小的风险实现承压水上的安全掘采。

5.1.2　技术框架

承压水体上精准控水采煤技术涵盖了勘探期的精准探查，矿井开采准备期的三维地质建模、突水弱面圈定、精准评价，设计阶段的避害设计，工作面掘采前的弱面增厚，回采期间的矿压控制及全过程的智能监测等八个技术程序，各阶段利用现代信息技术成果实现了承压水上采煤的信息化、智能化、灾害靶区寻找与治理的精准化，技术框架如图 5-1 所示。

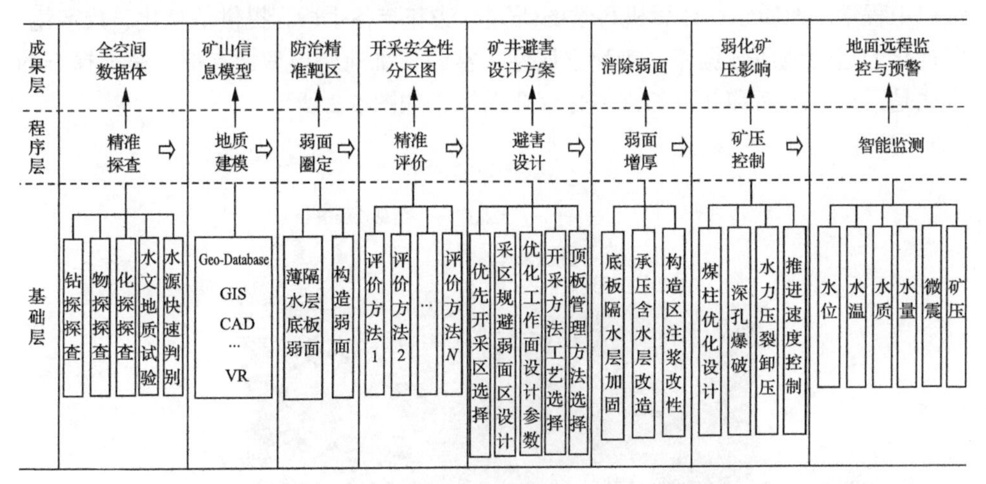

图 5-1　承压水体上精准控水采煤的技术框架

实际上，技术框架中将承压水体上控水采煤各个分项技术依照采前、采中、采后的不同阶段分步骤实施，矿井可根据自身条件开展全部或部分核心的技术研究工作。

采前阶段需开展的工作较多，主要包括各种技术手段的勘查、数据收集、整理，建立地质数据库，基于地质数据建立三维地质数据模型，并将地质空间属性以可视化方法给予形象展现，在地质空间中找到承压水上采煤的“弱面”信息，为掘采之前的工程治理和控水采煤措施的制定进行精确定位，基于勘查和地质建模等信息进行采区或工作面设计，最大限度地规避开采危险区，最终通过注浆的方式实现对“弱面”区的治理，消除承压水上煤层回采前的隐患。

采中阶段主要是对诱导底板突水的最主要的矿山压力因素进行主动控制，主要目的是降低矿压对底板岩层的破坏。该阶段主要涉及沿空留巷无煤柱开采技术、切眼与巷道的深孔爆破和水力压裂主动卸压技术及工作面推进速度、放煤高度等精细的控制措施等，通过主动的卸压和采场管理措施，实现弱化矿压对煤层底板影响程度的目标。

承压水体上精准控水采煤的重要一环是对主要防范水体的精准监测，对开采全过程中矿压的实时动态监测，攻克具有更高精度特征的监测预警系统技术。承压水上采煤的实时监测贯穿了煤炭开采的全过程。主要的技术有矿压实时监测技术、微震监测系统、地音监测系统和水文动态监测与预警系统等。

5.2　承压水体上采煤的综合精准探查

地质多元信息的探测是承压水上采煤的基础保障，它充分利用了地球物理学、钻探工程学、地质学、计算机科学的研究方法和装备手段，提供信息化、数字化、可视化的透明地质数据库，为建立属性丰富的三维地质模型做支撑。精准探查的方式是天空、地面和井下的立体化综合勘探，如图 5-2 所示。

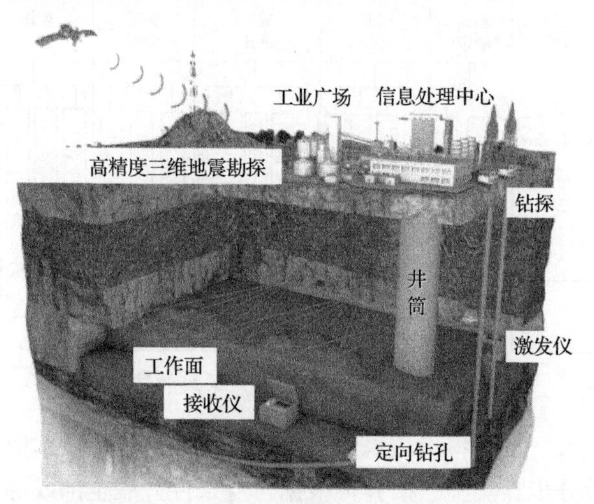

图 5-2　矿井三维立体化综合勘查

5.2.1　地球物理勘探方法

在承压水体上采煤的地质保障体系中，物探方法是先行军，它是指导钻探防治水的透视镜。煤矿常用地震类和电(磁)法类探测方法，分别探查构造等不连续地质体和地质体的富水特征。实际应用中，一般同时采用两种或多种方法对探测结果进行相互验证。煤矿常用的物探方法及应用条件见表 5-1。

要实现对煤矿地质体全空间不同物理场数据的探测，需同时开展地面和井下(掘进巷道和回采工作面)的地球物理勘探工作。地面物探不受工作空间的局限，

表 5-1 煤矿主要的地球物理勘探方法及其适用条件

类别	方法名称	探测原理	解决的地质问题	应用场景
弹性波(地震)类	地面高分辨率三维地震勘探技术	经地面浅孔中的炸药震源或非炸药震源人工激发地震波，地震波向地下传播，当遇到弹性不同的分界面时，就会发生反射或折射而回到地面，由设在测线若干点上的检波器及地震仪记录下来	推断地质构造的形态、煤系地层的分布等	地面勘探，矿井设计、掘采前
	井下地震 CT 勘探	利用地震波射线穿透地质体，对地震波走时和波动能量变化处理反演，重现地质体内部的结构图像	工作面内的煤厚变化与隐伏构造	工作面回采前
	槽波勘探	利用煤层上下界面波的速度差异，在煤层中形成槽波	探查工作面内部煤层的不连续性、隐伏构造等	工作面回采前
	井下瑞利波勘探	利用瑞利波在层状介质中所具有的频散特性进行浅层弹性波勘探	巷道掘进前方隐伏构造	掘进前
	矿井地质雷达	雷达天线发射的定向电磁波在煤层和岩层中传播，在遇到两种不同介质的界面时(如断层、陷落柱、老窑等)电磁波会被反射	顶底板及工作面前方小断层、岩溶分布、陷落柱等	掘进前
	微震	通过传感器收集和采集由岩体破坏或者岩石破裂所发射出的地震波信号	岩层破裂位置、岩爆、冲击地压位置、能级监测	掘采全过程
电(磁)法类	瞬变电磁法	利用不接地回线或接地线源向地下发射一次脉冲磁场，在一次脉冲磁场间歇期间利用线圈或接地电极观测地下介质中引起的二次感应涡流场，从而探测介质的电阻率	地质体富水异常空间	井下空间均可，掘进、回采前
	矿井直流电法	巷道方向某一深度岩石的电性变化，主要测量参数为电阻率	巷道掘进前方、工作面内及顶底板各类含水异常空间分布、采动裂隙场分布	掘进、回采前，回采后
	音频电透视法	利用低阻体对电流有“吸收”作用，在巷道对应的接收位置将会产生电流密度降低，视电导率随之增加的特性	工作面内及顶底板各类含水异常空间	回采前
	无线电透视(坑透)法	利用不同岩石的电阻率、磁导率不同的性质进行探测	探测煤层内的异常构造(如陷落柱、断层、煤层变薄区等)	回采前

一般能实现对探测区的面状覆盖，常用的有高分辨率三维地震勘探技术、地面瞬变电磁勘探技术等，正在推广的有地面高精度三维地震勘探、高精度电磁勘探及高分辨率数据采集技术等。井下物探针对构造的探查方法主要有槽波、坑透、瑞利波(面波)、探地雷达，对富水性探查的主要方法有矿井瞬变电磁、矿井直流电法、音频电透视法等。近年来，快速发展的井下物探技术还有地音、微震、网络并行电法、高精度地震散射波成像等技术。随着煤矿开采深度的增加，对物探探查的范围、精度、适用条件均提出了更高的要求，国内主要科研机构和厂家在物探设备的信息化、智能化、元器件精度等方面取得了长足的进步。

除弹性波(地震)类和电(磁)法类外，测井类物探方法主要应用于钻孔内部的物性差异性探查，特别是定向钻进技术发展后，随钻测量(井)技术对于钻进层位控制、岩性判别等的意义重大。

井上下不同的地球物理勘探技术所获取的地质全空间物性数据是地质数据库的基础数据之一，特别是其探测的地质体不连续面、富水异常区等信息有力地指导了承压水上采煤的防治水工作。

5.2.2 钻探勘查技术

钻探是获取地质体信息最直接的探查方式，是验证物探探查成果的落脚点。我国的地面钻探技术比较成熟，除常规回转钻进广泛应用于煤炭勘查、灾害治理等领域外，煤炭行业也逐步引入了石油等行业的先进定向钻进技术，并已应用于底板灰岩水害的区域治理领域。定向斜孔、多分支孔、水平孔等定向井新工艺、新技术的出现，极大地提高了钻井机械的转速，缩短了传统钻井的施工时间，钻井工程的目的性更加明确。钻探所获得的地质信息和数据更加广泛、有效、可信。

国内自 20 世纪 80 年代开始，相关科研院所从钻机、钻具、钻头及钻进工艺等方面对煤矿井下钻探技术及装备进行了大量卓有成效的研究工作，并积极进行成果转化、规模生产和推广应用。从煤炭科学研究总院西安研究分院 1981 年研制出的煤炭系统首台 MK-150 型全液压坑道钻机开始，全液压动力头式钻机就成了煤矿井下最主要的钻探装备。煤矿坑道钻机经过近 40 年的发展，国内已形成了 MK、ZDY、ZYW 和 CMS 等多个品牌系列共 60 多个型号的分体式、履带式全液压钻机，基本满足了不同煤矿巷道条件、施工地层、施工孔深、钻孔类型的需求。

煤矿井下钻探装备对保障矿井的安全高效生产起着至关重要的作用，经过 40 多年的发展，其技术水平获得了很大的提高。井下钻机代表机型有分体钻机、履带式钻机、电液控制钻机、胶轮自行式钻机和定向钻机。随钻测量定向钻进技术改变了瓦斯抽采钻孔的布置和施工模式，促进了煤矿井下瓦斯治理技术的发展，并逐步拓展用于井下防治水、隐蔽致灾因素探查等钻探工程中。

5.2.3　突水水源的精准判别技术

水化学手段是预防矿井水害的重要手段之一。煤矿井下常发生滴水、淋水和小型涌水等现象，若能及时掌握出水点的水源信息，将为矿井水害预警和处理隐伏水源提供可靠依据；一旦矿井发生突水，若能第一时间准确判明突水水源和突水原因，将极大地缩短救援决策时间，尽快确定抢险方案，提高抢险救灾效率，挽救矿工生命并减小矿山财产损失。

目前，煤矿生产一线水害事故以预防为主，采用防治结合的方法进行防治水工作，探放水是日常的主要工作内容，但是一旦出现出水点，进行水质化验判断突水层位，多则需5～7个工作日，少则需1～3个工作日。由于不能及时、准确、快速地判别水源层位，所以影响了矿井的生产进度，降低了工作效率，错过了对突水点治理的最佳时机，甚至造成了突水点恶化致灾的情况。因此，能够快速、准确地判断矿井突水水源和涌(突)水原因，从而预防矿井水害，为矿山水害预警、救援提供准确信息，保障矿工生命安全，在煤矿生产过程中有着重大的理论和实际意义。

矿井生产过程中常出现顶板淋水、底板涌水和断层带出水等涌(突)水现象，当涌水达到一定量能时，易形成灾难性的水害事故。井下一旦发生突水事故，查明突水水源和突水原因是灾害防治和救援需要解决的首要问题，也是矿井防治水的关键环节。判别突水水源需要深入分析矿井的水文地质条件、构造分布及其导水性、采动影响特征等，再结合突水点的水质、水位、水温等台账资料给予综合分析。

不同地质时期含水层的沉积环境、古气候条件、物源组成和地下水的补径排条件决定了该水源层的离子交换和动态平衡特征，含水层这种固有的水化学本质特征是彼此相互区别的可靠判据。对突水水源的判别主要有定性和定量两大类方法，它们的适用条件不同，优缺点各异。一般地，采用水质的定性对比分析并参照水位等的动态变化情况，可大概率地判定突水层位，但是在特定条件下，当遇到背景值相似的含水层时，待判水样的归属便是一个难题。采用定量化学地学方法对水质检测数据进行定量表征，揭示含水层间联系的紧密程度，从而可有效解决定性分析难以克服的困难。这里将阐述定性和定量化的判别方法，并以实例说明定量化判别方法在水源判别领域的应用及其可靠性优势。

1. 定性判别法

定性判别法是指利用某个或某几个含水层的物理性质如水的颜色、浑浊度、味道、水温等具有明显的差异性，含水层水位(水压)在判别前后会出现一定程度的变化、水质中离子成分的独特性、特征组分示踪、涌(突)水形式和水量变化特征等实现水源判别的方法。显然，定性判别法适用对差异性含水层(组)水源的判别，利用技术人员的主观经验便可实现。

(1)物性判别法。该方法主要利用水样物理性质的差异进行判别。当进行下伏煤层开采时，若遇到颜色发黄、水样发浑、异味等突水点时，则老空区的出水可能性大；当进行深部煤层开采时，若突水点的水温异常，则可采用水温梯度计算或水温台账对比等方式判别水源层；当井下出现突水事故时，若某层含水层水压发生异常降低等现象，则该含水层为突水水源层的可能性极大；当涌水量在一定时间内呈现由巨量至逐渐衰竭的特点，则突水水源极可能为老空(窑)水或离层等空洞带积水。

(2)水质对比法。突水点的水质经检测后，将水质检测结果与已知含水层的水质背景值做对比分析，将水中离子含量特征相近甚至相同的比对结果作为突水水源层的判别结果。一般可借助于水化学玫瑰花图、Piper三线图、Durov图和水质柱状图等图形化分析工具进行判别。

(3)化学特征组分判别法。通过含水层某种离子成分异常或含有稀有离子成分等有别于其他水源层的化学特征实现水源层判别的方法。常见的有高硫煤层采空区积水具有酸性特征，SO_4^{2-}、NO_3^-等离子含量偏高，利用这一特征可以判断水源为老(采)空区水的概率较大；煤系地层含水层中钴(Co)、锶(Sr)、镉(Cd)等稀有金属元素的含量较高，这些稀有元素可作为该含水层的特征组分，若突水水样中的特征组分与背景值相近，则可据此判定该层为水源层。

(4)示踪试验法。利用含水层背景值中含量较低、形态稳定、不易被吸附的同位素或其他物质作为示踪剂，通过示踪剂的投放、接收和水样检测来判断投放层和接收层的水力联系，从而判断突水水源层的空间位置。

2. 定量判别法

定量判别法是通过地质变量在其取值和变换后所得数据与预测对象的直接和间接关联程度来实现量化判别的方法。定量化判别不仅可以对差异明显的定性判别属性数据进行计算分析，更重要的是它实现了对易混地质数据的关联性分析，是建立微差地质体间联系的有效工具。

(1)聚类分析法。该方法假定各含水层间存在不同的相似性，根据含水层背景值找出并计算一些能够度量含水层间相似程度的统计量，按相似统计量的大小，将相似程度大的含水层(水样)聚合到一类，关系疏远的聚合到另一类，直到把所有的水样聚合完毕，最终将新的突水点水样检测值与含水层背景值形成一个由小到大的分类系统。

(2)贝叶斯(Bayes)判别分析法。对矿井已有的含水层水样进行类别分析，建立水源判别的贝叶斯模型，采用先验概率分布描述已知水源的数据特征，用新突水点的水样修正已有认识并得到后验概率分布，将新的水样均用后续概率分布进行判别分类，这是将贝叶斯思想和判别分析原理相融合的一种判别方法。

(3) 模糊综合判别法。针对含水层水质特征界限模糊的特点，可利用模糊变换和最大隶属度原则，将影响评判结果的因素集 U 的各个因素赋予一定的权重，形成权重矩阵 $\boldsymbol{A}$，确定评价对象对影响因素的隶属程度后，形成隶属度模糊关系矩阵 $\boldsymbol{R}$，则 $\boldsymbol{A}*\boldsymbol{R}=\boldsymbol{B}$，$\boldsymbol{B}$ 即为模糊综合判别的评价结果。

(4) 灰色关联分析法。将含水层已有水样作为母序列(参考序列)，未知的突水点水样作为子序列(比较序列)，将所有的数据序列统一量纲后，计算子序列与母序列的关联系数和关联度，关联度越大则表明相关程度越高，据此判断水源层。

(5) 人工神经网络法。它是基于生物学中神经网络的基本原理而建立的，目的是通过建立适当的模型，确定理想的关联权值，尽可能地使计算结果与实际相一致。在水源判别中，当训练评判结果与水源层各因素目标矢量相接近时，那么该层为新出水点的突水水源。

水源判别的定量化评价源于数学地质科学，针对某些方法的不足，还可以将不同的数据处理方法和工具进行组合，如熵权-模糊综合判别、主成分与 Fisher 判别分析法、基于 H 支持向量机的灰色关联判别等，这些方法修正了单一判别理论的不足，完善了不同情况下突水水源的定量化判别技术。

3. 定量化判别的图形化辅助方法

所谓的图形化辅助判别方法实际上是将定性判别的图形工具应用于定量判别，将地质数据以某种形式的图形或计算机化的分析手段展示出来，更生动、直观地展示判别的有效性，这里以指标序列曲线法和水质图形对比法为例予以说明。

1) 指标序列曲线法

将待判样本的各指标因素测试值与标准样本中的指标因素背景值做统一的曲线化分析，利用曲线起伏变化的相似性判断未知水源归属的方法为指标序列曲线法。从淮北矿区袁店二矿 F14 断层突水点 9 个指标与各含水层指标值的变化曲线(图 5-3)可以得知，该突水点有 2/3 的指标与砂岩裂隙水的趋势相似，有 4/9 的指标与四含水的趋势相似，有 1/3 的指标与一含水的趋势相似，有 2/9 的指标与一含水的趋势相似。由简单的趋势相似性的比例数字，可以初步定性分析 F14 断层的出水点水源来自煤系砂岩裂隙水。

2) 水质图形对比法

定性分析方法中有一类借助于图形化分析工具的水质对比分析方法，通过水质类别形态的差异来分析水源样本间的联系程度，分别用水化学玫瑰花图和水样柱状图分析Ⅰ、Ⅱ、Ⅲ、Ⅳ含水层与突水点的水质形态特征，进而定性分析突水点与含水层关系的密切程度，水质形态特征对比见表 5-2。

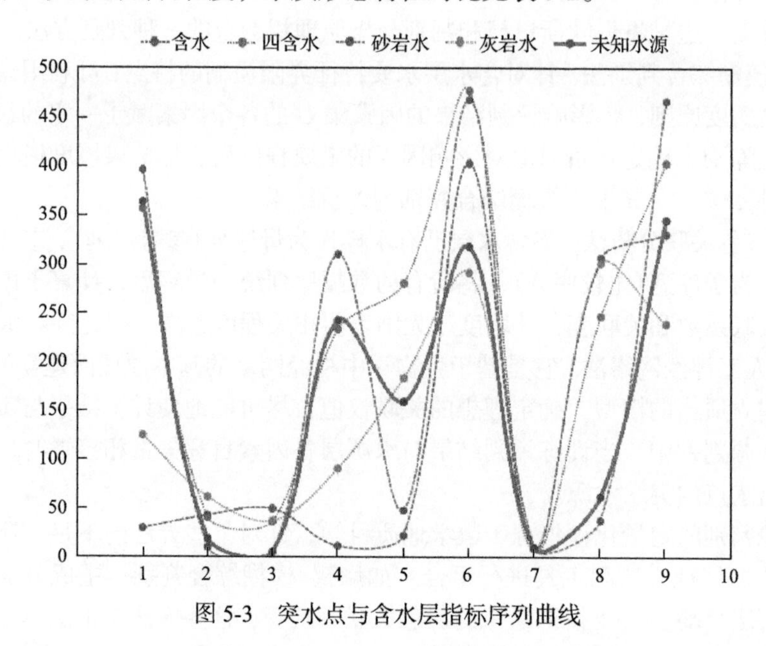

图 5-3　突水点与含水层指标序列曲线

表 5-2　含水层与突水点水质特征对比判别表

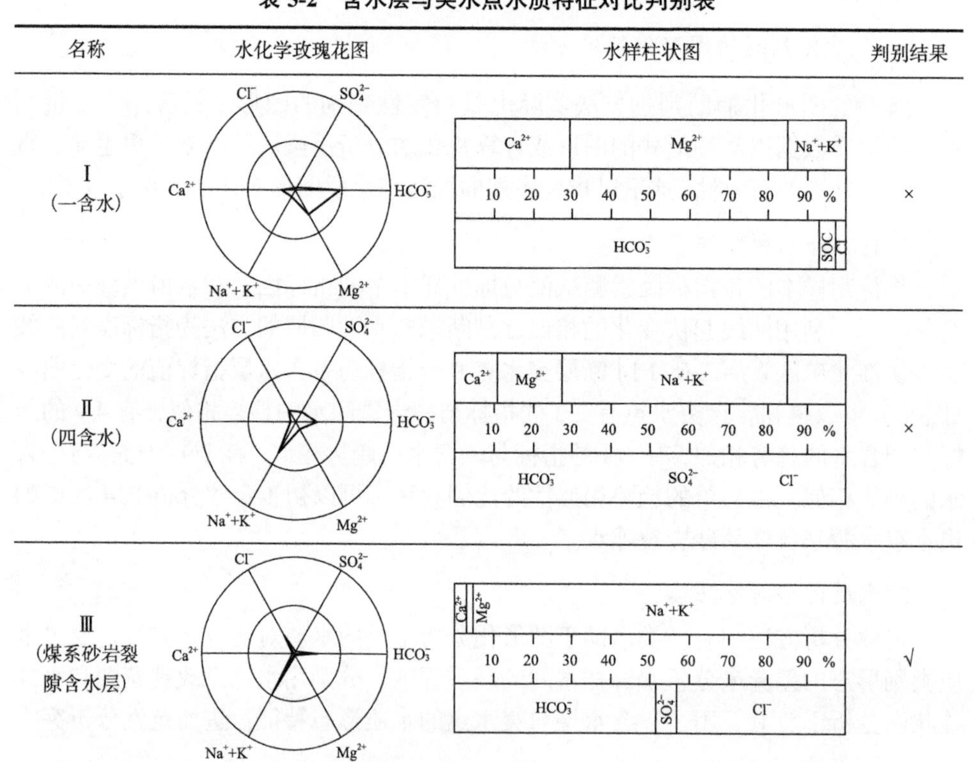

名称	水化学玫瑰花图	水样柱状图	判别结果
Ⅰ（一含水）	Cl^-、SO_4^{2-}、Ca^{2+}、HCO_3^-、Na^++K^+、Mg^{2+}	Ca^{2+}、Mg^{2+}、Na^++K^+；10 20 30 40 50 60 70 80 90 %；HCO_3^-、SOC、Cl	×
Ⅱ（四含水）	Cl^-、SO_4^{2-}、Ca^{2+}、HCO_3^-、Na^++K^+、Mg^{2+}	Ca^{2+}、Mg^{2+}、Na^++K^+；10 20 30 40 50 60 70 80 90 %；HCO_3^-、SO_4^{2-}、Cl^-	×
Ⅲ（煤系砂岩裂隙含水层）	Cl^-、SO_4^{2-}、Ca^{2+}、HCO_3^-、Na^++K^+、Mg^{2+}	Ca^{2+}、Mg^{2+}、Na^++K^+；10 20 30 40 50 60 70 80 90 %；HCO_3^-、SO_4^{2-}、Cl^-	√

续表

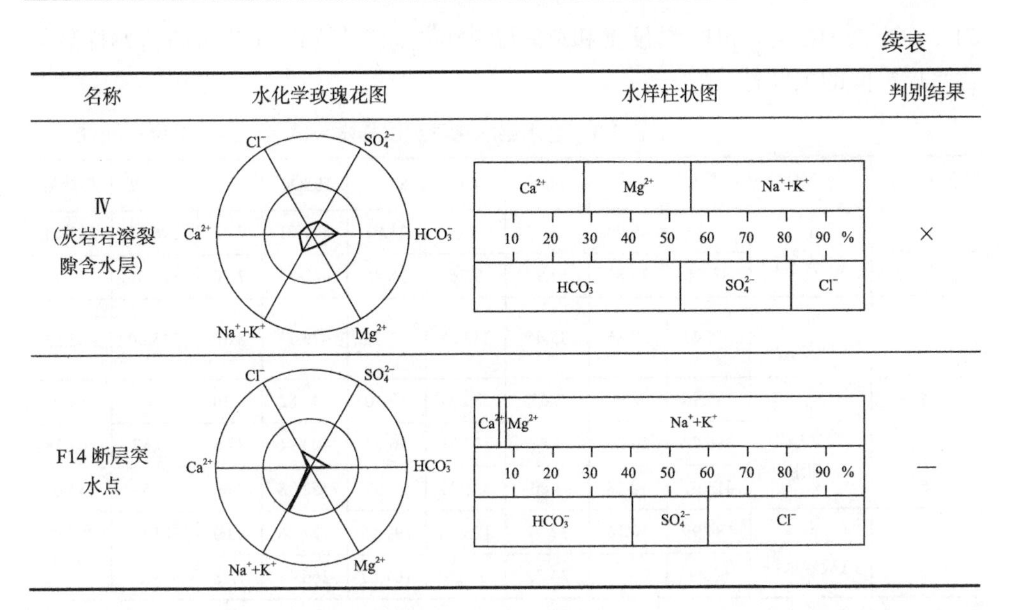

名称	水化学玫瑰花图	水样柱状图	判别结果
Ⅳ (灰岩岩溶裂隙含水层)	Cl⁻、SO_4^{2-}、Ca^{2+}、HCO_3^-、Na^++K^+、Mg^{2+}	Ca^{2+}、Mg^{2+}、Na^++K^+；10 20 30 40 50 60 70 80 90 %；HCO_3^-、SO_4^{2-}、Cl^-	×
F14断层突水点	Cl⁻、SO_4^{2-}、Ca^{2+}、HCO_3^-、Na^++K^+、Mg^{2+}	Ca^{2+}、Mg^{2+}、Na^++K^+；10 20 30 40 50 60 70 80 90 %；HCO_3^-、SO_4^{2-}、Cl^-	—

由表5-2可知，将水样水质的本质特征图形化后，从水化学玫瑰花图和水样柱状图的形态上可较容易地判断出F14断层突水点水源应来自煤系砂岩裂隙含水层。

4. 定量化判别案例

精准化判别实际上就是要求在定性判别的基础上做到定量化判别，以袁店二矿某突水点水源灰色关联分析法判别为例，说明突水水源精准判别的过程。

1) 矿区的水文地质条件

淮北煤田是由新生界松散层所覆盖的全隐伏煤田，袁店二矿井田自上至下依次赋存了新生界松散层、二叠系、石炭系和奥陶系地层，其中石炭系、二叠系为含煤地层。矿井地下水储存和运移在以构造裂隙为主的裂隙网络之中，处于封闭～半封闭的水文地质环境，地下水补给微弱，层间径流缓慢，富水性弱，基本上处于停滞状态，显示出补给量不足，以静储量为主的特征。矿井含水层主要有松散层孔隙～裂隙含水层、煤系砂岩裂隙含水层和灰岩岩溶裂隙含水层。

2) 含水层背景值及其均值化处理

矿井在生产实践中，对钻孔水样和井下出水点水样进行了水质分析，并验证了所属的含水层层位信息(表5-3)：水样1～2为松散层一含水，是当地的饮用水源层，标记为水源层Ⅰ；水样3为松散层四含水，位于松散层底部，水质不适合作为饮用水，标记为水源层Ⅱ；水样4～6为二叠系煤系砂岩裂隙水，标记为水源层Ⅲ；水样7～8为灰岩岩溶裂隙水，标记为水源层Ⅳ。选取Na^++K^+、Ca^{2+}、Mg^{2+}、

Cl^-、SO_4^{2-}、HCO_3^-、pH、总硬度和总碱度 9 个指标为判别因子来分析待判样品与含水层之间的关联性。

表 5-3　含水层水化学测试样本　　单位：mg/L

水样编号	水源层	Na^++K^+	Ca^{2+}	Mg^{2+}	Cl^-	SO_4^{2-}	HCO_3^-	pH	总硬度	总碱度
1	Ⅰ（一含水）	14.26	46.94	43.51	11.06	25.93	341.71	7.73	296.37	280.23
2		43.54	36.85	53.92	9.36	16.46	462.59	7.70	314.06	379.35
3	Ⅱ（四含水）	355.47	39.86	35.45	232.28	279.06	476.53	8.30	245.50	402.23
4	Ⅲ（煤系砂岩裂隙水）	385.96	6.06	2.61	285.57	49.80	546.82	8.30	25.89	510.01
5		386.08	10.29	3.84	315.73	56.80	403.91	8.45	40.67	404.38
6		413.01	10.28	4.80	326.31	34.99	452.38	8.69	44.54	484.63
7	Ⅳ（灰岩水）	184.99	50.16	37.97	156.06	197.57	314.46	8.00	281.63	257.88
8		62.43	70.17	34.72	23.28	167.67	266.04	7.78	318.19	218.19

为了便于进行灰色关联计算，需将单个含水层的多组样品通过数据处理形成标准化样品，并视作含水层的背景值。设每个样品中测试指标的个数为 p，则第 m 类测试总体的第 n 个样品为 $X_n^{(m)}=\left(x_{n1}^{(m)},x_{n2}^{(m)},\cdots,x_{np}^{(m)}\right)$，其中，$m=1,2,\cdots,a$；$n=1,2,\cdots,b$。

测试总体 m 经均值化处理后的标准样本为

$$\begin{aligned}\overline{X}^{(m)}&=\frac{1}{b}\sum_{n=1}^{b}x_n^{(m)}=\left(\frac{1}{b}\sum_{n=1}^{b}x_{n1}^{(m)},\frac{1}{b}\sum_{n=1}^{b}x_{n2}^{(m)},\cdots,\frac{1}{b}\sum_{n=1}^{b}x_{np}^{(m)}\right)\\&=\left(X_1^{(m)},\ X_2^{(m)},\cdots,\ X_p^{(m)}\right)\end{aligned}\tag{5-1}$$

依据公式(5-1)对含水层原始水样进行均值化处理，分别获得了各含水层的标准样品(表 5-4)，即 $\overline{X}_m=\left(\overline{x}_{m1},\overline{x}_{m2},\cdots,\overline{x}_{m9}\right)$，其中，$m=\mathrm{I,II,III,IV}$。

表 5-4　含水层水样标准化后背景值　　单位：mg/L

名称	Na^++K^+	Ca^{2+}	Mg^{2+}	Cl^-	SO_4^{2-}	HCO_3^-	pH	总硬度	总碱度
$\overline{X}_{\mathrm{I}}$	28.90	41.90	48.72	10.21	21.20	402.15	7.72	305.22	329.79
$\overline{X}_{\mathrm{II}}$	355.47	39.86	35.45	232.28	279.06	476.53	8.30	245.50	402.23
$\overline{X}_{\mathrm{III}}$	395.02	8.88	3.75	309.20	47.20	467.70	8.48	37.03	466.01
$\overline{X}_{\mathrm{IV}}$	123.71	60.67	36.35	89.67	182.62	290.25	7.89	299.91	238.04

3) 背景值均值计量变换

由于含水层背景值中各个指标的量纲不同，数量级差较大，故需将各个指标进行数据预处理。地质变量的变换方式有标准化、极差、均值计量、反正弦和反余弦、平方根和对数变换等，这里采用均值计量变换方法对标准样品背景值进行处理，处理结果见表 5-5。

表 5-5 含水层标准水样背景值均值计量变换结果

名称	$Na^{+}+K^{+}$	Ca^{2+}	Mg^{2+}	Cl^{-}	SO_4^{2-}	HCO_3^{-}	pH	总硬度	总碱度
$\overline{X_{\text{I}}}'$	0.22	0.32	0.37	0.08	0.16	3.03	0.06	2.30	2.48
$\overline{X_{\text{II}}}'$	1.54	0.17	0.15	1.01	1.21	2.07	0.04	1.06	1.74
$\overline{X_{\text{III}}}'$	2.04	0.05	0.02	1.60	0.24	2.41	0.04	0.19	2.41
$\overline{X_{\text{IV}}}'$	0.84	0.41	0.25	0.61	1.24	1.97	0.05	2.03	1.61

各指标均值计量变换计算式为

$$\overline{x_p^{(m)}}' = \frac{9x_p^{(m)}}{\sum_{p=1}^{9} x_p^{(m)}} (p = 1, 2, \cdots, 9) \tag{5-2}$$

4) 突水点水质的原始值及其均值计量变换

袁店二矿在采掘、回采过程中出现过多处突水点，以 83 采区轨道大巷 F14 断层处出水点水样作为待判样本，据此说明水源判别过程。该出水点水样的原始值和均值计量变换结果见表 5-6。

表 5-6 83 采区轨道大巷 F14 断层突水点水样的原始值与均值计量变换值结果

名称	$Na^{+}+K^{+}$	Ca^{2+}	Mg^{2+}	Cl^{-}	SO_4^{2-}	HCO_3^{-}	pH	总硬度	总碱度
原始值	362.43	18.25	3.85	241.49	158.05	317.30	8.44	61.43	344.28
均值化变换值	2.15	0.11	0.02	1.43	0.94	1.88	0.05	0.36	2.04

5) 突水点与含水层的关联度

若将含水层标准水样背景值均值计量变换数列作为母序列，而新的突水点待判水样作为子序列，通过计算母序列和子序列的绝对差值、关联系数和关联度，最终判断出(突)水点最大可能的归属水源层。

若将待判样本子序列均值计量变换值记作 $\overline{x_p^{(m)}}'$，则母序列与子序列的绝对差值为

$$\Delta_{\overline{x_p^{(m)}}'} = \left| \overline{x_p^{(0)}}' - \overline{x_p^{(m)}}' \right| (p = 1, 2, \cdots, 9) \tag{5-3}$$

记绝对差值中的最大值为 $\left(\Delta_{\overline{x_p^{(m)}}'}\right)_{\max} = \Delta_{\max}$，最小值为 $\left(\Delta_{\overline{x_p^{(m)}}'}\right)_{\min} = \Delta_{\min}$，则母序列与子序列的关联系数为

$$L_{0m}(p) = \frac{\Delta_{\max} + \Delta_{\min}}{\Delta_{0m}(p) + \Delta_{\max}} \tag{5-4}$$

子序列与母序列的绝对差值和关联系数计算结果分别见表 5-7 和表 5-8。

表 5-7　子序列与母系列的绝对差值

名称	$Na^{+}+K^{+}$	Ca^{2+}	Mg^{2+}	Cl^{-}	SO_4^{2-}	HCO_3^{-}	pH	总硬度	总碱度
$\Delta_{\overline{X_{Ⅰ}}'}$	1.93	0.21	0.35	1.35	0.78	1.15	0.01	1.94	0.44
$\Delta_{\overline{X_{Ⅱ}}'}$	0.61	0.06	0.13	0.42	0.27	0.19	0.01	0.70	0.30
$\Delta_{\overline{X_{Ⅲ}}'}$	0.11	0.06	0.00	0.17	0.70	0.53	0.01	0.17	0.37
$\Delta_{\overline{X_{Ⅳ}}'}$	1.31	0.30	0.23	0.82	0.30	0.09	0.00	1.67	0.43

表 5-8　突水点与水源层的关联系数

名称	$Na^{+}+K^{+}$	Ca^{2+}	Mg^{2+}	Cl^{-}	SO_4^{2-}	HCO_3^{-}	pH	总硬度	总碱度
$L_{\overline{X_{Ⅰ}}'}$	0.5013	0.9023	0.8472	0.5897	0.7132	0.6278	0.9949	0.5000	0.8151
$L_{\overline{X_{Ⅱ}}'}$	0.7608	0.9700	0.9372	0.8220	0.8778	0.9108	0.9949	0.7348	0.8661
$L_{\overline{X_{Ⅲ}}'}$	0.9463	0.9700	1.000	0.9194	0.7348	0.7854	0.9949	0.9194	0.8398
$L_{\overline{X_{Ⅳ}}'}$	0.5969	0.8661	0.8940	0.7029	0.8661	0.9557	1.000	0.5374	0.8186

突水点与第 m 个测试总体(含水层)的关联度为

$$\gamma_{0m} = \frac{\sum_{p=1}^{9} L_{0m}(k_p)}{9} \tag{5-5}$$

经计算，F14 断层突水点对Ⅰ、Ⅱ、Ⅲ、Ⅳ含水层的关联度分别为 $\gamma_{0Ⅰ}=0.7213$，$\gamma_{0Ⅱ}=0.8749$，$\gamma_{0Ⅲ}=0.9011$，$\gamma_{0Ⅳ}=0.8042$，故有 $\gamma_{0Ⅲ} > \gamma_{0Ⅱ} > \gamma_{0Ⅳ} > \gamma_{0Ⅰ}$，即 F14 断层突水水源层最大可能为煤系砂岩裂隙含水层。通过进行矿井钻探和含隔水层

空间分布分析后，认为采动影响导致断层活化连通了导水裂缝带内砂岩水，确认 F14 断层的突水水源为煤层顶板的二叠系砂岩裂隙水，与灰色关联度定量化分析结果一致。

5. 水源快速判别系统

矿井突水水源快速判别系统实现了以下功能：①矿区突水相关的地质、水文地质数据的管理与操作功能，包括空间数据的输入、查询、编辑及属性数据的增、删、改、查等操作；②水质分析功能，根据所采集水样的水化学指标分析水样的水质类型并绘制相应的结果图；③突水水源的快速判别，对获取到的突水点实测数据，进行水质判别(熵权模糊综合判别法、逐步贝叶斯判别法、人工神经网络判别法、简约梯度法和灰色关联法)、水温判别、水位判别、特征组分判别及涌水通道判别，并提供对水质判别和特征组分判别结果的保存及综合分析。应用该系统进行突水水源判别时，用户只需输入待测水样数据，系统将自动根据事先录入的水样本数据构建判别模型进行水源的快速识别，简便易行。

1)数据库管理模块

数据库管理模块提供了对含水层样本和突水点数据的管理功能，实现了用户与数据库系统的交互，通过该模块用户不仅可以很方便地浏览数据，还能对数据库进行如下操作。①添加数据：根据需要向相应的数据库表中添加记录。②删除数据：删除数据库中不需要的记录。③修改数据：对数据库中的已有记录进行修改。④查询数据：根据编号查询所需的记录。⑤刷新数据；数据库发生改变后，重新加载数据库数据。⑥导出数据：将数据库数据以 Excel 格式导出。

对数据库的操作主要是通过 C#编程调用 Access 接口实现的，首先系统连接到 Access 数据库并打开数据库，然后将用户通过数据库管理界面进行的操作(如添加、修改数据等)进行处理，形成标准的结构化语言，即 SQL 语句，系统使用该 SQL 语句操作相应的数据库，结果保存在系统缓存中，用户重新加载数据库数据后，可实现数据的同步性。待操作结束后，系统关闭数据库并断开连接。

2)GIS 数据管理模块

GIS 数据管理模块实现了对空间数据的管理功能，分为以下两个模块：①GIS 基本功能，主要实现了图层管理(打开地图、地图另存为、加载图层及关闭图层)和地图浏览(放大、缩小、漫游及全图显示)功能；②图层编辑，主要实现了对图层要素的创建、删除、修改、复制与粘贴、要素属性编辑等功能。

系统采用组件式开发模式，通过 C#和 ArcEngine9.3 进行 GIS 数据管理模块的开发工作。ArcEngine9.3 提供的地理信息系统组件可以很方便地在系统中进行地图浏览等，而 C#语言可以便捷地开发出所需的 GIS 功能并将这些功能集成到系统中。

3）水质分析模块

水质分析模块实现了对突水点水质数据的分析功能，根据突水点水质数据生成 Piper 三线图、Durov 图、库尔洛夫式、水化学玫瑰花图及柱状图。

用户将待测水样的水质数据输入系统，启动水质分析功能，系统的处理过程如下：①计算各离子的毫克当量数（离子实测值/元素质量数），再根据离子类别分别计算出阴阳离子的毫克当量总数，最后计算出各离子的毫克当量百分比；②根据具体的功能绘制出 Piper 三线图、水化学玫瑰花图、库尔洛夫式、Durov 图或柱形图的轮廓图；③根据各离子的毫克当量百分比，绘制出具体的水质图形。

4）突水水源判别模块

突水水源判别模块实现了对突水水源的快速判别，是整个系统的核心功能，起着非常重要的作用。突水水源判别的主要功能有如下几方面。①水化学判别：构建数学模型（熵权模糊综合判别法、逐步贝叶斯判别法、人工神经网络判别法、简约梯度法和灰色关联法），基于这些数学模型，使用突水点水化学数据（$Na^+ + K^+$、Ca^{2+}、Mg^{2+}、Cl^-、SO_4^{2-}、HCO_3^- 含量）分别对突水水源进行快速判别。②水温判别：将突水点实测温度与根据地温方程得到的突水点及各含水层的理论温度进行对比，从而实现对突水水源的快速判别。③水位判别：突水时，通过观察各含水层水位的下降情况判别突水水源。④特征组分判别：构建逐步贝叶斯判别法数学模型，基于该模型使用突水点特征组分数据进行突水水源判别。⑤涌水通道判别：利用公式法和类比法计算由采煤引起的垮落带高度和导水裂缝带高度，为突水水源判别时提供辅助决策。⑥综合分析：提供各判别结果的综合展示与保存功能。

将水源判别法的数学模型如熵权模糊综合判别法、逐步贝叶斯判别法进行计算机集成后，应用到突水水源快速判别系统中，一旦煤矿发生突水，用户只需将突水点的实测数据输入系统中，启动相应的判别模块即可。例如，①熵权模糊综合判别法，系统自动从含水层样本的水质数据库中获取所有数据并建立模糊关系矩阵，计算各评价因子的熵权，最终得到各评价因子的权重，通过模糊变换，即可得到判别结果，按最大隶属度原则判定水样的水源归属。②逐步贝叶斯判别法，系统自动从相应数据库中获取所有数据并计算出含水层样本数据的总均值和各个含水层样本数据的均值及它们的离差矩阵，通过逐步计算后获得对判别有显著影响的因子，建立判别方程，方程结果中最大的含水层即水源归属。

5）应用实例

将该系统应用于祁南矿区 366 工作面进行突水水源判别，选择钠钾、钙、镁、氯、硫酸、重碳酸盐六大离子作为水质判别的分类指标，根据钡、钴、铬、铜、钒、钪、锰、铷、钼、铀离子进行特征组分判别。根据该矿突水的历史资料，挑选出矿中 49 个突水点的水质数据作为构建判别模型的样本数据。将所有水样本信息，包括水样本的水化学数据、特征组分数据等，录入 Access 数据库中，系统调用水样本数据建立突水水源判别模型，对待测水样进行判别分析。

根据水质分析结果(图 5-4)，该待测水样 Na^{+}+K^{+}毫克当量百分数为 98%，Cl^{-}毫克当量百分数为 69.12%，初步判断该水样属于 Cl-Na 型水质，舒卡列夫分类为 49-B。

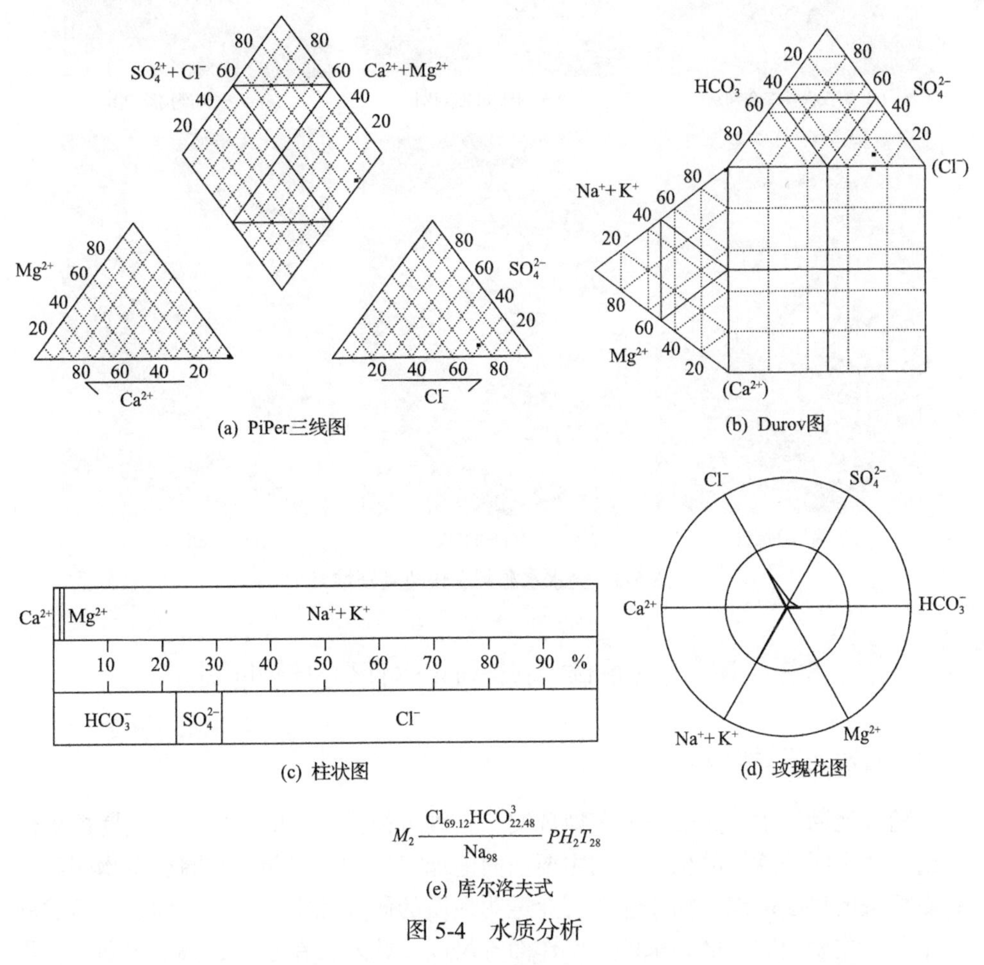

$$M_2\frac{Cl_{69.12}HCO^{3}_{22.48}}{Na_{98}}PH_2T_{28}$$

(e) 库尔洛夫式

图 5-4　水质分析

在 101 采区 1017 机巷，选取某涌水点的实测数据作为突水水源判别水样，将输入矿井突水水源快速判别系统中进行突水水源快速判别，系统判别结果如图 5-5 所示。判别结果表明，该水样的突水水源为砂岩裂隙水，来自其他含水层的可能性比较小，结合水温、水位及涌水通道判别进行辅助决策，再根据采区地质、采矿条件、水文地质背景分析，说明该评判结果是正确的。

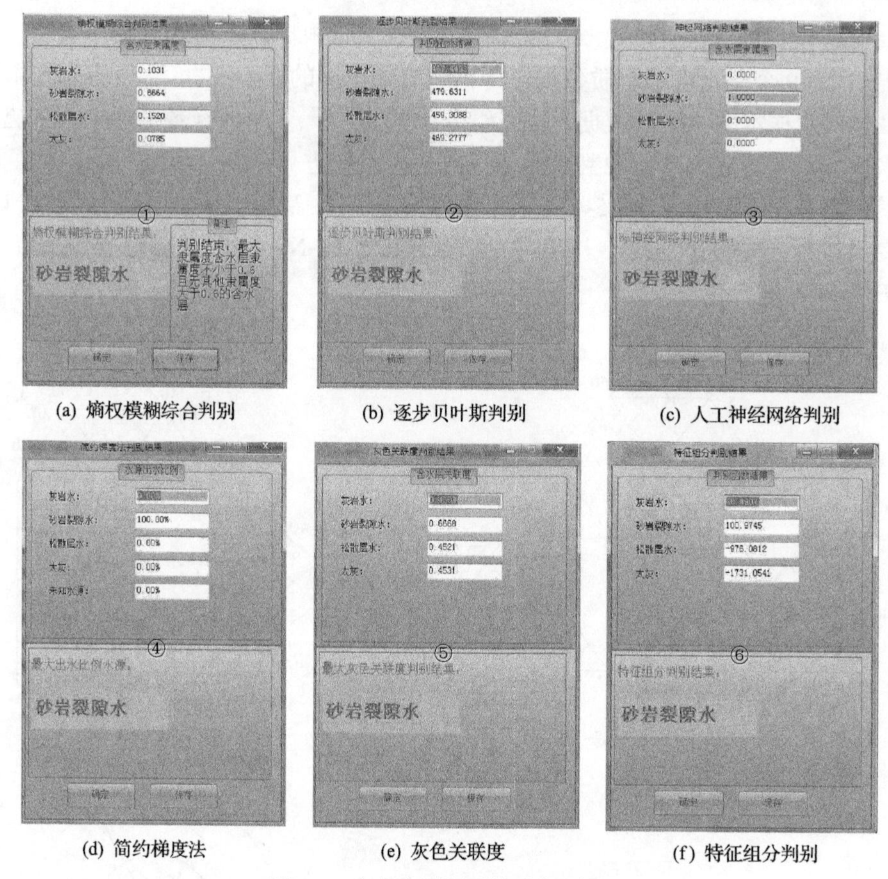

(a) 熵权模糊综合判别　　(b) 逐步贝叶斯判别　　(c) 人工神经网络判别

(d) 简约梯度法　　(e) 灰色关联度　　(f) 特征组分判别

图 5-5　突水水源判别快速判别结果

5.3　透明地质体构建与弱面区的精准圈定

5.3.1　透明地质体构建

随着地勘技术、大数据、虚拟现实、三维可视化技术的发展，地质勘探单位提出了“透明地球”的构想，它主要面向地球表层如大气圈、水圈、生物圈和岩石圈相关的尺度范围。如今煤矿行业透明地质的研究和实践已经得到了逐渐发展和丰富，主要面向矿区、采区、工作面等尺度。此外，在建筑、城市规划、工程建设等领域，小范围可控空间的 BIM、CIM 技术蓬勃发展为矿井构建透明工作面、指导防治水工作提供了参考。

承压水体上采煤透明地质体构建即相对精准的三维建模，是基于物探、钻探、水文等详细的地质数据，地质数据的精度决定了三维地质模型的精度和实用性。一般来讲，最小的应用单元为掘进和回采工作面，地质数据的基础是井上下物探、地勘钻孔、含(隔)水层的水文地质参数、工作面钻孔等数据。计算机工程师通过开发各种建模平台，实现了承压水体上采煤地质保障工作的可视化。

承压水体上采煤透明工作面刻画的重点有以下几方面。

(1)依据钻孔、物探、水文地质参数等基础地质数据，构建三维地质模型，通过模型可以反映地层起伏状态、厚度和岩性特征，精确控制煤层沉积、冲刷缺失变薄区、岩浆岩侵入带、老窑采空区、古河床、碳酸盐岩等承压含水层(包括风化壳、顶板充填带)的厚度变化等。

(2)刻画落差 5m 以上的小断层、小褶曲和小挠曲(带)并查明陷落柱或疑似地质破碎带。

(3)刻画岩溶承压等含(隔)水层的水文地质信息，实现对承压水导升区、构造裂隙区、含水层间水力联系密切区等含水层状态的动态可视化展示。

目前,三维地质建模的实现主要通过自主编程构建建模平台,基于 CAD、GIS、BIM、3DMax、CIM 等成熟系统建模。对于矿床水文地质而言，Modflow、Feflow 和 GMS 也是良好的建模平台。GMS 建模实例如图 5-6～图 5-8 所示。

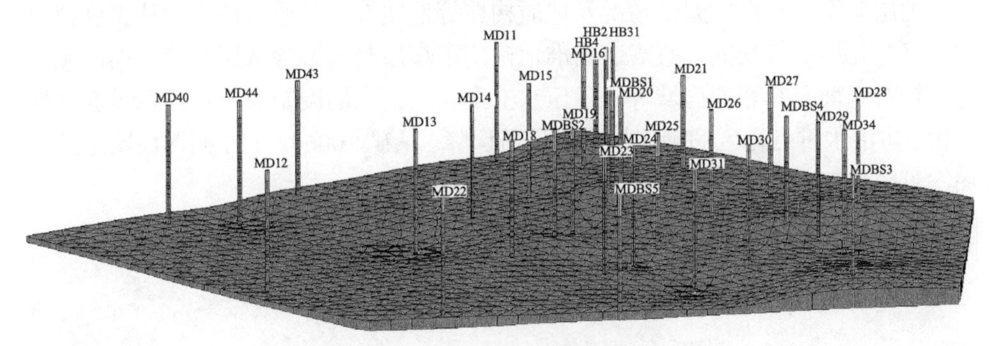

图 5-6　基于钻孔的模型构建

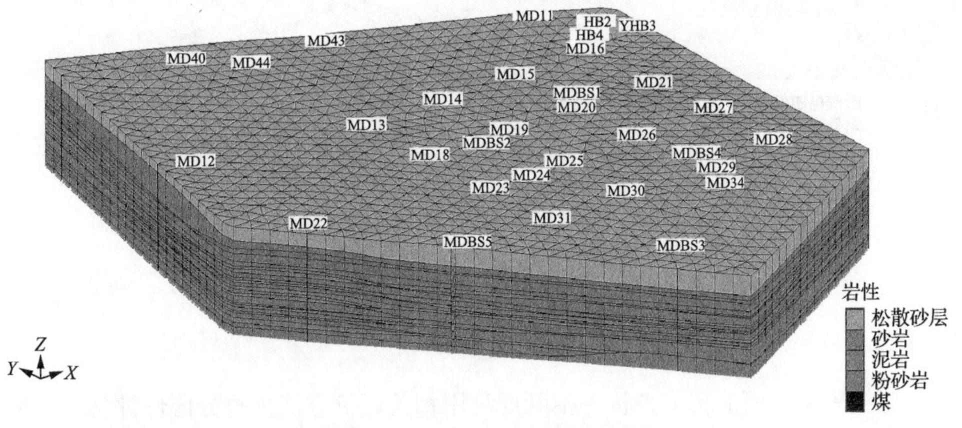

图 5-7　某矿首采区的三维地质模型

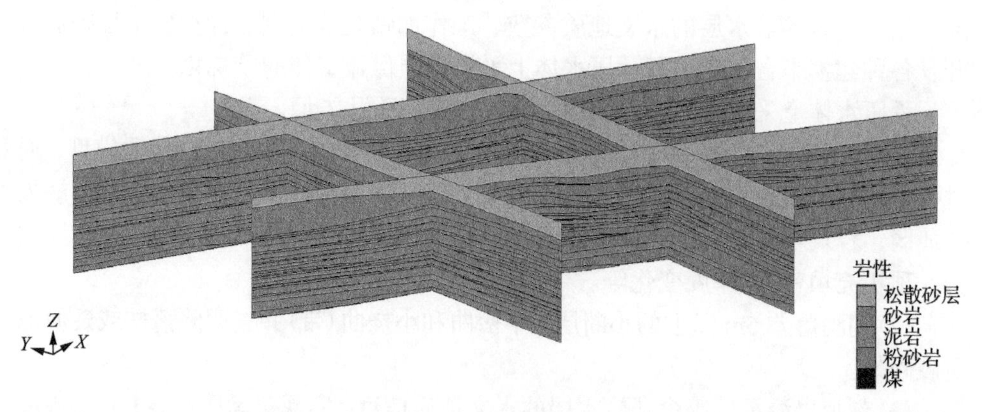

图 5-8　地质剖面切片

5.3.2　弱面区的精准圈定

弱面区的精准圈定是勘探、三维建模工作的重要目标。三维地质模型详细刻画了地层厚度、岩性、起伏情况及地质构造等地质属性，通过地质切片、虚拟漫游、可视化展示等功能，直观、精准地确定了煤层与岩溶含水层超薄弱面区域、地质构造弱面及其影响区域等。承压水上采煤弱面区的圈定为工作面掘采安全性评价、防治水重点靶区的确定提供了地质保障。某矿 100602 工作面弱面圈定的平面图见图 5-9。

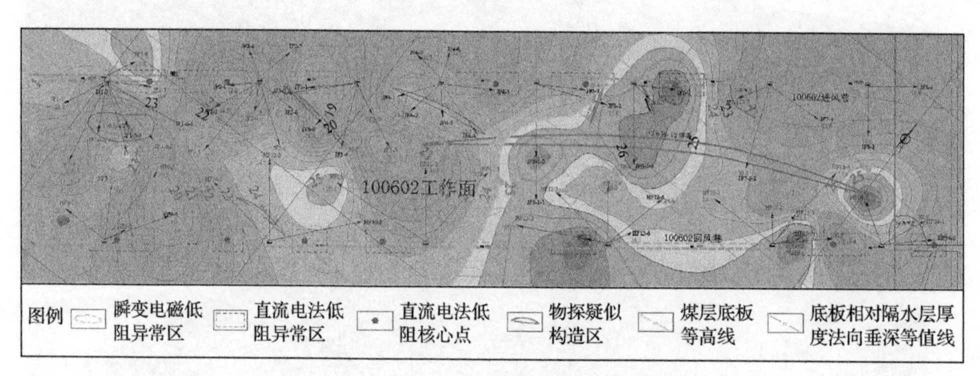

图 5-9　某矿 100602 工作面煤层底板弱面区圈定图

注：图中Ⅰ-1 ～Ⅰ-4：Ⅰ类弱面区域(底板隔水层薄弱区)；物探疑似构造区：Ⅱ类构造弱面

5.4　承压水体上采煤的精准评价

对掘采工作面的精准评价是指既要利用相关评价方法进行分区性评价，又要根据弱面类型、分布、钻孔、采法工艺等地质采矿条件的变化，进行细致化的评判工作，既要做到对矿井或采区的面状评价又要做到对局部地段或弱面区域的细致评价，具体问题具体分析，给出自然状态下承压水体上开采面临的主要问题与危险程度。

5.5　承压水体上采煤的避害设计

矿井采区设计与多重因素相关，这里仅从底板水害防治角度分析避害设计的必要性。承压水体上采煤的避害设计是指在矿井采区设计时，尽可能避开易发生底板突水的区域，最大限度地避免因设计不合理而增大突水概率或造成煤炭资源量的损失。

承压水体上采煤时，采区或工作面避害设计的原则主要有以下几方面。

(1)以地质构造为分割，避开构造复杂区，沿最大主应力方向布置掘采工作面；

(2)在进行开采顺序设计时，应遵循“先采浅部后采深部、先采简单后采复杂”的原则；

(3)最大限度地规避两种弱面区域；

(4)控制回采工作面的空间尺寸，避免布置长或超长工作面；

(5)选择能最大程度降低采动影响的开采方法、开采工艺、顶板管理方法。

5.6　承压水体上采煤的弱面注浆增厚

5.6.1　弱面注浆增厚的原则

掘进或回采工作面掘采之前，需要通过注浆等方式对弱面区(评价结果中的高危区)进行加固或增厚作业，以满足国家安全生产的技术要求。弱面注浆增厚的原则一般有以下几方面。

(1)根据底板防水安全煤岩柱留设等评价方法的计算与评价结果，对薄隔水层弱面区应采用底板隔水层注浆加固、岩溶含水层注浆改造或加固-改造相结合的方法进行工程化治理。

(2)对超薄隔水层底板弱面和构造弱面要应治尽治。

(3)应综合考虑矿压、底板岩性组合、地质构造的影响等综合因素，分析完整岩层带中是否存在抗压关键层，抗压关键层的层位、组合形式和力学性能是确定底板注浆加固、改造形式的重要判断依据。

(4)评价结果中带压开采安全区内的局部构造弱面区宜采用局部注浆加固增厚方法；评价结果中带压开采危险区宜优先选择区域治理方法进行面状整体治理，再根据具体情况选择地面或井下治理方法。

(5)弱面区治理后应采用物探与钻探相结合的方法对治理效果进行检验。

5.6.2 弱面注浆增厚实现的注浆方法

1. 注浆技术概述

注浆法是防治地下工程水害、加固软弱地层的一种有效技术手段，也是在长期实践中逐渐总结发展起来的一门学科。注浆法技术的实践性很强，目前国内外对于注浆理论的研究极大地落后于工程实践，技术参数大多是以理论计算与经验统计相结合的方式得到的。原理上，注浆技术通常以注浆泵为动力源，利用注浆泵提供的压力，将配制好的、具有充塞胶结性能的浆液，通过输浆管路和注浆孔注入含水层或软弱松散岩(土)层中，使浆液以充填或渗透等形式扩散到上述地层的裂隙、孔隙或空洞中，待浆液凝结后封堵裂隙、隔绝水路、固结松散岩(土)体、充填空洞，从而起到堵水或加固的作用。

注浆技术主要包括工艺、材料和装备三个方面。

注浆工艺包括选择注浆方案、确定注浆方式、确定注浆深度、钻孔布置、钻探方法、设备选型、注浆系统的布置、设计注浆参数、注浆施工质量控制及效果检查等内容。

注浆材料是指注入地层中能够在裂隙或孔隙中起充塞和固结作用的浆液或制作浆液的原材料，是堵水和加固的关键。注浆技术能否达到质量要求，首先就是要选择适合受注地层的注浆材料。新型注浆材料的研发是拓展注浆技术应用范围的重要途径。

注浆装备包括注浆泵、浆液搅拌与混合装备、止浆装置、管路、计量与监测仪表等，它们共同组成制备和输送浆液的系统，为浆液进入受注地层提供动力源和通道。在提高注浆设备对工艺、材料适用性的同时，机械化、自动化、信息化是注浆设备发展的一个方向。

注浆技术在这三个方面的发展是密不可分的。首先根据地层条件和目的，选择适宜的注浆材料，再选择与注浆条件、注浆材料和注浆目的相适应的注浆工艺和装备。

2. 掘进工作面预注浆

1)掘进工作面预注浆及其适用条件

在巷道(包括斜井、斜巷、平巷或其他硐室)施工时，对巷道要穿过的含水岩层、软弱破碎地层进行的超前堵水、充填和加固注浆，称为巷道工作面预注浆。有条件时需要预留一定厚度的岩帽或浇筑止浆墙，然后再进行打孔、注浆。

掘进工作面预注浆的适用条件有以下几方面。

(1)岩性条件：适合于裂隙性含水岩层、岩溶地层、断层破碎带和部分孔隙性含水岩层，软弱岩层、陷落柱和其他冒落区等。在流砂等松散含水地层注浆的效果不理想，不建议采用。

(2)含水层赋存条件：裂隙或岩溶含水地层没有重大突水危险。

根据工程地质与水文地质条件和注浆目的，掘进工作面预注浆一般分为三类，其适用条件及主要特点见表5-9。

表5-9 巷道工作面预注浆的分类及适用条件

类别	适用条件	主要特点
堵水注浆	巷道穿过裂隙含水层影响施工和使用时，或者水压高、涌水量大并有突水危险时，可采用堵水注浆	①应用工作面预注浆，在巷道周围形(造)成帷幕； ②可用单液水泥浆或水泥-水玻璃双液浆堵水； ③为保证安全钻进注浆孔，应安装孔口管，必要时安装孔口密封装置； ④与加固注浆相比，注浆压力较高、流量较小
加固注浆	巷道穿过无水或少量涌水地段及风化破碎带，有岩石冒落危险时，可采用加固注浆	①经过工作面预注浆，巷道周围破碎岩石被固结； ②注浆材料可用单液水泥浆，可注性较好时可采用水泥-水玻璃双液浆； ③可采用孔口安装阀门的方法注浆； ④注浆压力较低、流量较大
回填注浆	巷道壁后有空(溶)洞时，可采用回填注浆	①注浆材料可采用水泥浆、水泥-水玻璃双液浆、发泡类化学浆； ②在较大的空洞区可用碎石、矸石、炉渣、砂等作为骨料，与注浆相结合进行充填加固； ③注浆压力低、流量大

2)注浆工程设计

为防止受压浆液和裂隙水从工作面涌出，并保证浆液在最大注浆压力的作用下沿裂隙有效扩散，注浆前应在工作面设置止浆墙。止浆墙一般有人工砌筑的混凝土止浆墙和预留的止浆岩柱两种，可根据地质条件与施工条件选择，见表5-10。

表5-10 巷道工作面预注浆止浆墙的选择

止浆墙类别	适用条件	技术要求	主要优缺点
预留止浆岩柱	①巷道掘进工作面与裂隙含水层或破碎带之间有符合设计厚度的隔水层； ②分段注浆时，有符合设计的注浆带	①应打钻探明裂隙含水层或破碎带和隔水层的准确厚度和位置； ②查明注浆带作为预留止浆岩柱的强度及堵水效果	与混凝土止浆墙相比，工序少、工期短、成本低； 凡具备条件时，应采用预留止浆岩柱
混凝土止浆墙	①巷道掘进工作面与裂隙含水层或破碎带之间无良好的隔水层作为止浆岩柱； ②由于钻探资料不确切，裂隙含水层已被揭露； ③工作面附近的冒落区	①混凝土止浆墙应尽量选择在无水位置，如有水应进行预处理； ②当含水岩层已被揭露时，应设置滤水层，如有集中出水点时，可设导水管，以保证浇筑混凝土的质量； ③采用不低于C40混凝土	工序多、工期长、成本高，如为柱面或球面形止浆墙，施工则更为复杂； 由于单级平面型止浆墙的结构简单、施工方便，故目前使用的较多

续表

止浆墙类别	适用条件	技术要求	主要优缺点
预留止浆岩柱与混凝土止浆墙相结合	①将巷道掘进工作面与裂隙含水层或破碎带之间的隔水层作为止浆岩柱，但其厚度不够； ②用部分注浆带作为止浆岩柱的部分，堵水效果差	①打钻探明含水岩层及隔水层的准确厚度和位置； ②当巷道工作面有涌水时，应设滤水层，有集中出水点时，可下导水管，为浇筑混凝土创造良好的施工条件； ③预留止浆岩柱与混凝土止浆墙的总厚度应符合设计要求	工序多、工期较长、成本较高

注：止浆墙在使用前应钻孔进行压水试验，当达到注浆终压稳定 10min 不漏水时，即为合格。

止浆墙的厚度主要根据最大注浆压力、巷道断面和止浆材料的强度确定。由于预留岩柱最简单，故有条件时应优先选用。如采用混凝土止浆墙时，因单级平面型止浆墙的结构简单、施工方便，可优先选用。但是，如经计算其厚度较大时，可另选用柱面形止浆墙，止浆墙的结构形式及厚度计算可参照表 5-11。

3）注浆方式与注浆钻孔设置

注浆方式按分段的注浆顺序可分为三种：分段前进式注浆、分段后退式注浆和全段式注浆。

表 5-11　巷道工作面预注浆止浆墙结构形式及厚度计算

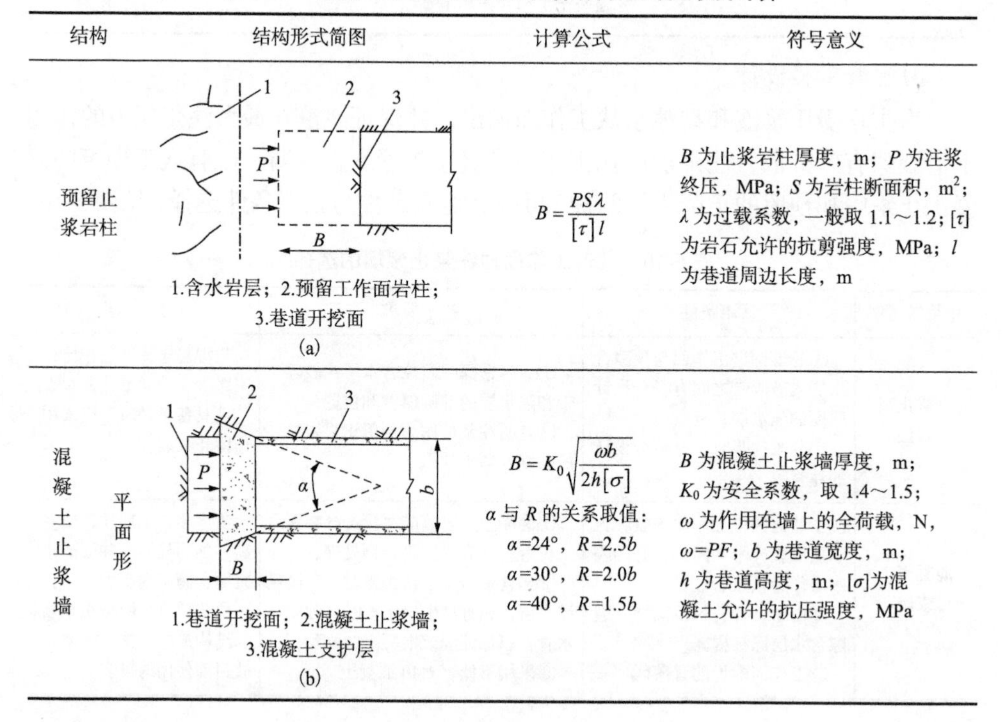

结构	结构形式简图	计算公式	符号意义
预留止浆岩柱	1.含水岩层；2.预留工作面岩柱；3.巷道开挖面 (a)	$B=\dfrac{PS\lambda}{[\tau]l}$	B 为止浆岩柱厚度，m；P 为注浆终压，MPa；S 为岩柱断面积，m^2；λ 为过载系数，一般取 1.1～1.2；$[\tau]$ 为岩石允许的抗剪强度，MPa；l 为巷道周边长度，m
混凝土止浆墙　平面形	1.巷道开挖面；2.混凝土止浆墙；3.混凝土支护层 (b)	$B=K_0\sqrt{\dfrac{\omega b}{2h[\sigma]}}$ α 与 R 的关系取值： α=24°，R=2.5b α=30°，R=2.0b α=40°，R=1.5b	B 为混凝土止浆墙厚度，m；K_0 为安全系数，取 1.4～1.5；ω 为作用在墙上的全荷载，N，ω=PF；b 为巷道宽度，m；h 为巷道高度，m；$[\sigma]$为混凝土允许的抗压强度，MPa

续表

结构		结构形式简图	计算公式	符号意义
混凝土止浆墙	柱面形	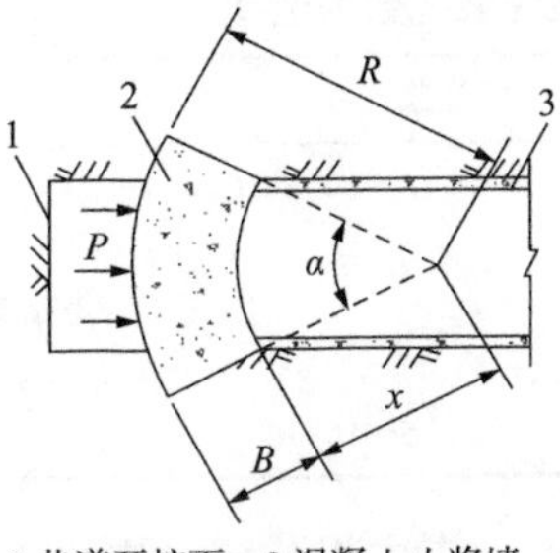 1.巷道开挖面；2.混凝土止浆墙；3.混凝土支护层 (c)	$B = KR\left(1-\sqrt{1-\frac{2P}{[\sigma]}}\right)$ α与R的关系取值： α=24°，R=2.5b α=30°，R=2.0b α=40°，R=1.5b	R为柱面外半径，m；K为安全系数，取1.03～1.1；B为混凝土止浆墙厚度，m；$[\sigma]$为混凝土允许的抗压强度，MPa；P为注浆终压，MPa

注：(1)当平面形或柱面形混凝土止浆墙的厚度大于5m时，可做成多级形式，每级厚度一般为2～3m；
(2)当围岩强度较低时，应验算与止浆墙接触部分围岩的强度。

分段前进式注浆是钻一段孔注一段，钻注交替循环，直至通过含水层；
分段后退式注浆是注浆孔一次钻透含水层，用止浆塞从最前往后分段注浆；
全段式注浆是将注浆孔打到终孔位置后，进行全孔一次注浆。

注浆方式和分段长度可根据裂隙的发育程度和注浆孔的涌水量来选择，具体见表5-12。

表5-12　巷道工作面预注浆裂隙含水岩层中注浆方式注浆段长选择

裂隙发育程度	钻孔涌水量/(m^3/h)	注浆小段长度/m	注浆方式
发育	>10	5～10	分段前进式
较发育	5～10	10～20	分段前进式
较不发育	2～5	20～30	分段后退式
不发育	<2	30～50	一次钻注完

对破碎岩层注浆通常采用分段前进式，分段长度可根据钻孔冲洗液的漏失量和孔壁维护的难易程度而定，见表5-13。

表5-13　巷道工作面预注浆破碎岩层注浆分段长度的选择

钻孔冲洗液漏失情况	微弱	小	中	大
漏失量/(L/min)	30～50	50～80	80～100	>100
注浆分段长度/m	>5	3～4	2～3	<2

注：当钻孔冲洗液漏失严重，孔壁坍塌时，注浆分段长度可适当缩小

注浆孔数与裂隙发育程度、浆液有效扩散半径及巷道断面面积有关，具体可参考表5-14。根据注浆过程中的堵水效果，必要时可增加或减少布孔。终孔的孔

距要满足浆液有效扩散半径的要求，使相邻注浆孔的浆液扩散交圈，从而保证形成足够的注浆帷幕。

表 5-14　巷道工作面预注浆注浆孔数的选择

裂隙大小	裂隙宽度/mm	注浆孔数/个	备注
细裂隙	0.3～3	8～10	巷道断面为 6～12m^2
中裂隙	3～6	6～8	
大裂隙	>6	4～6	
断层带、破碎带、冒落区		5～15	

应根据裂隙发育程度及分布情况进行布孔，使注浆孔穿过更多的裂隙。注浆孔的布置形式与适用条件可参考表 5-15。

表 5-15　注浆孔的布置形式及适用条件

布孔形式	注浆孔布置图	注浆目的	布孔特点	适用条件
直孔	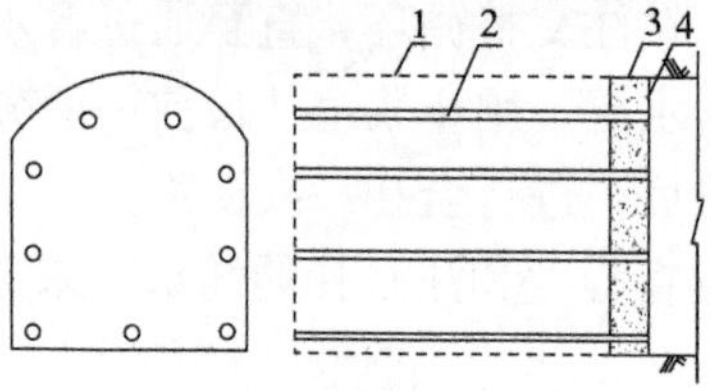 1　2　3 4 1.巷道荒断面轮廓线；2.注浆孔； 3.止浆岩帽或止浆墙；4.工作面 (a)	堵水为主	①注浆孔平行巷道，且靠近荒断面的轮廓线； ②定孔位简单	①巷道与裂隙面垂直或斜交； ②裂隙分布均匀，连通性好； ③含水岩层坚硬
放射状孔	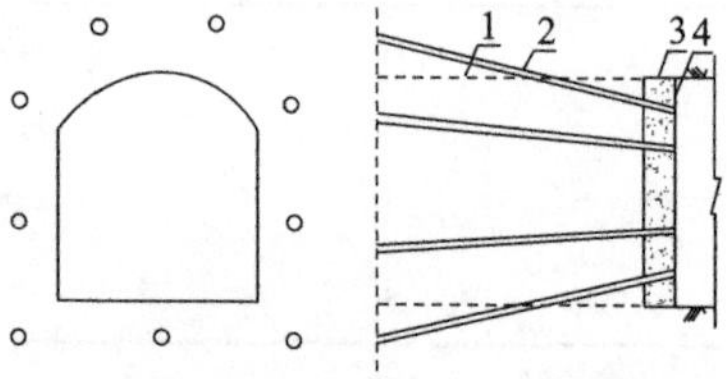 1　2　3 4 1.巷道荒断面轮廓线；2.注浆孔； 3.止浆岩帽或止浆墙；4.工作面 (b)	堵水加固	①呈放射状布孔，终孔位置超出巷道荒断面轮廓线 2～3m； ②终孔等间距； ③定孔位较复杂	①巷道与裂隙面垂直、斜交或平行； ②裂隙分布不均匀、连通性差； ③破碎带、断层带
扇形孔	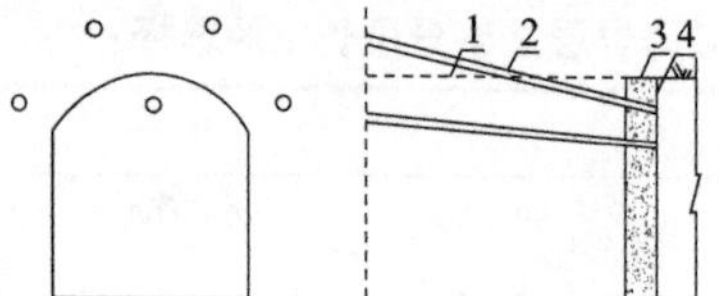 1　2　3 4 1.巷道荒断面轮廓线；2.注浆孔； 3.止浆岩帽或止浆墙；4.工作面 (c)	加固堵水	①巷道局部位置布孔； ②终孔位置超出巷道荒断面轮廓线一定距离，视加固充填位置的范围而定； ③定孔位较复杂	①掘进工作面的冒落区； ②巷道穿过部分含水岩层或破碎带

注：当注浆孔数多时，可布置二圈并呈“三花”或“五花”形排列。

4) 注浆方式与注浆工艺

注浆方式及注浆工序的确定见表5-16。

表5-16 巷道工作面预注浆方式和工序的确定

注浆方式	注浆工序	适用条件
分段前进式	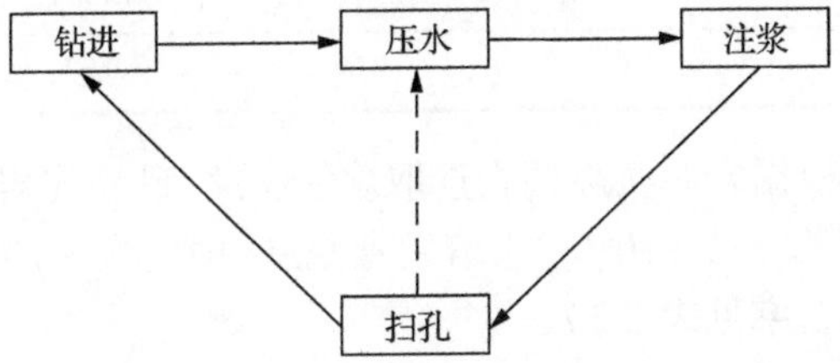 钻进→压水→注浆；注浆→扫孔；扫孔→钻进；扫孔⇢压水	裂隙含水岩层
分段前进式	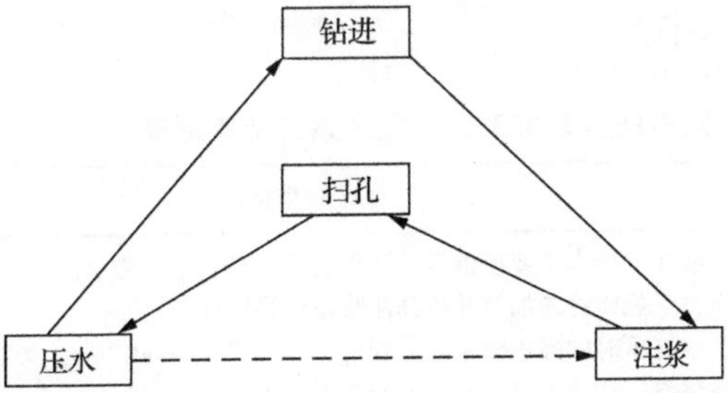 钻进→注浆；注浆→扫孔；扫孔→压水；压水→钻进；压水⇢注浆	破碎带
全段一次注浆	 钻进→压水→注浆	裂隙不发育、涌水量小的岩层

5) 注浆参数与结束标准

Ⅰ. 注浆终压

一般按地下水静水压力设计注浆终压，注浆终压一般为静水压力的 2.0～4.0 倍。注浆终压随着注浆深度的增加而增大，注浆深度每增加 10m，注浆压力约增加 0.2MPa，浅部增加值偏大，深部增加值偏小。

通常情况下注浆终压可按下列规定取值：

(1) 滤水层或止浆岩柱段的注浆终压值应为静水压力值的 1.5 倍；

(2) 注浆段的注浆终压值应为静水压力值的 2～4 倍。

Ⅱ. 浆液注入量

根据扩散半径、岩石裂隙率计算单孔注浆量，总注浆量为各孔注浆量之和。

注浆段总注入量的计算公式为

$$Q = NA\pi R^2 H\eta\beta / m \tag{5-6}$$

式中，Q 为注浆段的浆液注入量，m^3；N 为注浆孔数，个；A 为浆液消耗系数，一般取 1.2～1.5；H 为注浆段高，m；R 为浆液的有效扩散半径，一般取 2～4m；η 为岩石的裂隙率，%；β 为浆液的充填系数，一般取 0.8～0.9；m 为浆液结石率，单液水泥浆取 0.56～0.99，详见表 5-17。

表 5-17　单液水泥浆不同水灰比的结石率

水∶灰	2∶1	1.5∶1	1∶1	0.75∶1	0.5∶1
结石率/%	0.56	0.67	0.85	0.97	0.99

岩石的裂隙率 η 可根据岩芯实际调查选取。在砂岩、砂质泥岩地层可取 1%～3%，断层破碎带地层可取 5%～10%，岩溶发育地层可取 5%～10%及以上。单液水泥浆不同水灰比的结石率见表 5-17。

Ⅲ. 注浆结束标准

注浆结束标准见表 5-18。

表 5-18　巷道工作面预注浆的结束标准

岩层	注浆结束标准
裂隙岩层	①实际浆液注入量大于或接近设计计算的注入量； ②注浆压力呈规律性增加，并达到注浆设计终压； ③达到注浆终压时的最小吸浆量分别为：单液浆 30～40L/min，双液浆 60～80 L/min； ④维持注浆终压和最小吸浆量的时间为 10～15min
破碎岩层	①实际浆液注入量大于或接近设计计算的注入量； ②注浆压力呈规律性增加，并达到注浆设计终压； ③达到注浆终压时，水灰比为 0.8∶1，泵量为 30～40L/min； ④维持终压、终量的时间为 5～10 min

5.6.3　岩溶承压水害的区域治理技术

1. 技术定义与内涵

长期以来，我国矿井防治水基本是遵循先隐患排查、后治理的思路。对承压水上采煤所采用的煤层底板隔水层注浆加固或将含水层改造成隔水层，均是以单个回采工作面为单元进行；从时空关系上看，均是在回采面上、下两巷完成及回采面形成后实施；从治理目标层方面看，治理主要以煤层底板中薄层灰岩等岩性含水层为主；从治理场地的空间形式看，主要是以井下为主。所以，针对高承压水条件下煤层开采的背景提出了空间上的区域治理，时间上实现采前超前治理、采中强化治理和突水点高效治理的区域治理。

煤矿带压开采区域治理技术定义：针对煤矿带压开采底板水害，在井上或井下施工定向水平多分支钻孔，对一定区域内煤层底板选定的目标含水层进行注浆改造，封堵煤层与目标含水层之间的导水通道，改造目标含水层和增强隔水层阻水能力的技术。地面区域治理技术示意图见图5-10。

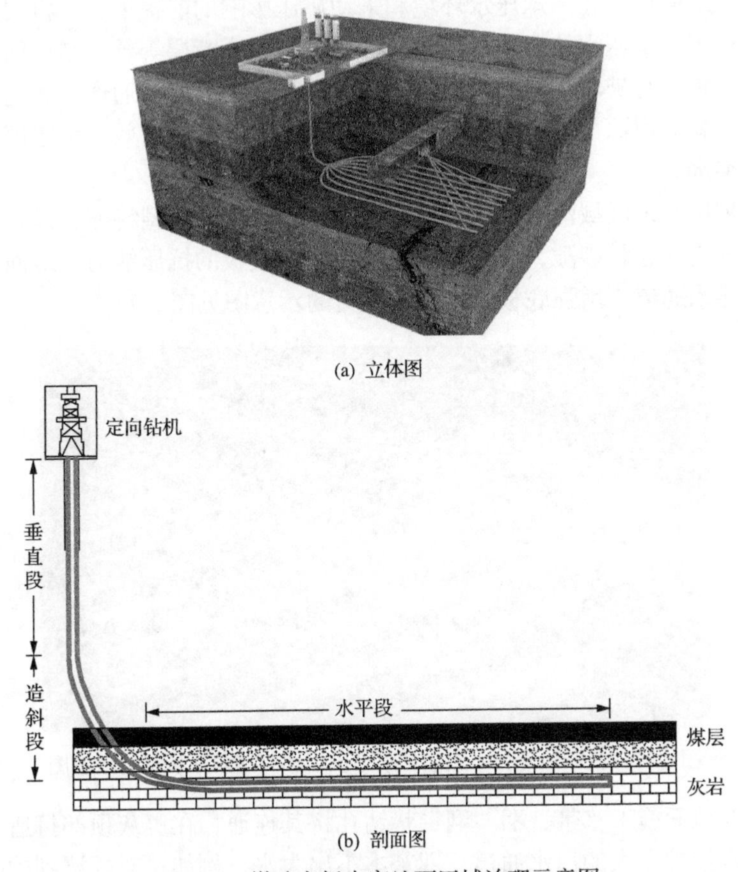

(a) 立体图

(b) 剖面图

图5-10 煤矿底板水害地面区域治理示意图

基本内涵是：严格坚持地面“见漏必注”、井下“见水必注”的原则，若遇有浆液漏失或注浆量持续不降，说明附近可能有大的含(导)水构造，如陷落柱、断层、裂隙带或组合等；从施工程序上，要将注浆治理移到掘进之前，以实现煤层底板的超前加固，先治后掘；采掘设计要从多点局部或回采工作面转移到在区域治理的整体上进行全面考虑；煤层底板隔水层探查治理的目标层由原来煤层底板的隔水层延伸到奥灰含水层顶部。地面区域超前治理是治本，井下局部治理是补充。

2. 技术原理

以峰峰矿区为例，煤层底板为复合型的多层薄层灰岩和巨厚奥灰含水层结构，总水源层奥灰水以阶梯上向导升形式，通过底板岩层的断裂、节理、裂隙等弱面，包括断层切割、点状陷落柱贯穿等构造的各向异性岩体压入采掘空间，构造控水特征明显。随着采深的加大和采动矿压的影响，高承压水使潜在的上述构造及裂隙带成为突水通道。在高承压水环境和采动矿压影响的前提下，底板裂隙岩体发生高渗压作用，承压水使岩体中的微裂隙、节理、小断层等软弱结构面张开、软化、变形、扩展与破坏，发生水力劈裂，进而发展成高渗流通道；若遇到隐伏导含水构造，就会由深部转为浅部水文地质条件，使得岩层有效隔水厚度减小而发展成底板突水。

煤层带压开采区域治理技术针对“构造控水”这一典型特征，以高压大范围注浆的方式消除各种裂隙，封堵导水通道，增强底板的抗压能力。地面区域治理注浆封堵导水通道、增强底板岩体抗压能力的示意图见图 5-11。

图 5-11　区域治理技术浆液在水平段运移封堵弱面裂隙的示意图

通过在地面施工“带、羽、网”状钻孔将其连通，在奥灰顶部打造一个“网板”，基本消除了大的出水通道，即基本不出大水。例如，对探测到的陷落柱实施定点“外科手术”，注浆构筑“堵水塞”消除突水隐患。对于煤层底板奥灰顶部含水层区域的改造，实质上是提高煤层底板岩层的完整性，将存在的富水、薄底板、裂隙薄弱带、构造破坏等区域予以加固或全面改造。对于煤层底板实施区域注浆加固或含水层改造，目的是消弭裂隙及各种地质缺陷。所以，注浆压力一般是奥灰静水压力的 1.5～2.5 倍即可。

3. 区域治理的防治水理念

区域治理技术带来了防治水理念的革新，主要体现在：

(1)探查为主向超前改造治理为主转变，实现“以治促查，查治结合”；

(2)井下局部治理向地面区域治理转变，改变“一面一治理”的传统模式；

(3)通道、薄层灰岩治理向奥灰源头治理转变，由治标向治本转变；

(4)采前治理向掘前治理转变，实现“先治后建、先治后掘”；

(5)措施经验型向工程监控型转变，由治标到治本，实现开采监控预警；

(6) 由水害治理为主向治保结合转变，减少疏排量，实现保水开采。

4. 底板水害区域治理的指导原则

随着矿井开采深度越来越大，水压越来越大，如果采用常规的防治水技术路线，那么“出水是必然的”，针对大采深、高承压开采和下组煤开采所面临的奥灰水害防治问题，目前迫切需要转变水害防治观念和治理思路，充实防治水的指导原则，从矿井安全和大区衔接两方面考虑，提出“超前主动、区域治理、全面改造、带压开采”防治水技术指导原则。

(1) 区域超前治理从以往的局部一面一治理扩展到以采区及以上区域为单元或受地质构造分割相对独立的水文地质单元为区域进行治理；与其他煤矿和金属矿山的帷幕注浆不同，区域治理的对象是煤层底板岩层。

(2) 注浆治理程序要超前于工作面掘进和回采，实现“不掘突水头，不采突水面”的目标。

5. 区域治理防治水工程的程序

在大采深、高承压的奥灰水条件下，为保证“不掘突水头，不采突水面”，提出区域超前治理防治水工序如下。

(1) 地面区域超前治理水害的程序：地面物探→定向钻（钻探、验证）→区域注浆治理。

(2) 工作面掘进前治理的程序：掘前物探→打钻验证→超前补注→先治后掘。

(3) 工作面回采前：物探和钻探相结合→注浆补强→全面改造→采前评价→回采。

采前评价是回采工作面得到全面治理后，还要用一种物探手段进行治理前后的效果对比，然后进行工作面采前专家综合安全评价，待评价通过后方可进行回采。

6. 区域治理技术的目标

(1) 开采上组煤的矿井，对煤层底板实施全面改造；下组煤高承压水矿井，对奥灰顶部进行全面注浆改造，全面封堵底板范围内存在的裂隙带、导（含）水构造及奥灰原始导开裂隙带，提升矿井抗水害的安全程度。通过煤层底板的全面注浆改造，突水系数必须小于《煤矿防治水细则》规定的 0.1MPa/m。

(2) 区域治理工程必须超前井下采掘工程，坚持“不掘突水头，不采突水面”的原则。

(3) 要建立矿井“水患治理达标煤量”的概念，达标煤量原则上要大于回采煤量，坚持“以治定采”的原则。

(4) 超前注浆治理工程量要达到总工程量的 70%以上。

7. 区域治理空间关系的确定原则

区域注浆治理效果要达到规定的技术目标，保障工作面的生产安全，须在底板确定合理的治理层位或层位组合，使得底板各类型裂隙得到有效封堵；水平方向上，应充分考虑采动影响和水力联系特征，使得治理范围合理地大于开采范围。

立体化区域治理空间关系的确定应遵循以下原则。

(1)垂向治理层位的选择应保证煤层底板有合理的相对隔水层厚度，可参照《煤矿防治水细则》的相关要求。

(2)治理目标层应选择满足定向钻进要求的沉积连续、具有一定层厚且可注性良好的一层或多层地层。

(3)构造发育区或局部灰岩富水区，应在垂向上实施“铺底”式多层位定向注浆治理。

(4)水平方向上，治理范围要大于开采范围，按照防水安全煤岩柱留设方法计算外延范围，并留一定范围的保护区，以防侧向导水通道突水。

8. 注浆治理层位的选择

注浆层位是底板水害区域治理的关键环节之一。一般通过底板防水安全煤岩柱尺寸或突水系数法计算承压水体上开采所需的最小相对隔水层厚度，另外，还要考虑所选地层的可注性等因素。根据华北型煤田岩溶地层的沉积情况，一般的注浆层位为太原组薄层灰岩含水层和奥陶系灰岩含水层顶部的一定范围。

以峰峰矿区为例，治理层位可分为单一或多层立体目标层选择形式。

单一目标层选择形式指单一对薄层灰岩或奥灰顶部进行治理，如图 5-12 所示。不同矿井承压水体上采煤面临的风险不同，风险评估后，仅需要对主采煤层底板某层薄层灰岩进行区域性注浆改造，可选择大青灰岩或山伏青灰岩层进行治理，如图 5-12(a)所示；若改造薄层灰岩仍不能满足承压水体上开采底板隔水层厚度的要求，则需要将治理层下移至奥灰顶界面，且当治理奥灰顶界面可实现防治水安全时，仅对奥灰顶界面进行单层注浆治理，如图 5-12(b)所示。

多层立体目标层选择形式指当仅改造单一的薄层灰岩或奥灰顶界面不能满足防治水安全的要求时，就需要进行薄层灰岩和奥灰顶界面的多重选择组合，可根据矿井或开采区的实际情况确定。多层立体目标层选择形式示意见图 5-13。

9. 平面治理范围的定量化确定

峰峰矿区经过长期的实践，制定了区域治理平面治理范围的确定方法，形成了相应的企业技术规范。原则上以采区及主要构造地质单元为治理范围。工作面外围的最小治理范围按照以下 3 种情况计算确定。

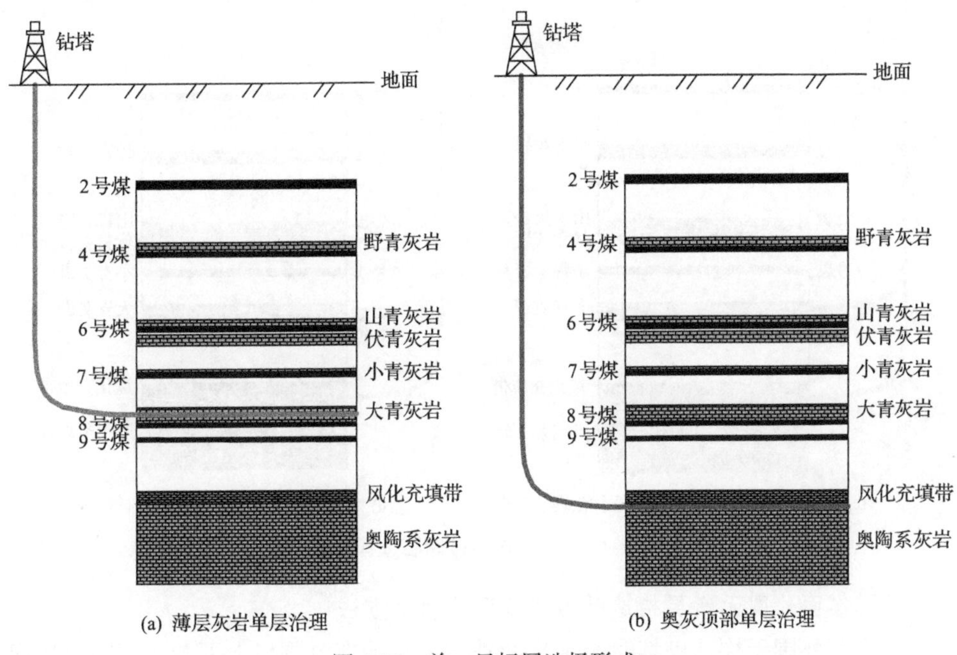

图5-12 单一目标层选择形式

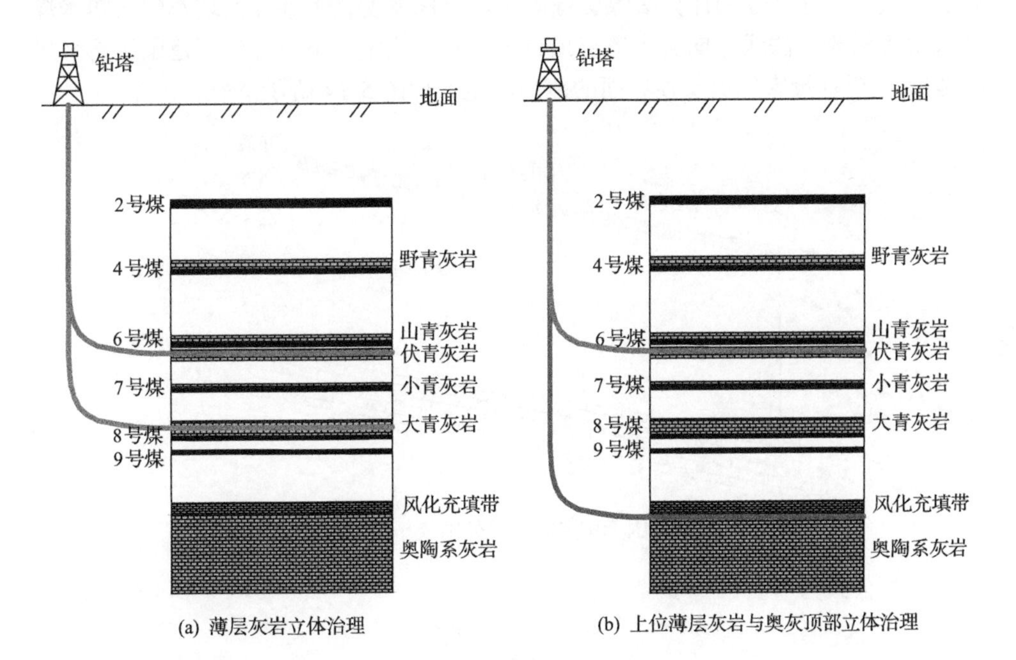

(a) 薄层灰岩立体治理

(b) 上位薄层灰岩与奥灰顶部立体治理

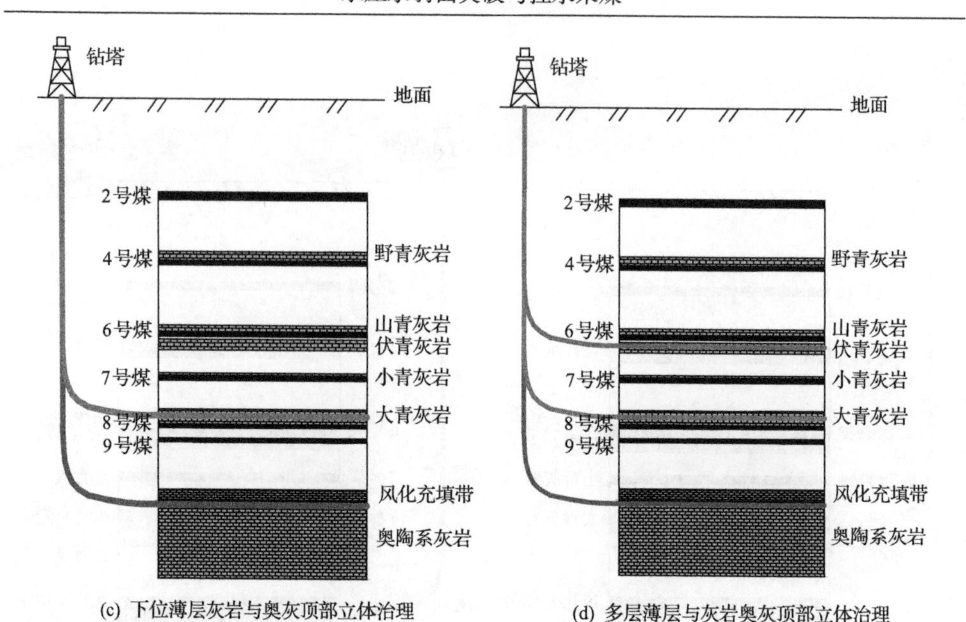

图 5-13　多层立体目标层选择形式

1)工作面外围无断层构造时治理范围的确定方法

工作面外围无构造破坏时，工作面外围最小治理范围以上下巷、切眼及边眼煤层底板最低标高分别计算沿煤层方向防水煤柱宽度，上巷外治理范围按防水煤柱宽度 L 沿岩层法线方向交到奥灰顶界面的范围确定，下巷外治理范围按防水煤柱宽度 L' 铅垂投影到奥灰顶界面的范围确定，如图 5-14 所示情况。

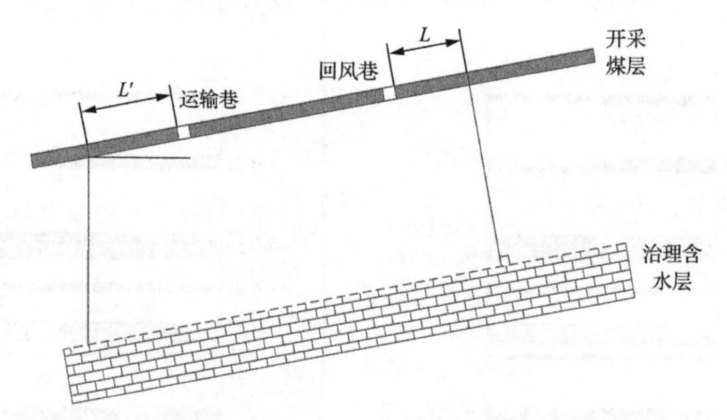

图 5-14　工作面外围无构造破坏时外围最小治理范围计算示意图

计算公式为

$$L = 0.5KM\sqrt{\frac{3P}{K_{\rm p}}} \tag{5-7}$$

$$L=\frac{P}{T_s} \tag{5-8}$$

式中，L 为防水煤柱宽度，m；K 为安全系数，取 5；M 为煤层厚度或采高，取较大值，m；K_p 为煤的抗拉强度，MPa；P 为上下巷、切眼或边眼煤层底板最低标高承受的水压(突水系数法按奥灰顶界面计算的水压)，MPa，水位标高按近 3 年奥灰含水层的最高水位；T_s 为突水系数，取 0.06MPa/m。

选择公式(5-7)和式(5-8)分别计算防水煤柱宽度，取最大值 $L_{max}=L$ 。

2) 工作面外围存在断层构造时治理范围的确定方法

当前述确定的奥灰治理范围至开采煤层之间存在断层(正断层)时，将断层与奥灰顶界面外侧一盘交线外推平距 50m 与前述确定的奥灰治理范围对比，取较大范围作为工作面外围的最小治理范围，如图 5-15～图 5-18 所示的四种情况。

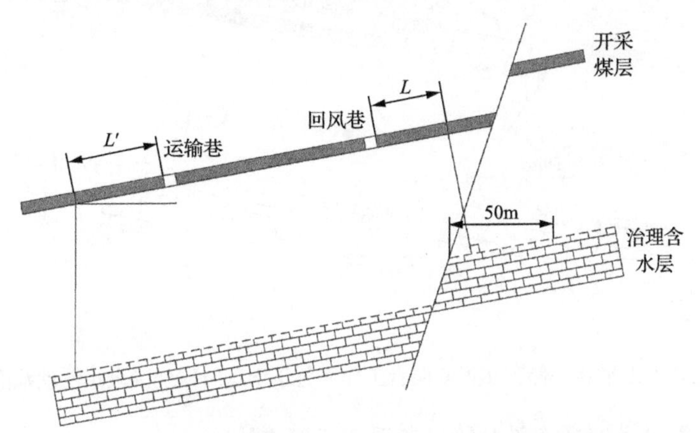

图 5-15　工作面回风巷外侧存在正断层且工作面位于上盘时的外围最小治理范围计算示意

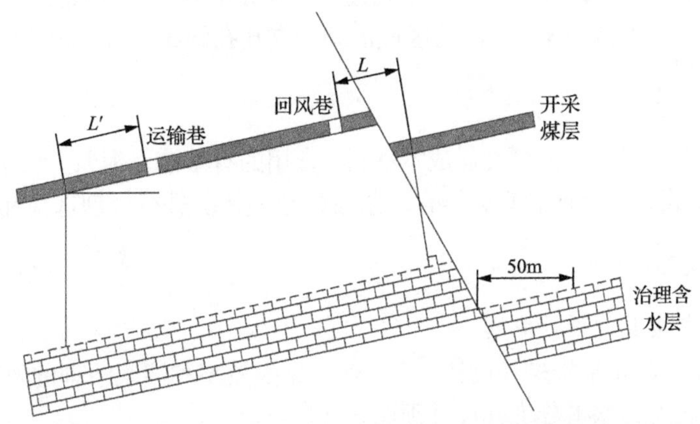

图 5-16　工作面回风巷外侧存在正断层且工作面位于下盘时的外围最小治理范围计算示意

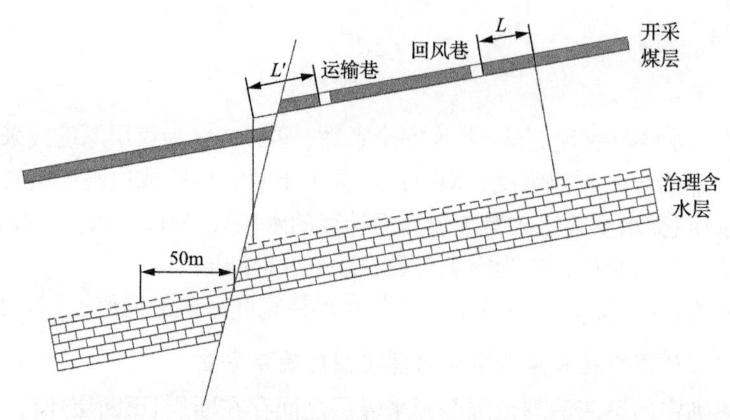

图 5-17　工作面下平巷外侧存在正断层且工作面位于下盘时的外围最小治理范围计算示意

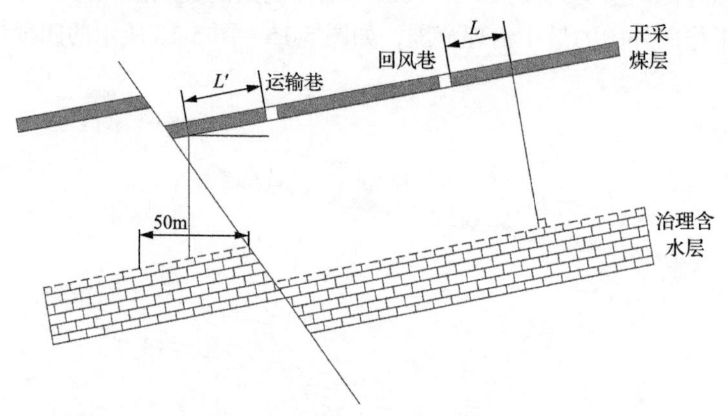

图 5-18　工作面下平巷外侧存在正断层且工作面位于上盘时的外围最小治理范围计算示意

3）工作面沿采空区布置时治理范围的确定方法

若工作面沿采空区布置，应考虑重复叠加采动破坏，工作面采空区一侧最小的安全治理范围不得小于1.5倍的区域治理分支孔孔间距，即一般外延60～90m。

10. 注浆材料

注浆材料一般采用无机类低成本材料。常用的有单液水泥浆、水泥-粉煤灰浆和水泥-黏土浆，应因地制宜，结合注浆段的地层情况进行合理选择和调整。

11. 分支钻孔设计

1）水平分支孔的设计原则

(1) 根据垂深水平推进长度比，为了保障钻探效率和注浆治理的效果，应严格控制水平段长度，水平分支孔设计须贴合实际。

(2) 水平分支钻孔注浆的治理范围应大于开采范围。

(3) 水平分支孔兼顾探查地层的赋存特征、断层、陷落柱等功能。

(4) 对物探异常区、构造区进行加密布置，必要时进行横向加密和垂向加密分支孔、增加羽状孔等方式，以保障重点区域的注浆效果。

2) 分支钻孔的设计参数

根据岩溶含水层注浆施工的实践经验，分支孔间距一般在 40～60m。具体地，应根据所在矿区的地层情况，前期进行浆液扩散范围的工程试验，通过分支钻孔交替施工的方式，适时调整分支钻孔的间距。

某矿底板水害区域治理水平孔的设计轨迹如图 5-19 所示。

12. 钻探工艺

1) 钻孔结构

注浆主钻孔经直孔段、造斜段施工，使钻孔进入目的层位，并沿目的岩层顺层钻进，主孔施工完成后，分别进行分支孔的施工，钻孔的主体结构如图 5-20 所示。

一开，孔径 Φ350mm，下入 Φ244.5×8.94mm 套管，用纯水泥浆进行固管。

二开，孔径 Φ216mm，下入 Φ177.8×8.05mm 套管，下至加固目的层位顶界，并用纯水泥浆进行固管。

三开，孔径 Φ152.4mm，沿目的岩层顺层钻进，为裸孔段。

2) 钻具组合(示例)

一开钻进：Φ215.9mm 钻头+Φ172mm 螺杆钻具+Φ172mm 无磁钻铤+Φ172mm 钻铤+Φ89mm 加重钻杆+Φ89mm 钻杆。

一开扩孔：Φ350mm 钻头+Φ159mm 钻铤+Φ89mm 加重钻杆+Φ89mm 钻杆。

二开：Φ215.9mm 钻头+Φ172mm 螺杆钻具+Φ172mm 无磁钻铤+Φ172mm 钻铤+Φ89mm 加重钻杆+Φ89mm 钻杆。

三开：Φ152.4mm 钻头+Φ127mm 螺杆钻具+Φ127mm 无磁钻铤+Φ127mm 钻铤+Φ89mm 加重钻杆+Φ89mm 钻杆。

在施工过程中可根据地层分布特征及钻孔轨迹的情况，对钻具组合进行适当调整。

3) 钻孔泥浆的性能要求

(1) 钻进直孔段时，要求钻孔泥浆密度控制在 1.05～1.20g/cm^3，黏度控制在 20″～30″，并根据钻孔情况及时加入钻孔泥浆添加剂来调整钻孔泥浆；

(2) 钻进造斜段和水平顺层段时，采用优质低固相钻孔泥浆，要求钻孔泥浆密度控制在 1.10～1.25g/cm^3，黏度控制在 25″～40″，适时加入油脂润滑剂，以减小钻具的上下阻力，并根据钻孔的实际情况及时添加处理剂，调整钻孔泥浆的性能。钻孔泥浆配比与泥浆材料及添加剂量对应表如表 5-19 所示。

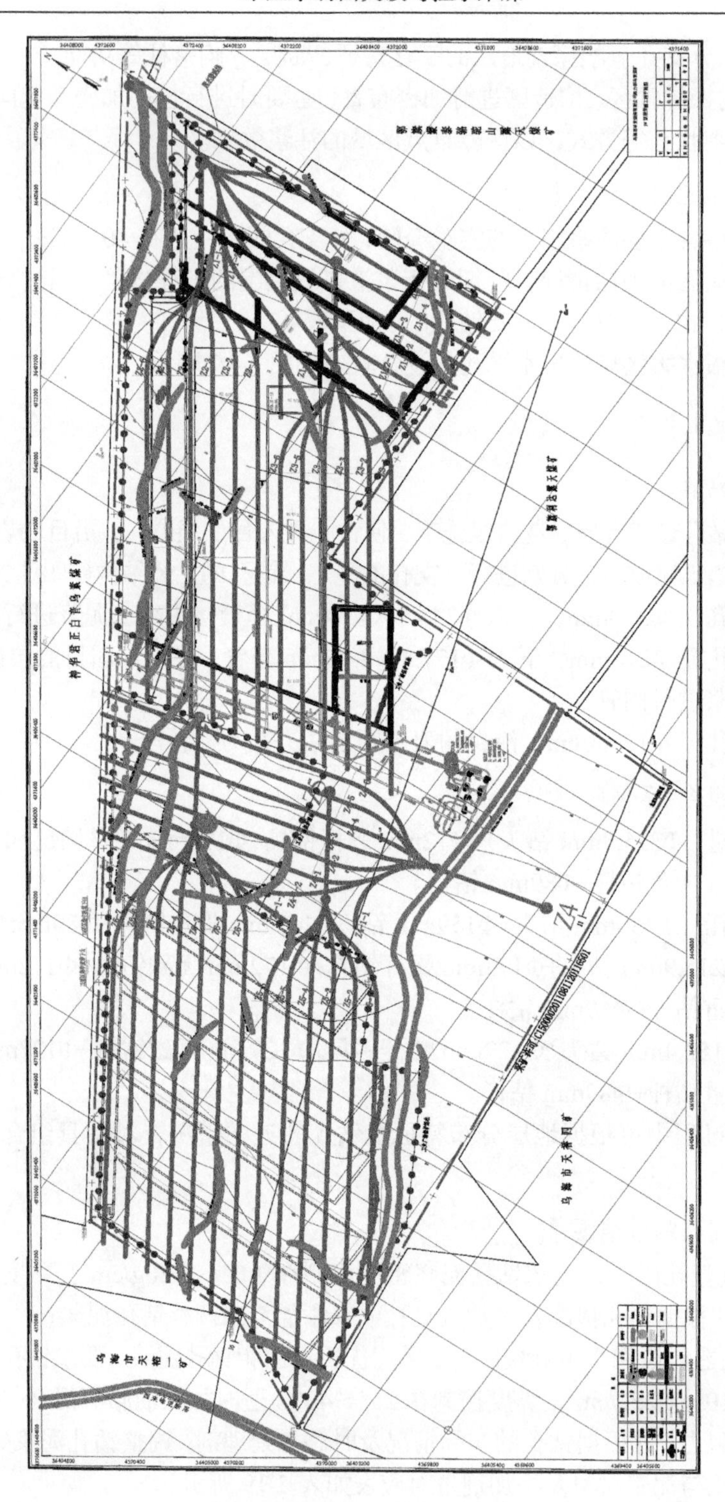

图5-19　某矿水平定向钻孔的轨迹设计

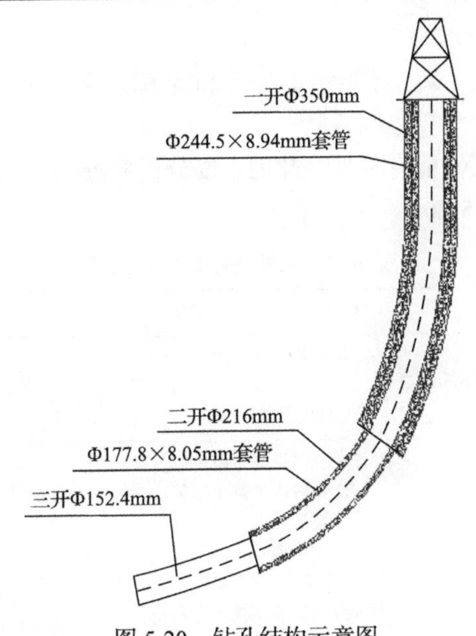

图 5-20 钻孔结构示意图

表 5-19 钻孔泥浆配比与泥浆材料及添加剂量对应表

地层		直孔段	造斜段和水平顺层段	备注
泥浆性能	密度/(g/cm^3)	1.05～1.20	1.10～1.25	
	黏度	20″～30″	25″～40″	
	含砂量	＜1%	＜0.6%	
	失水量	6～10mL/30min	6～10mL/30min	
材料添加量	膨润土	初期需要 3t 配浆，后面酌情加量	酌情加量	钙基 8～12m^3/t 钠基 15～18m^3/t
	重质碳酸钙	酌情加量	酌情加量	
	纯碱	初期需要 0.15t 配浆，后面酌情加量	酌情加量	加量为膨润土重量的 5%
	广谱护壁剂	初期需要 0.15t 配浆，后面酌情加量	酌情加量	
	磺化褐煤树脂	酌情加量	酌情加量	加量为 1%～2%
	高黏防塌剂	酌情加量	酌情加量	
	高黏堵漏剂	酌情加量	酌情加量	根据漏失量加入 1‰～3‰

钻孔泥浆配制及维护分段处理：表土段注意防沙、孔壁防塌；基岩段，提高钻孔泥浆排量，以便将粉碎的钻屑带出，钻孔泥浆经过处理后可循环使用。

4）钻孔泥浆的性能要求

（1）钻孔泥浆的性能监测：每 2 小时检测一次，并认真记录，调整钻孔泥浆性能时，应加密测量。

(2)钻孔泥浆净化：人工捞取沉淀岩粉和旋流除砂器同时进行，以降低钻孔泥浆含砂量。

(3)发现钻孔泥浆性能有突然变化时，要分析并查找原因，制定处理方案。钻孔泥浆处理方案见表 5-20。

表 5-20　钻孔泥浆处理方案表

序号	问题		表现征兆	对策
1	孔壁岩石剥落掉块		①钻机扭矩增大； ②泵压升高； ③起钻遇阻	增加钻孔泥浆的密度、黏度和切力，直到孔壁稳定为止
2	岩屑上返量不够		①孔口返屑量减少； ②钻杆内涌浆、喷浆； ③泵压升高； ④起钻遇阻	增加钻孔泥浆的密度，黏度为 40″以上，进行开泵循环
3	起钻遇阻	岩屑掉块引起的起钻遇阻	开泵就能恢复正常起钻	开泵循环，同时调高钻孔泥浆的密度和黏度
		钻头泥包引起的遇阻	开始起钻顺利，后来越来越困难，开泵还蹩泵	下起继续钻进 5～6m
		缩径引起的遇阻	起钻遇阻但下放顺利，穿过缩径层就好了	采用上下窜动或倒划眼的办法，上提几米就好了
		键槽引起的遇阻	在造斜段下放容易，上提困难	开泵循环，采用上下窜动或倒划眼的办法，穿过孔斜段的最大处

(4)设专职钻孔泥浆管理人员。

(5)钻进过程中如果出现泥浆漏失量超过注浆要求的数值，施工单位应及时上报矿方，按照矿方要求采取措施进行堵漏或注浆。

5)钻进参数

(1)开孔是保证钻孔垂直度的关键，为确保开孔的垂直度，在开钻前要在砼基础上预留环形孔槽，开孔钻进过程中应以轻压、慢转、大泵量为宜，保证钻孔的开孔垂直度。

(2)正常钻进时，控制压力不超过加重钻具重量的 2/3。

(3)造斜段、水平段每钻进 4～5m 上提钻具，进行一次扫孔，每钻进 9m 左右，扫孔不少于 2 次。

6)测斜及定向

测斜、定向技术是保证工程施工的关键技术，采用泥浆脉冲式无线随钻测斜仪进行钻孔的定向及测斜(图 5-21)。无线随钻测斜仪可在钻孔过程中及时进行测量，即在不停钻的情况下，泥浆脉冲发生器将孔内探管测得的数据发送到地面，经计算机系统采集处理后，得到实时的钻孔参数。随钻测斜仪同时可在钻探过程中测量倾角、方位角、工具面角，为大斜度钻孔及水平钻孔及时提供参数。使用测斜仪不但提高了测斜定向的精度，而且能随钻进作业实时监测定向参数并及时调整定向设计方案，同时可以进行复合钻进，大幅提高了钻进施工的效率，能有效保证注浆孔的轨迹与设计钻孔轨迹相吻合。

图 5-21 SMWD-76S 型泥浆脉冲式无线随钻测斜仪

在施工直孔段的过程中，主要是监测钻孔的偏斜，对其进行及时的纠偏。在造斜段施工的过程中，根据需要及时调整钻具的定向工具面角，保证钻孔的实际轨迹与钻孔的设计轨迹相吻合，同时应尽量使钻孔轨迹光滑，无大的狗腿角度。在顺层段的施工过程中，主要是稳定钻孔的倾角，保证水平段始终在目的岩层内顺层钻进。

13. 注浆工艺

1）注浆的工艺流程

纯水泥浆注浆的工艺流程：一次搅拌（加入水泥）→二次搅拌（加入添加剂）→注浆泵输送（泵量计量注浆量）→注浆管路→受注岩层段。

粉煤灰水泥浆注浆的工艺流程：一次搅拌（加水泥、粉煤灰）→二次搅拌（加入添加剂）→注浆泵输送（泵量计量注浆量）→注浆管路→受注岩层段。

2）注浆的准备工作及管路打压试验

注浆前的准备工作主要包括注浆站的建设、注浆管路系统的形成、电路的架设、水路的敷设、注浆材料来源的确定及注浆管路系统的打压试验。

形成所有注浆系统后，应进行打压试验，注浆段管路打压压力应超过设计最大压力 3～5MPa，管路稳定 20min 无渗漏即可投入正常使用。

14. 施工设备及主要技术参数

施工设备是保障工程顺利进行的主要前提，设备选择的是否合理、投入时间是否合适直接影响了工程的开展。为了在最短工期内安全、优质、低耗地完成施工任务，可选用 2～3 台石油 ZJ-30 或 ZJ-50 钻机进行钻孔施工(图 5-22)，相关设备及技术参数见表 5-21。

图 5-22　石油钻机

表 5-21　石油 ZJ-30 钻机技术指标

序号	部件名称		ZJ-30
1	主要技术指标	钻孔深度	3000m(114mm 钻杆)
2		最大钩载	1700kN
3		游动绳系	5×6 或 4×5
4		绞车额定功率	功率：485kW
5		主发动机	柴油机 2×810kW
6		井架	最大载荷：1800kN，有效高度：41m
7		转盘	ZP205
8		天车、游车、大钩	最大钩载：1700kN
9		绞车	功率：485kW
10		刹车	带刹/盘刹
11		主柴油机	2×810kW

15. 效果检验

1) 物探检验

通过定向长钻孔对煤层底板进行加固后，导水裂隙得到填充，地球物理物性反应必然有所改变，采用与注浆前相同的物探方法和布置方式对岩溶含水层注浆段进行物探探查，评价定向钻孔的注浆效果。

2) 钻探检验

钻进过程中的检验方法：分支钻孔采用相隔施工工序，后序分支孔检验前序分支孔的注浆效果。注浆施工过程中，可以通过对注浆压力、浆液浓度、吸浆量的变化情况分析并判断注浆工作是否正常，通过本孔注浆结束后全孔段压水试验、后续施工钻孔的压水试验对注浆效果进行实时检验和验证。

后检验方法：治理施工结束后，根据物探探查结果布置一定数量的检验钻孔(定向水平钻孔)，也可以利用巷道掘进及工作面回采之前的探查孔进行检验，通过压水试验计算评价注浆效果。

考虑到治理后井下施工条件已改善，从经济角度建议检验孔也可采用井下钻孔。根据物探探查结果，井下钻孔检验可采取定向钻孔检验，也可施工常规回转钻孔进行注浆效果检验。

5.7　矿山压力的主动精准卸压

5.7.1　煤层采动后顶底板的应力一致性

测试和试验结果表明煤层采动后顶底板的应力状态具有一致性特征。如图5-23和图5-24所示分别为处于煤层顶板及底板煤柱区内测点的应力分布图，从中可以看出位于煤柱区的顶底板均处于增压状态下，两者的变化趋势相似。

图5-25和图5-26分别为位于煤层顶板及底板内距切眼10m测点的应力分布

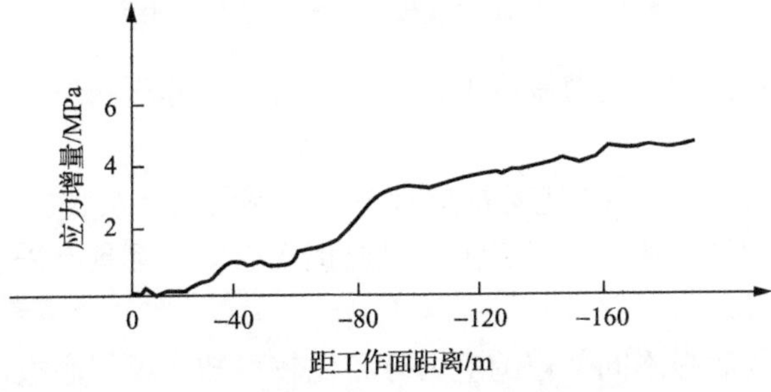

图5-23　煤柱内顶板2m高处的应力曲线

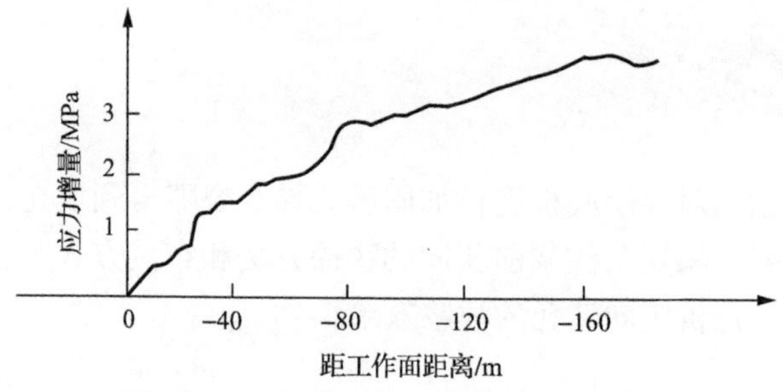

图 5-24　煤柱内底板 1m 深处的应力曲线

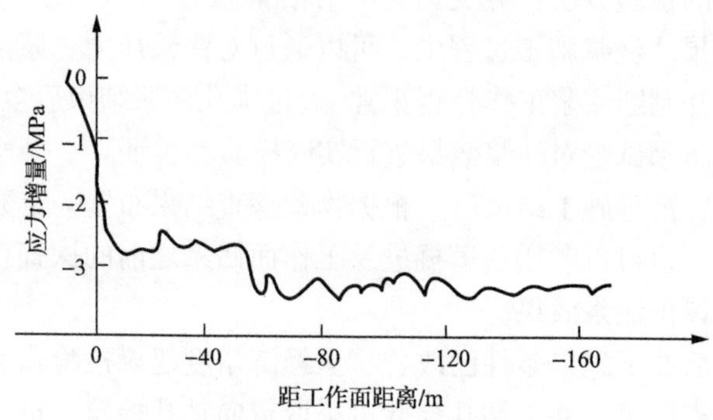

图 5-25　切眼处顶板 10m 高处的应力曲线

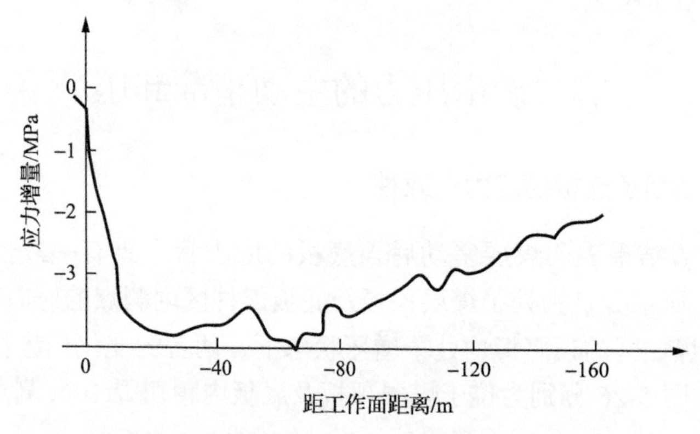

图 5-26　切眼处底板 1m 深处的应力曲线

图形。从中可以看出位于此范围内的顶底板一直处于卸压状态，并且两者应力变化的趋势相似。

图 5-27 和图 5-28 分别为正常推进状态下，煤层顶板及底板内距切眼 40m 的测点的应力分布图形。从中可以看出，煤层顶底板应力都具有采前增压、采后卸压及恢复三个阶段。

从以上顶板及底板不同部位的应力分布比较可知，煤层底板内部的应力分布与顶板内部的应力分布规律相同，所不同的只是数值上的增减。因此，用于研究顶板内部应力分布规律的理论、方法及手段完全可用于对底板应力的研究，从而可使底板破坏特征与变形规律与顶板的情况有机地结合在一起。但是，顶板与底板所不同的是顶板岩层的自重力促使顶板岩层变形与破坏，而底板岩层的自重力及冒落在采空区的岩石抑制底板的变形及破坏。

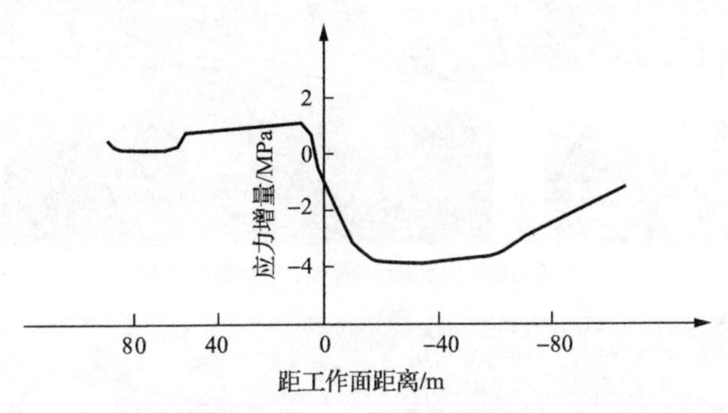

图 5-27　距切眼 70m 顶板 16m 高处的应力曲线

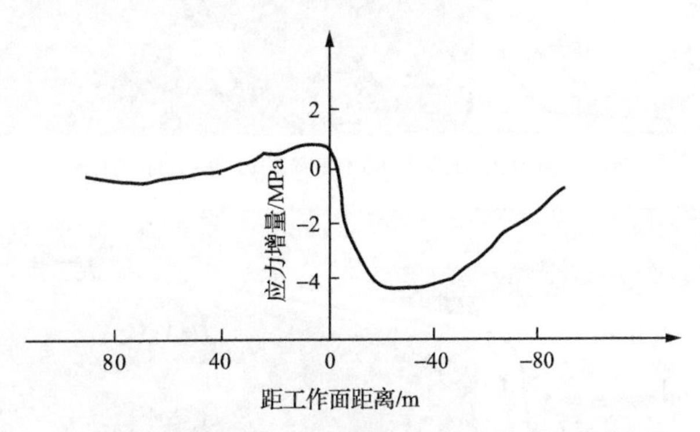

图 5-28　距切眼 90m 顶板 5m 高处的应力曲线

5.7.2　顶底板压力的主动卸压

实验结果说明，顶板的应力分布、变形及破坏特征决定着底板的应力分布、变形及破坏特征；底板变形破坏的力源来自于顶板，若要减小矿山压力对底板的破坏程度，需要切断力的传输路径，弱化顶底板岩层，人为地控制底板矿山压力的显现程度。

根据前文论述可知，底板突水多发生在工作面初次来压、周期来压、煤壁等应力集中的区段，这也为人们指明了主动卸压措施的实施区域。在切眼处，一般成组施工顶板水力压裂钻孔，主要针对工作面初采垮落步距过大的问题；在初次来压和周期来压区段加密布置水力压裂孔，提前弱化煤层顶底板岩层，减弱矿山压力的显现程度，降低来压频率。

主动卸压的方法多样，常用的有深孔爆破法、水力压裂法、大孔径钻孔法等，这里以水力压裂法为例介绍主动卸压技术。定向水力压裂技术是指在顶板岩层压裂段中预制切槽，对切槽段封孔并注入高压水进行压裂，破坏顶板岩层的完整性，削弱顶板岩层的强度和整体性。水力压裂控顶工艺的施工过程如图 5-29 所示。

(a) 采用横向切槽的特殊钻头，预制横向切槽

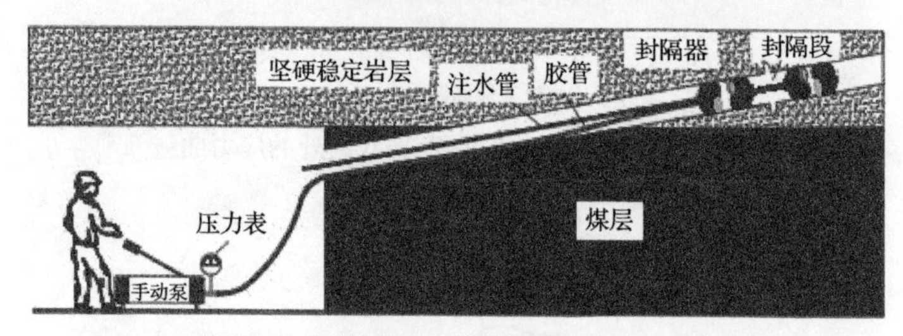

(b) 利用手动泵为封隔器加压使胶筒膨胀，达到封孔的目的

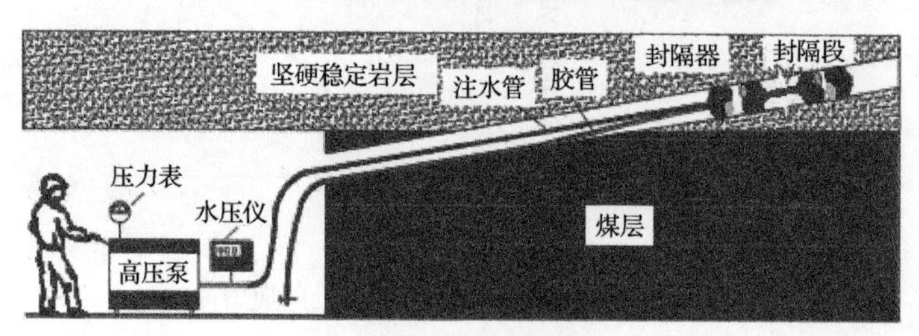

(c) 连接高压泵实施压裂

图 5-29　水力压裂过程示意图

与爆破等放顶技术相比，定向水力压裂放顶具有安全性高、成本低、适应性强等特点。根据部分工作面的监测结果，水力压裂前后矿山压力减小 15%～28%，来压周期明显延长，同时底鼓现象减少 12%～25%，卸压效果明显。

5.8　承压水体上采煤的精准监测

监测监控是掌握机械设备工作状态、工作面围岩应力形变、含水层水文信息等必不可少的环节，承压水体上采煤重点关注在矿山压力作用下的工作面围岩应力状态及主要防范的岩溶承压含水层水文地质信息的变化情况，对矿压和含水层的监测重点在于对工作面回采全过程的信息监测获取和分析。

5.8.1　矿山压力及动力事件的精准监测

1. 矿压监测系统

矿压观测能够第一时间掌握井下的实际情况，便于做到防患于未然。长期进行矿压观测，分析矿压的显现规律，可以较准确地预测预报顶板灾害、底板应力状态。因此，矿压观测是煤矿生产过程中必不可少的工作之一。天地科技股份有限公司研制的KJ21型矿压在线监测系统监测信息全面，其中对煤柱、钻孔、煤层底板应力的监测为获取工作面底板应力的动态特征提供了便捷途径。

KJ21煤矿矿压与顶板灾害监测预警系统是一套功能齐全、可扩展的监测系统，主要用于实时在线监测液压支架工作阻力、超前支承压力、煤柱应力、底板应力、锚杆(索)载荷和巷道围岩变形量。长期进行矿压监测还可以进一步揭示矿压的显现规律及其对顶底板岩层破坏作用的机理，系统结构如图5-30所示。

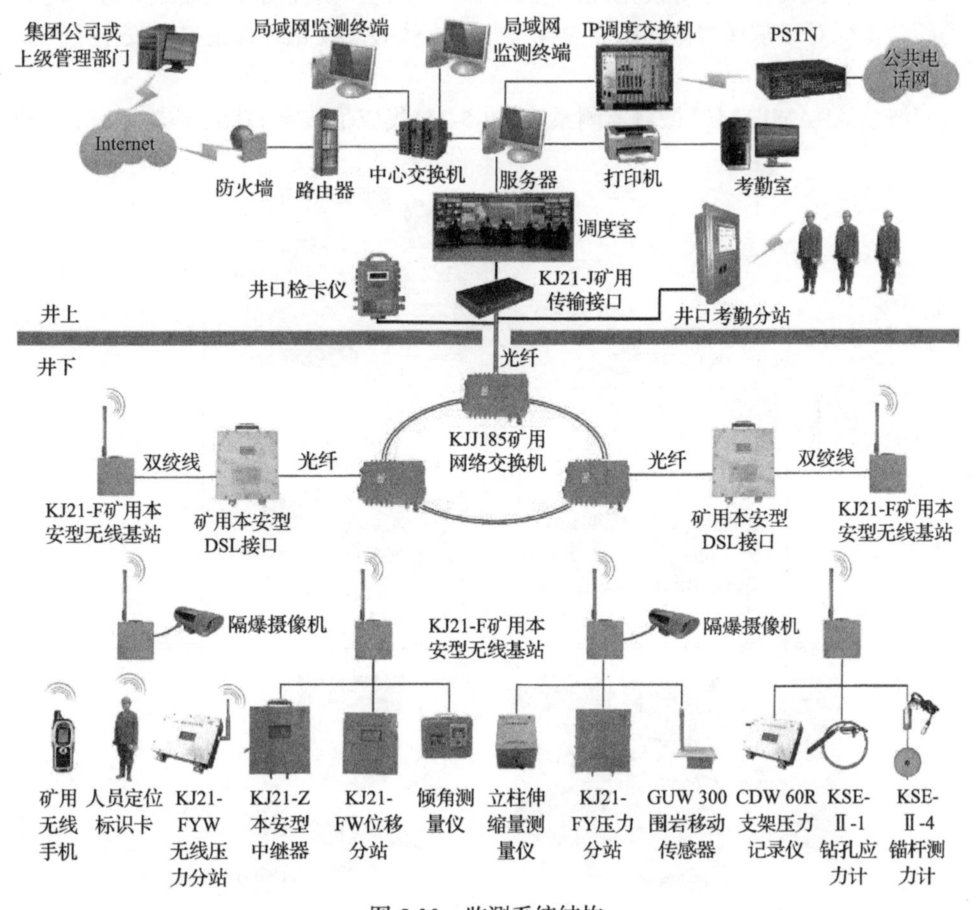

图5-30　监测系统结构

由于矿山压力具有顶底板显现一致性的特征，故掌握工作面顶底板压力变化的规律，对底板矿压的作用周期、大小、变化特征及对岩层破坏动态过程的力学变化监测，是研究底板岩层变形、破坏规律的重要手段。KJ21 监测系统的围岩移动传感器、钻孔应力计等模块可实现对底板岩层的精准动态监测，该系统也可根据需要增设承压水体上采煤需要的矿压监测模块，通过数据的积累、分析，进一步探索底板岩层的移动、变形、破坏机理与特征。

2. 微震监测系统

煤矿井下工作面回采和巷道掘进后，周围岩体的应力平衡状态被打破，这使得应力重新分布，而部分岩体如果不能承受重新分布后的应力，超出其破坏极限，就会发生岩体破裂。经研究发现，岩石或岩体的破坏过程都伴随弹性波或应力波的释放和传播，产生声发射或微震现象，该现象与其内部原生裂隙的压密、新裂隙的产生、扩展、贯通等演化过程密切相关。因此，研究岩体压缩破坏过程的微震活动特征对于掌握岩体的破裂规律、预报岩体破坏失稳、保证矿山安全生产具有重要意义。

波兰 ARAMIS M/E 微震监测系统（图 5-31）集成了数字 DTSS 传输系统，实现

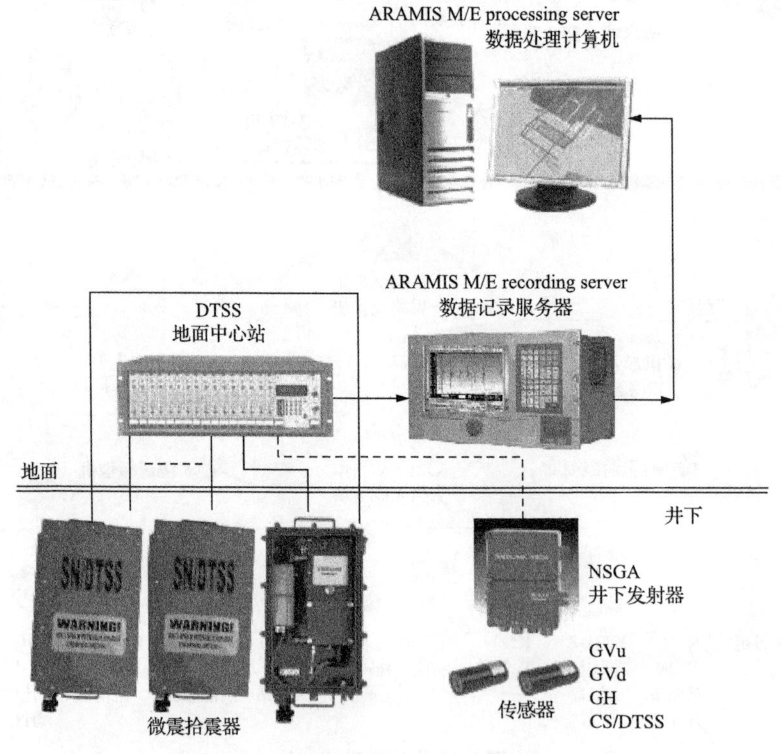

图 5-31　ARAMIS M/E 微震监测系统结构

了矿山震动定位、震动能量计算及震动的危险评价。传感器(拾震仪或探头)监测震动事件并将其处理为数字信号，然后由数字信号传输系统 DTSS 传送到地面。系统可以监测震动能量大于 100J、频率在 0～150Hz 且低于 100dB 的震动事件。根据监测范围的不同，系统可选用不同频率范围的传感器。

在国内煤矿进行的微震监测结果表明：微震监测能够准确地揭示由采动引起的破裂场，根据破裂场内裂隙的发育程度和含水层的分布情况，可以准确地确定采场周围导水裂隙带的三维空间形态分布规律，还可以预计底板破裂的深度及形态，并预测底板突水的可能性。

3. 地音监测系统

煤岩体受开采活动的影响，阶段性地产生破断，地音和微震现象都是煤岩体破裂释放的能量，以弹性波的形式向周围传播所产生的声学效应，两者之间没有严格的界限，但相对微震，地音现象的震动频率高、能量低。矿山地下开采活动诱发的地音事件能量一般低于 10^3，频率为 150～3000Hz。

地音监测技术涉及计算机技术、软件技术、电子技术、通信技术、应用数学理论和地球物理学，是相关学科交叉集成的应用结果。根据系统空间的分布特点，ARES-5/E 地音监测系统可分为井下和地面两部分，如图 5-32 所示。

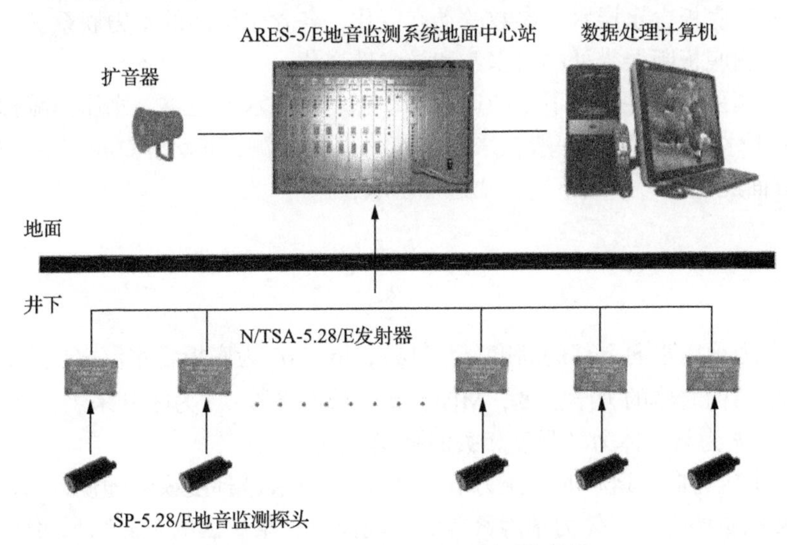

图 5-32 ARES-5/E 地音监测系统结构

底板破裂突水等大能量事件发生前，煤岩体内部的微破裂活动必然会经历由量变到质变的发展过程，因此在底板突水的孕育过程中地音将出现明显的前兆信息。地音监测技术是应用地音传感器对采动影响区域进行实时监测，集中监测主要生产区域。通过统计地音事件的频次、能量、延时等地音参量，找出地音活动的规律，并以此推断煤岩体的受力状态和破坏进程，评价煤岩体的稳定性，据此预测并判断矿压、水压对底板或断层弱面区的影响。

5.8.2 岩溶含水层水文信息的精准监测

煤矿底板水的监测是底板防治水工作的重要组成部分，是防水、治水的前提条件。从监测环境来看，底板水的监测可分为地面监测和井下监测；从监测对象来看，可分为水动态监测和突水性监测；从监测条件来看，又可分为自然条件下和采动条件下的监测。

承压水体上采煤的全过程须进行岩溶含水层水文信息的实时监测，以便获取含水层水压、水位、水温等信息，另外需重点监测正在回采工作面的采空区、构造弱面区域的涌水量变化，综合监测排水明渠、管道流量和已回采工作面采空区水位等信息，综合分析矿井水文信息的动态变化。对部分矿井，还要加强对隔水密闭墙水闸门、泵房水闸门的监测及远程自动开关的控制，加强对矿区联合放水试验的动态监测并分析区域水力的连通性，通过采用多级预警形式进行突水灾害预测、预警。

1. 监测工作的任务

(1)监测底板含水层水文参数的动态变化，各含水层间的水力联系。

(2)监测底板断层带处的富水性和导水性变化。

(3)监测采动条件下地下水的运动、动态、承压水面运移、水压消减梯度等。

对地下水运动的监测一般在采动前40m开始观测，采动后60m结束。如现场没有这方面经验，可采用下述公式近似求取：

$$h_{\mathrm{w}} = \frac{k \cdot R_{\mathrm{c}}}{p_{\mathrm{w}}} \mathrm{e}^{al} \tag{5-9}$$

式中，h_{w}为承压水向上移的高度(至煤层)，m；p_{w}为底板含水层水压力，MPa；R_{c}为底板结构岩体的力学强度，MPa；a为条件系数；l为距开采工作面的水平距离，m；k为与岩体力学强度相关的补偿系数。

底板水压力向上运移时其压力值是衰减的，其衰减梯度模数随矿区采动条件、底板水文地质条件、岩体力学因素等的不同而异。某矿区的观测结果表明，中硬岩体结构的水压值衰减梯度模数为D_{p}=0.003～004MPa/m，最大时D_{p}＞004MPa/m。

(4)通过监测，提出安全开采底板水的水压值及疏降条件等。

底板防治水的监测工作对于防治底板突水起到了重要作用，在有底板突水危险的矿区，应有安排、有步骤、有重点地做好此项工作，切实保证矿井的安全开采。

2. 水动态监测

矿区水文地质条件不仅受自然因素的影响，同时也受到采矿活动的影响。在矿井的建设和生产过程中，为随时掌握地下水的动态，保证防治水工作的顺利进行，就必须经常了解水文地质条件的变化情况。因此，水动态监测是矿井防治水的一项必不可少的工作。

水动态监测的目的在于通过日常监测，了解一个矿区水文地质条件随时间-空间因素的改变所发生的变化规律。这为采取必要的防水措施提供了水文地质依据。

进行水动态监测，应在矿区范围内选择具有代表性的泉、井、钻孔、井下出水点、含水段及被淹工作面、采区巷道和矿井作为监测地点。如根据要求需增设监测点，应与原监测点组成相应的监测网或监测系统。

1) 监测点的布置

监测点应布置在以下地段：

(1) 对工作面开采有直接威胁的底板含水层段；

(2) 影响矿井开采，特别是与矿井底板突水有直接联系的导水断裂带及构造破碎带；

(3) 在开采过程中，底板含水层可能发生变化的地段，特别应注意其与补给或排泄的联系；

(4) 在矿井开采中受底板水威胁的地段；

(5) 井下主要突水点的附近；

(6) 采矿工作对底板突水有影响的地段；

(7) 具有突水危险，但尚未突水的区域，应加强监测。

监测工作应做到，井上井下相结合，矿井矿区相结合，短期长期相结合，面上和点上相结合，一般和重点相结合的方针。如布孔设网应做到一孔多用，并根据具体情况，在时间-空间上给予严密控制，随时掌握水动态变化与井下开采的相互关系。

2) 监测内容

井下出水点的监测内容包括出水时间、地点、出水层位、岩性、厚度、出水形式、水量、水压、标高、出水点围岩及巷道的破坏形态、出水原因、水源等。有必要时，应化验水样，并利用矿区监测系统进行含水层的井上下连通试验，抽注水试验等监测底板含水层的水动态变化。

3) 资料整理

对于整个水动态监测系统的资料应做到定期整理，编绘成综合图件，如矿区水文地质图、底板含水层等水位(等水压)图、水化学图等。从整体上掌握矿区一个时期内水动态的变化规律，以便分析矿井的突水条件，及时采取相应的防治措施。对于井下水动态监测应集中反映到矿井充水性图上，其内容包括以下几个方面：

(1) 底板含水层揭露区域、标高、面积、水质、水量、水动态特征等；

(2) 井下突水点位置、层位、岩性、出水形式、水量、水压及出水特征；

(3) 有出水危险地区的巷道、工作面的采动破坏情况；

(4) 曾发生突水地点的水文及地质采动参数；

(5) 充水断裂构造及导水性评价等；

(6) 井下涌水量的监测情况；

(7) 矿井水的流动路线；

(8) 矿井排水设施的分布位置、数量及能力等；

(9) 预防及疏干措施，如水闸门、放水孔及防水煤柱等的位置；

(10) 废旧工作面及巷道的积水情况。

在编绘矿井充水性图的同时，常配合一些其他图件，如矿井含水系数图，涌水量与开采、巷道采长、开采深度等的变化曲线图，涌水量与供水量、排水量关系图等。

3. 突水性监测

突水性监测工作与底板承压水上采煤的关系极为密切，其主要监测工作面或巷道底板突水征兆及采动底板动态承压水面的变化规律，直接影响开采的安全性。突水性监测工作主要在井下进行，是一项十分繁杂、细致的工作。监测内容和异常现象主要有以下几方面。

(1) 监测内容。井下工作面回采或掘进巷道时，应随时监测巷道工作面是否潮湿、滴水、淋水及顶底板的支护变形情况。对于可能出现的底鼓、顶板陷落、片帮、支柱折断、围岩膨胀、巷道断面缩小等现象，在监测时必须做出详细的分析与记录。

(2) 异常现象。根据多年的现场经验，在工作面或巷道透水之前，一般会出现一些异常现象。

①开采过程中如遇煤层里面发出“吱吱”的水叫声音，就有透水的可能。一般来说，煤层本身是不含水的，但工作面底板或周围存在压力较大的含水层或导水带等，水就会沿着煤层裂缝向外挤，只要靠近煤帮一听，就会听到这种水叫声，甚至会出现向外渗水的现象。

②当煤层失去光泽变得灰暗时，这是一种出水征兆。在这种情况下，可以去掉表面一层煤，如果里面仍旧无光泽，可能水离煤层不远，从煤壁透出的可能性较大；如果里面煤是光亮的，说明水不是由煤里面透出来的，而是从前面不远的含水层来的。

③煤层潮湿(“发汗”)，甚至有滴水现象，可采用两种方法辨别出水征兆。一是挖去表面一薄层煤，用手摸摸新煤面，如果感到潮湿、结水珠，表明前方不远处会遇到水；二是用手掌贴在潮湿的煤面上，等一段时间，如感到手变暖，说明地下水距离还远，如一直是冰冷的，好像放在铁板上一样，说明前方不远可能会碰到水。

④靠近地下水的掌子面，一进去有阴冷的感觉，时间越长就越阴冷，表明有透水的可能。

⑤煤层渗出的水，如果水色清、水味甜、水温低，说明此水是岩溶地层水；如果水味发涩带咸，有时水色呈灰白，说明是煤系地层水；老空水则水滑，颜色发红，具有臭鸡蛋气味，水发涩味。

第6章　承压水体上采煤的综合防治体系

6.1　防治底板突水的基本理念与途径

《煤矿防治水细则》第三条主要强调了十六字防治水原则、七项防治水综合措施、五大防治水理念和七位一体的水害防治工作体系，是矿井防治水工作的总体要求和指导方针。对于底板水的防治而言，需要领导层转变观念，加强对先进科学治水方法、理念的宣传学习并贯彻至矿井一线的每一位员工，做到防治水工作从每一个人抓起。通过带压开采、疏水降压、隔水层加固与含水层改造等途径实现承压水体上的安全开采。

6.1.1　底板水害防治理念

煤矿进入深部开采后，面对不同于浅部的复杂水文地质条件和承压水体上严峻的防治水形势，首先要做的就是转变防治水理念，不能麻痹大意、掉以轻心。搞好防治水工作必须用先进的防治水理念武装人、引导人、塑造人，形成安全健康的防治水心理定式，进而贯彻在日常的防治水工作中。峰峰集团在长期的实践中总结出了一套先进实用的防治水理念，供读者参考。

1. 管理理念

(1)承压水体上采煤的水害防治工作要求领导重视，统筹规划，将其作为矿井长治久安的战略环节之一，管理层决策要有系统性和前瞻性。防治水工作效果的优劣核心是认识问题，应杜绝侥幸心理，杜绝以事故促认识、以血的教训来推动煤矿企业防治水工作的现象。

(2)承压水体上采煤的防治水工作是矿井生产的必要环节，管理者须在水害防治的勘探、科研、治理、评价、监测等环节加大投入，树立工程治理和资金投入是水害治理必由之路的理念。

(3)防治水工作是系统工程，重视矿井地质保障工作，特别要认识到底板水害防治的复杂性、科学性、长期性、艰巨性等特征。

(4)在矿井防治水工作中，管理者应要求企业及员工思想认识到位、组织领导到位、制度措施到位、责任落实到位、防治水的科技人才到位。

(5)树立水害防治“早治理，早受益，治理为王，群防群治”的理念。水害治理的投入与治理效果应遵循罗氏定理，即1∶5∶无穷大，即投入1的成本，产生或创造5倍的经济效益，创造无穷大的社会效益。治理投入远小于治理所带来的经济效益。

(6)坚持有水必治，不以水小而不治，不以水小而忽视的治水理念。治理矿井水害是硬道理，防治水工作不能存在侥幸心理，实现对水害的治理可实现矿井的绿色开采，以有利于环境保护和水资源保护，最大限度地减少矿井涌水量，优化矿井的生产环境，最大限度地提高矿井的经济效益。

(7)秉承科技治水的理念。要有科学的认识，科学的态度，要有科学先进的理论来指导，先进的设备来装备，采用科学的手段和方法进行科学治理。

(8)管理者的决策要以事实为依据，重调查、重实证、重现场，不迷信经验，积极调查研究，掌握第一手资料并进行科学分析。

(9)具体问题具体分析，坚持“一矿一策、一区一策、一面一策”的理念。

2. 技术理念

(1)“预测预报、有疑必探、先探后掘、先治后采”是煤矿防治水工作的十六字原则，它科学地阐述了水害防治工作的总体思想和具体操作程序。“预测预报”是水害防治的基础，它是指在勘探查清矿井水文地质条件的基础上，运用先进的水害评价预测理论和方法，分析与诊断矿井突(透)水的水情，对矿井水害风险做出评价和预测分区；“有疑必探”是指根据矿井水害评价的结论和具体预测分区，针对矿井具体的采掘工程规划方案，对可能存在水害威胁的具体采掘工作面，采用物探、化探和钻探等综合超前探放水技术手段，查明或排除水害威胁；“先探后掘”是指先综合超前探查，确定巷道掘进没有水害威胁后，方可掘进施工；“先治后采”是指根据查明的水害情况，采取有针对性的治理措施并排除水害隐患后，方可安排采掘工程。例如，当井下采掘工程穿越导水断层时，必须预先注浆封堵加固后方可施工，防止突(透)水造成灾害。

(2)对于底板水害防治而言，《煤矿防治水细则》中提出的五大防治水转变理念尤其重要，即防治水工作逐渐由过程治理为主向源头预防为主转变，由局部治理为主向区域治理为主转变，由井下治理为主向井上下结合治理为主转变，由措施防范为主向工程治理为主转变，由治水为主向治保结合为主转变。五大防治水转变理念是对水害自身规律和实践认识的高度凝练，是引导治水技术理念转变的纲领。

(3)当矿井进入深部或下组煤开采时，防治水工作面临更大的挑战，因此应秉持未雨绸缪、超前规划、多投入、多论证、多上手段、多做治理工程、谨慎细致的理念。在水文地质条件不明，开掘范围有限，或者由于条件限制，对水文地质条件认识不清或已证明水文地质条件复杂，接受奥灰含水层补给复杂且不止一个补给点的情况下，此时对其治理采取的对策应为全覆盖注浆、步步为营、逐步推进的治理策略，即治理一块，安全一块，开采一块，逐步扩大治理范围，积小成为大成，逐步改善矿井水的赋存状态和水文地质条件，实现绿色开采，从而实现整个矿井的安全生产、经济效益和环境效益的最大化。

(4)树立矿井水害是可以预防、控制、治理，水害事故是可以避免的理念。坚持“隐患就是事故”的自我警示，水害的预防重在及时发现隐患，并及时进行处理。峰峰集团辛安矿 112121 工作面底板岩层破碎，属薄弱地段，在掘进过程中出现底板少量出水的突水征兆，该矿对此十分警觉，进行了超前物探和钻探工作，证实了水文异常情况，采用井上下注浆加固的治理方法，实现了安全生产。该案例说明保持防治水工作的敏感性，提高防范意识，水害是可防可控的。

(5)防治水技术和业务工作要求有前瞻性和创新性，只有在水害防治的勘查、预防、评价、治理、监测等环节做到了系统性创新，才能做到在深部复杂水文地质条件下采煤的安全。

(6)要树立“不掘突水危险的掘进工作面、不回采有突水威胁的采煤工作面，有疑必探，新区缝掘必(钻)探”的理念。此类理念具体有：①工作面水地质条件不清，水害情况不明，隐患不除，水害未治理，不进行采掘生产；②采掘工作面未探水，没有探水超前距或超前距不符合规程要求，不进行采掘生产；③掘进工作面没有允许掘进通知单，不进行采掘生产；④没有排水能力、排水能力不符合要求或排水系统不健全，不进行采掘生产；⑤工作面未进行评价，不进行采掘生产；⑥没有编制水害防治措施或措施不贯彻，不进行采掘生产。

6.1.2 底板水害解危的基本途径

《煤矿防治水细则》提出的“探、防、堵、疏、排、截、监”七项防治水综合配套措施是煤矿底板水害解危的基本途径，应充分剖析、认识和贯彻。“探”主要指对矿井充水水文地质条件的调查与勘探，对特殊专门的充水水文地质问题开展补充调查与勘探。具体包括地面和井下两大部分。地面探主要是指地面的水文地质(补充)调查、观测、勘探。井下探主要是指井下水文地质补充勘探、采掘工作面探测、局部防治水工程的勘探等。“防”主要指合理留设各类防隔水煤(岩)柱和修建各类防水闸门或防水墙等，防隔水煤(岩)柱一旦确定留设后，不得随意开采破坏。“堵”主要是指在地面或井下采用注浆方式，加固底板隔水层、改造含水层、封堵断层等导水通道的防治水工程。“疏”主要指预先疏降煤层底板高承压含水层。“排”主要指完善矿井的排水系统，排水管路、水泵、水仓和供电系统等必须配套。“截”一般指对地表水的截流治理或改道，对于承压含水层而言，还可以通过帷幕方式，截断地下含水层的补给路径。“监”主要指对充水水源、充水通道和充水强度的长期动态监测预警，主要包括对含水层等充水水源的水位、水质、水温、微生物等的动态监测预警，对充水通道的应力、位移和导水性能等的动态监测预警，对矿井整体和局部采区、工作面涌水量的动态监测预警。

上述七项防治水技术中，有的属于保障性技术措施，如“探”“监”，有的属于被动性技术措施，如“防”“排”；有的为主动性技术措施，如“堵”“疏”“截”。底板水害解危的落脚点在于通过工程方法治理隐患，这里主要介绍疏水降压和注浆封堵两类方法。

1. 疏水降压

对可疏性承压含水层通过钻孔放水，使得含水层水位下降，水头降低，减小或消除煤层底板承受的水压值，一般与带压开采方法结合，利用底板隔水层的天然隔水抗压能力实现安全掘采。

疏水降压是人为主动地降低突水水源危险程度的一种方法，但其前提是承压含水层具有可疏性并对可疏性进行试验、评价。

底板承压水疏降的可能性评价要达到以下目的：

(1)煤层开采的底板含水层能否进行疏降，疏降的最佳值能否低于底板临界水压值；

(2)底板含水层疏降的最佳位置及含水性评价；

(3)煤层底板各含水层之间的水力联系及相互影响的程度。

底板水疏降的试验方法一般分为三种，即截流疏降试验、局部(部分)疏降试验和大范围(整体)疏降试验。三种方法的适用条件见表6-1。

表6-1　疏降试验方法及适用条件

疏降试验方法	适用条件
截流疏降	地下水流向清楚，径流带较窄，便于截流。一般用于工作面或采区
局部疏降	工作面开采时要进行一定范围内的疏降，工作量小，工艺较简单
大范围疏降	矿井或数个矿井联合开采，要进行大规模疏降。工作量大，工艺较复杂，时间长

底板水疏降可能性的评价通常要考虑两个指标，即排水量、降水量与降深的关系，排水量与影响范围的关系。这两个指标反映了底板含水层的结构特征和本身的含水性与补给水之间的关系，也反映了含水层结构效应与时间效应的关系。下面用实例阐述底板水疏降可能性的评价方法。

淄博矿区双沟煤矿1022～1024工作面，开采10-2煤，下距徐灰含水层24m，承受水压值3.1MPa，故开采存在工作面突水危险，需要进行疏降试验。

根据工作面开采的特点，选用局部疏降试验方法。疏降试验布设在−250水平东大巷及 102 上山主巷，对工作面形成一个包围圈。井下施工 7 个疏放孔，地面施工两个观测孔，所揭露的含水层结构和原始水位见表 6-2 和图 6-1。疏放孔结构及相对位置见表 6-3 和表 6-4。

表 6-2　钻孔揭露含水层结构统计表

孔号 项目	10^2-徐Ⅰ间距/m	徐Ⅰ			徐Ⅱ			徐Ⅲ			徐Ⅰ～徐Ⅱ间距/m	徐Ⅱ～徐Ⅲ间距/m
		厚度/m	水量/(m^3/h)	水压/MPa	厚度/m	水量/(m^3/h)	水压/MPa	厚度/m	水量/(m^3/h)	水压/MPa		
疏 1	21.16	1.18	1.62	1.00				8.66			4.09	2.45
疏 2	24.80	1.86			2.19	1.62	2.60	11.85	3.60	2.60	4.29	1.32
疏 3	26.90	0.63			1.20	2.88	2.40	10.35	9.18	2.40	5.27	1.48
疏 4	25.37	1.48	2.88	0.40	3.70	0.78		6.30	2.88	2.60	2.84	3.69
疏 5	24.01	0.94	0.30	1.20	4.71	0.78	1.20	7.60	1.80	2.10	2.28	1.53
疏 6	25.00				2.66							
疏 7	28.49				3.80			7.32			2.50	3.92

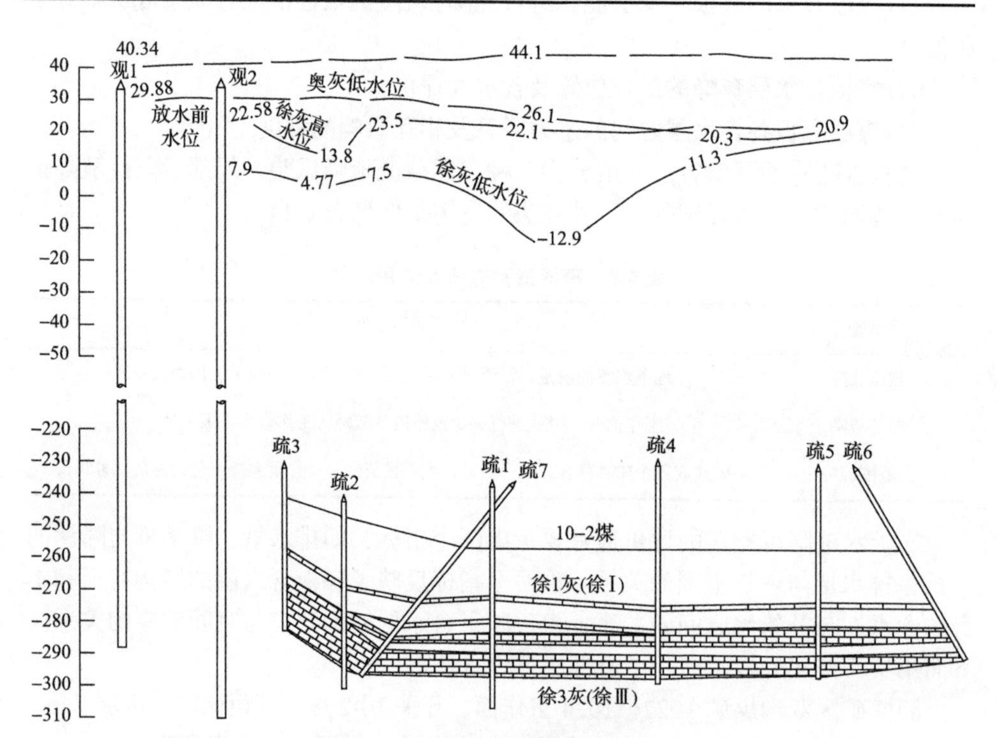

图 6-1　含水层结构和原始水位图

表 6-3　疏放钻孔结构表

孔号	井孔层位	终孔层位	终孔深度/m	开孔		变径		终孔		第一套管路		第二套管路	
				孔径/mm	长度/m	孔径/mm	长度/m	孔径/mm	长度/m	口径/mm	长度/m	口径/mm	长度/m
疏 1	顶板砂页岩	奥灰	71.07	150	4.96	10	33.91	75	32.20	127	4.96	89	33.19
疏 2	顶板页岩	奥灰顶面G层黏土	60.22	150	7.00	110	29.04	75	24.18	127	6.26		28.50
疏 3	10^{-2}煤层火成岩	徐Ⅲ底板黏土页岩	52.37	150	7.00	110	30.37	75	15.00	127	7.02	89	29.29
疏 4	顶板砂页岩	徐Ⅲ底板黏土页岩	63.17	150	5.10	110	43.30	75	14.77	127	4.91	89	40.39
疏 5	顶板砂页岩	徐Ⅲ底砂质页岩	62.30	150	5.35	110	37.00	75	19.95	127	4.95	89	36.17
疏 6	顶板砂页岩	徐Ⅲ底界	76.93	150	5.16	110	51.13	75	20.61	127	5.05	89	50.52
疏 7	顶板砂页岩	徐Ⅲ底界	71.44	150	8.30	110	41.31	75	21.83	127	8.14	89	41.18
观 1	黄土层	奥灰	463.75	146	12.84	108	348.29	89	102.62	146	12.84	108	150.29
观 2	黄土层	徐Ⅲ灰下页岩	389.07	146	7.88	127	356.89	89	24.30	108	153.60	89	211.16

表 6-4　疏放孔间距　　　　单位：m

相对孔	孔间距	相对孔	孔间距	相对孔	孔间距
疏 1～疏 7	2.82	疏 3～疏 4	346.57	疏 4～观 2	392.53
疏 5～疏 6	2.41	疏 3～疏 5	429.20	疏 5～疏 7	213.11
疏 2～疏 3	124.74	疏 3～疏 7	232.10	疏 5～观 1	617.10
疏 2～疏 4	252.14	疏 3～观 1	476.60	疏 5～观 2	483.76
疏 2～疏 5	342.85	疏 3～观 2	273.36	疏 7～观 1	457.00
疏 2～疏 7	130.30	疏 4～疏 5	92.95	疏 7～观 2	288.86
疏 2～观 1	399.92	疏 4～疏 7	121.82		
疏 2～观 7	203.20	疏 4～观 1	535.17		

本次疏降水的目的层是徐灰，放水时间为 43 天，分三次降深。第一次降深以观 1、疏 2 孔为观测孔，其他为放水孔，徐灰涌水量达 66.25m^3/h，水位降低 153.5m；

第二次降深以疏 7、疏 6 孔为放水孔，放水量达 61.2m^3/h，疏 2 孔降深为 151.5m；第三次降深时，疏 6 孔为放水孔，放水量为 45.6m^3/h，疏 2 孔降深为 108.5m。各次放水情况见表 6-5。疏放水过程见图 6-2(恢复水位后期水位下降的原因是管口漏水)。

表 6-5　放水量与水位降深值

降深序次	放水孔		观测孔		放水时间	稳定时间
	孔号	流量/(m^3/h)	孔号	降深/m		
第一次降深	疏 5	39.40	疏 1	36.00	7 月 26 日 9 时～8 月 10 日 9 时，计：10 天	
	疏 6		疏 2	153.5		
	疏 7	21.60	观 1	1.24		
	疏 3	4.40	观 2	94.6		
	疏 4	1.35				
第二次降深	疏 6	39.6	疏 1	38.00	8 月 14 日 9 时～8 月 19 日 9 时，计：5 天	8 月 15 日 5 时～8 月 19 日 9 时
	疏 7	21.6	疏 2	151.5		
			疏 3	119.77		
			疏 4	190.27		
			疏 5	194.00		
			观 1	–0.90		
			观 2	91.08		
第三次降深	疏 6	45.60	疏 1	39.00	8 月 19 日 9 时～8 月 26 日 9 时，计：7 天	8 月 20 日 9 时～8 月 26 日 9 时
			疏 2	108.50		
			疏 3	103.77		
			疏 4	158.27		
			疏 5	159.90		
			疏 7	114.10		
			观 1	–3.00		
			观 2	72.08		

以疏 2 孔降深值为例，利用曲线法，可计算出徐灰出水量，并确定其与降深 S 的关系曲线的类型。

$$n = \frac{\lg S_2 - \lg S_1}{\lg Q_2 - \lg Q_1} \quad (S_2 > S_1,\ Q_2 > Q_1) \tag{6-1}$$

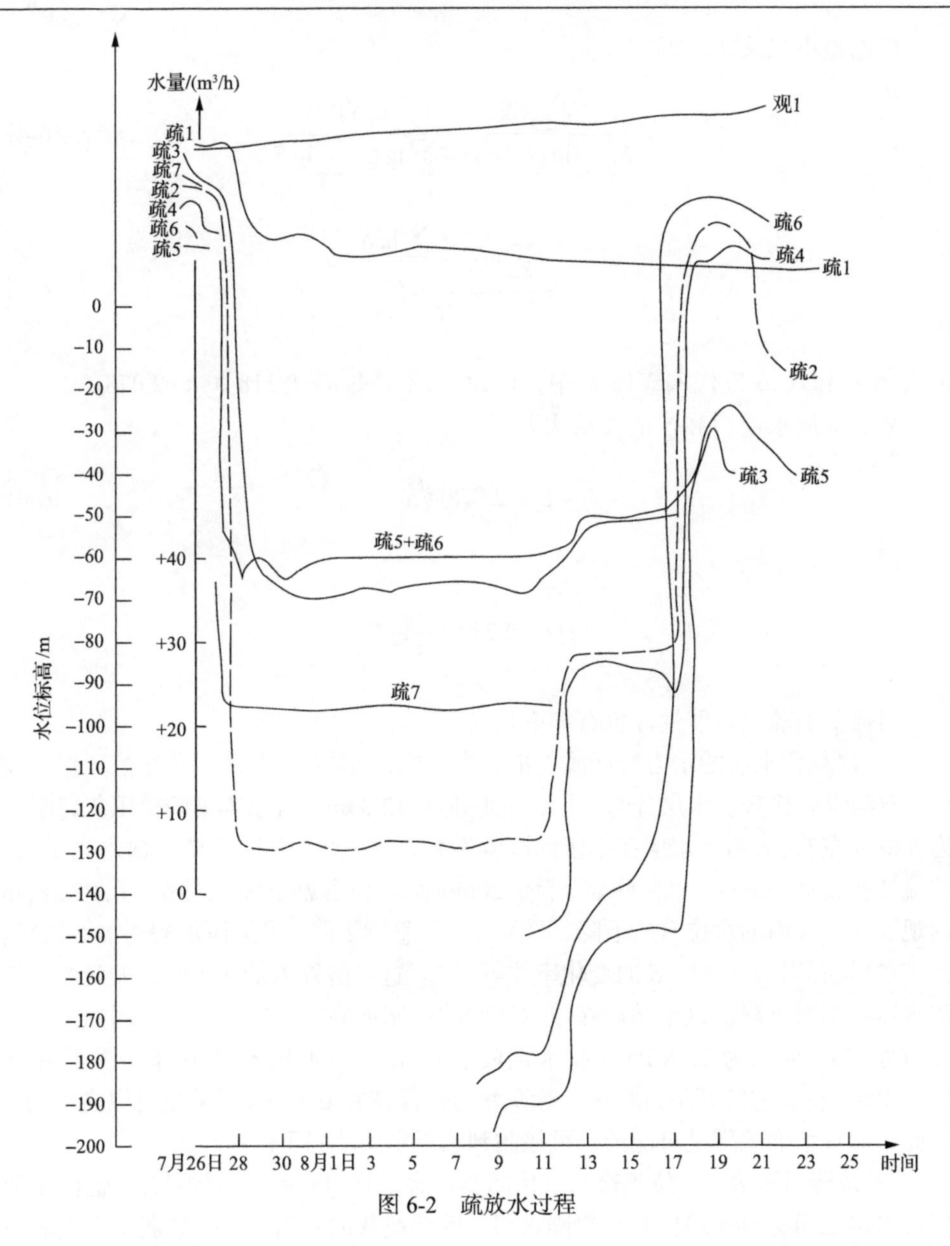

图 6-2　疏放水过程

将观测值代入式(6-1)，可得 n=1.13(1< n <2)，故徐灰放水量 Q 和 S 的曲线为指数函数，即

$$Q = n \cdot \sqrt[m]{S} \tag{6-2}$$

$$\lg Q = \lg n + \frac{\lg S}{m} \tag{6-3}$$

根据最小二乘法，得

$$m=\frac{N\sum(\lg S)^2-(\sum\lg S)^2}{N\sum(\lg Q\cdot\lg S)-\sum\lg Q\cdot\sum\lg S} \tag{6-4}$$

$$\lg n=\frac{\sum\lg Q-\dfrac{\sum\lg S}{m}}{N} \tag{6-5}$$

将式(6-4)和式(6-5)代入式(6-3)中，得$M=1.5$，$\lg n=0.318$，n=2.078。

故徐灰放水量Q和S的关系式为

$$Q=2.078\sqrt[1.5]{S} \tag{6-6}$$

或

$$\lg Q=0.318+\frac{2}{3}\lg S \tag{6-7}$$

对徐灰的疏放可能性评价有如下几点。

(1)徐灰含水层的水力特征属于指数型，透水性能好，厚度及分布范围相对较小。双沟煤矿徐灰含水层分为三层，总厚度为12.33m，含水丰富的徐Ⅲ灰岩厚度为8.68m左右，表明含水层在本区的厚度不大。在放水试验中，距疏7放水孔130m的疏2孔放水10min，水位明显下降，20min后水位急剧下降。距疏7孔288.86m的观2孔一天内的水位有所下降，两天后水位急剧下降，可见徐灰的透水性良好。

(2)只有当Q=0时，S的变化率才等于0。这可解释为随放水时间的延长，徐灰水压将不断下降。这个结论在放水试验的后期观测中得到了验证。例如，疏2孔放水前的水压为2.7MPa，放水期间和放水后的水压不断下降，最低降至0.87MPa。在正常的开采过程中，徐灰水压值保持在0.9MPa以下是可以实现的。因此，徐灰水的疏降是可能的，可控制到临界水压值以下。

(3)疏降试验表明，位于徐灰下伏的奥灰含水层对它有一定的补给，但由于两层含水层之间有9m厚的砂页岩隔水层，因此奥灰的补给量十分微弱，在漫泗河断裂两侧的观1和观2孔的水位降深差别很大，这说明断裂带的导水性差，侧向补给较小。

(4)各孔的放水量差别较大，最大为45.6m³/h，最小为1.35m³/h。各孔的水位也相差很大，最大为16m，这充分说明徐灰的含水性不均一。从徐灰的原始等水位线和由抽水形成的降深等水位线可以看出，徐灰的变化梯度有均等的趋势，从而表明含水层的连通性较好，如图6-3～图6-5所示。

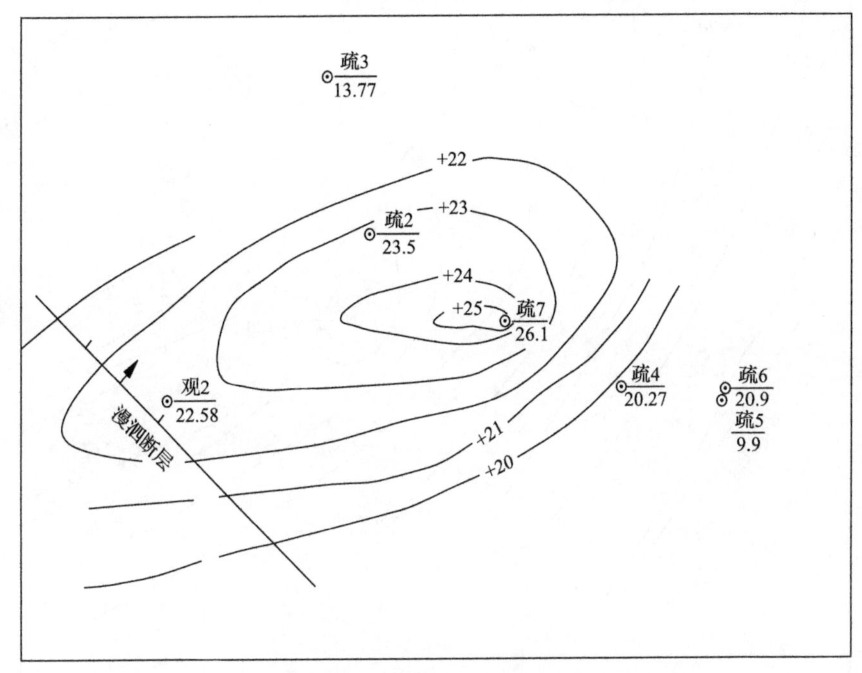

图 6-3　放水前徐灰的原始等水位线

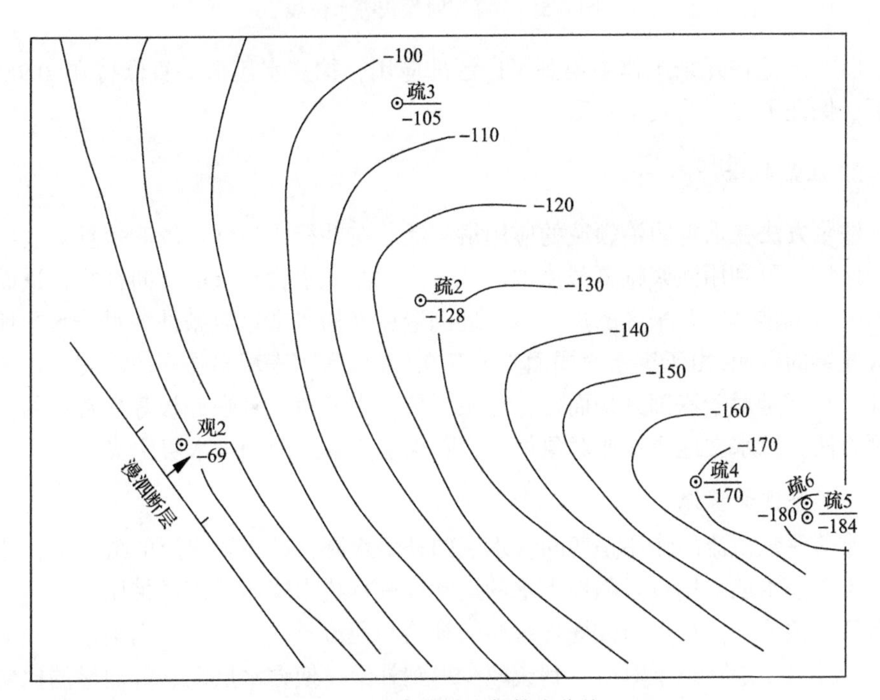

图 6-4　大降深时徐灰等水位线

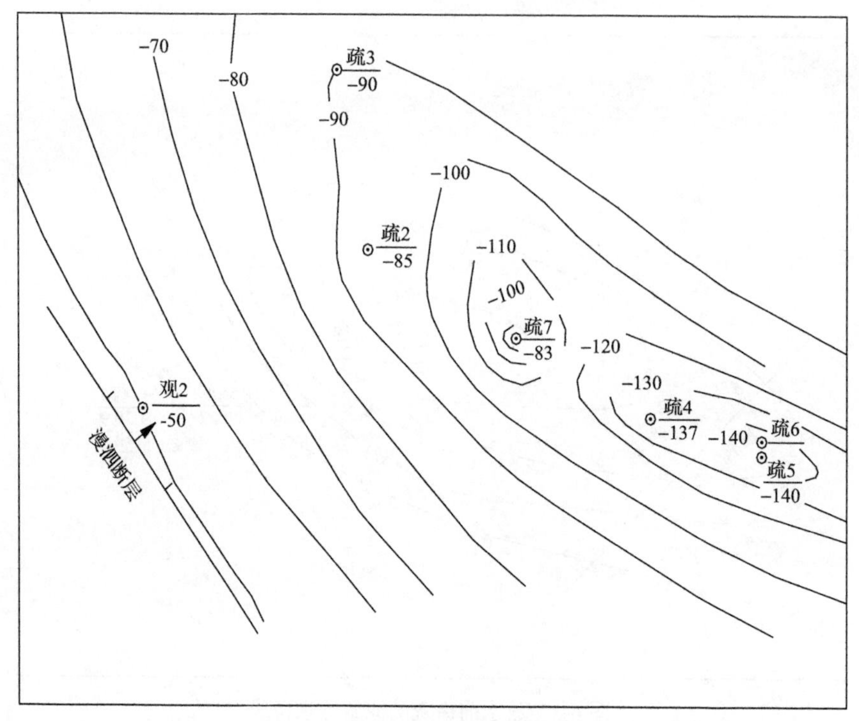

图 6-5　小降深时徐灰等水位线

以上结论在开采工作中得到了广泛的应用，徐灰水压值一直保持在 0.9MPa 以下，保证了井下的安全开采。

2. 注浆封堵

注浆方法在水害防治领域的应用很广泛。在补径排条件比较清楚且疏放性良好的区域，可利用注浆帷幕截流方法减少或截断充水含水层的侧向补给，进而为疏水降压或帷幕内开采区的进一步治理创造良好的水文地质条件。对于水文地质条件复杂的区域，由于突水“弱面”的存在，底板水害表现出强烈的“构造控水”特征，特别是对于深部开采而言，注浆封堵导水通道、补强底板等是常用的主动治理方法，以水文地质作业对象可分为隔水层注浆加固和含水层注浆改造。

1) 帷幕注浆截流

帷幕注浆截流的作用是切断含水层的补给水源，减少含水层的疏水量，建立地下人工隔水墙，用以阻隔地下水的运动，进行疏水降压采煤或带压开采。采用帷幕注浆截流的方法可以改变含水层的补给和径流条件，使矿区内某些必须揭露和疏干的含水层在疏干时得不到或较少得到补给，使含水层动、静储量的比例减小，它是一种经济有效的治水途径。

Ⅰ. 放水试验

由于帷幕截流工程是一种规模较大的地下隐伏工程，帷幕建于地下，因此在截流方案初步确定之前要对欲截含水层进行大降深放水试验及井上下的水力联系试验，从而取得以下资料，如欲截含水层接受补给的水源动储量、补给方式、补给部位、补给范围、补给边界的导水构造特征和补给边界上主要导水通道的分布情况等。其目的在于查明含水层的水文特征和分布范围。

放水试验的基本要求如下。

(1)放水中心水位的每次降深值在 10m 以上,3 个降程的总降深要在 30m 以上。

(2)放水前应在截流区一定构造单元内布设完整的、有足够观测孔的动态观测网(初期可定每平方千米不少于 1 个孔，根据试验过程，再有目的地布设观测孔)。

(3)放水试验要获得详细的动态资料，特别是初期观测结果。补给地段确定以后，根据构造特征，再对补给水源含水层布设一定数量的动态观测孔，并在孔中投放指示剂。在井上下观测孔和放水孔中取水样，以便对补给水源做进一步的测定，验证其补给关系及方式，这种试验通常也称连通试验。

Ⅱ. 设计方案

在获得截流区可靠的水文地质参数之后，便可开始方案设计工作，其内容有：

(1)根据补给段长度、动储量及补给水源，进行帷幕截流的经济、技术可行性与合理性评价和论证；

(2)进行方案对比，并优化最佳选择；

(3)提出帷幕截流地段的控制勘探方案；

(4)帷幕两侧设计一定数量的观测孔(帷幕内外对应布设)，大致为每隔 100m 布置一对孔；

(5)利用控制勘探孔和观测孔准备做多次连通试验及物探工作。

Ⅲ. 施工设计

经过方案设计后，可进入帷幕注浆孔的施工设计。主要确定孔的排列方式、注浆工艺、制浆系统和注浆材料等。根据控制勘探查明的具体情况，确定帷幕的施工顺序，可将帷幕分为若干段进行施工。通常先进行导水性强、过水量大的地段的截流施工，以期迅速取得初步成效，建成一段再建一段。在每一段帷幕的施工中，为保证截流质量，应防止钻孔窜浆并提高钻孔的利用率，注浆孔也需分次序施工，一般分为以下三个顺序：

(1)主要注浆孔——其间距约为最终孔距的 4 倍；

(2)加密注浆孔——施工之后帷幕线上的孔距达到最终孔距的 2 倍(加密于主要注浆孔之间)；

(3)检查加固注浆孔——施工完毕后各孔间距达到最终的帷幕设计孔距(加在加密注浆孔之间)。

Ⅳ. 施工质量评价

由于采用设在地下含水层中的挡水墙进行截流，因此墙的质量和挡水效果就不易确定，为了客观地分析帷幕质量与截流效果，可从以下几个指标给予评价。

(1) 帷幕质量——包括单孔注浆质量、单位吸水量变化、地下水流速变化等。

(2) 帷幕截流效果——矿井涌水量的变化、帷幕两侧水的动态变化、疏干漏斗中心的改变等。

(3) 帷幕区内的疏降采煤效果——开采后有无突水、突水量、水位的动态变化、对矿井的威胁程度等。

帷幕截流的最终目的是疏降水压采煤或带压安全开采。因此，贯穿于帷幕施工过程始终有水文地质工作，以保证帷幕工程的顺利进行。我国在含水层封闭条件下的疏水降压工作已有成功的经验，可根据矿区的具体特点选择运用。

2) 底板加固——以常规放射性钻孔为例

底板加固主要是对底板隔水层的弱面区、薄弱带进行强化处理，使其具有较强的抗采动破坏能力，达到安全生产的目的。底板加固措施主要是对底板隔水层做预注浆、锚固或注浆-锚固，使破碎带隔水层形成一整体，从而增加其抗破坏能力，有效抵抗底板突水。因此，底板加固也是利用底板隔水层进行带压开采。

底板隔水层薄弱带加固的方法和步骤有以下几方面。

(1) 采用钻探、物探等手段准确划出底板突水弱面区的范围。断层发育密集、底板隔水层破坏严重的地段应划为重点加固区域。

(2) 掌握底板含水层的水压、富水性特征、富水程度和破坏带的导水能力，以便确定加固需要采取的具体措施。凡是底板含水层富水性较强和渗透性较大的破坏区都应进行加固注浆。

(3) 底板加固工程的布设。如果巷道要穿过底板弱面区，在巷道弱面区、薄弱带超前 10～30m 处，根据弱面区、薄弱带和含水层的位置施工放射性的超前加固注浆孔，如图 6-6 和图 6-7 所示。每个孔在进入薄弱带或含水层之前，孔口应安装好耐高压、防喷的控制涌水装置。为确保安全，巷道超前距和钻孔孔口的尺寸应按上述防水煤柱和井下探放水的计算方法进行计算，或者先施工一个钻孔进行试验，绝不可马虎从事。工作面薄弱带的注浆一般利用上下顺槽或切眼进行施工，图 6-8 为某矿工作面底板加固注浆孔的布设。

(4) 突水弱面区加固的施工。在一般情况下，注浆孔都要顶水压，而且注浆压力又较高，为保证加固后的地段有较大的强度，浆液大都采用水泥或水泥-水玻璃材料。因此，孔口管应与孔壁形成一体，钻孔终孔直径不小于 75mm。注浆液应根据具体条件调制其浓度和比例，以保证底板加固的效果。如果薄弱带在施工时涌水，应先用注浆堵水方法封住涌水，然后再进行加固。

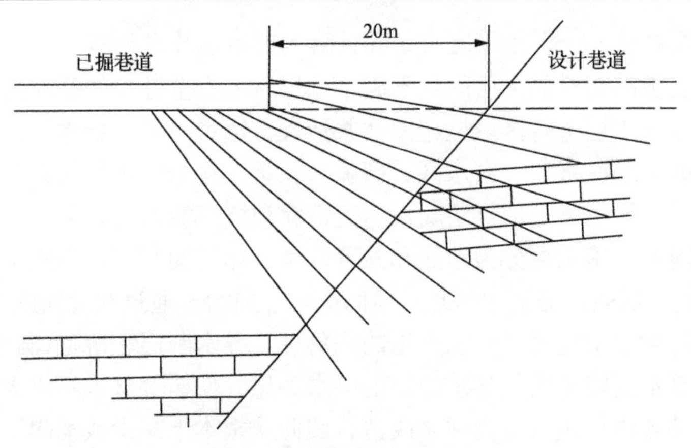

图 6-6　超前加固钻孔剖面图

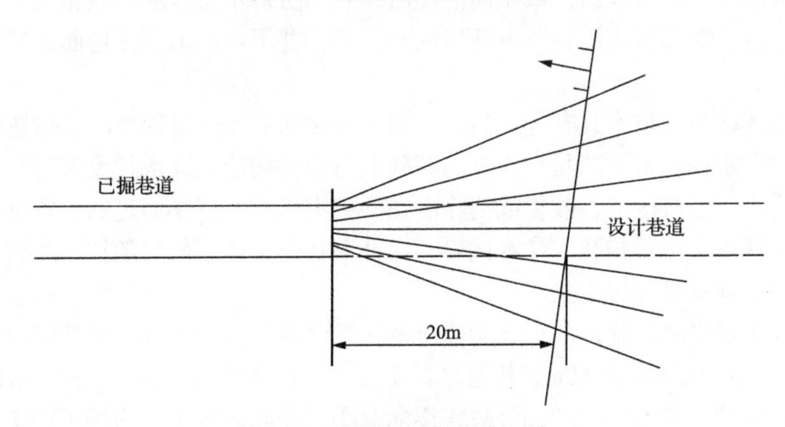

图 6-7　超前加固钻孔平面图

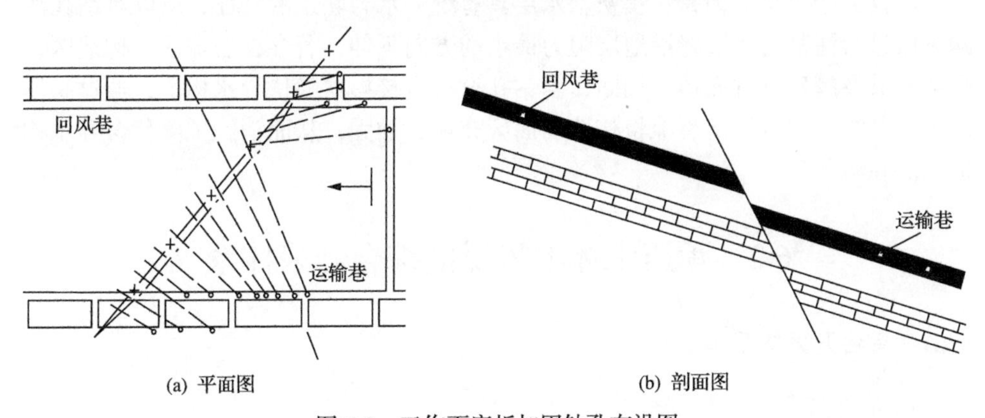

(a) 平面图　　(b) 剖面图

图 6-8　工作面底板加固钻孔布设图

总之，利用底板隔水层进行带压开采，隔水层弱面区、薄弱带的加固是必要的。我国许多矿区都采用这一措施并达到了安全生产的目的。

3)含水层改造——以水平定向钻孔区域超前治理技术为例

当煤层底板的相对隔水层厚度不满足承压水上安全开采的要求时，则需要对基底的奥灰等含水层进行区域性超前注浆治理，通过对奥灰含水层顶界面进行改造，将存在的薄弱底板区、富水区、裂隙薄弱带、构造带进行加固和改造，变含水层为相对隔水层，以增加煤层底板的完整性和抗压能力。

水平定向钻的施工可分为地面和井下两类，相较而言，地面施工具有覆盖面积大、效率高、成效优等突出特点。地面区域超前治理通过在地面施工“带、羽、网”状钻孔将含水层连通，对探查出的陷落柱、导水断层、溶隙(洞)实施重点加固、改造，基本消除了大的导水通道的突水隐患，使矿井基本不出大水。由于直接对奥灰顶部含水层进行全面注浆改造，因此从根本上减少或消除了奥灰强含水层突水可能性。经过地面区域超前治理后，井下防治水工作应按照相关规程、规范正常进行，部分区段需在井下开展局部治理，井下局部治理是地面区域治理工作的补充。

地面区域治理技术具有查、治、验的一体化功能。一是探查隐伏构造和岩溶含水层的富水径流带；二是在探查的基础上对地质构造、富水径流带进行注浆加固，对含水层进行改造，改善或消除潜在的致灾因素；三是通过钻孔轨迹设计、施工顺序调整、注后扫孔、注水试验、增补羽状孔、施工前后随钻测井或其他物探手段对治理效果进行检验。

根据工程实践经验，水平分支孔间距一般设计为 40～60m，浆液扩散半径为 8～30m，有些区域可达 50m，构造区甚至更大。根据奥灰含水层溶隙、裂隙发育的特征，可知其随着深度增加裂隙率逐渐减小，峰峰矿区区域治理工程统计的线裂隙率仅为 0.39%。但是，奥灰含水层具有统一水力联系的特征，所以对钻孔液漏失段进行注浆，浆液将沿地层阻力最小的方向延伸，若存在裂隙区、构造区，则会对其及围岩进行充填、加固，若钻孔没有直接揭露隐伏导水构造，通过高压注浆，浆液可通过岩溶裂隙将构造弱面区充填、加固，从而消除了隐伏含导水构造的潜在威胁。

6.2　承压水体上采煤的综合开采体系

6.2.1　综合开采体系

1. 基本观点

所谓综合开采体系，是指按照矿井采动影响规律，最大限度地减小围岩的破坏强度，从整体上全面解决承压水上采煤的一种科学方法体系，其实质如下所述。

(1)将煤层与顶底板视为一个整体进行全面考虑。

既要强调减小底板的破坏，解决好顶板问题，还要对煤柱的稳定性进行评价，并研究它与围岩的关系等，以求得承压水上采煤的最佳效果。

(2)把采动影响的全过程作为一个体系对待。

既要强调工作面，又要强调煤柱和采空区；既要考虑动态移动，又要考虑静态变形；要求运用地下工程采动力学的观点解决底板的稳定性问题。

(3)把煤柱、底板隔水层厚度及含水层特征作为一个统一体对待。

不仅要分析底板含水层，也要研究煤柱、底板隔水层的实际作用，即抵抗破坏的能力。

2. 理论基础

为使综合开采体系体现上述观点，必须充分利用由采动引起的顶底板破坏规律，并附加应力变化特征、采动地下水运移规律等，这些规律是综合开采技术体系的基础。

1)底板岩体移动破坏的有限性

在一定深度和面积上用垮落法开采层状煤层的现场观测资料表明，在所采煤层至底板的一定深度内产生原位张裂和零位破坏。实测结果与理论研究证实，底板的这种破坏是有一定范围的，并在相应的地层内消失，这反映了底板岩体破坏的有限性。两种破坏之间的过渡带是相应的隔水层段，这一层段虽然也会产生相应的弹性变形，甚至有轻微的透水性，但不会引起破坏，故仍不失隔水耐压的性能。只有在开采方法不适当时，才会引起隔水层段的破坏，如大面积对拉工作面、一次采厚过高等。因此，采用充填或条带房柱式开采方法更佳。

2)底板岩体移动破坏的阶段性

实测资料表明，底板岩体的破坏受顶板压力变化的控制，即底板岩体的破坏程度受顶板压力变化的制约。由于采动影响，顶板压力变化表现为阶段性，底板岩体的移动破坏也具有相应特征。因此，把握住底板岩体破坏的阶段性变化，最大限度地减小采动对底板的破坏范围及破坏程度，变不利因素为可利用因素，是承压水上开采成功的重要方面。

3)底板岩体移动破坏的差异性

底板的破坏是随时间和空间的变化而改变的。这个变化过程取决于采深、围岩岩性、底板水压值、采煤方法、开采面积、顶板岩移特征、采动次数和推进速度等因素。在工作面边界或煤柱边界处，底板破坏达到最大值，并不随停采而恢复正常；在回采过程中，临时开采边界和底板岩体的动态变形会随着工作面的向前推进而逐渐恢复，因此在不同的开采条件下，底板岩体移动破坏过程的差异是较大的，动态变形小于静态变形。

4)底板岩体移动破坏的滞后性

采空区的压力观测资料表明，在承压水的作用下，底板岩体在采空区的移动变形与一般开采条件的变形不同。在特定条件下，在采空区内底板岩体长期受承压水的作用(承压水楔入、潜升)，这可能引起工作面回采后的滞后突水。从煤层开采的角度出发，如何抑制滞后底板鼓起、破裂、突水，是综合开采体系研究的一个重要课题。

5)底板不连续岩体对采动破坏的不适应性

底板岩体的不连续，特别是在有断层存在的情况下，开采会引起底板较大的破坏，在断层带内会形成导水通道，开采工作将受底板突水的威胁。这种因开采引起底板的非正常破坏，通常是底板突水的诱发因素。因此，在开采过程中必须采用特殊措施，才能保证开采的安全性。

6)底板结构岩体的隔水性

底板突水的现场观测证明，煤层开采后底板的破坏过程也是承压水水压递减的变化过程，其动态承压水面的水压递减梯度模数正反映出底板结构岩体的隔水性。底板被破坏后，仍具有一定的阻水能力。采动的变化会促使底板结构岩体隔水能力的恢复。因此，如何减小底板破坏并使底板尽快恢复阻水作用，也是综合开采技术的一项重要研究课题。

综上所述，综合开采体系就是从开采技术措施上防治底板突水。它是主动的防水措施，具有根本性意义。它可以在不采用防治水措施的基础上，仅从开采方法上研究如何防止底板突水，这在技术上可行，经济上合理，可以与矿井开采同步进行。

6.2.2 承压水体上采煤的开采方法

对承压水上采煤而言，综合开采体系的采煤方法又称特殊采煤方法。它以防止底板突水为目的。对于某一矿区，正确选择适当的采煤方法，可以减少采动影响，达到高效防止底板突水的效果。

1)充填采煤方法

充填法采煤就是利用充填料占据地下已采出煤层的空间，再造地层的“原生状态”，达到减小顶底板岩层的移动，使开采后的空间经充填后保持原始应力平衡状态，从而确保安全开采的目的。

实践证明，采用不同的充填方法其充填效果是不同的，所带来的顶板岩层移动强度不同，矿压显现强度不同，底板的破坏程度也不同。试验证明，采用垮落式开采，其顶板压力集中系数增值是充填法的 5～12 倍，压力变化幅度值为 6～

15倍。充填法开采全过程中顶板压力的改变值很小，底板岩层的变化也很小。从现场观测得知，充填法采煤的底板破坏带的最大深度小于5m，原位张裂几乎不出现，因此极大地提高了底板岩层的抗水压能力，保护了岩层的原生完整性和隔水性能。

2)条带采煤方法

条带法是把煤层划分为比较正规的条带状进行开采，采一条，留一条，留下的条带煤柱能够承受住上覆岩层的全部载荷，从而达到煤柱稳定、底板稳定、顶板稳定及地表稳定的目的。条带法可作为承压水上采煤的备选开采方法之一。

条带法开采与长壁式开采相比，存在回采率低、工作面搬家次数多、不利于机械化开采等缺点，但由于条带采煤法能够大幅度降低覆岩移动强度，稳定底板，特别是在煤层上覆岩层中有厚层状坚硬岩层，煤层底板岩层也较坚硬时，效果更为显著。在条带开采中，煤柱能起到长期支撑覆岩的作用，煤层底板只发生轻微的、均匀的移动和变形，不产生较大的破坏，能起到阻隔承压水上移的作用。

基于承压水上开采安全的要求，煤层开采后，必须保证底板岩层能够承受住矿压及底板承压水水压的破坏作用。根据弹塑性理论，底板承受的极限水压力 $p_{极}$ 可用下式计算。

当底板岩层为坚硬脆性岩石时，有

$$p_{极}=\frac{\pi^2[3(l_x^4+a^4)+2l_x^2a^2]h_2^2\sigma_0}{12l_x^2a^2(l_x^2+\gamma a^2)}+\gamma h\ (\text{MPa}) \tag{6-8}$$

当底板岩层为软弱、塑性岩石时，有

$$p_{极}=\frac{12l_x^2h_2^2\sigma_0}{a^2(\sqrt{a^2+3l_x^2}-a)^2}+\gamma h\ (\text{MPa}) \tag{6-9}$$

式中，σ_0 为底板岩层的平均抗拉强度，MPa；h 为底板隔水层厚度，m；h_2 为底板隔水层完整岩体的厚度，m；a 为煤层开采宽度，m；l_x 为煤层沿推进方向的长度，m；γ 为岩层容重，kg/cm^3。

设底板水压力为 p，若 $p_{极}\geqslant p$ 时，表示底板无突水危险，选取的 a 是合适的。

条带开采法底板的最大破坏深度 h_1 可用下面公式计算。

当煤柱单向受力时，有

$$h_1=mk'\frac{a+b}{\pi b}-\frac{c}{r}\cot\varphi \tag{6-10}$$

当煤柱三向受力时，有

$$h_1 = mk'\left[\frac{H}{\pi} - \frac{a}{\pi b}\left(H - \frac{a}{1.2}\right)\right] - \frac{c}{r}\cot\varphi \tag{6-11}$$

式中，c、φ为底板岩层的平均内摩擦力和内摩擦角；k'为顶板应力平衡系数；m为底板应力协调系数；H为开采深度，m；b为留宽，m。

3) 短壁式采煤方法

工作面斜长是影响底板破坏深度的主要因素，减小工作面斜长是控制底板突水的主要开采措施。水文地质条件较复杂的矿区如采用长壁开采可能存在底板突水危险时，可改用短壁开采，以降低突水可能性，保证安全采煤。因为，短壁采煤法可有效减小底板的破坏强度，缩小破坏深度，增大中部未破坏层的厚度，有效阻止底板岩溶承压水的侵入。

在相同工艺和水文地质条件下，长壁工作面的走向长度改变以后不会导致矿压的改变，因为采后60～70m以外的压力恢复区可表现为采后压力常态区，这基本接近采前状态。对矿压大小起作用的是采后0～60m的基本顶悬顶距及垮落情况。但是，当其中只有斜长变化时，情况就会改变。如图6-9所示，工作面斜长60m处为抗水压能力的拐点，斜长小于60m，抗水压能力增加较快，而大于60m，抗水压能力的减小幅度并不明显。在底板隔水层厚度不变的前提下，减小工作面斜长，可减小底板破坏带深度，增大相对隔水层厚度，增强抗水压能力。因此，短壁式采煤法在防止底板突水方面具有重要作用。

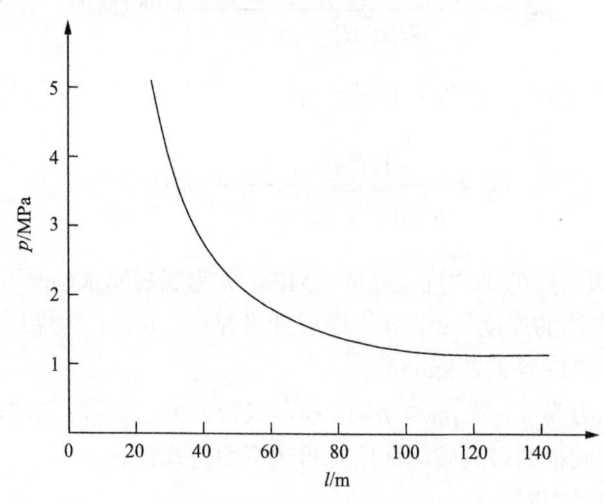

图6-9　工作面斜长与底板承压水压力的关系曲线

4) 分区隔离采煤方法

分区隔离开采有两种方法，一是在同一矿井(或井田)内隔离采区进行开采；二是建立若干单独矿井同时开采或分别开采。同一矿井隔离采区开采就是在承压水上采煤之前，在采区与采区之间的适当地点建立永久性防水闸门或防水墙，这样一旦发生突水事故，可有效地控制水情，减小灾害的影响范围。这种措施适用于可能突然发生涌水的矿区或采区。例如，在溶洞较发育、承压水压力较大的条件下，突水具有水量大、来势猛的特点，这时就有必要采取这种方法。针对岩溶水发育的不均一性，采取此方法在技术、经济上都是合理的。若干单独矿井同时开采或分别开采适用于单独水文地质单元或由于构造因素分隔同一含水体的情况，这样可建立独立排水系统，采取相应的开采措施。例如，徐州贾汪矿区和湖南煤炭坝煤矿都曾经采用多井联合同时开采、同时排水的方式，达到了缩短疏降时间、减小突水威胁、降低排水费用的效果。

分区隔离法采煤应切实做好“分区”和“隔离”。所谓“分区”，主要是按水文地质单元或地质构造进行分区。因此，需要基础资料必须清楚，这样才能做出经济合理的分区方案。例如，峰峰、焦作及淄博等大水矿区，利用不导水断裂作为分区开采边界，区别对待，效果较好；邯郸矿区把该区划分为四个不同的水文地质单元，分别采用不同的治水方法进行煤层的开采，也取得了较为理想的效果。“隔离”主要是指在同一水文地质单元条件下，利用人为因素把矿区分割成不同的开采块段，分别开采。因此，人为因素，如设置防水闸门，应保持其有效性；避免在应用时失效，造成较大范围内的损失。

所谓“封闭式采煤法”是分区隔离开采的一种特殊形式。它是利用构造形成的封闭煤盆地，形成独特的水文条件，以对开采有利；或采用帷幕注浆，人为造成一个封闭的水文单元。这两种情况都可针对具体条件，采用不同的采煤方法，再配合疏水工程，采出受水威胁的煤层。我国许多矿区在这方面已取得了一些有益经验，可供借鉴。

5) 协调式采煤方法

协调式采煤就是同时开采两个临近煤层(或分层)或同一煤层的几个工作面，通过在推进方向上合理布置工作面之间最佳距离的采煤方法。这样做的目的在于减小底板破坏强度，减轻矿压的重复显现强度，以达到安全开采受水威胁的煤层的目的。

根据目前煤矿的开采方法和技术水平，协调开采大体上可采用以下两种方法。

I. 上、下两个近距离煤层的协调开采

两个开采厚度相当的近距离煤层，可同时布置工作面，两者错开距离 l，如图 6-10 所示。l 值可按下式计算。

$$l = h\tan\beta' + h'\tan\beta \tag{6-12}$$

式中，l 为两个煤层开采的错开距离，m；h 为上煤层原位张裂闭合点至煤层的垂距，m；h' 为下煤层原位张裂闭合点至煤层的垂距，m。

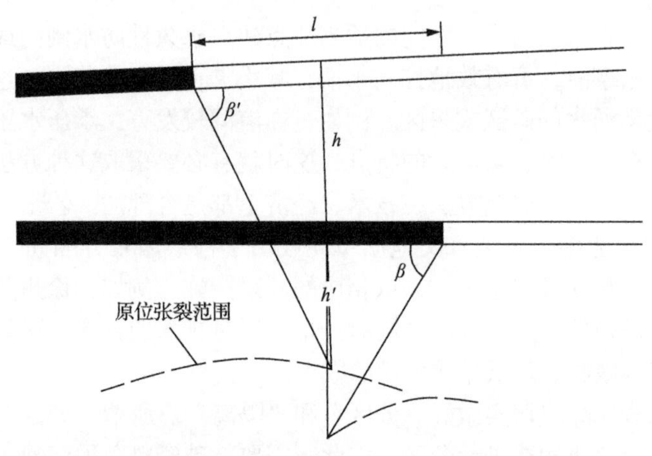

图 6-10　两个煤层的协调开采步距

Ⅱ. 同一煤层分层的协调开采

可参照两个煤层的协调开采方式，工作面错开距离的计算方法也相同。这种开采方式可应用于底板防治水仍处于试验阶段的矿井。理论研究表明，只要错距选取适当，就可以抑制下层煤原位张裂的产生与发展。同时，由于下层煤处于上层的卸压区内，矿压显现不显著，这有助于减小底板破坏深度，提高相对隔水层隔水厚度和强度。

6) 其他采煤方法

承压水上采煤也可以采用一些其他有效的方法，如底板加固采煤法、疏水降压采煤法、房柱式采煤法及间歇式采煤法等。这些采煤方法在不同的水文地质条件下都有应用，并取得了比较理想的效果。

6.2.3　承压水体上采煤开采方法的选择

处理承压水上采煤开采方法的问题应遵循“择优律原则”。所谓择优律原则是指，对影响矿区或采区选择开采方法的主要因素进行优化对比分析，对系统中起主导作用的因素做择优考虑，按照最有利防止底板突水的原则，去采纳合适的采煤方法的规律。

1) 采矿条件和矿井建设因素

矿井井型、生产规模、开拓方式、采矿的围岩性质、矿压特点、支护方式和矿井的服务年限等是选择预防底板突水采煤方法的主要影响因素。因为，我国绝大部分矿井建设事先都未设计防治水方案，随着矿井生产规模的加大和井筒的延伸，承压水上采煤问题才能提到议事日程上来，所以对原系统的改革是一个难度较大的问题，必须经过试验阶段，取得成果后再推广应用。

2)水文地质因素

水文地质条件是选择承压水上采煤方案的基础。对于不同水体或同一水体，补给区、径流区及排泄区构造分割等因素的影响应区别对待，这已被实践所证实并在实践中加以运用。以此为基础选择合理的采煤方法以达到安全开采的目的。

3)经济因素

承压水体上采煤需要大的投入，如区域超前治理的投入、底板隔水层加固、含水层改造、充填开采成本的增加、排水系统改造等，因此选择开采方法和工艺时，需考虑经济因素。

4)技术水平

设计方案再好，现场的技术水平达不到要求，仍可带来不堪设想的后果。技术水平包括设计能力、技术管理、工程责任心等方面，通常一个环节出毛病，就可能导致灾害性事故的发生。例如，江西丰城矿区采用条带开采，由于在开采过程中对条带尺寸要求不严，采条过大，造成了突水淹井的惨痛教训。因此，技术水平在设计承压水上采煤的开采方案中起决定性作用。

5)效益对比评价

实际投入产出应以盈利为基础。所谓“对比评价”就是在考虑上述几种影响因素的同时，对采用的开采方案做多因素对比，取其经济效益最好，又能确保矿井安全生产的最佳方案。

为确保矿井安全，选择开采方案时，还应遵循以下原则。

先浅后深——在地质和水文地质条件揭露程度较差的前提下，应选择承压水压力较小的地段进行观测和试验，掌握采动影响规律，为下阶段选择合适的采煤方法提供可靠依据。

先简后难——对构造影响严重的地区，应在构造相对简单的地段开采，了解构造对开采的影响程度，并逐渐向构造复杂的地区过渡，这样做可有效地防止底板突水，也可摸索较为合适的采煤方式。

先厚后薄——在底板隔水层厚薄不均的条件下，应先选择较厚的地段进行开采，取得一些经验和数据后，再开采底板隔水层较薄的地段。这样，选择开采方法有一定的依据，避免盲目性。

先点后面——承压水体上采煤的局部试点工作十分关键，选择试验工作面进行预先设计，并在开采中进行科学观测，取得可靠经验后再推广。

先远后近——当不清楚承压水对开采的影响时，可先开采不受承压水威胁或威胁较小的地段，获得有关资料后，再逐渐逼近水体，选择合适的开采方法后再进行试验。

总之，我国在承压水体上采煤方面虽积累了一定的资料，但还有待于今后在实践中不断完善。同时，针对我国矿井的不同条件，应因地制宜地选择适合本矿区的特殊采煤方法，这样既能最大限度地回收煤炭资源，又能保证矿井的安全生产。

6.3　底板水害防治技术体系

《煤矿防治水细则》提出了树立水害防治的先进理念，强化水害防治基础管理，强化水害防治超前勘探，强化水害防治科技攻关，强化水害综合治理，强化水害防治效果评价，强化水害应急救援管理和加大防治水监管监察力度等八项强化防治水的工作内容，它与承压水体上精准控水采煤技术的要求在本质上是一样的。矿井防治水是系统工程，煤矿应根据自身条件，建立完善的矿井防治水技术体系，实现超前规划、立体监测、全面预报、综合防探、强化治理的防治矿井底板水害的体系(图 6-11)。

(1)超前规划：水害威胁严重的矿井，在矿井规划设计阶段，应提前考虑有利的开采方法和工艺，优化矿井-采区-工作面设计与防治水设计，加强防治水专业队伍的建设，完善防治水规划与矿井水害救险预案。

(2)立体监测：监测预警是矿井水防治的“警钟”。需要建立矿区降水观测系统，地表水体水位、流量、流速等水文信息的监测系统，井下矿井水的自动观测系统。决策上，一方面利用智能监测系统进行决策判断，另一方面通过立体监测的水位、水量、水压、水温和水质等信息，根据不同的煤层条件、构造分布和含隔水层分布的变化，技术人员可有效地对采掘巷道或工作面水害威胁情况进行评价预判。

(3)全面预报：预报的基础是勘探、评价和监测，是在煤层采掘前进行的水害威胁预测。煤矿水文地质工作既要掌控区域的补径排、含隔水层分布等条件，又需要清楚矿井所处的水文地质单元和富水带，更要细化采区和工作面的水文地质状况，做到点面结合，细致深入。同时，需有效预计矿井-采区-工作面的正常涌水量和最大涌水量，完善矿井水害预测报警系统。

(4)综合防探：从安全效益最大化方面讲，水害防治的重点在于“防”而非水害发生以后的“治”。为了防止水害事故的发生，消除潜在的水患，地面和井下相结合的立体综合探测是有效的技术手段。地面探测以钻探形式的水文地质试验探测为基础，结合三维物探、瞬变电磁探测等物探方法，探明区域性的水文地质条件、构造和富水区。井下探测以直流电法、音频电透视、地质雷达等物探和超前钻探为主，探明可疑富水体或导水构造。综合防探就是充分利用钻探、物探等各种探测技术对可疑富水体进行确认和预测，既要坚持井上下立体探测，又要做到采前、采中和采后的持续探测和监测，做到时空上协调，坚决遵循“有疑必探，先探后掘”的原则。

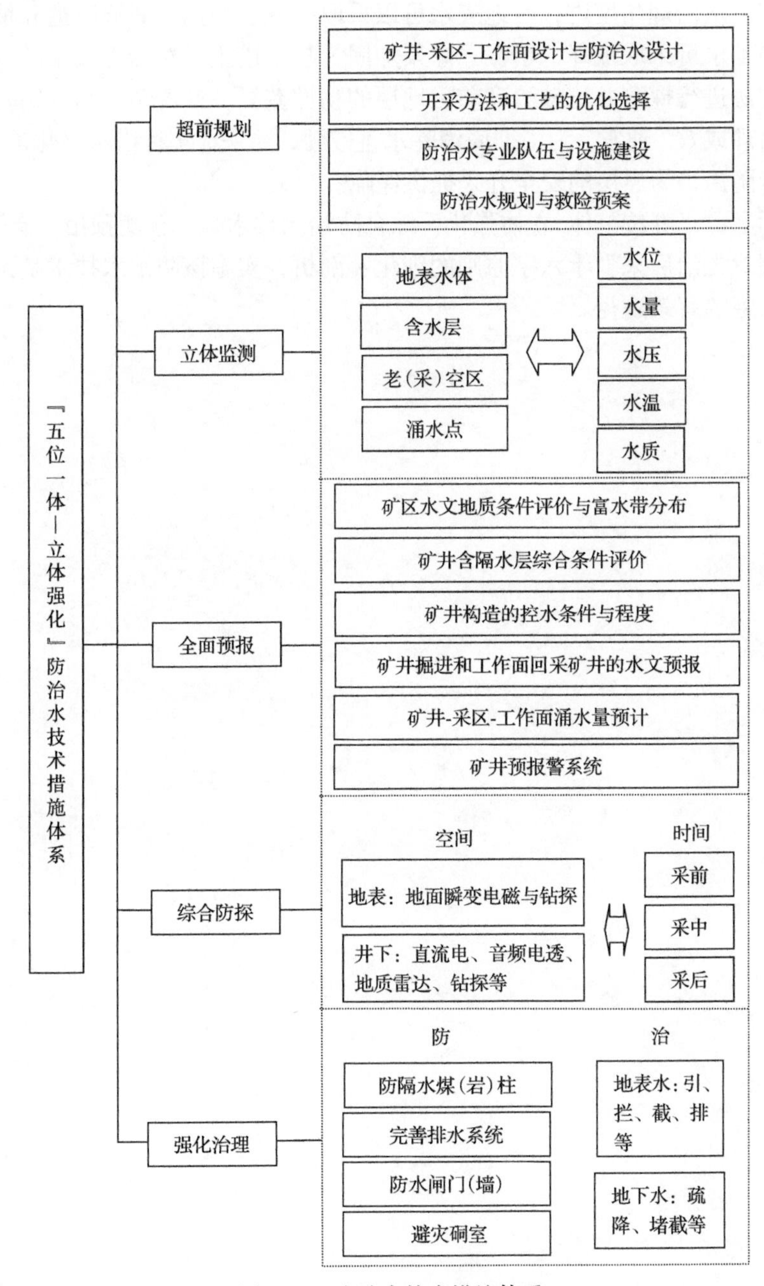

图 6-11　防治水技术措施体系

(5)强化治理：对矿井生产造成威胁的目标水体进行确认后，需对水害进行治理，确保消除涌(突)水隐患。从防灾角度讲，可以采取留设防水(砂)安全煤(岩)柱、完善矿井排水系统和升级矿井排水能力、建设防水闸门、防水闸墙和避灾硐室等措施。从治理角度讲，对地表水可以采取引流、拦挡、截流改道和抽排等措施，对地下水可采取疏降、堵截、注浆加固等技术措施。对治理效果的检验多采取物探方法进行探测并比较治理前后地层的物性差异，或者钻孔结合钻孔电视方法检测治理成效。通常，为了彻底消除水害威胁，要采取多种措施强化治理效果，实施综合防治，为煤层的安全开采提供保障。

实际上，“五位一体-立体强化”综合防治水技术是“预测预报、有疑必探、先探后掘、先治后采”十六字原则的细化、剖析，实施该防治水技术是预防和治理矿井水害的有效途径。

主要参考文献

白喜庆, 白海波, 沈智慧. 2009. 新驿煤田奥灰顶部相对隔水性及底板突水危险性评价[J]. 岩石力学与工程学报, 28(2): 273-381.

贲旭东, 郭英海, 解奕伟, 等. 2006. 模糊综合判别在矿井突水水源判别中的应用及探讨[J]. 矿业安全与环保, 33(3): 57-59.

卜昌森, 张希诚, 尹万才, 等. 2001. "华北型"煤田岩溶水害及防治现状[J]. 地质论评, 47(4): 405-409.

曹庆奎, 赵斐. 2011. 基于模糊-支持向量机的煤层底板突水危险性评价[J]. 煤炭学报, 36(4): 633-637.

陈从磊, 姚多喜, 赵魁, 等. 2012. 基于灰色神经网络预测青东矿10煤层底板破坏深度[J]. 煤炭技术, 31(11): 49-51.

陈红江, 李夕兵, 刘爱华. 2009. 矿井突水水源判别的多组逐步 Bayes 判别方法研究[J]. 岩土力学, 30(12): 3655-3659.

段宏飞. 2012. 煤矿底板采动变形及带压开采突水评判方法研究[D]. 中国矿业大学博士学位论文.

樊振丽, 胡炳南, 申宝宏. 2012. 煤层底板导水破坏带深度主控因素探究[J]. 煤矿开采, 17(1): 5-7.

樊振丽. 2019. 关于富水构造型底板突水系数计算方法的探讨[J]. 煤矿开采, 24(1): 35-39.

樊振丽. 2010. 梧桐庄矿大煤底板多含水层充水条件评价研究[D]. 中国矿业大学.

范书凯, 武强, 崔海明, 等. 2012. 新集二矿 1 煤层底板破坏深度模拟研究[J]. 矿业安全与环保, 39(4): 9-11.

冯梅梅, 茅献彪, 白海波, 等. 2009. 承压水上开采煤层底板隔水层裂隙演化规律的试验研究[J]. 岩石力学与工程学报, 28(2): 336-341.

高卫东. 2012. 熵权模糊综合评价法在矿井突水水源判别中的应用[J]. 矿业安全与环保, 39(2): 22-24.

高延法, 施龙清, 娄华君, 等. 1999. 底板突水规律与突水优势面[M]. 徐州: 中国矿业大学出版社.

高延法, 于永辛, 牛学良. 1995. 水压在底板突水中的力学作用[J]. 煤田地质与勘探, 24(6):3.

高召宁, 孟祥瑞, 赵光明. 2011. 煤层底板变形与破坏规律直流电阻率 CT 探测[J]. 重庆大学学报, (8): 90-96.

葛亮涛. 1986. 关于煤矿底鼓水力学机理的探讨[J]. 煤田地质与勘探, 1: 33-38.

葛亮涛. 2000. 中国煤田水文地质学[M]. 北京: 煤炭工业出版社.

关英斌, 郑建, 丰成, 等. 2011. 灰色关联分析在牛西矿水源判别中的应用[J]. 河北工程大学学报(自然科学版), 28(1): 81-84.

关永强. 2015. 峰峰矿区防治水技术认识与实践[M]. 冀中能源峰峰集团有限公司内部资料.

管恩太. 2012. 突水系数的产生及修正过程[J]. 中国煤炭地质, 24(2): 30-32.

国家安全生产监督管理总局. 2009. 煤矿防治水规定[S]. 北京: 煤炭工业出版社.

国家煤炭工业局. 2000. 建筑物、水体、铁路及主要井巷煤柱留设与压煤开采规程[M]. 北京: 煤炭工业出版社.

韩德馨, 杨起. 1980. 中国煤田地质学[M]. 北京: 煤炭工业出版社.

韩行瑞. 2015. 岩溶水文地质[M]. 北京: 科学出版社.

郝彬彬, 李冲, 王春红. 2010. 灰色关联度在矿井突水水源判别中的应用[J]. 中国煤炭, 36(6): 20-22.

何满潮, 谢和平, 彭苏萍, 等. 2005. 深部开采岩体力学研究[J]. 岩石力学与工程学报, 24(16): 2803-2813.

何廷峻. 2003. 利用跨采石门测试煤层底板破坏深度[J]. 矿山压力与顶板管理, 20(3): 103-105.

胡友彪, 郑世书. 1997. 矿井水源判别的灰色关联度方法[J]. 工程勘察, (1): 28, 33-35.

虎维岳, 朱开鹏, 黄选明. 2010. 非均布高压水对采煤工作面底板隔水岩层破坏特征及其突水条件研究[J]. 煤炭学报, 35(7): 1109-1114.

黄莲莲, 张正培, 陈琛. 2011. 煤层底板导水破坏深度的灰色 BP 神经网络预算模型[J]. 露天采矿技术, (2): 6-8.

黄润秋, 王贤能, 陈龙生. 2000. 深埋隧道涌水过程的水力劈裂作用分析[J]. 岩石力学与工程学报, 19(9): 573-576.

江东, 王建华, 陈佩佩, 等. 1999. 基于 GIS 的煤矿底板突水预测模型的构建与应用[J]. 中国地质灾害与防治学报, (10): 67-72.

姜福兴, 王存文, 杨淑华, 等. 2007. 冲击地压及煤与瓦斯突出和透水的微震监测技术[J]. 煤炭科学技术, 35(1): 26-28,100.

靳德武, 陈健鹏, 王延福, 等. 2000. 煤层底板突水预报人工神经网络系统的研究[J]. 西安科技学院学报, 20(3): 214-217.

靳德武, 马培智, 王延福. 1998. 华北型煤层底板突水的随机-信息模拟及预测[J]. 煤田地质与勘探, 26(6): 36-39.

靳德武. 2000. 采煤工作面底板突水预报范决策分析理论研究综述[J]. 焦作工学院学报, 19(4): 246-249.

靳德武. 2003. 华北型煤田煤层底板突水预测信息分析理论、方法及应用[J]. 中国岩溶, (1): 41-46.

黎良杰, 钱鸣高, 李树刚. 1996. 断层突水机理分析[J]. 煤炭学报, 21(2): 119-123.

黎良杰, 钱鸣高, 殷有果. 1996. 采场底板突水相似材料模拟研究[J]. 煤田地质与勘探, 25(1): 33-36.

黎良杰, 殷有泉. 1998. 评价矿井突水危险性的关键层方法[J]. 力学与实践, 20(3): 34-36.

黎良杰. 1995. 采场底板突水机理的研究[D]. 中国矿业大学博士学位论文.

李白英. 1999. 预防矿井底板突水的“下三带”理论及其发展与应用[J].山东矿业学院学报, (4):11-18.

李柏年, 吴礼斌. 2012. MATLAB 数据分析方法[M]. 北京: 机械工业出版社.

李富平. 煤矿回采工作面突水预测的方法探讨[J]. 河北煤炭, 197(2): 8-10.

李家祥. 2000. 原岩应力与煤层底板隔水层阻水能力的关系[J]. 煤田地质与勘探, 28(8): 47-51.

李景恒, 许延春, 张波, 等. 2003. 深部首采工作面顶底板涌水量预计[J]. 煤矿开采, 1(1): 66-68.

李抗抗, 王成绪. 1997. 用于煤层底板突水机理研究的岩体原位测试技术[J]. 煤田地质与勘探, (3): 31-34.

李示, 孙亚军, 薛茹. 2010. 多层复合结构隔水层抗突能力评价[J]. 能源技术与管理, 3: 4-6.

李燕, 徐志敏, 刘勇. 2010. 矿井突水水源判别方法概述[J]. 煤炭技术, 29(11): 87-89.

梁俊勋. 1993. 用灰色关联度分析法判别矿井突水水源[J]. 煤田地质与勘探, 21(6): 42-44.

刘昌劲, 向阳. 2009. 基于组件式 GIS 的煤矿井下定位系统的设计与实现[J]. 计算机应用与软件, 26(3): 49-52.

刘福胜, 马彦良, 李华. 2019. 关于煤炭地质单位“透明地球”建设的若干思考[J]. 中国煤炭地质, 31(11): 26-30.

刘汉湖, 裴宗平. 1998. 煤层底板带压开采对隔水层隔水能力研究方法的探讨[J]. 岩土力学, 19(4): 31-35.

刘鸿文. 2004. 材料力学[M]. 北京: 高等教育出版社.

刘其声. 2009. 关于突水系数的讨论[J].煤田地质与勘探, 37(4): 34-42.

刘钦, 孙亚军, 徐智敏. 2011. 改进型突水系数法在矿井底板突水评价中的应用[J]. 煤炭科学技术, 39(8): 107-109.

刘天泉. 1995. “三下一上”采煤技术的现状及其展望[J]. 煤炭科学技术, (1): 5-7.

刘伟韬, 张文泉, 李加祥. 2000. 用层次分析-模糊评判进行底板突水安全性评价[J]. 煤炭学报, 25(3): 278-282.

孟召平, 高延法, 卢爱红. 2011. 矿井突水危险性评价理论与方法[M], 北京: 科学出版社.

钱鸣高, 缪协兴, 黎良杰. 1995. 采场底板破坏规律的理论研究[J]. 岩土工程学报, 17(6): 55-62.

钱鸣高, 缪协兴, 许家林, 等. 1996. 岩层控制中的关键层理论[J]. 煤炭学报, 21(3): 225-230.

申宝宏. 1978. 松散含水层水体下采煤可行性与可靠性研究[D]. 北京: 煤炭科学研究总院.

施龙青, 韩进. 2004. 底板突水机理及预测预报[M]. 徐州: 中国矿业大学出版社.

施龙青, 韩进. 2005, 开采煤层底板“四带”划分理论与实践[J]. 中国矿业大学学报, 34(1): 16-23.

施龙青, 刘磊, 周娇, 等. 2014, 断层分形信息维及在底板突水预测中的应用[J]. 煤矿开采, 1: 12-16.

施龙青, 宋振骐. 2000, 采场底板“四带”划分理论研究[J]. 焦作工学院学报, 19(4): 241-245.

施龙青, 宋振骐. 1999, 采场底板突水条件及位置分析[J]. 煤田地质与勘探, 27(5): 49-51.

施龙青, 徐东晶, 邱梅, 等. 2013. 采场底板破坏深度计算公式的改进[J]. 煤炭学报, 38(S2): 299-303.

施龙青, 尹增德, 刘永法. 1998. 煤矿底板损伤突水模型[J]. 焦作工学院学报, 17(6): 403-405.

斯列萨列夫. 1983. 水体下安全采煤的条件. 国外矿山防治水技术的发展与实践[R]. 冶金矿山设计院.

宋关福, 钟耳顺. 1998. 组件式地理信息系统研究与开发[J]. 中国图象图形学报, 3(4): 313-317.

孙苏南, 曹中初, 郑世书. 1996. 用地理信息系统预测底板突水-以峰峰二矿小青煤采区为例[J]. 煤田地质与勘探, 24(6): 40-43.

孙秀堂, 常成, 王成勇. 1995. 岩石临界 CTOD 的确定及失稳断裂过程区的研究[J]. 岩石力学与工程学报, 14(4): 312-319.

谭海樵. 2004. 面向煤矿绿色开采的集成信息系统[J]. 中国矿业大学学报, 33(2): 210-212.

王成绪, 王红梅. 2004. 煤矿防治水理论与实践的思考[J]. 煤田地质与勘探, 32(11): 100-103.

王惠文, 叶明, Saporta G. 2009. 多元线性回归模型的聚类分析方法研究[J]. 系统仿真学报, 21(22): 7048-7050, 7056.

王健. 2008. 综采面煤层底板破坏深度的研究[A]. 中国煤炭学会矿井地质专业委员会 2008 年学术论坛文集[C]. 徐州: 中国矿业大学出版社, 175-179.

王经明. 1999. 承压水沿底板递进导升机理的模拟与观测[J]. 岩土工程学报, 21: 546-550.

王经明. 2004. 承压水沿煤层底板递进导升的突水机理及其应用[D]. 北京: 煤炭科学研究总院.

王梦玉, 章至洁. 1991. 北方煤矿床充水与岩溶系统[J]. 煤炭学报, 16(4).

王树元. 1989. 矿井突水事件的模糊数学预测法[J]. 山东矿业学院学报, 8(3): 48-51.

王小川, 史峰, 郁磊, 等. 2013. MATLAB 神经网络 43 个案例分析[M]. 北京: 北京航空航天大学出版社.

王毅, 许光泉, 何吉春, 等. 2013. 灰色关联分析方法在突水水源判别中的应用[J]. 地下水, 35(6): 7-10.

王永红, 沈文. 1996. 中国煤矿水害预防及治理[M]. 北京: 煤炭工业出版社.

王作宇, 刘鸿泉. 2004. 承压水上采煤[M]. 北京: 煤炭工业出版社.

王作宇, 刘鸿泉. 1989. 煤层底板突水机理的研究[J]. 煤田地质与勘探 (1): 11-13.

王作宇, 王培彝. 1994. 承压水上采煤学科理论与实践[J]. 煤矿开采, 4 .

武强, 解淑寒. 裴振江, 等. 2007. 煤层底板突水评价的新型实用方法Ⅲ-基于 GIS 的 ANN 型脆弱性指数法应用[J]. 煤炭学报, 32(12): 1301-1306.

武强, 金玉洁. 1995. 华北型煤田矿井防治水决策系统[M]. 北京: 煤炭工业出版社.

武强, 刘守强, 贾国凯. 2010. 脆弱性指数法在煤层底板突水评价中的应用[J]. 中国煤炭, 36(6): 15-22.

武强, 庞伟, 戴迎春, 等. 2006. 煤层底板突水脆弱性评价的 GIS 与 ANN 耦合技术[J]. 煤炭学报, 31(3): 314-319.

武强, 王金华, 刘东海, 等. 2009. 煤层底板突水评价的新型实用方法Ⅳ: 基于 GIS 的 AHP 型脆弱性指数法应用[J]. 煤炭学报, 34(2): 233-238.

武强, 张志龙, 马积福. 2007. 煤层底板突水评价的新型实用方法Ⅰ——主控指标体系的建设[J]. 煤炭学报, 32(1): 42-47.

武强, 张志龙, 张生元, 等. 2007. 煤层底板突水评价的新型实用方法Ⅱ——脆弱性指数法[J]. 煤炭学报, 32(11): 1121-1126.

武强, 张志龙. 2007. 煤层底板突水评价的新型实用方法-主控指标体系的建设[J]. 煤炭学报, 32(1): 42-47.

武强. 2002. 矿井水灾防治[M]. 徐州: 中国矿业大学出版社.

武强. 2018. 煤矿防治水细则解读[M]. 北京: 煤炭工业出版社.

夏筱红, 杨伟峰, 崔道伟, 等. 2006. 采场底板岩石渗透性试验研究[J]. 矿业安全与环保, 33(3): 20-25.

熊伟, 崔光磊. 2012. 贝叶斯判别分析在矿井突水水源预测中的应用[J]. 中国煤炭, 38(11): 110-113.

许学汉, 王杰. 1991. 煤矿突水预报研究[M]. 北京: 地质出版社.

许延春, 耿德庸. 1992. 井壁破坏的模糊聚类分析和预测[J]. 煤炭科技技术, (7): 16-19.

许延春, 杨扬. 2013. 大埋深煤层底板破坏深度统计公式及适用性分析[J]. 煤炭科学技术, 14(9): 129-132.
杨延毅, 周维垣. 1991. 裂隙岩体的渗流-损伤耦合分析模型及其工程应用[J]水力学报, (5): 19-27.
杨永国, 黄福臣. 2007. 非线性方法在矿井突水水源判别中的应用研究[J]. 中国矿业大学学报, 36(3): 283-286.
姚克, 田宏亮, 姚宁平, 等. 2019. 煤矿井下钻探装备技术现状及展望[J]. 煤田地质与勘探, 47(1): 1-5.
尹会永, 魏久传, 郭建斌, 等. 2009. 应力作用下煤层底板关键隔水层渗透性分析[J]. 煤炭工程, (2): 74-77.
尹尚先, 虎维岳. 2008. 岩层阻水性能及自然导升高度研究[J]. 煤田地质与勘探, 36(1): 34-40.
尹尚先, 武强, 王尚旭. 2005. 北方岩溶陷落柱的充水特征及水文地质模型[J]. 岩石力学与工程学报, 24(1): 77-82.
于小鸽, 韩进, 施龙青, 等. 2009. 基于BP神经网络的底板破坏深度预测[J]. 煤炭学报, 34(6): 731-736.
于小鸽. 2011. 采场损伤底板破坏深度研究[D]. 山东科技大学博士学位论文.
余克林, 杨永生, 章臣平. 2007. 模糊综合评判法在判别矿井突水水源中的应用[J]. 金属矿山, (3): 47-50.
余永洋, 李忠凯. 2004. 用模糊聚类分析方法评价10煤底板突水危险性[J]. 煤炭技术, 23(9): 61-62.
袁亮, 张平松. 2019. 煤炭精准开采地质保障技术的发展现状及展望[J]. 煤炭学报, 44(8): 2277-2284.
袁亮. 2017. 煤炭精准开采科学构想[J]. 煤炭学报, 42(1): 1-7.
张风达. 2016. 深部煤层底板变形破坏机理及突水评价方法研究[D]. 中国矿业大学博士学位论文.
张金才, 刘天泉. 1990. 论煤层底板采动裂隙带的深度及分布特征[J]. 煤炭学报, 15(1): 46-54.
张金才, 张玉卓, 刘天泉. 1997. 岩体渗流与煤层底板突水[M]. 北京: 地质出版社.
张金才. 1998. 采动岩体破坏与渗流特征研究[D]. 煤炭科学研究总院博士学位论文, 6.
张文泉, 刘伟韬, 张红日, 等. 1998. 煤层底板岩层阻水能力及其影响因素的研究[J]. 岩土力学, 19(4): 31-35.
张文泉. 2004. 矿井(底板)突水灾害的动态机理及综合判测和预报软件开发研究[D]. 山东科技大学博士学位论文.
张玉军. 2012. 煤层底板综合隔水性能及突水危险性预测研究[D]. 煤炭科学研究总院博士学位论文.
赵连涛, 于旭磊, 刘启蒙, 等. 2006. 煤层底板岩石全应力-应变渗透性试验[J]. 煤田地质与勘探, 34(6): 37-42.
赵鹏大. 2004. 定量地学方法及应用[M]. 北京: 高等教育出版社.
赵铁锤. 2006. 华北地区奥灰水综合防治技术[M]. 北京: 煤炭工业出版社.
郑少河, 朱维申, 王书法. 2000. 承压水上采煤的固流耦合问题研究[J]. 岩石力学与工程学报, 19(7): 421-424.
郑少河, 朱维申. 2001. 裂隙岩体渗流损伤耦合模型的理论分析[J]. 岩石力学与工程学报, 20(2): 156-159.
中国科学院地质所. 1992. 中国煤矿岩溶水突水机理的研究[M]. 北京: 科学出版社.
中国煤田地质总局. 2000. 中国煤田水文地质学[M]. 北京: 煤炭工业出版社.
中国统配煤矿总公司生产局, 煤炭科技情报研究所. 1992. 煤矿水害事故典型案例题汇编[M]. 北京.
朱仕杰, 南卓铜. 2006. 基于ArcEngine的GIS软件构架建设[J]. 遥感技术与应用, 21(4): 385-390.
朱珍德, 胡定. 2000. 裂隙水压力对岩体强度的影响[J]. 岩土力学, 21(1): 64-67.
朱珍德, 孙钧. 1999. 裂隙岩体非稳态渗流场与损伤场耦合分析模型[J]. 水文地质工程地质, 26(2): 35-42.
卓金武. 2011. MATLAB在数学建模中的应用[M]. 北京: 北京航空航天大学出版社.
Bruno M S, Dorfmann A, Lao K. 2001. Coupled particle and fluid flow modeling of fracture and slurry injection in weakly consolidated granular media[C]//Rock Mechanics in the National Interest: Swets Zeitinger Lisse, 173-180.
Charlez P A. 1991. Rock Mechanics (II: Petroleum Applications) [M]. Paris:Technical Publisher.
Christian Wolkersdorfer, Rob Bowell. 2004. Contemporary reviews of mine water studies in europe[J].Mine Water and the Environment, 23: 161-164.
Li L, Holt R M. 2001. Simulation of flow in sandstone with fluid coupled particle model[C]. Rock Mechanics in the National Interest. [s.1.]: Swets Zeitinger Lisse, 165-172.
Noghabai K. 1999. Discrete versus smeared versus element-embedded crack models on ring problem[J].Journal of Engineering Mechanics, 125(6): 307-314.

Reibieic M S. 1991. Hydrofracturing of rock as a method of water, mud, and gas inrush hazards in underground coal mining. 4th IMWA, 1 (Yugoslavia).

Santos C F, Bieniawski Z T. 1989. Floor design in underground coalmines[J]. Rock Mechanics and Rock Engineering, 22 (4) : 249-271.

Shi L Q, Han J. 2005. Theory and practice of dividing coal mining area floor into four-zone[J].Journal of China University of Mining and Technology, 34 (1) : 16-23.

Singh R N, Jakeman M. 2001. Strata monitoring investigations a round longwall panels beneath the cataract reservoir[J]. Mine Water and the Environment, 20: 55-64.

Valko P, Economides M J. 1994. Propagation of hydraulicallyinduced fractures--a continuum damage mechanics approach[J].International Journal of Rock Mechanics and Mining Sciences and Geomechanics Abstracts, 31 (3) : 221-229.

Wang J A, Park H D. 2003. Coal mining above a confined aquifer[J]. International Journal of Rock Mechanics and Mining Sciences, 40 (4) : 537-551.

Zhang J C. 2005. Investigations of water inrushes from aquifers under coal seams[J].International Journal of Rock Mechanics and Mining Sciences, 42, (3) : 350-360.

Zhang J C. 2000. Stress-dependent permeability variation and mine subsidence[C].Pacific Rocks 2000. Rotterdam: A. A. Belkema, 8ll-816.

Zheng Y G, Wang P ,Tng H. 2004. The exploration and prevention of mine water invasion in Feicheng area based on RS[J].Proceedings of SPIE-The International Society for Optical Engineering, v 5568,Remote Sensing for Agriculture, Ecosystems, and Hydrology VI, 197-204.